ARM & Linux 嵌入式系统教程

（第3版）

马忠梅　张子剑　张全新
李善平　曾　礼　刘佳伟　编著

北京航空航天大学出版社

内容简介

本书围绕最流行的32位ARM处理器和源码开放的Linux操作系统，讲述嵌入式系统的概念、软硬件组成、开发过程以及嵌入式Linux的应用程序和驱动程序的开发设计方法。全书共8章，包括从嵌入式系统基础到ARM体系结构等硬件内容，从嵌入式Linux到应用程序、驱动程序、图形用户界面和Android(安卓)应用程序等软件内容，并推出了自主版权的轻量级图形用户界面lwGUI。第2版主要升级了ARM集说明，修订了应用程序和驱动程序设计内容，以适用于国内流行的实验箱。第3版的第3章增加了Android操作系统，还增加了第8章"Android应用程序设计"。

本书特点是内容取材于最新资料，总结实际教学和应用经验，实例较多，实用性强；所带程序取材于学生的竞赛、毕业设计和课程实验，不强调具体的ARM核芯片。

本书适用于没有操作系统知识的单片机开发人员学习嵌入式系统，可作为嵌入式系统课程理论部分的教材和学习嵌入式Linux和Android开发的参考用书。

图书在版编目(CIP)数据

ARM&Linux嵌入式系统教程 / 马忠梅等编著. -- 3版. -- 北京 ：北京航空航天大学出版社，2014.10
ISBN 978-7-5124-1378-8

Ⅰ. ①A… Ⅱ. ①马… Ⅲ. ①微处理器－教材②Linux操作系统－教材 Ⅳ. ①TP332②TP316.89

中国版本图书馆CIP数据核字(2014)第199814号

ARM & Linux嵌入式系统教程(第3版)
马忠梅 张子剑 张全新 李善平 曾 礼 刘佳伟 编著
责任编辑 董云凤 张金伟 张 渟
*
北京航空航天大学出版社出版发行
北京市海淀区学院路37号(邮编100191) http://www.buaapress.com.cn
发行部电话：(010)82317024 传真：(010)82328026
读者信箱：emsbook@gmail.com 邮购电话：(010)82316524
涿州市新华印刷有限公司印装 各地书店经销
*
开本：710×1 000 1/16 印张：24.5 字数：522千字
2014年10月第3版 2021年1月第6次印刷 印数：12 001～13 500册
ISBN 978-7-5124-1378-8 定价：49.00元

前言

随着Internet的普及，我们已进入了后PC时代。不仅PC机能上网，各种各样的嵌入式设备都可以上网。后PC时代出现了信息电器，如智能手机、平板电脑、可视电话、TV机顶盒、电视会议机和数码相机等嵌入式设备。能上网的嵌入式设备需要加上TCP/IP网络协议。由于8/16位单片机的速度不够快且内存不够大，较难满足嵌入式设备的上网要求。随着集成电路的发展，32位微处理器的价格不断下降，其已被用户大量使用。32位RISC微处理器更是受到青睐，处于领先的是ARM嵌入式微处理器系列。ARM的成功之处在于它是知识产权供应商，是设计公司。ARM公司本身不生产芯片，而是转让设计许可，由合作伙伴公司来生产各具特色的芯片。ARM商业模式的强大之处在于其价格合理，使其在全世界范围拥有众多的合作伙伴。ARM公司专注于设计，其内核耗电少，成本低，功能强，已成为移动通信、手持计算、多媒体数字消费等嵌入式解决方案的RISC标准。

过去大量使用的是8/16位单片机，是嵌入式系统的初级阶段。伴随着网络时代的来临，出现了机顶盒、路由器和调制解调器等Internet设备。一句话，Internet的基础设施都是嵌入式系统，而且在高端嵌入式应用中，32位微处理器现在已是很常见的了。国内IT产品的开发应该更新理念，即：逐步采用32位高性能的CPU；采用C语言等高级语言编程；采用操作系统及其平台进行开发；采用模块化方式从事项目开发应用。Linux从1991年问世到现在，短短的二十几年时间已经发展成为功能强大、设计完善的操作系统之一，不仅可以与各种传统的商业操作系统分庭抗礼，而且在新兴的嵌入式系统领域也获得了飞速发展。嵌入式Linux以其可应用于多种硬件平台、内核高效稳定、源码开放、软件丰富、网络通信和文件管理机制完善等优良特性，已成为嵌入式系统领域的一个研究热点。Linux的开放源码、内核可裁减特性非常适用于嵌入式系统教学。

由全国大学生电子设计竞赛组委会主办，Intel公司协办的"全国大学生电子设计竞赛——嵌入式系统专题竞赛"，进一步丰富了全国大学生电子设计竞赛的形式和内容，推动了高校信息电子类专业的教学改革、课程体系及实验室建设，各高校纷纷开设了嵌入式系统课程。

2003年下决心写此书是由于当时国内缺少合适的嵌入式系统教材，编写第2版是考虑国内目前的教材要么偏理论，要么过于强调接口技术、汇编编程和移植。只有把嵌入式 Linux 的应用推动起来，国内高端嵌入式应用才能健康发展。现更缺少的是嵌入式软件人才，我们希望培养学生对嵌入式系统的兴趣，更多地侧重多媒体、人机交互和 GUI 的程序设计。考虑到整个篇幅都只适用于教学，故删去了第 1 版的"ARM 核嵌入式系统芯片"和"嵌入式 Linux 开发实例"两章。书中的内容是我们实际教学实践的总结，课程围绕 ARM 和 Linux，按照验证性实验、综合实验和创新实验 3 个层次逐步培养学生开发应用程序和驱动程序的能力。我们实验教学中心采购了博创公司的 UP－NetARM2410 和周立功公司的 MagicARM2410 实验箱。针对实验设备的多样性，采用驱动程序屏蔽的方法，给学生提供一致的应用程序编程接口，利用实验设备共性的部分开设基础的验证性实验。同时，针对各种外设开发出实验样例程序，如液晶屏、触摸屏、小键盘和摄像头等，由学生自己自由组合成综合性实验。对于为实验设备选配件以及未开发的部分，允许学生自主命题，申请器件进行创新性设计。《ARM & Linux 嵌入式系统教程（第 2 版）》2011 年被评为北京市高等教育精品教材。

移动互联网强势崛起，智能手机出货量已经超过 PC 客户端。ARM 公司推出 ARM Cortex 处理器，Cortex－A 系列是针对日益增长的，能够运行 Linux 和 Windows CE 操作系统的消费娱乐和无线产品。Android（安卓）是一种以 Linux 为基础的开放源码的操作系统，现已在智能手机和平板电脑上流行，学生兴趣很高。第 3 版删去了一些教学不常使用的内容，修改第 3 章为"嵌入式 Linux 和 Android 操作系统"，增加了第 8 章"Android 应用程序设计"内容。本书由开课后的讲稿和实验报告整理而成，全书共 8 章，各章节内容安排如下：

第 1 章为嵌入式系统的基础知识，讲述嵌入式系统概念、嵌入式系统应用、嵌入式系统硬件——嵌入式处理器，以及嵌入式系统软件——嵌入式操作系统。

第 2 章介绍嵌入式系统开发的特点、开发流程、调试方法和板级支持包的功能。

第 3 章介绍嵌入式 Linux 系统及其应用、Linux 的特点及其内核特征、主流的嵌入式 Linux 系统和 Android 操作系统。

第 4 章详细介绍了 ARM 体系结构和编程模型，分类给出 ARM 指令集的说明，介绍了 Thumb 指令集的特点，最后讲解 ARM 汇编语言程序设计方法。

第 5 章是嵌入式 Linux 应用程序的开发方法，包括 Linux 的使用、gcc 编译器的使用、应用程序的编写方法，侧重于 LCD、USB 摄像头和音频等多媒体内容。

第 6 章给出了 LED 显示、键盘和触摸屏驱动程序的详细设计方法。

第 7 章介绍现流行的图形用户界面，给出自主版权的图形用户界面 lwGUI。

第 8 章是 Android 应用程序设计方法和实例，包括 Android 开发平台简介、液晶屏显示、按键输入、串口输出、读取 SD 卡中文件、USB 摄像头采集视频、有线和无线信息传输和音频混音等内容。

值的欣慰的是，我们所培养的学生可直接参与基于 ARM 的嵌入式 Linux 项目的开发。现在我们的实验箱已由 ARM7 升级为 ARM9，为 640×480 真彩液晶显示屏，每个都配备了 USB 摄像头。回想接触嵌入式 Linux 之初，买遍了市面上的有关嵌入式 Linux 的书也没有找到一个模块化驱动程序的开发样例，最后不得不求助于我们在 Freescale 公司工作的学生。我们从只会画个单色圆的实验设备做起，到完成所有实验样例，深深感到只把 Linux 移植到具体的板子还远远满足不了嵌入式 Linux 应用的要求，应用程序和驱动程序开发才是嵌入式系统开发的关键。TI 公司大学计划赠送 Android 开发平台增加了新教学内容。

我们嵌入式系统课程的开设得到了许多人的支持和帮助，感谢 TI 公司大学计划部沈洁、潘亚涛；ARM 中国公司前总裁谭军和前大学计划负责人时昕；Intel 公司大学计划部朱文利、王靖琪和应用工程师刘文峰、李眈；Freescale 公司大学计划部袁航给我们提供了开发平台和资料。感谢北京麦克泰软件技术公司的何小庆、江文瑞以及法国电信公司叶楠给学生提供实践的机会。

本书是由北京理工大学和浙江大学的老师带领学生协作完成的。本书许多内容取材于学生的毕业设计和课程实验。叶楠、朱中涛、李海、王英会、骆磊、吴永波、谭杰、王炜、杜慧、齐尧、李睿、王霞、方宁、曾宏安同学参与了 ARM & Linux 开发设计实践。第 3 版第 8 章样例取自曾礼、刘佳伟、陈钰琨、韩国超、徐琛的 Andriod 开发设计实践和贺大庆、韩学博、杨成凯、刘政祎实验小组的课程设计。第 3 章“嵌入式 Linux 和 Android 操作系统”部分为浙江大学李善平老师和他的学生（拼音序）陈鲁川、高庆、李程远、刘文峰、马天驰、王焕龙、王伟波、解超、谢科先的研究成果，Intel 公司的刘文锋审阅了此部分内容。

希望此书能对我国嵌入式系统教学和嵌入式系统应用推广工作有所帮助。手机——你未来的电脑，希望国内能看到更多的基于 Linux 和 Andriod 的产品，学生们能更好找工作。希望借此书感谢帮助过我们的人，感谢国内把 Linux 用于嵌入式系统的先驱们，在此谨向他们深表敬意。

作 者

2014 年 8 月

目 录

第 1 章 嵌入式系统基础

1.1 嵌入式系统概述

1.1.1 嵌入式系统的定义

所谓嵌入式系统(Embedded Systems),实际上是“嵌入式计算机系统”的简称,它是相对于通用计算机系统而言的。在有些系统里也有计算机,但是计算机是作为某个专用系统中的一个部件而存在的。像这样“嵌入”到更大、专用的系统中的计算机系统,称之为“嵌入式计算机”、“嵌入式计算机系统”或“嵌入式系统”。

在日常生活中,早已存在许多嵌入式系统的应用,如天天必用的移动电话、带在手腕上的电子表、烹调用的微波炉、办公室里的打印机、汽车里的供油喷射控制系统、防锁死刹车系统(ABS),以及现在流行的个人数字助理(PDA)、数码相机、数码摄像机等,它们内部都有一个中央处理器 CPU。

嵌入式系统无处不在,从家庭的洗衣机、电冰箱、小汽车,到办公室里的远程会议系统等,都属于可以使用嵌入式技术进行开发和改造的产品。嵌入式系统本身是一个相对模糊的定义。一个手持的 MP3 和一个 PC104 的微型工业控制计算机都可以认为是嵌入式系统。

根据电气工程师协会(IEE)的定义,嵌入式系统是用来控制或监视机器装置或工厂等的大规模系统的设备。

可以看出此定义是从应用方面考虑的。嵌入式系统是软件和硬件的综合体,还可以涵盖机电等附属装置。

国内一般定义为:以应用为中心,以计算机技术为基础,软硬件可裁减,从而能够适应实际应用中对功能、可靠性、成本、体积、功耗等严格要求的专用计算机系统。

嵌入式系统在应用数量上远远超过了各种通用计算机。一台通用计算机的外部设备中就包含了 5~10 个嵌入式微处理器,键盘、硬盘、显示器、Modem、网卡、声卡、打印机、扫描仪、数码相机、集线器等,均是由嵌入式处理器进行控制的。在制造工业、过程控制、通信、仪器、仪表、汽车、船舶、航空航天、军事装备、消费类产品等方面,嵌入式系统都有用武之地。

美国汽车大王福特公司的高级经理曾宣称："福特出售的'计算能力'已超过了IBM。"由此可以想像嵌入式计算机工业的规模和广度。美国著名未来学家尼葛洛庞帝在 1999 年 1 月访华时曾预言"四五年以后，嵌入式智能电脑将是继 PC 和因特网之后最伟大的发明"。

1.1.2　嵌入式系统的组成

嵌入式系统通常由嵌入式处理器、外围设备、嵌入式操作系统和应用软件等几大部分组成。

1. 嵌入式处理器

嵌入式处理器是嵌入式系统的核心部件。嵌入式处理器与通用处理器的最大不同点在于其大多工作在为特定用户群设计的系统中。它通常把通用计算机中许多由板卡完成的任务集成在芯片内部，从而有利于嵌入式系统设计趋于小型化，并具有高效率、高可靠性等特征。

大的硬件厂商会推出自己的嵌入式处理器，因而现今市面上有 1 000 多种嵌入式处理器芯片，其中使用最为广泛的有 ARM、MIPS、PowerPC、MC68000 等。

2. 外围设备

外围设备是指在一个嵌入式系统中，除了嵌入式处理器以外用于完成存储、通信、调试、显示等辅助功能的其他部件。根据外围设备的功能可分为以下 3 类：

- 存储器：静态易失性存储器（RAM/SRAM）、动态存储器（DRAM）和非易失性存储器（Flash）。其中，Flash 以可擦写次数多、存储速度快、容量大及价格低等优点在嵌入式领域得到了广泛的应用。
- 接口：应用最为广泛的包括并口、RS－232 串口、IrDA 红外接口、SPI 串行外围设备接口、I^2C（Inter IC）总线接口、USB 通用串行总线接口、Ethernet 网口等。
- 人机交互：LCD、键盘和触摸屏等人机交互设备。

3. 嵌入式操作系统

在大型嵌入式应用系统中，为了使嵌入式开发更方便、快捷，需要具备一种稳定、安全的软件模块集合，用以管理存储器分配、中断处理、任务间通信和定时器响应，以及提供多任务处理等，即嵌入式操作系统。嵌入式操作系统的引入大大提高了嵌入式系统的功能，方便了应用软件的设计，但同时也占用了宝贵的嵌入式系统资源。一般在比较大型或需要多任务的应用场合才考虑使用嵌入式操作系统。

嵌入式操作系统常常有实时要求，所以嵌入式操作系统往往又是"实时操作系统"。早期的嵌入式系统几乎都用于控制目的，从而或多或少都有些实时要求，所以从前"嵌入式操作系统"实际上是"实时操作系统"的代名词。近年来，由于手持式计算机和掌上电脑等设备的出现，也有了许多不带实时要求的嵌入式系统。另一方面，由于

CPU速度的提高，一些原先认为是"实时"的反应速度现在已经很普遍了。这样，一些原先需要在"实时"操作系统上才能实现的应用，现在已不难在常规的操作系统上实现。在这样的背景下，"嵌入式操作系统"和"实时操作系统"就成了不同的概念和名词。

4. 应用软件

嵌入式系统的应用软件是针对特定的实际专业领域，基于相应的嵌入式硬件平台，并能完成用户预期任务的计算机软件。用户的任务可能有时间和精度的要求。有些应用软件需要嵌入式操作系统的支持，但在简单的应用场合下不需要专门的操作系统。

由于嵌入式应用对成本十分敏感，因此，为减少系统成本，除了精简每个硬件单元的成本外，应尽可能地减少应用软件的资源消耗，尽可能地优化。

应用软件是实现嵌入式系统功能的关键，对嵌入式系统软件和应用软件的要求也与通用计算机有所不同。嵌入式软件的特点如下：

- 软件要求固态化存储。为了提高执行速度和系统可靠性，嵌入式系统中的软件一般都固化在存储器中。
- 软件代码要求高质量、高可靠性。半导体技术的发展使处理器速度不断提高，也使存储器容量不断增加；但在大多数应用中，存储空间仍然是宝贵的，还存在实时性的要求。为此，程序编写和编译工具的质量要高，以减少程序二进制代码的长度，提高执行速度。
- 系统软件的高实时性是基本要求。在多任务嵌入式系统中，对重要性各不相同的任务，进行统筹兼顾的合理调度是保证每个任务及时执行的关键，单纯通过提高处理器速度是低效和无法完成的。这种任务调度只能由优化编写的系统软件来完成，因此，系统软件的高实时性是基本要求。
- 多任务实时操作系统成为嵌入式应用软件的必需。随着嵌入式应用的深入和普及，接触到的实际应用环境越来越复杂，嵌入式软件也越来越复杂。支持多任务的实时操作系统成为嵌入式软件必需的系统软件。

典型嵌入式系统的硬件和软件基本组成如图1-1和图1-2所示。

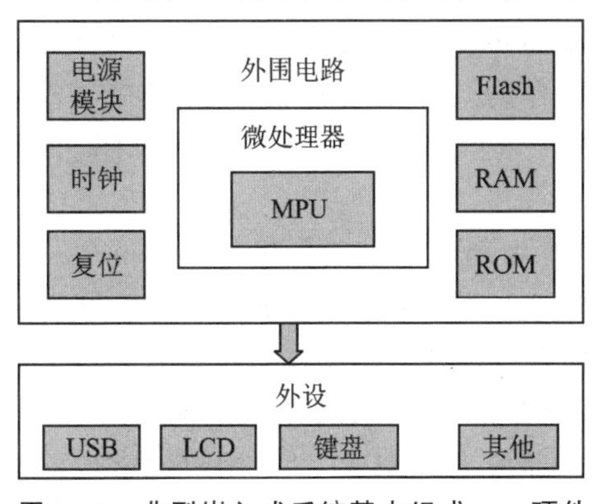

图1-1　典型嵌入式系统基本组成——硬件

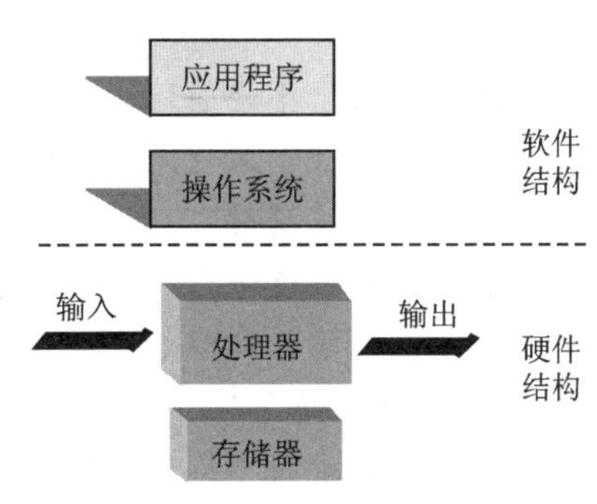

图1-2　典型嵌入式系统基本组成——软件

1.1.3 嵌入式系统的特点

由于嵌入式系统是应用于特定环境下，面对专业领域的应用系统，所以与通用计算机系统的多样化和适用性不同。它与通用计算机系统相比具有以下特点：

- 嵌入式系统通常是面向特定应用的，一般都有实时要求。嵌入式处理器大多工作在为特定用户群所设计的系统中。它通常具有低功耗、体积小、集成度高、成本低等特点，从而使嵌入式系统的设计趋于小型化、专业化，也使移动能力大大增强，与网络的耦合也越来越紧密。
- 嵌入式系统是将先进的计算机技术、半导体工艺、电子技术和通信网络技术与各领域的具体应用相结合的产物。这一特点决定了它必然是一个技术密集、资金密集、高度分散、不断创新的知识集成系统。
- 嵌入式系统与具体应用有机地结合在一起，它的升级换代也与具体产品同步进行。因此，嵌入式系统产品一旦进入市场，一般具有较长的生命周期。
- 嵌入式系统的硬件和软件都必须高效率地设计，在保证稳定、安全、可靠的基础上量体裁衣，去除冗余，力争在同样的硅片面积上实现更高的性能。这样，才能最大限度地降低应用成本。在具体应用中，对处理器的选择决定了其市场竞争力。
- 嵌入式系统常常还有降低功耗的要求。这一方面是为了省电，因为嵌入式系统往往以电池供电；另一方面是要减少发热量，因为嵌入式系统中通常没有风扇等排热手段。
- 可靠性与稳定性对于嵌入式系统有着特别重要的意义，因此即使逻辑上的系统结构相同，在物理组成上也会有所不同。同时，对使用的元器件（包括接插件、电源等）的质量和可靠性要求都比较高，因此元器件的平均无故障时间MTBF（Mean Time Between Failure）成为关键性的参数。此外，环境温度也是需要重点考虑的问题。
- 嵌入式系统提供的功能以及面对的应用和过程都是预知的、相对固定的，而不像通用计算机那样有很大的随意性。既然是专用系统，在可编程方面就不需要那么灵活。一般也不会用嵌入式系统作为开发应用软件的环境，在嵌入式系统上通常也不会运行一些大型的软件。一般而言，嵌入式系统对CPU计算能力的要求并不像通用计算机那么高。
- 许多嵌入式系统都有实时要求，需要有对外部事件迅速作出反应的能力。特别是在操作系统中有所反映，从而使嵌入式软件的开发与常规软件的开发出现显著的区别。典型的嵌入式实时操作系统与常规的操作系统也有着显著的区别，并因而成为操作系统的一个重要分支和一个独特的研究方向。
- 嵌入式系统本身不具备自举开发能力。即使设计完成以后，用户通常也不能对其中的程序功能进行修改，必须有一套交叉开发工具和环境才能进行开发。

- 通用计算机的开发人员通常是计算机科学或者计算机工程方面的专业人士，而嵌入式系统开发人员却往往是各个应用领域中的专家，这就要求嵌入式系统所支持的开发工具易学、易用、可靠、高效。

归纳嵌入式系统的几个特点如下：

- 软硬件一体化，集计算机技术、微电子技术和行业技术为一体；
- 需要操作系统支持，代码小，执行速度快；
- 专用紧凑，用途固定，成本敏感；
- 可靠性要求高；
- 多样性，应用广泛，种类繁多。

嵌入式系统是面向用户、面向产品、面向应用的，它必须与具体应用相结合才会具有生命力，才会更具有优势。嵌入式系统是与应用紧密结合的，它具有很强的专用性，必须结合实际系统需求进行合理的裁减利用。嵌入式系统必须根据应用需求对软硬件进行裁减，满足应用系统的功能、可靠性、成本、体积等要求。

同时还应该看到，嵌入式系统本身还是一个外延极广的名词。凡是与产品结合在一起并具有微处理器的系统都可以叫做嵌入式系统，而且有时很难以给它一个准确的定义。现在人们谈及嵌入式系统时，某种程度上指近些年比较热门、具有操作系统的嵌入式系统。

1.1.4 嵌入式系统的应用

嵌入式系统以应用为中心，强调体积和功能的可裁减性，是以完成控制、监视等功能为目标的专用系统。在嵌入式应用系统中，系统执行任务的软硬件都嵌入在实际的设备环境中，通过专门的I/O接口与外界交换信息。一般它们执行的任务程序不由用户编制。

嵌入式系统主要用于各种信号处理与控制，目前已在国防、国民经济及社会生活各领域普及应用，用于企业、军队、办公室、实验室以及个人家庭等各种场所。

- 军用：各种武器控制(火炮控制、导弹控制、智能炸弹制导引爆装置)，坦克、舰艇、轰炸机等陆海空各种军用电子装备，雷达、电子对抗军事通信装备，野战指挥作战用各种专用设备等。从海湾战争到最近的伊拉克战争都有广泛使用。我国嵌入式计算机最早用于导弹控制。
- 家用：我国各种信息家电产品(如数字电视机、机顶盒、数码相机、VCD/DVD音响设备、可视电话、家庭网络设备、洗衣机、电冰箱、智能玩具等)广泛采用微处理器、微控制器及嵌入式软件，EMIT(嵌入式 Internet 技术)已用于社区对家用电、水、煤气表远程抄表以及洗衣机遥控。
- 工业用：各种智能测量仪表、数控装置、可编程控制器、控制机、分布式控制系统、现场总线仪表及控制系统、工业机器人、机电一体化机械设备、汽车电子设备等。广泛采用微处理器和控制器芯片级、标准总线的模板级及嵌入式计算机系统级。

- 商用：各类收款机、POS机、电子秤、条形码阅读机、商用终端、银行点钞机、IC卡读卡器、取款机、自动柜员机、自动服务终端、防盗系统、各种银行专业外围设备等。
- 办公用：复印机、打印机、传真机、扫描仪、激光照排系统、安全监控设备、手机、个人数字助理(PDA)、变频空调设备、通信终端、程控交换机、网络设备、录音录像及电视会议设备、数字音频广播系统等。女娲Hopen嵌入式软件已用于机顶盒、网络电视、电话、手机、PDA等。
- 医用电子设备：各种医疗电子仪器，如X光机、超声诊断仪、计算机断层成像系统、心脏起搏器、监护仪、辅助诊断系统、专家系统等。

目前，嵌入式系统应用最热门的有以下几种：

① 个人数字助理PDA。目前市面上已经出现基于Linux的PDA，它具有网络、多媒体等强大的功能。康柏公司iPAQ掌上电脑一般都预装Pocket PC操作系统。iPAQ采用Intel公司的StrongARM处理器，尽管这种处理器支持Linux系统，但其刚问世时却是使用Microsoft公司的Pocket PC操作系统。现在，PDA已被智能手机取代了。

② 机顶盒STB。所谓的机顶盒STB(Set Top Box)，表面上理解只是放在电视机上的盒子，能提供通过电视机直接上网的功能。但它更吸引人的地方在于简单易用，是专为那些不很了解电脑的人设计的。现今用户端机顶盒的趋势是朝微型电脑发展，即逐渐集成电视和电脑的功能，成为一个多功能服务的工作平台，用户通过此设备即可实现交互式数字电视、数字电视广播、Internet访问、远程教学、会议电视、电子商务等多媒体信息服务。

③ IP电话。IP电话(IP Phone)把电话网和Internet结合成一个功能强大的通信网络，它在IP网络上实时传输被压缩的语音信息。IP电话的出现，使得方便的语音通信与网络价格低廉的特性很好地结合起来，因而具有良好的应用前景。IP电话以数字形式作为传输媒体，占用资源小，因此成本很低，价格便宜。

嵌入式系统的应用正在从狭窄的应用范围、单一的应用对象以及简单的功能，向着未来社会需要的应用需求进行转变。社会对嵌入式系统的需求正在慢慢扩大，特别是最近几年随着国际互联网的发展，从PC时代步入到后PC时代，对信息家电的需求越来越明显。嵌入式系统在信息家电的应用，就是对嵌入式系统概念和应用范围的一个变革，从而打破了过去PC时代被单一微处理器厂家和单一操作系统厂家垄断的旧局面，出现了一个由多芯片、多处理器占领市场的新局面。

1.1.5　实时系统

实时系统(Real Time Systems)是指产生系统输出的时间对系统至关重要的系统。从输入到输出的滞后时间必须足够小到一个可以接受的时限内。因此，实时逻辑的正确性不仅依赖于计算结果的正确性，还取决于输出结果的时间。

实时系统是一个能够在指定或者确定的时间内完成系统功能以及对外部或内部事件在同步或异步时间内做出响应的系统。

实时系统是在逻辑和时序控制中，如果出现偏差，将会引起严重后果的系统。对于实时系统来说，应具备以下几个重要的特性：

- 实时性。实时系统所产生的结果在时间上有严格的要求，只有符合时间要求的结果才认为是正确的。在实时系统中，每个任务都有一个截止期限，任务必须在这个截止期限之前完成，以保证系统所产生的结果在时间上的正确性。
- 并行性。一般来说，一个实时系统通常有多个外部输入端口。因此，要求系统具有并行处理的能力，以便能同时响应来自不同端口的输入信号。
- 多路性。实时系统的多路性表现在对多个不同的现场信息进行采集，以及对多个对象和多个执行机构实行控制。
- 独立性。每个用户向实时系统提出服务请求，相互间是独立的。在实时控制系统中对信息的采集和对象控制也是相互独立的。
- 可预测性。实时系统的实际行为必须处在一定的限度内，而这个限度可以由系统的定义而获得。这意味着系统对来自外部输入的反应必须是全部可预测的，即使在最坏的条件下，系统也要严格遵守时间的约束。因此，在出现过载时，系统必须能以一种可预测的方式来降级它的性能。
- 可靠性。可靠性一方面指系统的正确性，即系统所产生的结果在返回值和运行费时上都是正确的；另一方面指系统的健壮性，也就是说，虽然系统出现了错误，或外部环境与预先假定的外部环境不符合，但系统仍然可以处于可预测状态，仍可以安全地带错运行和平缓地降级。

实时系统中主要通过3个指标来衡量系统的实时性，即

- 响应时间（Response Time）：指计算机从识别一个外部事件到做出响应的时间。
- 生存时间（Survival Time）：指数据的有效等待时间，在这段时间里数据是有效的。
- 吞吐量（Throughput）：指在一段给定时间内，系统可以处理事件的总数。吞吐量通常比平均响应时间的倒数小一点。

实时系统根据响应时间可分为3种类型：

- 强实时系统。在强实时系统中，各任务不仅要保证执行过程和结果的正确，同时还要保证在系统能够允许的时间内完成任务。它的响应时间在毫秒或微秒数量级上。这对于关系到安全、军事领域的软硬件系统来说是至关重要的。
- 弱实时系统。弱实时系统中，各个任务运行得越快越好，但并没有严格限定某一任务必须在多长时间内完成。弱实时系统更多地关注软件运行的结果正确与否，而对任务执行时间的要求相对较宽松。一般它的响应时间可以是数十

秒或更长，可能随着系统的负载轻重而有所变化。

- 一般实时系统。一般实时系统是弱实时系统和强实时系统的一种折衷。它的响应时间可以在秒的数量级上，可广泛应用于许多消费电子设备中。如PDA、手机等都属于一般实时系统。

实时系统根据确定性可以分为以下两类：

- 硬实时。硬实时指系统对系统响应时间有严格的要求。如果系统响应时间不能满足，就会引起系统崩溃或出现致命的错误。
- 软实时。软实时指系统对系统响应时间有要求。但是如果系统响应时间不能满足，它并不会导致系统出现致命的错误或崩溃。

1.2　嵌入式处理器

1.2.1　嵌入式处理器的分类

嵌入式处理器是嵌入式系统的核心，是控制辅助系统运行的硬件单元。硬件方面，目前世界上具有嵌入式功能特点的处理器已经超过1000种，流行的体系结构包括MCU、MPU等30多个系列，速度越来越快，性能越来越强，价格也越来越低。

嵌入式处理器可分为：

- 低端的微控制器（Microcontroller Unit，MCU）；
- 中高端的嵌入式微处理器（Embedded Microprocessor Unit，EMPU）；
- 通信领域的DSP处理器（Digital Signal Processor，DSP）；
- 高度集成的片上系统（System on Chip，SoC）。

1.2.2　嵌入式微处理器

嵌入式微处理器（Embedded Microprocessor Unit，EMPU）是由通用计算机中的CPU演变而来的。与计算机处理器不同的是，在实际嵌入式应用中，只保留与嵌入式应用紧密相关的功能硬件，去除其他冗余功能部分，配上必要的扩展外围电路，如存储器的扩展电路、I/O的扩展电路和一些专用的接口电路等，这样就可以最低功耗和资源满足嵌入式应用的特殊要求。嵌入式微处理器虽然在功能上与标准微处理器基本相同，但一般在工作温度、抗电磁干扰、可靠性等方面都做了各种增强。与工业控制计算机相比，嵌入式微处理器具有体积小、重量轻、成本低、可靠性高等优点。目前主要的嵌入式处理器类型有ARM、MIPS、Am186/88、386EX、PowerPC、68000系列等。

嵌入式微处理器一般具有以下特点：

- 嵌入式微处理器在设计中考虑低功耗。许多嵌入式处理器提供几种工作模式，如正常工作模式、备用模式、省电模式等。这样为嵌入式系统提供了灵活性，满足了嵌入式系统对低功耗的要求。便携式和无线应用中靠电池工作的嵌入式微处理器设计的最重要的指标是功耗而不是性能。现在已经到了不用主频 MHz 比较处理器而用功耗 mW 或 μW 比较处理器的时代了。

- 采用可扩展的处理器结构。一般在处理器内部都留有很多扩展接口，以方便对应用的扩展。
- 具有功能很强的存储区保护功能。这是由于嵌入式系统的软件结构已模块化，而为了避免在软件模块之间出现错误的交叉作用，需要设计强大的存储区保护功能，同时也有利于软件诊断。
- 提供丰富的调试功能。嵌入式系统的开发很多都是在交叉调试中进行，丰富的调试接口会更便于对嵌入式系统的开发。
- 对实时多任务具有很强的支持能力。处理器内部具有精确的振荡电路、丰富的定时器资源，从而有较强的实时处理能力。

1.2.3　微控制器

微控制器 MCU（MicroController Unit）俗称单片机，它将整个计算机系统集成到一块芯片中。微控制器一般以某一种微处理器内核为核心，芯片内部集成 Flash、RAM、总线逻辑、定时器/计数器、WatchDog、I/O、串行口、脉宽调制输出、A/D、D/A 等各种必要功能模块和外围部件。

最早的单片机是 Intel 公司的 8048，它出现在 1976 年。同时，Motorola 公司推出了 68HC05，Zilog 公司推出了 Z80。这些早期的单片机均含有 256 字节的 RAM、4 KB的 ROM、4 个 8 位并口、1 个全双工串行口、2 个 16 位定时器。之后在 20 世纪 80 年代初，Intel 公司又进一步完善了 8048，在它的基础上研制成功了 8051。20 世纪 80 年代中期，Intel 公司将 8051 内核使用权以专利互换或出售形式转让给世界许多著名 IC 制造厂商，这样 8051 就变成有众多制造厂商支持的、发展出上百个品种的大家族。8051 也是单片机教学的首选机型。

为适应不同的应用需求，一般一个系列的单片机具有多种衍生产品。每种衍生产品的处理器内核都是相同的，不同的是存储器和外设的配置及封装。这样可以使不同的单片机适合不同的应用。与嵌入式微处理器相比，微控制器的最大特点是单片化，体积小，从而使功耗和成本下降，可靠性提高。微控制器是目前嵌入式系统工业中的主流产品。微控制器的片内资源一般比较丰富，适合于控制。

与微处理器相比，微控制器的一个显而易见的优势是成本。微控制器将一些接口电路和功能模块集成在 CPU 芯片上，价格虽然比相应的微处理器高，但如果算上本来就需要的 I/O 接口芯片和一些独立的功能模块芯片，往往比较实惠。当然实际的好处远不止于此。

首先，采用微控制器可以在相当程度上缩短产品的设计、开发以及调试时间，从而节约用于这些方面的开支。

其次,由于系统中芯片的数量减少了,整个系统的故障率就会降低。研究和统计表明,单个芯片的故障率与其集成规模和复杂性的关系并不很大,而整个系统的可靠率为所有元器件的可靠率的乘积。因此,如果系统中芯片的数量减少了,系统发生故障的概率就会降低,而且系统的体积也可以缩小。这对于需要嵌入到其他设备或装置中的系统往往有重要的意义。

另外,由于一些接口电路和功能模块与 CPU 集成在同一块芯片上,这些电路之间的连线长度就降到很小。对于一些高速系统,即时钟频率很高的系统,这也是个很重要的优点。对于频率较高的交变电信号,导线所呈现的电感和电容对电路的负载能力以及信号延迟等的影响都不容忽视。许多高速的应用只能通过更大规模的集成才能实现。

微控制器在品种数量上远远超过微处理器,而能够生产微控制器的厂商的数量,也远远超过微处理器生产厂商的数量。比较有代表性的通用系列包括 8051、P51XA、MCS-96/196/296、PIC、AVR、MSP430、C166/167、MC68HC05/11/12/16等。另外,还有许多半通用系列,如支持 USB 接口的 MCU 8XC930/931、C540、C541,支持 I^2C、CAN_Bus、LCD 等接口的专用 MCU 系列。目前,MCU 占嵌入式系统约 70%的市场份额。但有时嵌入式微处理器和微控制器的概念区分并不那么严格。比如近年来提供 x86 微处理器的著名厂商 AMD 公司,将 Am186 等嵌入式处理器称为微控制器,Motorola 公司则把以 PowerPC 为基础的 PPC505 和 PPC555 列入微控制器行列,TI 公司也将其 TMS320C2XXX 系列的 DSP 作为微控制器进行推广。

1.2.4 DSP 处理器

DSP(Digital Signal Processor)处理器对系统结构和指令进行了特殊设计,使其适合执行 DSP 算法,编译效率和指令执行速度都较高。在数字滤波、FFT、谱分析等方面,DSP 算法正在大量引入嵌入式领域。DSP 应用正在从通用单片机中以普通指令实现 DSP 功能,过渡到采用 DSP 处理器。

DSP 处理器有两个发展来源,一是 DSP 处理系统经过单片化、电磁兼容(EMC)改造以及增加片上外设,成为 DSP 处理器,如 TI 公司的 TMS320C2000/C5000 等属于此范畴;二是在通用单片机或 SoC 中增加 DSP 协处理器,例如 Intel 公司的 MCS-296 和 Infineon(Siemens)的 TriCore。

DSP 处理器比较有代表性的产品是 TI 公司的 TMS320 系列、ADI 公司的 ADSP21XX 系列和 Motorola 公司的 DSP56000 系列。TMS320 系列处理器包括用于控制的 C2000 系列、移动通信的 C5000 系列以及性能更高的 C6000 和 C8000 系列。

现在,DSP 处理器已得到快速的发展与应用,特别在运算量较大的智能化系统中,例如,各种带智能逻辑的消费类产品、生物信息识别终端、带加解密算法的键盘、ADSL 接入、实时语音压解系统、虚拟现实显示等。

1.2.5 片上系统

随着 EDA 的推广和 VLSI 设计的普及，以及半导体工艺的迅速发展，在一个硅片上实现多个更为复杂系统的时代已来临，这就是片上系统 SoC (System on Chip)。它结合了许多功能模块，将整个系统做在一个芯片上。ARM、MIPS、DSP 或是其他微处理器核加上通信的接口单元——通用串行口(UART)、USB、TCP/IP 通信单元、IEEE1394、蓝牙模块接口等。这些单元以往都是依照各单元的功能做成一个个独立的处理芯片。将整个嵌入式系统集成到一块芯片中，应用系统电路板将变得很简洁，对于减小体积和功耗，提高可靠性非常有利。

各种通用处理器内核作为 SoC 设计公司的标准库，与许多其他嵌入式系统外设一样，成为 VLSI 设计中一种标准器件。它用 VHDL、Verilog 等语言描述，存储在器件库中。用户只需定义出其整个应用系统，仿真通过后就可以用 FPGA 制作样片。

SoC 的优点如下：

- 通过改变内部工作电压，降低芯片功耗。
- 减少芯片对外的引脚数，简化制造过程。
- 减少外围驱动接口单元及电路板之间的信号传递，加快微处理器数据处理的速度。
- 内嵌的线路可以避免外部电路板在信号传递时所造成的系统杂讯。

嵌入式系统实现的最高形式是 SoC，而 SoC 的核心技术是 IP 核(Intellectual Property Core，知识产权核)构件。

嵌入式片上系统设计的关键是 IP 核的设计。IP 核分为硬核、软核和固核，是嵌入式技术的重要支持技术。在设计嵌入式系统时，可以通过使用 IP 核技术完成系统硬件的设计。在 IP 技术中把不同功能的电路模块称为 IP，这些 IP 都是经过实际制作并证明是正确的。在 EDA 设计工具中把这些 IP 组织在一个 IP 元件库中，供用户使用。设计电子系统时，用户需要知道 IP 模块的功能和技术性能。通过把不同的 IP 模块嵌在一个硅片上，形成完整的应用系统。IP 技术极大地简化了 SoC 的设计过程，缩短了设计时间，因此，已经成为目前电子系统设计的重要基本技术。

1.2.6 典型的嵌入式处理器

1. ARM 处理器

ARM(Advanced RISC Machines)公司是全球领先的 16/32 位 RISC 微处理器知识产权设计供应商。ARM 公司通过将其高性能、低成本、低功耗的 RISC 微处理器，外围和系统芯片设计技术转让给合作伙伴来生产各具特色的芯片。ARM 公司已成为移动通信、手持设备、多媒体数字消费嵌入式解决方案的 RISC 标准。

ARM 处理器有 3 大特点：

- 小体积、低功耗、低成本而高性能；
- 16/32 位双指令集；
- 全球众多的合作伙伴。

ARM 处理器分 ARM7、ARM9、ARM9E、ARM10、ARM11 和 Cortex 系列。其中 ARM7 是低功耗的 32 位核，最适合应用于对价位和功耗敏感的产品。它又分为适用于实时环境的 ARM7TDMI、ARM7TDMI－S，适用于开放平台的 ARM720T，以及适用于 DSP 运算及支持 Java 的 ARM7EJ 等。

基于 ARM 核的产品如下：

- Intel 公司的 XScale 系列（已出售给 Marvell 公司）；
- Freescale 公司的龙珠系列 i.MX 处理器；
- TI 公司的 DSP＋ARM 处理器 OMAP3530、C5470/C5471、DM3730 等；
- Cirrus Logic 公司的 ARM 系列：EP7212、EP7312、EP9312 等；
- SamSung 公司的 ARM 系列：S3C44B0、S3C2410、S3C24A0、S5PV210 等；
- Atmel 公司的 ARM 系列微控制器：AT91M40800、AT91FR40162、AT91RM9200、SAMA5D3 等；
- Nxp 公司的 ARM 微控制器：LPC2104、LPC2210、LPC3000、LPC1768 等。

2. MIPS 处理器

MIPS(Microprocessor without Interlocked Pipeline Stages)技术公司是一家设计制造高性能、高档次嵌入式 32/64 位处理器的厂商。在 RISC 处理器方面占有重要地位。MIPS 公司设计 RISC 处理器始于 20 世纪 80 年代初，其战略现已发生变化，重点已放在嵌入式系统。

1999 年，MIPS 公司发布 MIPS 32 和 MIPS 64 体系结构标准，为未来 MIPS 处理器的开发奠定了基础。MIPS 公司陆续开发了高性能、低功耗的 32 位处理器核 MIPS 32 4Kc 与高性能 64 位处理器核 MIPS 64 5Kc。为了使用户更加方便地应用 MIPS 处理器，MIPS 公司推出了一套集成开发工具，称为 MIPS IDF(Integrated Development Framework)，特别适合嵌入式系统的开发。

MIPS 的定位很广。在高端市场它有 64 位的 20Kc 系列，在低端市场有 SmartMIPS。如果您有一台机顶盒设备或一台视频游戏机，很可能就是基于 MIPS 的；您的电子邮件可能就是通过基于 MIPS 芯片的 Cisco 路由器来传递的；您公司所使用的激光打印机也有可能使用基于 MIPS 的 64 位处理器。

3. PowerPC 处理器

PowerPC 体系结构的特点是可伸缩性好，方便灵活。PowerPC 处理器品种很多，既有通用处理器，又有微控制器和内核。其应用范围非常广泛，从高端的工作站、服务器到台式计算机系统，从消费类电子产品到大型通信设备，无所不包。

基于PowerPC体系结构的处理器有IBM公司开发的PowerPC 405 GP，它是一个集成10/100 Mbps以太网控制器、串行和并行端口、内存控制器以及其他外设的高性能嵌入式处理器。

4. MC68K /Coldfire处理器

Apple机以前使用的就是Motorola 68000(68K)，比Intel公司的8088还要早。但现在，Apple、Motorola公司已放弃68K而专注于ARM了。

5. x86处理器

x86系列处理器是最常用的，它起源于Intel架构的8080，发展到现在的Pentium 4、Athlon和AMD的64位处理器Hammer。486DX是当时与ARM、68K、MIPS、SuperH齐名的5大嵌入式处理器之一。现有基于x86的STPC高度集成系统。

1.3 嵌入式操作系统

1.3.1 操作系统的概念和分类

操作系统OS(Operating System)是一组计算机程序的集合，用来有效地控制和管理计算机的硬件和软件资源，即合理地对资源进行调度，并为用户提供方便的应用接口。它为应用支持软件提供运行环境，即对程序开发者提供功能强、使用方便的开发环境。

从资源管理的角度，操作系统主要包含如下功能：

① 处理器管理。对处理器进行分配，并对其运行进行有效地控制和管理。在多任务环境下，合理分配由任务共享的处理器，使CPU能满足各程序运行的需要，提高处理器的利用率，并能在恰当的时候收回分配给某任务的处理器。处理器的分配和运行都是以进程为基本单位进行的，因此，对处理器的管理可以归结为对进程的管理，包括进程控制、进程同步、进程通信、作业调度和进程调度等。

② 存储器管理。存储器管理的主要任务是为多道程序的运行提供良好的环境，包括内存分配、内存保护、地址映射、内存扩充。例如，为每道程序分配必要的内存空间，使它们各得其所，且不致因互相重叠而丢失信息；不因某个程序出现异常而破坏其他程序的运行；方便用户使用存储器；提高存储器的利用率，并能从逻辑上扩充内存等。

③ 设备管理。完成用户提出的设备请求，为用户分配I/O设备；提高CPU和I/O的利用率；提高I/O速度，方便用户使用I/O设备。设备管理包括缓冲管理、设备分配、设备处理、形成虚拟逻辑设备等。

④ 文件管理。在计算机中，大量的程序和数据是以文件的形式存放的。文件管

理的主要任务就是对系统文件和用户文件进行管理，方便用户的使用，保证文件的安全性。文件管理包括对文件存储空间的管理、目录管理、文件的读/写管理以及文件的共享与保护等。

⑤ 用户接口。用户与操作系统的接口是用户能方便地使用操作系统的关键。用户通常只需以命令形式、系统调用（即程序接口）形式与系统打交道。图形用户接口（GUI），可以将文字、图形和图像集成在一起，用非常容易识别的图标将系统的各种功能、各种应用程序和文件直观地表示出来，用户可以通过鼠标来取得操作系统的服务。

按程序运行调度的方法，可以将计算机操作系统分为以下几种类型：

① 顺序执行系统。即系统内只含一个运行程序。它独占 CPU 时间，按语句顺序执行该程序，直至执行完毕，另一程序才能启动运行。DOS 操作系统就属于这种系统。

② 分时操作系统。系统内同时可有多道程序运行。所谓同时，只是从宏观上来说，实际上系统把 CPU 的时间按顺序分成若干时间片，每个时间片内执行不同的程序。这类系统支持多用户，当今广泛用于商业、金融领域。Unix 操作系统即属于这种系统。

③ 实时操作系统。系统内同时有多道程序运行，每道程序各有不同的优先级，操作系统按事件触发使程序运行。当多个事件发生时，系统按优先级高低来确定哪道程序在此时此刻占有 CPU，以保证优先级高的事件、实时信息及时被采集。实时操作系统是操作系统的一个分支，也是最复杂的一个分支。

从应用的角度来看，嵌入式操作系统可以分为：

- 面向低端信息家电 IA（Internet Appliance，如智能电话、家庭网关等）的嵌入式操作系统；
- 面向高端信息家电（如数字电视等）的嵌入式操作系统；
- 面向个人通信终端（如手机、PDA、Pocket PC 等）的嵌入式操作系统；
- 面向通信设备的嵌入式操作系统；
- 面向汽车电子的嵌入式操作系统；
- 面向工业控制的嵌入式操作系统。

从实时性的角度，嵌入式操作系统可分为：

- 具有强实时特点的嵌入式操作系统；
- 具有弱实时特点的嵌入式操作系统；
- 没有实时特点的嵌入式操作系统。

为了较好地了解操作系统的功能，首先要说明几个基本概念：

1. 任务、进程和线程

任务：任务是指一个程序分段，这个分段被操作系统当做一个基本工作单元来调度。任务是在系统运行前已设计好的。

进程：进程是指任务的一次运行过程，它是动态过程。有些操作系统把任务和进程等同看待，认为任务是一个动态过程，即执行任务体的动态过程。

线程：20世纪80年代中期，人们提出了比进程更小的、能独立运行和调度的基本单位——线程，并以此来提高程序并发执行的程度。近些年，线程的概念已被广泛应用。

2. 多用户及多任务

多用户的含义：允许多个用户通过各自的终端使用同一台主机，共享同一个操作系统及各种系统资源。

多任务的含义：每个用户的应用程序可以设计成不同的任务，这些任务可以并发执行。多用户及多任务系统可以提高系统的吞吐量，更有效地利用系统资源。

3. 任务的驱动方式

在实时操作系统中，不同的任务有不同的驱动方式。实时任务总是由事件或时间驱动，可用图1-3表示。

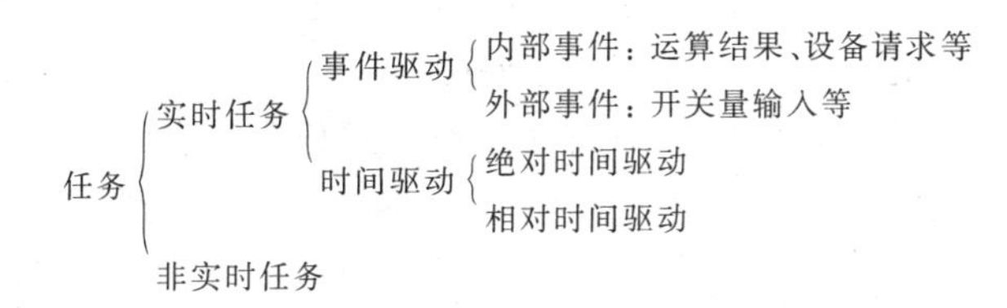

图1-3 任务及其驱动方式

实时任务总是由于某事件发生或时间条件满足而被激活。事件有两种——内部事件和外部事件。

内部事件驱动：内部事件驱动是指某一程序运行的结果导致另一任务的启动。运行结果可能是数据满足一定条件或超出某一极限值；也可能是释放了某一资源，例如得到了某一设备而使任务得到运行环境。内部事件驱动的任务一般属于同步任务范畴。

外部事件驱动：最典型的实时任务是由外部事件驱动的。外部事件驱动常指工业现场状态发生变化或出现异常，立刻请求CPU处理。CPU将中断正在执行的任务而优先响应外部请求，立即执行系统设计时设定的对应于该请求的中断服务任务。在实时系统中，外部事件的发生是不可预测的，由外部事件驱动的任务是最重要的任务，其优先级最高。在工业应用中，工程师、操作员键入命令也是一种外部事件，但与现场状态变化相比，它的实时性要求要低得多，所以系统对其响应、执行命令的任务优先级也较低。通常把这类任务安排在后台作业中。

由时间驱动的任务有两种：一种是按绝对时间驱动，另一种是按相对时间驱动。

绝对时间驱动：绝对时间驱动是指在某指定时刻执行的任务。例如监测系统中报表打印任务,一般是在操作员交接班时(班报告)、夜间零点(日报告)或每月末(月报告)执行,也就是在自然时钟的绝对时间执行。在网络系统中,绝对时间更重要,系统中有些数据交换、控制命令是以绝对时间为基准执行的。监控系统需要与卫星、电视台对时,就是为了与外部绝对时间同步。

相对时间驱动: 相对时间驱动是指周期性执行的任务,总是相对上一次执行时间计时,执行时间间隔一定。除了周期性任务外,还有一些同步任务也可能由相对时间驱动,如等待某种条件到来。等待时间是编程设定的,例如认为被挂起一段时间。相对时间可用计算机内部时钟或软时钟计时。

4. 中断与中断优先级

中断: 中断是计算机中软件系统与硬件系统共同提供的功能。它包括中断源、中断优先级、中断处理程序及中断任务等相关概念。实时操作系统充分利用中断来改变 CPU 执行程序的顺序,达到实时处理的目的。

系统中所有中断控制器一共可以连接几个外部信号,则称系统有几个中断源。CPU 通过读中断状态寄存器,判别出哪个信号有变化,就认为该信号对应的外部事件发生,正在请求 CPU 处理。CPU 接到请求后,先仲裁该中断源的优先级是否比当前正在执行的任务优先级更高。若更高,则中断当前正在执行的程序而转向执行对应于该外部信号的中断处理程序。中断处理程序的长度是有限的,因而有些系统中,每个中断处理程序还可对应一个任务入口,使中断发生时执行任务中的代码,以便得到更多处理。这一任务提交给操作系统作为任务调度。这种与中断级对应、由外部事件驱动的任务又称为中断任务。

中断优先级: 操作系统对每个中断源指定了优先级,称之为中断优先级。在多个中断源同时发出申请时,CPU 按优先级的高低顺序处理。

这种总是保证优先级最高的任务占用 CPU 的方式,称为按优先级抢占式调度。中断源及中断优先级是实时系统赖以工作的基础。

实时操作系统中也包含一些无实时性要求的任务,例如系统初始化任务,只是在系统启动时执行一次即可。

实时操作系统内的任务有数量限制,不同系统允许的任务数量不同。每个任务对应一个任务号。有些系统任务号与优先级数是一致的,有些却不一致,而是具有一种固定的对应关系。实时系统内任务按优先级排列,操作系统按优先级调度任务。有的实时系统还允许多个任务有相等的优先级,对同优先级任务再采取分时方式调度。应用任务的任务号和优先级,由应用系统设计人员根据现场需求在程序设计时指定,由应用系统初始化程序执行分配。

5. 同步与异步

实时系统中常用同步或异步来说明事件发生的时序或任务执行的顺序关系。

同步: 由于事件 1 停止而引起事件 2 发生,或者必须有事件 2 发生,事件 3 才可能发生，如此类推，这一系列时间相关事件称为同步事件。由同步事件驱动的任务称为同步任务。使任务同步的目的是使相关任务在执行顺序上协调，不至于发生时间相关的差错，以保证任务互斥地访问系统的内存、外设等共享资源。

异步：异步事件是指随机发生的事件。异步事件发生的原因很复杂，往往与工业现场有关，难以预测其发生的时间，所以异步事件又称随机事件。由异步事件驱动的任务称为异步任务。中断任务都是异步任务，优先级高于同步任务。

6. 资源与临界资源

资源：程序运行时可使用的软、硬件环境统称为资源。主要包括CPU的可利用时间、系统可提供的中断源、内存空间与数据、通用外部设备等。系统资源由操作系统统一分配管理。用户定义的任务可向系统申请资源。没有指派给具体任务的资源属于系统所有，是共享资源，也可作为动态再分配的资源。

临界资源：如果系统中出现2个以上任务可能同时访问的共享资源，则称为临界资源。系统中的公共数据区、打印机等都是临界资源。

系统内任务应采取互斥的方式访问共享资源。在实时多任务系统中，当异步任务被激活时，容易出现资源的临界状态。这种状态是不稳定的，一旦某任务完成对该资源的访问，交出控制权，临界状态便消失。实时多任务操作系统中应保证任何时刻临界资源内只有一个任务在访问，而且占用该资源的任务应尽快使用并尽快释放资源，绝不能在没有释放资源前将自己挂起或执行某种等待操作，使得其他任务不能获得该资源。但是实时多任务操作系统中应避免出现资源临界现象，即保证任何时刻临界资源内只有一个任务在访问。若这一问题处理不好，执行任务交不出资源的控制权，将会引起系统死锁。因此，对临界资源的管理是实时操作系统重要任务之一。

7. 容错与安全性

容错：容错是指这样一种性能或措施，当系统内某些软、硬件出现故障时，系统仍能正常运转，完成预定的任务或某些重要的不允许间断的任务。容错能力包括系统自诊断、自恢复、自动切换等多方面能力，由软、硬件共同采取措施才能实现。容错是实时系统提高可靠性的手段。

安全性：安全性控制是操作系统对自身文件和用户文件的存取合法性的控制。在实时操作系统中，安全性极为重要，尤其是在一些重要的工业控制和军用系统中，必须保证系统工作的高度可靠和安全，防止对应用系统的有意或无意的破坏。通常采用一些软件控制方法来保证系统的安全性，如标记检查、多级口令设置、加密等。

1.3.2 实时操作系统

实时操作系统（RTOS）是具有实时性且能支持实时控制系统工作的操作系统。其首要任务是调度一切可利用的资源来完成实时控制任务，其次才着眼于提高计算机系统的使用效率，其重要的特点是能满足对时间的限制和要求。在任何时刻，它总是保证优先级最高的任务占用CPU。系统对现场不停机地监测，一旦有事件发生，系统能即刻做出相应的处理。这除了由硬件质量作为基本保证外，主要由实时操作系统内部的事件驱动方式及任务调度来决定。

实时操作系统是实时系统在启动之后运行的一段背景程序。应用程序是运行在这个基础之上的多个任务。实时操作系统根据各个任务的要求，进行资源管理、消息管理、任务调度和异常处理等工作。在实时操作系统支持的系统中，每个任务都具有不同的优先级别，它将根据各个任务的优先级来动态地切换各个任务，以保证对实时性的要求。

从性能上讲，实时操作系统与普通操作系统存在的区别主要体现在"实时"2字上。在实时计算中，系统的正确性不仅依赖于计算的逻辑结果，而且依赖于结果产生的时间。

RTOS与通用计算机OS的区别：

- 实时性。响应速度快，只有几微秒；执行时间确定，可预测。
- 代码尺寸小。10～100 KB，节省内存空间，降低成本。
- 应用程序开发较难。
- 需要专用开发工具：仿真器、编译器和调试器等。

1. 实时操作系统的发展

实时操作系统的研究是从20世纪60年代开始的。从系统结构上看，实时操作系统经历了以下3个发展阶段：

① 早期的实时操作系统。早期的实时操作系统还不能称为真正的实时操作系统。它只是一个小而简单、具有一定专用性的软件，其功能较弱，可以认为是一种实时监控程序。它一般为用户提供对系统的初始管理以及简单的实时时钟管理。

② 专用实时操作系统。开发者为了满足实时应用的需要，自己研制与特定硬件相匹配的实时操作系统。这类专用实时操作系统在国外称为Real-Time Operating System Developed in House。它是早期用户为满足自身开发需要而研制的，一般只能用于特定的硬件环境，且缺乏严格的评测，可移植性也不太好。

③ 通用实时操作系统。在操作系统中，一些多任务的机制，如基于优先级的调度、实时时钟管理、任务间的通信、同步互斥机构等基本上是相同的，不同的只是面向各自的硬件环境与应用目标。实际上，相同的多任务机制是能够共享的，因而可以把这部分很好地组织起来，形成一个通用的实时操作系统内核。这类实时操作系统大多采用软组件结构，以"标准组件"构成通用的实时操作系统。一方面，在实时操作系统内核的最底层将不同的硬件特性屏蔽掉；另一方面，对不同的应用环境提供了标准的、可裁减的系统服务软组件。这使用户可根据不同的实时应用要求及硬件环境，选择不同的软组件，也使实时操作系统开发商在开发过程中减少了重复性工作。

1981年，Ready System公司发展了世界上第一个商业嵌入式实时内核——

VRTX32。它包含了许多传统操作系统的特征，包括任务管理、任务间通信、同步与互斥、中断支持、内存管理等功能。随后，出现了如 Integrated System Incorporation (ISI)的 PSOS、Wind River 公司的 VxWorks、QNX 公司的 QNX、Palm OS、WinCE、嵌入式 Linux、Lynx、μC/OS、Nucleus，以及国内的 Hopen、Delta OS 等嵌入式操作系统。今天，RTOS 已经在全球形成了一个产业。

实时操作系统经过多年的发展，先后从实模式进化到保护模式，从微内核技术进化到超微内核技术；在系统规模上也从单处理器的实时操作系统，发展到支持多处理器的实时操作系统和网络实时操作系统，在操作系统研究领域中形成了一个重要分支。

2. 实时操作系统的组成

实时操作系统是能够根据实际应用环境的要求对内核进行裁减和重配置的操作系统。根据其面向实际应用领域的不同其组成也有所不同。但一般都包括以下几个重要组成部分：

① 实时内核。实时内核一般都是多任务的。它主要实现任务管理、定时器管理、存储器管理、任务间通信与同步、中断管理等功能。

② 网络组件。网络组件实现了链路层的 ARP/RARP、PPP 及 SLIP 协议，网络层的 IP 协议，传输层的 TCP 和 UDP 协议。应用层则根据实际应用的需要实现相应的协议。这些网络组件作为操作系统内核的一个上层的功能组件，为应用层提供服务。它本身是可裁减的，目的是尽可能少地占有系统资源。

③ 文件系统。非常简单的嵌入式应用中可以不需要文件系统的支持，但对于比较复杂的文件操作应用来说，文件系统是必不可少的。它也是可裁减的。

④ 图形用户界面。在 PDA 等实际应用领域中，需要友善的用户界面。图形用户界面(GUI)为用户提供文字和图形以及中英文的显示和输入。它同样是可裁减的。

3. 实时操作系统的特点

实时操作系统与一般的操作系统有一定的差异。IEEE 的 Unix 委员会规定了实时操作系统必须具备以下几个特点：

- 支持异步事件的响应。实时操作系统为了对外部事件在规定的时间内进行响应，要求具有中断和异步处理的能力。
- 中断和调度任务的优先级机制。为区分用户的中断以及调度任务的轻重缓急，需要有中断和调度任务的优先级机制。
- 支持抢占式调度。为保证高优先级的中断或任务的响应时间，实时操作系统必须提供一旦高优先级的中断或任务准备好，就能马上抢占低优先级任务的 CPU 使用权的机制。
- 确定的任务切换时间和中断延迟时间。确定的任务切换时间和中断延迟时间是实时操作系统区别于普通操作系统的一个重要标志，是衡量实时操作系统的实时性的重要标准。

➤ 支持同步。提供同步和协调共享数据的使用。

实时操作系统以上的几个特性突出地表明，通常所用的操作系统是没有实时性的。

1.3.3 常见的嵌入式操作系统

国外嵌入式操作系统已经从简单走向成熟。有代表性的产品主要有 VxWorks、QNX、Palm OS、WindowsCE 等，占据了机顶盒、PDA 等的绝大部分市场。其实，嵌入式操作系统并不是一个新生的事物，从 20 世纪 80 年代起，国际上就有一些 IT 组织、公司开始进行商用嵌入式操作系统和专用操作系统的研发。

一般商用嵌入式操作系统都采用计费许可证，即以“提成”的方法向用户收取费用。购买者先付一笔费用购买嵌入式操作系统及其开发环境，在此基础上开发出自己的产品；然后每出售一套采用该操作系统的产品，便从中抽取一定的费用。为便于应用系统的开发和调试，通常额外付费就可以取得嵌入式操作系统的源代码。Microsoft 公司本来从不向用户提供源代码，但是其嵌入式操作系统 WindowsCE 却是例外，只要是在 WindowsCE 上开发产品的厂商，均可与 Microsoft 公司签订合同，取得其源代码。采用商用嵌入式操作系统的好处是能得到比较好的技术支持。

1. VxWorks

VxWorks 操作系统是美国 WindRiver 公司于 1983 年设计开发的一种实时操作系统。VxWorks 拥有良好的持续发展能力、高性能的内核以及友好的用户开发环境，在实时操作系统领域内占据一席之地。它以良好的可靠性和卓越的实时性被广泛地应用在通信、军事、航空、航天等高精尖技术及实时性要求极高的领域中，如卫星通信、军事演习、导弹制导、飞机导航等。在美国的 F-16、FA-18 战斗机，B-2 隐形轰炸机和爱国者导弹上，甚至连 1997 年 4 月在火星表面登陆的火星探测器上也使用了 VxWorks。它是目前嵌入式系统领域中使用最广泛、市场占有率最高的系统。它支持多种处理器，如 ARM、x86、i960、SunSparc、Motorola MC68000、MIPS RX000、PowerPC、StrongARM 等。大多数的 VxWorks API 是专有的。

多家著名的公司如 CISCO Systems、3Com、HP、Lucent 等都是 VxWorks 的主要商业客户，可见 VxWorks 的使用范围之广和影响之大。在交互式应用程序领域，Unix 和 Windows 无疑是两种非常成功的操作系统，但是，它们并不适合于实时应用。一般的实时操作系统因为比较专用化，缺乏良好的应用开发界面，尤其是图形用户界面。综合这两类操作系统的优点，并且发挥出自己最大优势的实时操作系统就是 VxWorks。

WindRiver 公司的哲学并不是要创建一个能完成一切的操作系统，而是利用这两种操作系统的优点，在宿主机方面操作和应用变得更方便。VxWorks 实时和嵌入式性能变得更好。

另外，VxWorks 允许按照不同的应用需求进行定制。在开发过程中，可以利用一些特性加快开发速度；在开发结束之后，可以将这些特性删除，以得到紧凑、高效的操作系统。

VxWorks 的特点如下：

① 高性能实时微内核。VxWorks 的微内核 Wind 是一个具有较高性能且标准的嵌入式实时操作系统内核。它支持抢占式、基于优先级的任务调度，支持任务间同步和通信，还支持中断处理、看门狗（Watchdog）定时器和内存管理。其任务切换时间短、中断延迟小、网络流量大的特点使 VxWorks 的性能得到很大提高。与其他嵌入式操作系统相比，VxWorks 系统具有很大优势。

② 与 POSIX 兼容。POSIX（Portable Operating System Interface）是工作在 ISO/IEEE 标准下的一系列有关操作系统的软件标准。制定这个标准的目的是为了在源代码层次上支持应用程序的可移植性。这个标准产生了一系列适用于实时操作系统服务的标准集合 1003.1b（过去是 1003.4b）。

VxWorks 与 Unix 有很深的渊源，它的许多代码实际上是从 BSD 演变过来的，可以说它是 Unix 的一个变种，甚至仍可以说是“类 Unix”的操作系统。VxWorks 与 POSIX 标准完全兼容，凡是在 POSIX 基础上做出了扩充或改进的，就向用户分别提供两套函数，使用户在其他符合 POSIX 标准的系统（如 Linux）上运行的软件移植到 VxWorks 上，基本上只要重新编译即可运行。

③ 自由配置能力。VxWorks 提供良好的可配置能力，可配置的组件超过 80 个。用户可以根据自己系统的功能需求通过交叉开发环境方便地进行配置。

④ 友好的开发调试环境。VxWorks 提供的开发调试环境便于进行操作和配置，开发系统 Tornado 更是得到广大嵌入式系统开发人员的支持。

2. μC/OS 和 μC/OS－II

μC/OS－II（Microcontroller Operating System）是由美国人 Jean J. Labrosse 开发的实时操作系统内核。这个内核的产生与 Linux 有点相似，由于从事相关嵌入式产品的开发及 Labrosse 兴趣使然，他花了一年时间开发了这个最初名为 μC/OS 的实时操作系统，并且将介绍文章在 1992 年的 *Embedded System Programming* 杂志上发表，源代码也公布在该杂志的网站上。1993 年，作者将杂志上的文章整理扩展，写成了 *μC/OS，The Real-Time Kernel* 一书。这本书的热销以及源代码的公开推动了 μC/OS－II 本身的发展。μC/OS－II 目前已经被移植到 Intel、ARM、Motorola 等公司的上百种不同的处理器上。

μC/OS－II 其实只是一个实时操作系统的内核，全部核心代码只有 8.3 KB。它只包含了进程调度、时钟管理、内存管理和进程间的通信与同步等基本功能，而没有包括 I/O 管理、文件系统、网络等额外模块，图 1-4 说明了 μC/OS-II 的系统结构。同时，μC/OS-II 的可移植性很强。从 μC/OS-II 的结构图中，可以看到涉及到系统移植的源码文件只有 3 个，只要编写 4 个汇编语言的函数、6 个 C 函数，再定义 3 个宏和 1 个常量，代码长度不过二三百行，移植起来并不困难。

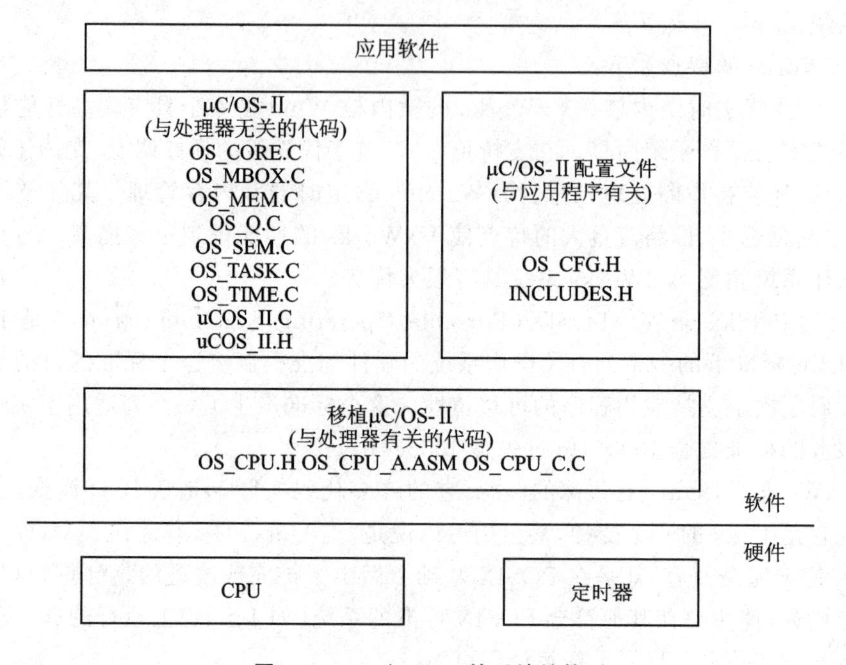

图 1-4 μC/OS-II 的系统结构

作为一个实时操作系统，μC/OS-II 的进程调度是按抢占式、多任务系统设计的，即它总是执行处于就绪队列中优先级最高的任务。μC/OS-II 将进程的状态分为 5 个：就绪（Ready）、运行（Running）、等待（Waiting）、休眠（Dormant）和 ISR，如图 1-5 所示。

每个进程由 OSTaskCreate()或 OSTaskCreateExt()创建后，进入就绪状态。当多个状态处于就绪状态时，由 OSStart()函数选择优先级最高的进程来运行。这样，这个进程就处于运行状态。

μC/OS-II 最多可以运行 64 个进程，并且规定所有进程的优先级必须不同。进程的优先级同时也唯一地标识了该进程。即使两个任务的重要性是相同的，它们也必须有优先级上的差异。μC/OS-III 已推出，同一优先级可支持多个任务，但源代码量大多了。

3. WindowsCE

Microsoft 公司 WindowsCE 是从整体上为有限资源的平台设计的多线程、完整优先权、多任务的操作系统。它的模块化设计允许它对从掌上电脑到专用工业控制器的用户电子设备进行定制。操作系统的基本内核大小至少为 200 KB。

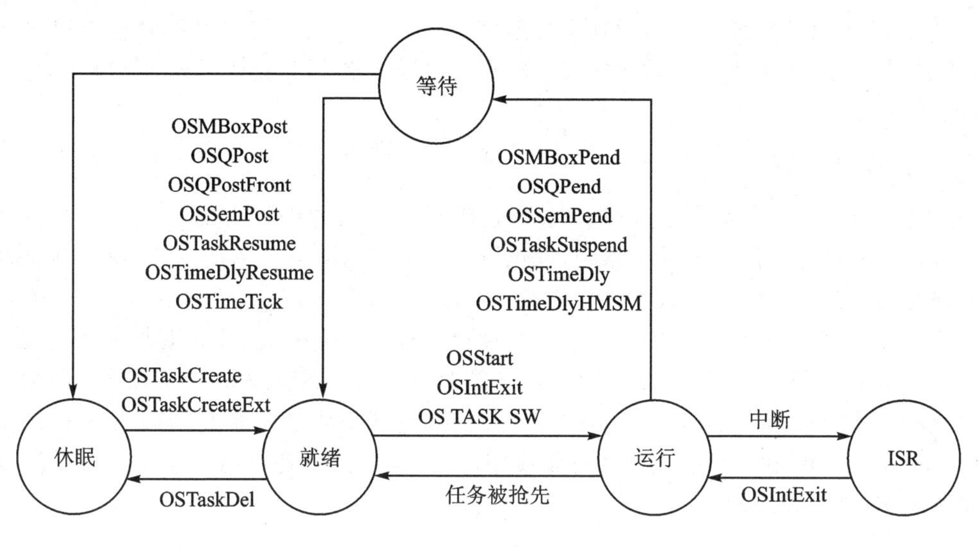

图1-5　μC/OS-II的任务状态转移图

4. 嵌入式 Linux

随着 Linux 的迅速发展，嵌入式 Linux 现在已经有许多版本，包括强实时的嵌入式 Linux（如新墨西哥工学院的 RT-Linux 和堪萨斯大学的 KURT-Linux）和一般的嵌入式 Linux（如 μClinux 和 Pocket Linux 等）。其中，RT-Linux 通过把通常的 Linux 任务优先级设为最低，而所有的实时任务的优先级都高于它，以达到既兼容通常的 Linux 任务，又保证强实时性能的目的。

另一种常用的嵌入式 Linux 是 μClinux，它是针对没有 MMU 的处理器而设计的。它不能使用处理器的虚拟内存管理技术，对内存的访问是直接的，所有程序中访问的地址都是实际的物理地址。它专为嵌入式系统做了许多小型化的工作。

5. PalmOS

3Com 公司的 PalmOS 在掌上电脑和 PDA 市场上占有很大的市场份额。它有开放的操作系统应用程序接口（API），开发商可以根据需要自行开发所需的应用程序。目前共有 3500 多个应用程序可以运行在 Palm Pilot 上。其中大部分应用程序为其他厂商和个人所开发，使 Palm Pilot 的功能不断增多。这些软件包括计算器、各种游戏、电子宠物、地理信息等。

6. QNX

QNX 是一个实时、可扩充的操作系统。它部分遵循 POSIX 相关标准，如 POSIX.1b，并提供了一个很小的微内核以及一些可选的配合进程。其内核仅提供 4 种服务：进程调度、进程间通信、底层网络通信和中断处理，其进程在独立的地址空间中运行。所有其他操作系统服务都实现为协作的用户进程，因此，QNX 内核非常小巧(QNX4.x大约为12 KB),而且运行速度极快。这个灵活的结构可以使用户根据实际的需求,将系统配置成微小的嵌入式操作系统或包括几百个处理器的超级虚拟机操作系统。

7. Delta OS

Delta OS是电子科技大学实时系统教研室和北京科银京成技术有限公司联合研制开发的全中文嵌入式操作系统,提供强实时和嵌入式多任务的内核,任务响应时间快速、确定,不随任务负载大小而改变,绝大部分的代码由C语言编写,具有很好的移植性。它适用于内存要求较大、可靠性要求较高的嵌入式系统,主要包括嵌入式实时内核DeltaCORE、嵌入式TCP/IP组件DeltaNET、嵌入式文件系统DeltaFILE以及嵌入式图形用户界面DeltaGUI等。同时,它还提供了一整套的嵌入式开发套件LamdaTOOL和一整套嵌入式开发应用解决方案,已成功应用于通信、网络、信息家电等多个应用领域。

8. Hopen OS

Hopen OS是凯思集团自主研制开发的实时操作系统,由一个体积很小的内核及一些可以根据需要进行定制的系统模块组成。其核心Hopen Kernel的规模一般为10 KB左右,占用空间小,并具有实时、多任务、多线程的系统特征。

9. pSOS

pSOS是ISI(Integrated Systems Inc.)公司研发的产品。该公司成立于1980年,产品在其成立后不久即被推出,是世界上最早的实时操作系统之一,也是最早进入中国市场的实时操作系统。该公司于2000年2月16日与WindRiver Systems公司合并。

pSOS是一个模块化、高性能、完全可扩展的实时操作系统,专为嵌入式微处理器设计,提供了一个完全多任务环境,在定制或是商业化的硬件上提供高性能和高可靠性。它包含单处理器支持模块(pSOS+)、多处理器支持模块(pSOS+m)、文件管理器模块(pHILE)、TCP/IP通信包(pNA)、流式通信模块(OpEN)、图形界面、Java和HTTP等。开发者可以利用它来实现从简单的单个独立设备到复杂、网络化的多处理器系统。

1.4 实时操作系统的内核

在实时操作系统中最关键的部分是实时多任务内核。它主要实现任务管理、任务间通信与同步、存储器管理、定时器管理、中断管理等功能。

1.4.1 任务管理

实时操作系统中的任务与操作系统中的进程相似。它是具有独立功能的无限循

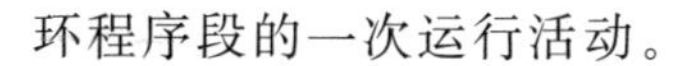

环程序段的一次运行活动。

运行的任务状态有4种：

- 运行态（Executing）：获得CPU控制权。
- 就绪态（Ready）：进入任务等待队列，通过调度转为运行状态。
- 挂起态（Suspended）：任务发生阻塞，移出任务等待队列，等待系统实时事件的发生而唤醒，从而转为就绪或运行。
- 休眠态（Dormant）：任务完成或错误等原因被清除的任务，也可以认为是系统中不存在的任务。

任何时刻系统中只能有一个任务在运行状态，各任务按级别通过时间片分别获得对CPU的访问权。任务就绪后进入任务就绪态等待队列。通过调度程序使它获得CPU和资源使用权，从而进入运行态。任务在运行时因申请资源等原因而挂起，转入挂起态，等待运行条件的满足。当条件满足后，任务被唤醒进入就绪态，等待系统调度程序依据调度算法进行调度。任务的休眠态是任务虽然在内存中，但不被实时内核所调度的状态。任务还有一种状态，即被中断状态，它指任务在运行态时有中断请求到达，系统响应中断，转而执行中断服务子程序，任务被中断后所处的状态。它不同于挂起态和就绪态。在宏观上系统中可能有多个任务同时运行，但微观上只能有一个任务在运行态。

实时内核的任务管理实现在应用程序中建立任务，删除任务，挂起任务，恢复任务以及对任务的响应、切换和调度等功能。

任务响应是从任务就绪到任务真正得到运行的过程。任务响应时间的大小依赖当前系统的负荷以及任务本身运行的优先级情况。

一个任务，也称作一个线程，是一个简单的运行程序。每个任务都是整个应用的某一部分，被赋予一定的优先级，有其自己的一套CPU寄存器和栈空间。

多任务运行的实现实际上是靠CPU（中央处理单元）在许多任务之间转换、调度。CPU只有一个，轮番服务于一系列任务中的某一个。多任务运行使CPU的利用率得到最大的发挥，并使应用程序模块化。多任务系统中，内核负责管理各个任务，或者说为每个任务分配CPU时间，并且负责任务之间的通信。内核提供的基本服务是任务切换。内核本身也增大了应用程序，其数据结构增加了RAM的用量。内核本身对CPU的占用时间一般在2%～5%之间。

可重入型函数可以被一个以上的任务调用，而不必担心数据的破坏。它在任何时候都可以被中断，一段时间以后又可以运行，而相应数据不会丢失。可重入型函数只使用局部变量，即变量保存在CPU寄存器中或堆栈中。

下面是一个不可重入型函数的例子：

```
int Temp;
void swap (int *x,int *y) {
  Temp = *x;
```

```
    * x = * y;
    * y = Temp;
  }
```

下面是一个可重入型函数的例子：

```
void swap (int * x,int * y) {
    int Temp;
    Temp = * x;
    * x = * y;
    * y = Temp;
  }
```

每个任务都有其优先级(Priority),即静态优先级和动态优先级。若应用程序执行过程中诸任务优先级不变,则称之为静态优先级。在静态优先级系统中,诸任务以及它们的时间约束在程序编译时是已知的。应用程序执行过程中,如果任务的优先级是可变的,则称之为动态优先级。

代码的临界区也称为临界区,指处理时不可分割的代码。一旦这部分代码开始执行,则不允许任何中断打入。在进入临界区之前要关中断,而临界区代码执行完以后要立即开中断。在任务切换时,要保护地址、指令、数据等寄存器堆栈。

任何任务所占用的实体都可称为资源。资源可以是输入/输出设备,例如打印机、键盘、显示器,也可以是一个变量、一个结构或一个数组等。

任务要获得CPU的控制权,从就绪态进入运行状态是通过任务调度器完成的。任务调度器从当前已就绪的所有任务中,依照任务调度算法选择一个最符合算法要求的任务进入运行状态。任务调度算法的选择很大程度上决定了该操作系统的实时性能,这也是种类繁多的实时内核却无一例外地选用特定的几个实时调度算法的原因。

调度(Scheduler)是操作系统的主要职责之一,它决定该轮到哪个任务运行。往往调度是基于优先级的,根据其重要性不同赋予任务不同的优先级。CPU总是让处在就绪态的优先级最高的任务先运行。何时让高优先级任务掌握CPU的使用权,要看用的是什么类型的内核,是非抢占式的还是抢占式的内核。

实时操作系统中常用的任务调度算法包括基于优先级的抢占式调度算法、同一优先级的时间片轮转调度算法和单调速率调度算法。

1. 基于优先级的抢占式调度算法

实时系统为每个任务赋予一个优先级。任务优先级在一定程度上体现了任务的紧迫性和重要性,越重要的任务赋予的优先级就越高。实时系统允许多个任务共享一个优先级,通过同一优先级的时间片轮转调度算法,完成任务间的调度。也有少数比较简单的实时操作系统(如μC/OS-II等)采取一个优先级只分配给一个任务的

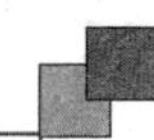

规则。这虽然减少了并行运行任务的数目，但避免了同一优先级任务的调度问题。而且可以用任务的优先级作为任务的ID号，在一定程度上简化了实时操作系统的设计和使用。

优先级调度原则是让高优先级的任务在得到资源运行的时间上比低优先级任务更有优先权。这保证了实时系统中紧急的、对时间有严格限制的任务能得到更为优先的处理，而相对不紧急的任务则等到紧急任务处理完后才继续运行。

实时操作系统都采用基于优先级的任务调度算法。按照任务在运行过程中是否能被抢占，可以分为抢占式调度和非抢占式调度两种。

(1) 非抢占式调度

非抢占式(Non-preemptive)调度法也称作合作型多任务(Cooperative Multi-tasking)，各个任务彼此合作共享一个CPU。中断服务可以使一个高优先级的任务由挂起状态变为就绪状态。但中断服务以后控制权还是回到原来被中断了的那个任务，直到该任务主动放弃CPU的使用权时，那个高优先级的任务才能获得CPU的使用权。

非抢占式内核的一个特点是几乎不需要使用信号量保护共享数据。运行着的任务占有CPU，而不必担心被别的任务抢占。非抢占式内核的最大缺陷在于其响应高优先级的任务慢，任务已经进入就绪态但还不能运行，也许要等很长时间，直到当前运行着的任务释放CPU。内核的任务级响应时间是不确定的，最高优先级的任务什么时候才能拿到CPU的控制权完全取决于应用程序什么时候释放CPU。

由于其他任务不能抢占该任务的CPU控制权，如果该任务又不主动释放，则势必使系统进入死锁。每个任务在设计过程中必须在任务结束时释放所占用的资源，它不能是一个无限运行的循环。这是非抢占式内核能正常运行的先决条件。

任务一旦开始运行，只能被中断服务子程序打断，转而执行中断服务，处理异步的事件。中断服务处理完后，不是调入就绪队列中优先级最高的任务，而是直接返回被中断的任务继续运行，如图1-6所示。

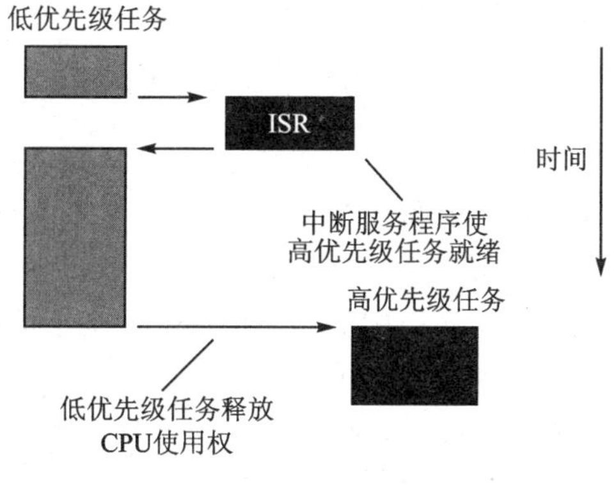

图1-6 非抢占式调度

基于优先级的非抢占式调度算法的优点如下：

- 响应中断快。
- 可使用不可重入函数。由于任务运行过程中不会被其他任务抢占，各任务使用的子函数不会被重入，所以在非抢占式调度算法中可以使用不可重入函数。
- 共享数据方便。

任务运行过程中不被抢占，内存中的共享数据被一个任务使用时，不会出现被另一个任务使用的情况，这使得任务在使用共享数据时不使用信号量等保护机制。当然，由于中断服务子程序可以中断任务的执行，所以任务与中断服务子程序的共享数据保护问题仍然是设计系统时必须考虑的问题。

(2) 抢占式调度

当系统响应时间很重要时，要使用抢占式(Preemptive)内核。最高优先级的任务一旦就绪，总能得到 CPU 的控制权。当一个运行着的任务使一个比它优先级高的任务进入了就绪态，当前任务的 CPU 使用权就被剥夺了，或者说被挂起了，那个高优先级的任务立刻得到 CPU 的控制权。

使用抢占式内核时，应用程序不应直接使用不可重入型函数。如果调入可重入型函数，那么低优先级的任务 CPU 的使用权被高优先级任务剥夺，不可重入型函数中的数据有可能被破坏。

抢占式调度算法满足在处理器中运行的任务始终是已就绪任务中优先级最高的任务。任务在执行过程中允许更高的优先级任务抢占该任务对 CPU 的控制权。

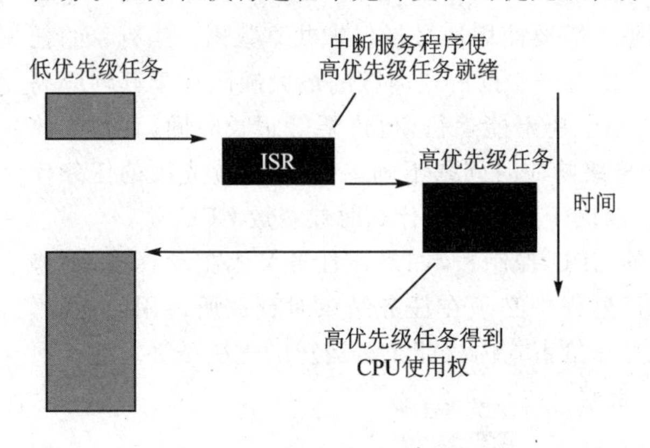

图 1-7 抢占式调度算法

与非抢占式调度算法不同的是当任务被中断，中断服务子程序运行完成后，不一定返回被中断的任务，而是执行新的任务调度，看就绪队列中是否有比被中断的任务拥有更高优先级的任务就绪。如果有，更高优先级的任务就调入并运行该任务；否则，继续运行被中断的任务，如图 1-7 所示。

抢占式调度算法的特点是任务级响应时间得到最优化，而且是确定的，因而中断响应较快。由于任务在运行过程中可以被其他任务抢占，所以任务不应直接使用不可重入的函数，只有对不可重入函数进行加锁保护后才能使用。同理，对共享数据的使用也需要互斥、信号量等保护机制。绝大多数的实时内核都使用基于优先级的抢占式调度算法。

在实时系统中，使用基于优先级的抢占式调度算法时，要特别注意对优先级反转问题进行处理。优先级反转问题体现的是高优先级的任务等待，属于被低优先级任务占有系统资源而形成的高优先级任务等待低优先级任务运行的反常情况。如果低优先级在运行时又被其他任务抢占，则系统运行情况会更糟。

以下面的实例简要说明：

任务 1：优先级较高的任务。要使用共享资源 S，使用完毕程序结束。

任务 2：优先级中等的任务。不使用共享资源 S。

任务 3：优先级最低的任务。要使用共享资源 S，使用完毕程序结束。

共享资源 S 指的是具有互斥机制保护的同一共享资源。

3 个任务的优先级顺序为：

任务 1→任务 2→任务 3

3 个任务的就绪顺序为：任务 3 首先进入就绪状态。在任务 3 运行过程中，任务 1 和任务 2 都进入就绪状态。其中任务 1 比任务 2 先进入就绪状态。

优先级反转的情况如图 1-8 所示。任务 3 首先进入就绪态，经过任务调度后开始执行。在执行过程中使用了互斥访问的共享资源 S，并得到了它的互斥信号量，这时任务 1 就绪。由于任务 1 具有高于任务 3 的优先级，因而任务 1 抢占了任务 3 的 CPU 控制权，开始运行。任务 1 在执行过程中也要使用共享资源 S。由于任务 3 没有完成对共享资源 S 的使用就被抢占，它还没有释放 S 的互斥信号量，因此，任务 1 得不到 S 的使用权，不得不挂起自己，等待共享资源 S 释放的事件，任务 3 得以继续运行。此时，就出现了优先级反转问题。如果在任务 3 运行时，任务 2 就绪，将抢占任务 3 的 CPU 控制权，情况将进一步恶化。任务 1 的运行时间得不到保障，从而影响系统的实时性能。

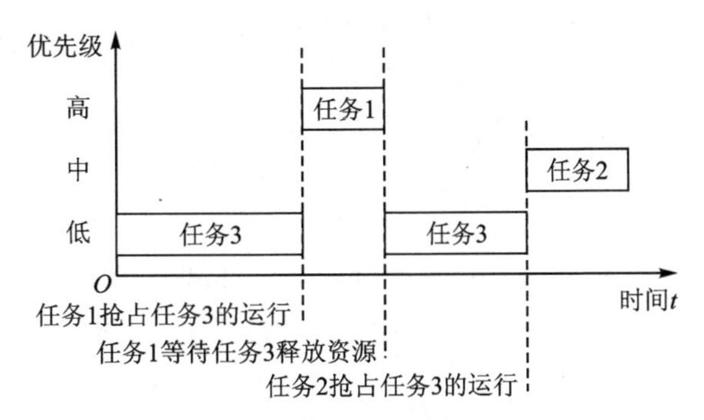

图 1-8 优先级反转

解决优先级反转问题有优先级继承（Priority Inheritance）和优先级封顶（Priority Ceiling）两种方法。

1）优先级继承

优先级继承要点如下：

➢ 设 C 为正占用着某项共享资源的进程 P 以及所有正在等待占用此项资源的进程的集合。

➢ 找出这个集合中的优先级最高者 P_h，其优先级为 p′。

➢ 把进程 P 的优先级设置成 p′。

优先级继承通过提高任务 3 的优先级达到与任务 1 相同的优先级，来避免优先级反转问题的出现。优先级的继承发生在任务 1 申请使用共享资源 S 时。如果此时共享资源 S 正在被任务 3 使用，通过比较任务 3 与自身的优先级，发现任务 3 的优先级小于自身的优先级，那么通过系统提升任务 3 的优先级达到与任务 1 的优先级相同的优先级，等任务 3 使用完 S 时，再恢复任务 3 原有的优先级。这时，由于任务 1 的优先级比任务 3 高，所以任务 1 立即抢占任务 3 的运行。使用优先级继承后任务的运行流程如图 1-9 所示。

2）优先级封顶

优先级封顶要点如下：

- 设C为所有可能竞争使用某项共享资源的进程的集合。事先为这个集合规定一个优先级上限 p′，使得这个集合中所有进程的优先级都小于 p′。注意：p′并不一定是整个系统中的最高优先级。

优先级
高
中
低
任务3
任务1
任务2
任务3
O
任务1就绪
时间t
任务3运行完成
任务1运行完成

图1-9　优先级继承

- 在创建保护该项资源的信号量或互斥量时，将 p′作为一个参数。
- 每当有进程通过这个信号量或互斥量取得对共享资源的独占使用权时，就将此进程的优先级暂时提高到 p′，一直到释放该项资源时才恢复其原有的优先级。

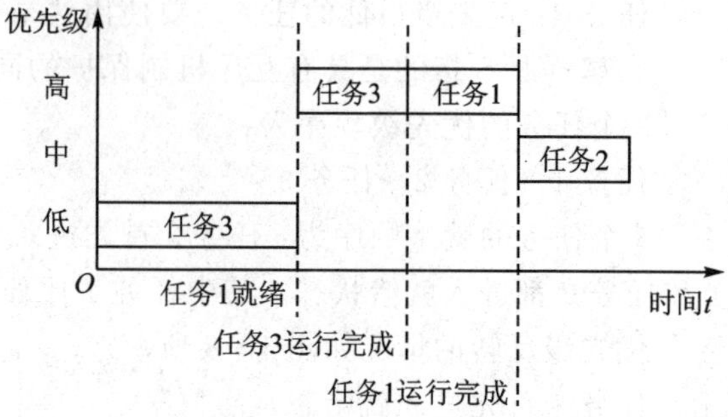

优先级封顶是当任务申请某资源时，把该任务的优先级提升到可访问这个资源的所有任务中的最高优先级，这个优先级称为该资源的优先级封顶。资源的优先级封顶在资源被创建时就确定了。使用优先级封顶后任务的运行流程图1-10所示。

优先级
共享资源
优先级封顶
高
中
低
任务3
任务1
任务2
任务3
O
任务3使用共享资源
时间t
任务3运行完成
任务1运行完成

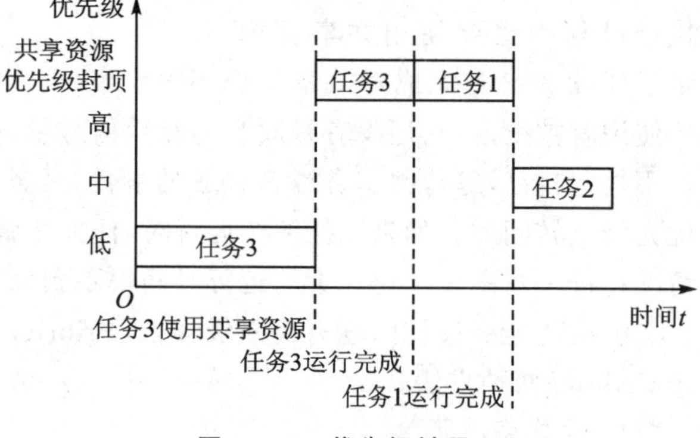

图1-10　优先级封顶

3）优先级继承和优先级封顶的比较

两种算法都改变了任务3的优先级，但改变优先级的时间和改变的范围有所不同。

优先级继承只在占有资源的低优先级任务阻塞了高优先级的任务运行时，才动态更改低优先级的任务到高优先级。这种算法对应用中任务的流程的影响比较小。

优先级封顶则不管任务是否阻塞了高优先级任务的运行，只要任务访问该资源，都会提升任务的优先级到可访问这个资源的所有任务的最高优先级。

这两种算法各有优缺点，实际选择时要根据具体的应用情况决定。

2．同一优先级的时间片轮转调度算法

对于复杂、高性能的多任务实时内核（如VxWorks），由于多个任务允许共用一个优先级，实时内核提供了同一优先级的时间片轮转调度算法来调度同优先级的多任务的运行。实时内核的调度器在就绪队列中寻找最高优先级的任务运行时，如果

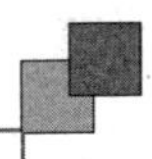

系统中优先级最高的任务有两个或两个以上，则调度器依照就绪的先后次序调度第一个任务。当其执行一段特定的时间片后，无论任务完成与否，处理器都会结束该任务的运行，转入下一个就绪的同优先级任务。当然，此时没有更高优先级的任务就绪，否则就应用基于优先级的可抢占调度算法。未运行完的任务释放处理器的控制权后，放到就绪队列的末尾，等待下一个时间片来竞争处理器。实时内核以轮转策略保证具有同优先级的任务相对平等地享有处理器的控制权。

在时间片轮转算法中，时间片的大小选择会影响系统的性能和效率。时间片太小，任务频繁进行上下文切换，实际运行程序的时间很少，系统的效率很低；时间片太大，算法变成先进先出算法，调度的公平性就没有得到体现。时间片的选择根据实时内核的不同而有所差异。有些内核允许同优先级的任务时间片不同，而有些内核要求同优先级的时间片必须相同。

3. 单调速率调度算法

单调速率调度算法 RMS (Rate Monotonic Scheduling)主要用于分配任务的优先级。它是根据任务执行的频率确定优先级的。任务的执行频率越高，其优先级越高；反之，优先级越低。

1.4.2 任务间的通信和同步

在多任务的实时系统中，一项工作可能需要多个任务或多个任务与多个中断处理程序(ISR)共同完成。它们之间必须协调动作，互相配合，必要时还要交换信息。在实时操作系统中提供了任务间的通信与同步机制以解决这个问题。任务间的同步与通信一般要满足任务与其他任务或中断处理程序间进行交换数据；任务能以单向同步和双向同步方式与另一个任务或中断处理程序同步处理；任务必须能对共享资源进行互斥访问。

1. 任务的通信

任务间的通信有两种方式：共享数据结构和消息机制。

(1) 共享数据结构

实现任务间通信的最简单方法是共享数据结构。共享数据结构的类型可以是全局变量、指针、缓冲区等。在使用共享数据结构时，必须保证共享数据结构使用的排它性；否则，会导致竞争和对数据时效的破坏。因此，在使用共享数据结构时，必须实现存取的互斥机制。实现互斥比较常用的方法有：开/关中断、设置测试标志、禁止任务切换以及信号量机制等。

- 开/关中断实现互斥指在进行共享数据结构的访问时先进行关中断操作，在访问完成后再开中断。这种方法简单、易实现，但是关中断的时间如果太长，会影响整个实时系统的中断响应时间和中断延迟时间。
- 设置测试标志方法指在使用共享数据的两个任务间约定时，每次使用共享数据前都要检测某个事先约定的全局变量。如果变量的值为0,则可以对变量进行读/写操作;如果为1,则不能进行读/写操作。

➢ 禁止任务切换指在进行共享数据的操作前,先禁止任务的切换,操作完成后再解除任务禁止切换。这种方式虽然实现了共享数据的互斥,但是实时系统的多任务切换在此时被禁止,有违多任务的初衷,应尽量少使用。

➢ 信号量(Semaphore)在多任务的实时内核中的主要作用是用做共享数据结构或共享资源的互斥机制,标志某个事件(Event)的发生以及同步两个任务。信号量有两种:二进制信号量(Binary)和计数信号量(Counting)。

- 二进制信号量的取值只有0和1。使用二进制信号量时必须先初始化为1。任务使用信号量(Wait或P操作)时,如果信号量的值为1,则对信号量减1,进行任务的操作。如果信号量的值为0,则任务进入该信号量的等待队列,信号量的值保持不变。任务释放信号量(Signal或V操作)时,如果等待队列不为空,则从等待队列中选出一个任务进入就绪态,信号量的值不加1。选择任务的算法可以基于优先级法或先进先出(FIFO)法。如果等待队列为空,则信号量加1。
- 计数型信号量可以取非负整数值。信号量的值可以表示一个资源最多允许同时使用的任务数。例如,系统如果有5个缓冲区提供给任务使用,就可以初始化一个计数型信号量为5。当任务申请使用缓冲区时,如果该信号量大于0,则信号量减1,允许任务使用缓冲区。如果信号量为0,则将该任务加入到信号量的等待队列中。任务释放缓冲区时,查询信号量的等待队列。如果不为空,则使其中的一个任务进入就绪态,允许它使用缓冲区;如果等待队列为空,则加1即可。

(2) 消息机制

任务间的另一种通信方式是使用消息机制。任务可以通过系统服务向另一个任务发送消息。消息通常是一个指针型变量,指针指向的内容就是消息。消息机制包括消息邮箱和消息队列。

➢ 消息邮箱通常是内存空间的一个数据结构。它除了包括一个代表消息的指针型变量外,每个邮箱都有相应的正在等待的任务队列。要得到消息的任务时,如果发现邮箱是空的,就挂起自己,并放入到该邮箱的任务等待队列中等待消息。通常,内核允许用户为任务等待消息设定超时。如果等待时间已到仍没有收到消息,就进入就绪态,返回等待超时信息。如果消息放入邮箱中,内核将把该消息分配给等待队列的其中一个任务。

➢ 消息队列实际上是一个邮箱阵列,在消息队列中允许存放多个消息。对消息队列的操作和对消息邮箱的操作基本相同。

2. 任务间的同步

任务同步中也常常使用信号量。与任务通信不同的是,信号量的使用不再作为一种互斥机制，而是代表某个特定的事件是否发生。任务的同步有单向同步和多向同步两种。

① 单向同步。标志事件是否发生的信号量初始化为0。一个任务在等待某个事件时，查看该事件的信号量是否为非0。另一个任务或中断处理程序在进行操作时，当该事件发生后，将该信号量置为1。等待该事件的任务查询到信号量的变换，代表事件已经发生，任务继续自身的运行。

② 双向同步。两个任务之间可以通过两个信号量进行双向同步。双向同步有两个初始化为0的信号量，每个信号量进行一个方向的任务同步，两信号量的同步方向是相反的。在每个方向上，信号量的操作与单向同步是完全相同的。

1.4.3 存储器管理

存储器管理提供对内存资源的合理分配和存储保护功能。由于其应用环境的特殊性，实时内核的存储器管理与一般操作系统的存储器管理存在着很大的差异。

通常操作系统的内核，由于可供使用的系统资源相对比较充足，实时性能只需满足用户能忍耐的限度。一般在秒级，系统考虑的是提供更好的性能和安全机制，所以操作系统通常都引入虚拟存储器管理。

嵌入式实时操作系统的存储管理相对较为简单。由于虚拟存储器中经常要对页进行换入换出操作，所以内存中页命中率和换入换出所耗费的时间严重破坏了整个系统的确定性。这种存储机制不能提供实时系统所要求的时间确定性，对于大多数嵌入式实时应用来说，响应和运行时间的确定是至关重要的。对于实时应用，一个失去时效的正确结果与错误结果没有什么本质的不同。这就是实时内核不采用虚拟内存管理的原因。

在大多数嵌入式实时操作系统中，不采用虚拟存储机制来实现对内存空间的直接管理，并且用分区与块的结合来避免内存碎片的出现。内核把内存分成多个空间大小不等的分区，每个内存分区又分为许多大小相同的块，各分区的块的大小不同。对于应用程序的动态申请内存的要求，内存管理模块将比较每个分区中块的大小，从大于且最接近用户申请空间块大小的分区中选出一个未使用的块分配给用户使用。使用完后，用户释放内存时，仍把该内存块放入申请前的原分区中，这样就可以完全避免内存碎片问题的发生。内存的分区和块的示意如图1－11所示。

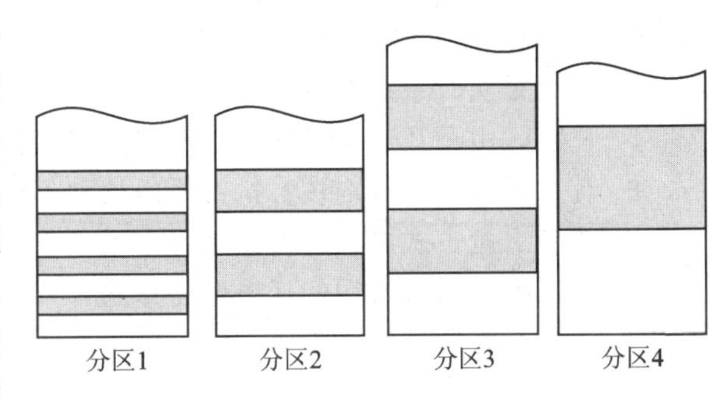

图1－11 内存的分区和块

1.4.4　定时器和中断管理

实时内核要求用户提供定时中断以完成延时与超时控制等功能。实时系统中时钟是必不可少的硬件设备，它用来产生周期性的时钟节拍信号。在实时系统中，时钟节拍一般在10～100次/s之间。时钟节拍的选择取决于用户应用程序的精度要求，过高的时钟节拍会使系统的额外负担过重。

实时内核的设计中，在实时时钟的基础上由用户自定义时钟节拍(Tick)的大小。一个Tick值是用户应用系统的最小时间单位。时钟节拍就是每秒的Tick数，Tick值的设定必须使时钟节拍是整数。当用户定义Tick为20 ms后，系统的时钟节拍就是50 Hz。系统每隔20 ms，实时时钟都会产生一个硬件中断，通知系统执行与定时或等待延时相关的操作。实时内核的时钟节拍主要完成维护系统的日历时间、任务的有限等待计时、软定时器管理以及时间片轮转的时间控制。

实时内核的时钟管理提供了系统对绝对日期的支持。由于每秒钟是用户定义的Tick值的整数倍，所以通过计数经过的Tick数就可以对系统日期进行维护。实时时钟管理不仅提供绝对日期的功能，它也是系统中任务有限等待的计时。每经过一个Tick值，时钟中断服务程序(ISR)就通知每个有限等待的任务减少1个Tick值。通过这种中断服务程序，实时时钟也可以完成软定时器和时间片轮转的时间计数功能。

实时内核的中断管理与一般的操作系统内核的中断管理大体相同。中断管理负责中断的初始化、现场的保存和恢复、中断栈的嵌套管理等。

习　题

1. 什么是嵌入式系统？它由哪几部分组成？有何特点？举出你身边嵌入式系统的例子，写出你所想要的嵌入式系统。
2. 嵌入式处理器分为哪几类？
3. ARM英文原意是什么？它是一个怎样的公司？其处理器有何特点？
4. 什么是实时系统？它有哪些特征？如何分类？
5. RTOS由哪几部分组成？它有哪些特点？与一般操作系统有何不同？
6. 什么是操作系统内核？抢占式内核和不可抢占式内核的区别是什么？
7. 为什么抢占式内核需要使用可重入函数？
8. 实时操作系统常用的任务调度算法有哪几种？
9. 用什么方法解决优先级反转问题？

第 2 章 嵌入式系统开发过程

2.1 嵌入式软件开发的特点

嵌入式系统与通用计算机在以下几个方面的差别比较明显：

① 人机交互界面。嵌入式系统和通用计算机之间的最大区别就在于人机交互界面。嵌入式系统可能根本就不存在键盘、显示器等设备，它所完成的事情也可能只是监视网络情况或者传感器的变化情况，并按照事先规定好的过程及时完成相应的处理任务。

② 有限的功能。嵌入式系统的功能在设计时已经定制好，在开发完成投入使用之后就不再变化。系统将反复执行这些预定好的任务，而不像通用计算机那样随时可以运行新任务。当然，使用嵌入式操作系统的嵌入式系统可以添加新的任务，删除旧的任务；但这样的变化对嵌入式系统而言是关键性变化，有可能会对整个系统行为产生影响。

③ 时间关键性和稳定性。嵌入式系统可能要求实时响应，具有严格的时序性。同时，嵌入式系统还要求有非常可靠的稳定性。其工作环境可能非常恶劣，如高温、高压、低温、潮湿等。这就要求在设计时考虑目标系统的工作环境，合理选择硬件和保护措施。软件稳定也是一个重要特征。软件系统需要经过无数次反复测试，达到预先规定的要求才能真正投入使用。

嵌入式软件的开发与传统的软件开发有许多共同点，它继承了许多传统软件开发的开发习惯。但由于嵌入式软件运行于特定的目标应用环境，该目标环境针对特定的应用领域，所以功能比较专一。嵌入式应用软件只完成预期要完成的功能，而且出于对系统成本的考虑，应用系统的 CPU、存储器、通信资源都恰到好处。因此，嵌入式软件的开发具有其自身的特点。

1. 需要交叉开发环境

嵌入式应用软件开发要使用交叉开发环境。交叉开发环境是指实现编译、链接和调试应用程序代码的环境。与运行应用程序的环境不同，它分散在有通信连接的宿主机与目标机环境之中。

宿主机(Host)是一台通用计算机，一般是PC机。它通过串口或网络连接与目标机通信。宿主机的软硬件资源比较丰富，包括功能强大的操作系统，如Windows和Linux，还有各种各样的开发工具，如WindRiver公司的Tornado集成开发环境、微软公司的EVC++嵌入式开发环境以及GNU的嵌入式开发工具套件等。这些辅助开发工具能大大提高软件开发的效率和进度。

目标机(Target)常在嵌入式软件开发期间使用，用来区别与嵌入式系统通信的宿主机。目标机可以是嵌入式应用软件的实际运行环境，也可以是能替代实际环境的仿真系统。目标机体积较小，集成度高，且软硬件资源配置都恰到好处。目标机的外围设备丰富多样，输入设备有键盘、触摸屏等；输出设备有显示器、液晶屏等。目标机的硬件资源有限，故在目标机上运行的软件可以裁减，也可以配置。目标机应用软件需要绑定操作系统一起运行。

交叉软件开发工具包括交叉编译器、交叉调试器和模拟软件等。交叉编译器允许应用程序开发者在宿主机上生成能在目标机上运行的代码。交叉调试器和模拟调试软件用于完成宿主机与目标机应用程序代码的调试。

2. 引入任务设计方法

嵌入式应用系统以任务为基本的执行单元。在系统设计阶段，用多个并发的任务代替通用软件的多个模块，并定义了应用软件任务间的接口。嵌入式系统的设计通常采用DARTS(Design and Analysis of Real-Time Systems)设计方法进行任务的设计。DARTS给出了系统任务划分的方法和定义任务间接口的机制。

3. 需要固化程序

通用软件的开发在测试完成以后就可以直接投入运行。其目标环境一般是PC机，在总体结构上与开发环境差别不大。而嵌入式应用程序开发环境是PC机，但运行的目标环境却千差万别，可以是PDA，也可以是仪器设备。而且应用软件在目标环境下必须存储在非易失性存储器中，保证用户用完关机后确保下次的使用。所以应用软件在开发完成以后，应生成固化版本，烧写到目标环境的Flash中运行。

4. 软件开发难度大

绝大多数的嵌入式应用有实时性的要求，特别在硬实时系统中，实时性至关重要。这些实时性在开发的应用软件中要得到保证，这就要求设计者在软件的需求分析中充分考虑系统的实时性。这些实时性的体现一部分来源于实时操作系统的实时性，另一部分依赖于应用软件的本身的设计和代码的质量。

同时，嵌入式应用软件对稳定性、可靠性、抗干扰性等性能的要求都比通用软件的要求更为严格和苛刻。因此，嵌入式软件开发的难度加大。

嵌入式开发还需要提供强大的硬件开发工具和软件包支持，需要开发者从速度、功能和成本综合考虑，由此看来有以下特点：

➢ 硬件功能强。更强大的嵌入式处理器(如 32 位 RISC 芯片或信号处理器 DSP)增强了处理能力，加强了对多媒体、图形等的处理。同时增加功能接口，如 USB 等。

➢ 工具完备。三星公司在推广 ARM7、ARM9 芯片的同时，还提供开发板和板级支持包(BSP)；而微软公司在主推 WindowCE 时，也提供 Embedded VC++ 作为开发工具；VxWorks 公司提供 Tonado 开发环境等。

➢ 通信接口。要求硬件上提供各种网络通信接口。新一代的嵌入式处理器已经开始内嵌网络接口，除了支持 TCP/IP 协议，有的还支持 IEEE1394、USB、Bluetooth 或 IrDA 通信接口中的一种或几种；软件方面系统内核支持网络模块，甚至可以把设备做成嵌入式 Web 服务器或嵌入式浏览器。

➢ 精简系统内核以降低功耗和成本。未来的嵌入式产品是软硬件紧密结合的设备，为了降低功耗和成本，需要设计者尽量精简系统内核，利用最低的资源实现最适当的功能。

➢ 提供友好的多媒体人机界面。嵌入式设备能与用户交互，最重要的因素就是它能提供非常友好的用户界面。手写文字输入、彩色图形和图像都会使用户获得操作自如的感受。

2.2 嵌入式软件的开发流程

嵌入式软件的开发必须将硬件、软件、人力资源等集中起来，并进行适当的组合以实现目标应用对功能和性能的需求。在嵌入式软件的开发过程中，实时性常常与功能一样重要。这就使嵌入式软件的开发关注的方面更广泛，要求的精度也更高。

嵌入式软件的开发流程与通用软件的开发流程大同小异，但开发所使用的设计方法有一定的差异。整个开发流程可分为需求分析阶段、设计阶段、生成代码阶段和固化阶段。开发的每个阶段都体现着嵌入式开发的特点。

1. 需求分析阶段

嵌入式系统的特点决定了系统在开发初期的需求分析过程中就要搞清需要完成的任务。在需求分析阶段需要分析客户需求，并将需求分类整理——包括功能需求、操作界面需求和应用环境需求等。

嵌入式系统应用需求中最为突出的是注重应用的时效性，在竞争中 Time-to-Market 最短的企业最容易赢得市场。因此，在需求分析的过程中，采用成熟、易于二次开发的系统有利于节省时间，从而以最短的时间面世。

嵌入式开发的需求分析阶段与一般软件开发的需求分析阶段差异不大，包括以下 3 个方面。

① 对问题的识别和分析。对用户提出的问题进行抽象识别用以产生以下的需

求：功能需求、性能需求、环境需求、可靠性需求、安全需求、用户界面需求、资源使用需求、软件成本与开发进度需求。

② 制订规格说明文档。经过对问题的识别，产生了系统各方面的需求。通过对规格的说明，文档得以清晰、准确的描述。这些说明文档包括需求规格说明书和初级的用户手册等。

③ 需求评审。需求评审作为系统进入下一阶段前最后的需求分析复查手段，在需求分析的最后阶段对各项需求进行评估，以保证软件需求的质量。需求评审的内容包括正确性、无歧义性、安全性、一致性、可验证性、可理解性、可修改性和可追踪性等多个方面。

2. 设计阶段

需求分析完成后，需求分析员提交规格说明文档，进入系统的设计阶段。系统的设计阶段包括系统设计、任务设计和任务的详细设计。

通用软件开发的设计常采用将系统划分为各个功能子模块，再进一步细分为函数，采用自顶向下的设计方法。而嵌入式应用软件是通过并发的任务来运作的，应用软件开发的系统设计将系统划分为多个并发执行的任务，各个任务允许并发执行，通过相互间通信建立联系。传统的设计方法不适应这种并发的设计模式，因而在嵌入式软件开发中引入了DARTS的设计方法。

DARTS设计方法是结构化分析/结构化设计的扩展。它给出划分任务的方法，并提供定义任务间接口的机制。

DARTS设计方法的设计步骤如下：

(1) 数据流分析

在DARTS设计方法中，系统设计人员在系统需求的基础上，以数据流图作为分析工具，从系统的功能需求开始分析系统的数据流，以确定主要的功能。扩展系统的数据流图，分解系统到足够的深度，以识别主要的子系统和各个子系统的主要成分。

(2) 划分任务

识别出系统的所有功能以及它们之间的数据流关系，得到完整的数据流图后，下一步是识别出可并行的功能。系统设计人员把可并行、相对独立的功能单元抽象成一个系统任务。DARTS设计方法提供了怎样在数据流图上确定并发任务的方法。

实时软件系统中并行任务的分解主要考虑系统内功能的异步性。根据数据流图中的变换，分析出哪些变换是可以并行的，哪些变换是顺序执行的。系统设计人员可以考虑一个变换对应一个任务，或者一个任务包括多个变换。其判定的原则取决于以下的因素：

- I/O依赖性：如果变换依赖于I/O，应选择一个变换对应为一个任务。I/O任务的运行只受限于I/O设备的速度，而不是处理器。在系统设计中可以创建与I/O设备数目相当的I/O任务，每个I/O任务只实现与该设备相关的代码。

- 时间关键性的功能：具有时间关键性的功能应当分离出来，成为一个独立的任务，并且赋予这些任务较高的优先级，以满足系统对时间的要求。
- 计算量大的功能：计算量大的功能在运行时势必会占用CPU很多时间，应当让它们单独成为一个任务。为了保证其他费时少的任务得到优先运行，应该赋予计算量大的任务以较低优先级运行。这样允许它能被高优先级的任务抢占。
- 功能内聚：系统中各紧密相关的功能，不适合划分为独立的任务，应该把这些逻辑上或数据上紧密相关的功能合成一个任务，使各个功能共享资源或相同事件的驱动。将紧密相关的功能合成一个任务不仅可以减少任务间通信的开销，而且也降低了系统设计的难度。
- 时间内聚：将系统中在同一时间内能够完成的各个功能合成一个任务，以便在同一时间统一运行。该任务的各功能可以通过相同的外部事件驱动。这样，当外部事件发生时，任务中的各个功能就可以同时执行。将这些功能合成一个任务，减少了系统调度多个任务的开销。
- 周期执行的功能：将在相同周期内执行的各个功能组成一个任务，使运行频率越高的任务赋予越高的优先级。

(3) 定义任务间的接口

任务划分完成以后，下一步就要定义各个任务的接口。在数据流图中接口以数据流和数据存储区的形式存在，抽象化数据流和数据存储区成为任务的接口。在DRATS设计方法中，有两类任务接口模块：任务通信模块和任务同步模块，分别处理任务间的通信和任务间的同步。

有了划分好的任务以及定义好的任务间的接口后，接下来就可以开始任务的详细设计。任务详细设计的主要工作是确定每个任务的结构。画出每个任务的数据流图，使用结构化设计方法，从数据流图导出任务的模块结构图，并定义各模块的接口。之后，进行每个模块的详细设计，给出每个模块的程序流程图。

3. 生成代码阶段

生成代码阶段需要完成的工作包括代码编程、交叉编译和链接、交叉调试和测试等。

(1) 代码编程

编程工作是在每个模块的详细设计文档的基础上进行的。规范化的详细设计文档能缩短编程的时间。

由于嵌入式系统是一个受资源限制的系统，故而直接在嵌入式系统硬件上进行编程显然是不合理的。在嵌入式系统的开发过程中，一般采用的方法是先在通用PC上编程；然后通过交叉编译、链接，将程序做成目标平台上可以运行的二进制代码格式；最后将程序下载到目标平台上的特定位置，在目标板上启动运行这段二进制代码。

(2) 交叉编译和链接

嵌入式软件开发编码完成后，要进行编译和链接以生成可执行代码。但是，在开发过程中，设计人员普遍使用Intel公司的x86系列CPU的微机进行开发；而目标环境的处理器芯片却是多种多样的，如ARM、DSP、PowerPC、DragonBall系列等。这就要求开发机上的编译器能支持交叉编译。

嵌入式C编译器是有别于一般计算机中的C语言编译器的。嵌入式系统中使用的C语言编译器需要专门进行代码优化，以产生更加优质、高效的代码。优秀的嵌入式C编译器产生的代码长度及运行时间仅比以汇编语言编写的同样功能程序长5%～20%。这微弱的差别完全可以由现代处理器的高速度、存储器容量大以及产品提前占领市场的优势来加以弥补。编译产生代码质量的差异，是衡量嵌入式C编译器工具优劣的重要指标。

嵌入式集成开发环境都支持交叉编译、链接，如WindRiver公司的TornadoII以及GNU套件等。交叉编译和链接生成两种类型的可执行文件：调试用的可执行文件和固化用的可执行文件。

(3) 交叉调试

编码编译完成后即进入调试阶段。调试是开发过程中必不可少的环节。嵌入式软件开发的交叉调试不同于通用软件的调试方法。

在通用软件开发中，调试器与被调试的程序往往运行在同一机器上，作为操作系统上的两个进程，通过操作系统提供的调试接口控制被调试进程。

嵌入式软件开发需要交叉开发环境，调试采用的是包含目标机和宿主机的交叉调试方法。调试器还是运行在宿主机的通用操作系统上，而被调试的程序则运行在基于特定硬件平台的嵌入式操作系统上。调试器与被调试程序间可以进行通信，调试器可以控制、访问被调试程序，读取被调试程序的当前状态和改变被调试程序的运行状态。

交叉调试器用于对嵌入式软件进行调试和测试。嵌入式系统的交叉调试器在宿主机上运行，并且通过串口或网络连接到目标机上。调试人员可以通过使用调试器与目标机端的Monitor协作，将要调试的程序下载到目标机上运行和调试。许多交叉调试器都支持设置断点、显示运行程序变量信息、修改变量和单步执行等功能。

嵌入式软件的编写和开发调试的主要流程为：编写—交叉编译—交叉链接—重定位和下载—调试，如图2-1所示。

整个过程中的部分工作在宿主机上完成，另一部分工作在目标机上完成。首先，是在宿主机上的编程工作。现代的嵌入式系统主要由C语言代码和汇编代码结合编写，纯粹使用汇编代码编写的嵌入式系统软件目前已经为数不多。除了编写困难外，调试和维护困难也是汇编代码的难题。编码完成了源代码文件，再用宿主机上建

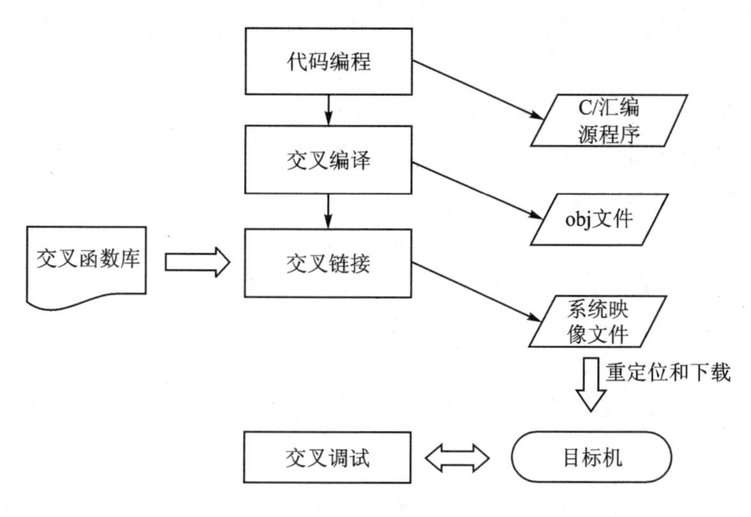

图 2-1 嵌入式系统软件的开发流程

立的交叉编译环境生成 obj 文件，并且将这些 obj 文件按照目标机的要求链接成合适的映像（Image）文件。如果使用了操作系统，可能会先需要编译、链接操作系统的内核代码，做成一个内核包，再将嵌入式应用打成另外一个包。两个文件包通过压缩或不压缩的方式组成一个映像文件，这也可以为目标机所接受。最后通过重定位机制和下载的过程，将映像文件下载到目标机上运行。由于无法保证目标机一次就可以运行编译、链接成功的程序，所以后期的调试排错工作特别重要。调试只能在运行态完成，因而在宿主机和目标机之间通过连接，由宿主机控制目标机上程序的运行，可以达到调试内核或者嵌入式应用程序的目的。

交叉调试，又叫远程调试，具有以下特点：

➢ 调试器和被调试的程序运行在不同的机器上。调试器运行在 PC 或工作站上，而被调试程序运行在各式的专用目标机上。

➢ 调试器通过某种通信方式与目标机建立联系，如串口、并口、网络、JTAG 或者专用的通信方式。

➢ 在目标机上一般具有某种调试代理，这种代理能与调试器一起配合完成对目标机上运行的程序的调试。这种代理可以是某种能支持调试的硬件，也可以是某种软件。

➢ 目标机可以是一种仿真机。通过在宿主机上运行目标机的仿真软件来仿真一台目标机，使整个调试工作只在一台计算机上进行。

整个嵌入式系统软件的开发一般在集成开发环境下完成。嵌入式系统的开发工作几乎全是跨平台交叉开发，多数代码直接控制硬件设备，硬件依赖性强，对时序的要求十分苛刻，很多情况下的运行状态都具有不可再现性。因此，嵌入式集成开发环境不仅要求具有普通计算机开发的工程管理性和易用性，而且还有一些特殊的功能要求。例如对各个功能模块的响应能力的要求、一致性和配合能力的要求、精确的错误定位能力的要求以及针对嵌入式应用的代码容量优化能力及速度优化能力的要求等。

嵌入式集成开发环境关键技术包括项目建立和管理工具、源代码级调试技术、系统状态分析技术、代码性能优化技术、运行态故障监测技术、图形化浏览工具、代码编辑辅助工具以及版本控制工具等。

嵌入式集成开发环境包括自己可裁减的实时操作系统，宿主机上的编译、调试、查看等工具，以及利用串口、网络、ICE等宿主机与目标机的连接工具。它们的特点是有各种第3方的开发工具可以选用，像代码测试工具、源码分析工具等。

(4) 测　试

嵌入式系统开发的测试与通用软件的测试相似，分为单元测试和系统集成测试。

4. 固化阶段

嵌入式软件开发完成以后，大多要在目标环境的非易失性的存储器（如Flash）中运行。程序需要写入到Flash中固化，保证每次运行后下一次运行无误，所以嵌入式开发与普通软件开发相比增加了软件的固化阶段。

嵌入式应用软件调试完成以后，编译器要对源代码重新编译一次，以产生固化到目标环境的可执行代码，再烧写到目标环境的Flash中。固化的可执行代码与用于调试的可执行代码有一些不同。固化用的代码在目标文件中把调试用的信息都屏蔽掉了。固化后没有监控器执行硬件的启动和初始化，这部分工作必须由固化的程序自己完成，所以启动模块必须包含在固化代码中。启动模块和固化代码都定位到目标环境的Flash中，有别于调试过程中都在目标机的RAM中运行。

可执行代码烧写到目标环境中固化后，还要进行运行测试，以保证程序的正确无误。固化测试完成后，整个嵌入式应用软件的开发就基本完成了，剩下的就是对产品的维护和更新了。

5. 嵌入式软件开发的要点

嵌入式软件开发与通用软件开发不同，大多数的嵌入式应用软件高度依赖目标应用的软硬件环境，软件的部分任务功能函数由汇编语言完成，具有高度的不可移植性。由于普通嵌入式应用软件除了追求正确性以外，还要保证实时性能，因而使用效率高和速度快的汇编语言是不可避免的。这些因素使嵌入式开发的可移植性大打折扣，但这并不是说嵌入式软件的开发不需要关注可移植性。提高应用软件的可移植性方法如下：

① 尽量用高级语言开发，少用汇编语言。嵌入式软件中汇编语言的使用是必不可少的。对一些反复运行的代码，使用高效、简捷的汇编能大大减少程序的运行时间。汇编语言作为一种低级语言可以很方便地完成硬件的控制操作，这是汇编语言在与硬件联系紧密的嵌入式开发中的一个优点。汇编语言是高度不可移植的，尽可能少地使用汇编语言，而改用移植性好的高级语言（如C语言）进行开发，能有效地

提高应用软件的可移植性。

② 局域化不可移植部分。要提高代码的可移植性,可以把不可移植的代码和汇编代码通过宏定义和函数的形式,分类集中在某几个特定的文件之中。程序中对不可移植代码的使用转换成函数和宏定义的使用,在以后的移植过程中,既有利于迅速地对要修改的代码进行定位,又可以方便地进行修改,最后检查整个代码中修改的函数和宏对前后代码是否有影响,从而大大提高移植的效率。

③ 提高软件的可重用性。聪明的程序开发人员在进行项目开发时,一般都不从零开始,而是首先找一个功能相似的程序进行研究,考虑是否重用部分代码,再添加部分功能。在嵌入式软件开发的过程中,有意识地提高软件的可重用性,不断积累可重用的软件资源,对开发人员今后的软件设计是非常有益的。

提高软件的可重用性有很多办法,如更好地抽象软件的函数,使它更加模块化,功能更专一,接口更简捷明了,为比较常用的函数建立库等。这样做必然会花费设计人员的时间,但它带来的好处是不可估量的。

2.3 嵌入式系统的调试

2.3.1 调试方式

在嵌入式软件的开发过程中,调试方式有很多种,应根据实际的开发要求和实际的条件进行选择。

1. 源程序模拟器方式

源程序模拟器(simulator)是在PC机上,通过软件手段模拟执行为某种嵌入式处理器编写的源程序的测试工具。简单的模拟器可以通过指令解释方式逐条执行源程序,分配虚拟存储空间和外设,供程序员检查。

模拟器软件独立于处理器硬件,一般与编译器集成在同一个环境中,是一种有效的源程序检验和测试工具。但值得注意的是,模拟器的功能毕竟是以一种处理器模拟另一种处理器的运行,在指令执行时间、中断响应、定时器等方面很有可能与实际处理器有相当大的差别。另外,它无法仿真嵌入式系统在应用系统中的实际执行情况。

ARM公司的开发工具有ARMulator模拟器,可以模拟开发各种ARM嵌入式处理器。它具有指令、周期和定时等3级模拟功能。

- 指令级(instruction-accurate):可以给出系统状态的精确行为。
- 周期级(cycle-accurate):可以给出每一周期处理器的精确行为。
- 定时级(timing-accurate):可以给出在一周期内出现信号的准确时间。

2. 监控器方式

进行监控器(monitor)调试需要目标机与宿主机协调。首先,在宿主机和目标机之间建立物理上的连接。通过串口、以太口等把两台机器相连,在宿主机上和目标机上正确地设置参数,使通道能正常运作。这样就建立起了目标机和宿主机的物理通道。物理通道建立后,下一步是建立宿主机与目标机的逻辑连接。在宿主机上运行调试器,目标机运行监控程序和被调试程序。宿主机通过调试器与目标机的监控器建立通信连接,它们相互间的通信遵循远程调试协议。调试系统总体结构如图 2-2 所示。

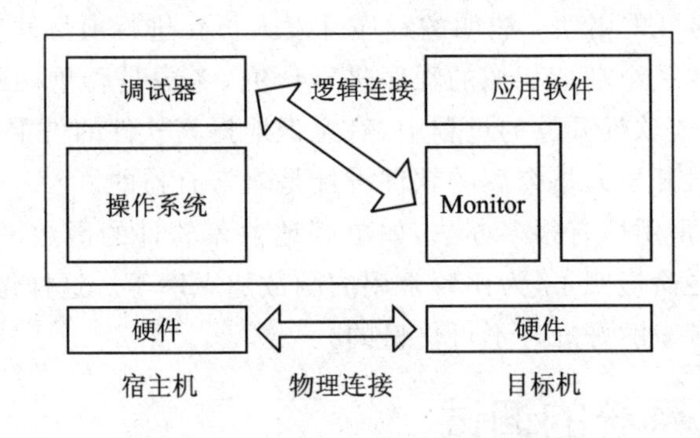

图 2-2　Monitor 调试系统的结构

监控程序是一段运行于目标机上的可执行程序,主要负责监控目标机上被调试程序的运行情况。它与宿主机端的调试器一起完成对应用程序的调试。监控程序包含基本功能的启动代码,并完成必要的硬件初始化,初始化自己的程序空间,等待宿主机的命令。

被调试程序通过监控程序下载到目标机,就可以开始进行调试。绝大部分的监控程序能完成设置断点、单步执行、查看寄存器和查看寄存器或内存空间的值等各项调试功能。高级的监控程序还可以进行代码分析、系统分析、程序空间写操作等功能。

程序在调试过程中查出错误后,通过调试器进行错误的定位;然后在宿主机上进行源码的修改,重新编译生成后下载到目标机,再进行下一轮的调试。以上过程不断反复,直到程序调试无错为止。

监控器方式操作简单易行,功能强大,不需要专门的调试硬件,适用面广,能提高调试的效率,缩短产品的开发周期,降低开发成本。因此,它被广泛应用于嵌入式系统的开发之中。

监控器调试主要用于调试运行在目标机操作系统上的应用程序,不适宜用来调试目标操作系统。由于系统的初始化改由 Monitor 完成,所以不能用它来调试目标操作系统的启动过程。宿主机与目标机通信必然要占用目标平台的某个通信端口,那么使用这个端口的通信程序就无法进行调试。

ARM 公司的 Angel 是常驻在目标机 Flash 中的监控程序。只须通过 RS-232C 串行口与 PC 主机相连,就可以在 PC 主机上对基于 ARM 架构处理器的目标机进行开发和调试。

Angel 的主要功能如下:

- 具有 Debug 调试功能。能接收和解释 PC 主机的调试命令,显示处理器、存储器和寄存器的状态,也可以通过未定义指令来设置断点。
- 支持 Angel 调试协议 ADP(Angel Debug Protocol)。能实现 PC 主机与目标机的串行或并行通信,同时也支持与目标机的网卡通信。
- 支持目标机中的应用程序使用主机 PC 上的标准 C 函数库。该功能是通过软件中断 SWI(SoftWare Interrupt)指令来实现的。
- 具有多任务调度和处理器模式管理功能。能分配任务优先级并对任务进行管理,也可根据操作需要在不同处理器模式中运行。
- 具有中断功能。能实现调试、通信和管理等操作的要求。

Angel 不但具有多任务调度功能,还具有对存储器管理单元 MMU 进行调试和管理的功能。实际上,Angel 具有了部分操作系统的功能,通过在目标机上常驻 Angel 也可以实现调试功能。

3. 仿真器方式

仿真器(Emulator)调试方式使用处理器内嵌的调试模块接管中断及异常处理。用户通过设置 CPU 内部的寄存器来指定哪些中断或异常发生后处理器直接进入调试状态,而不进入操作系统的处理程序。

仿真器调试方式是在微处理器的内部嵌入额外的控制模块。当特定的触发条件满足时,系统将进入某种特殊状态。在这种状态下,被调试的程序暂时停止运行,宿主机的调试器通过微处理器外部特设的通信口访问各种寄存器、存储器资源,并执行相应的调试指令。在宿主机的通信端口和目标板调试通信接口之间,通信接口的引脚信号可能存在差异,因而两者之间往往可以通过一块信号转换电路板连接。

仿真器调试方式避免了监控器方式的许多不足。它在调试过程中不需要对目标操作系统进行修改,没有引入监控器,使系统能够调试目标操作系统的启动过程。而且通过微处理器内嵌的处理模块,在微处理器内部提供调试支持,不占用目标平台的通信端口,大大方便了系统开发人员。但是为了识别各式各样的目标环境以及它们可能出现的异常和出错,要求调试器具有更强的功能模块,就必须针对不同开发板使用的微处理器编写相适应的各类 Flash、RAM 的初始化程序。这大大增加了程序员的软件工作量。

由于集成电路的集成度不断提高,芯片的引脚不断增加。此外,为了缩小体积,常采用表面贴装技术,因此,无法用常规的在线仿真的方式。JTAG(Joint Test Action Group,联合测试行动组)为此制定了边界扫描标准,只需 5 个引脚就可以实现在线仿真功能。该标准已被批准为 IEEE-1149.1 标准。它不但能测试各种集成电路芯片,也能测试芯片内各类宏单元,还能测试相应的印刷电路板。芯片生产厂商,如 ALTERA、XILINX、ATMEL、AMD 和 TI 等公司对标准进行了扩充,可使用专用的扩展指令执行和诊断应用并对可配置器件提供可编程算法。

一般高档微处理器都带JTAG接口,如Intel公司的XScale、Samsung公司的S3C2410A等。现在,很多DSP芯片都带JTAG接口,如TI公司的TMS320C5XX系列和TMS320C6XX系列。也有带与JTAG功能相似的接口,如ICD、ICE接口。通过JTAG接口,既可对目标系统进行测试,也可对目标系统的存储单元(如Flash)进行编程。目标机上存储器的数据总线、地址总线、控制接口直接连在微处理器上;宿主机通过执行相关程序,将编程数据和控制信号送到JTAG接口芯片上;利用相应的指令按照Flash芯片的编程时序,从微处理器引脚输出到Flash存储器中。

2.3.2 调试方法

嵌入式系统的调试有多种方法,也被分成不同层次。就调试方法而言,有软件调试和硬件调试两种方法,前者使用软件调试器调试嵌入式系统软件,后者使用仿真调试器协助调试过程。就操作系统调试的层次而言,有时需要调试嵌入式操作系统的内核,有时需要调试嵌入式操作系统的应用程序。由于嵌入式系统特殊的开发环境,不可避免的是调试时必然需要目标运行平台和调试器两方面的支持。一般而言,调试过程的结构如图2-3所示。

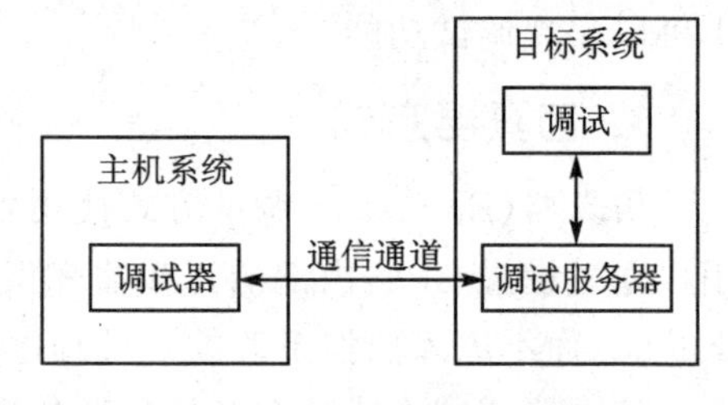

图2-3 调试过程的结构

1. 硬件调试

使用硬件调试器,可以获得比软件功能强大得多的调试性能。硬件调试器的原理一般是通过仿真硬件的真正执行过程,让开发者在调试过程中可以时刻获得执行情况。硬件调试器主要有ICE(In-Circuit Emulator,在线仿真器)和ICD(In-Circuit Debugger,在线调试器)两种,前者主要完成仿真的功能,后者使用硬件上的调试口完成调试任务。

ICE是一种完全仿造调试目标CPU设计的仪器。该仿真器可以真正地运行所有的CPU动作,并且可以在其使用的内存中设置非常多的硬件中断点,可以实时查看所有需要的数据,从而给调试过程带来很多便利。老式ICE一般只有串口或并口,新式ICE还提供USB或以太网接口。但ICE的价格非常昂贵。

使用ICE同使用一般的目标硬件一样,只是在ICE上完成调试之后,需要把调试好的程序重新下载到目标系统上而已。由于ICE价格昂贵,而且每种CPU都需要一种与之对应的ICE,使得开发成本非常高。目前比较流行的做法是CPU将调试功能直接在其内部实现,通过在开发板上引出调试端口的方法,直接从端口获得CPU提供的调试信息。在CPU中实现的主要是一些必要的调试功能——读/写寄存器、读/写内存、单步执行、硬件中断点。

使用ICD和目标板的调试端口连接,发送调试命令和接收调试信息,就可以完成必要的调试功能。一般地,在ARM公司提供的开发板上使用JTAG口,在Motorola公司提供的开发板上使用BDM口。开发板上的调试口在系统完成之后的产品上应当移除。

使用合适的工具可以利用这些调试口。例如ARM开发板,可以将JTAG调试器接在开发板的JTAG口上,通过JTAG口与ARM CPU进行通信。然后使用软件工具与JTAG调试器相连接,做到与ICE调试类似的调试效果。

2. 软件调试

(1) 操作系统内核的调试

操作系统内核比较难以调试,因为操作系统内核中不方便增加一个调试器程序。如果需要调试器程序,也只能使用远程调试,通过串口与操作系统中内置的"调试桩"通信,完成调试工作。"调试桩"通过操作系统获得一些必要的调试信息,或者发送从主机传来的调试命令。比如,Linux操作系统内核的调试就可以这样完成:首先在Linux内核中设置一个"调试桩",用作调试过程中与主机之间的通信服务器;然后在主机中使用调试器的串口与"调试桩"进行通信;当通信建立完成之后,便可以由调试器控制被调试主机操作系统内核的运行。

调试并不是一定需要调试器,有时使用打印信息的方法也非常有用。

(2) 应用程序的调试

应用程序的调试可以使用本地调试器和远程调试器两种方法。相对操作系统的调试而言,这两种方法都比较简单。可以将需要的调试器移植到该系统中,直接在目标板上运行调试器调试应用程序。也可以使用远程调试,只需要将一个调试服务器移植到目标系统中就可以了。由于很多嵌入式系统受资源的限制,而调试器一般需要占用太多的资源,所以使用远程调试的选择占了大多数。

2.4 板级支持包

由于嵌入式系统中采用微处理器/微控制器的多样性,嵌入式操作系统的可移植性显得更加重要,所以有些嵌入式操作系统的内核明确分成两层。其上层一般称为"内核",而低层则称为"硬件抽象层"或"硬件适配层",都缩写成HAL。HAL往往独立于内核,由CPU的厂商提供,与BIOS很相似。也有的厂商(如VxWorks的提供者WindRiver公司)把硬件抽象层称为BSP(Board Support Package),即板级支持包。严格来说,这两个词是有区别的,HAL更偏向于CPU芯片,而BSP更偏向于板子一级,但是实际使用中并不严格加以区分。板级支持包是操作系统与目标应用硬件环境的中间接口,它是软件包中具有平台依赖性的那一部分。

板级支持包将实时操作系统和目标应用环境的硬件连接在一起,它不可避免地使用了硬件设备的特性，具有很强的硬件相关性。板级支持包的实现中包含了大量的与处理器和设备驱动相关的代码和数据结构。

板级支持包完成的功能大体有以下两个方面：

① 在系统启动时，对硬件进行初始化，比如对设备的中断、CPU的寄存器和内存区域的分配等进行操作。这个工作是比较系统化的，要根据CPU的启动、系统的嵌入式操作系统的初始化以及系统的工作流程等多方面要求来决定这一部分BSP应完成什么功能。

② 为驱动程序提供访问硬件的手段。驱动程序经常要访问设备的寄存器，对设备的寄存器进行操作。如果整个系统是统一编址，开发人员可以直接在驱动程序中用C语言的函数就可访问。但是，如果系统为单独编址，那么C语言就不能够直接访问设备中的寄存器，只有用汇编语言编写的函数才能进行对外围设备寄存器的访问。BSP就是为上层的驱动程序提供访问硬件设备寄存器的函数包。

在对硬件进行初始化时，BSP一般应完成以下工作：

- 将系统代码定位到CPU将要跳转执行的内存入口处，以便硬件初始化完毕后CPU能够执行系统代码。此处的系统代码可以是嵌入式操作系统的初始化入口，也可以是应用代码的主函数的入口。
- 根据不同CPU在启动时的硬件规定，BSP要负责将CPU设置为特定状态。
- 对内存进行初始化，根据系统的内存配置将系统的内存划分为代码、数据、堆栈等不同的区域。
- 如果有特殊的启动代码，BSP要负责将控制权移交给启动代码。例如在某些场合，系统代码为了减少存储所需的Flash容量而进行压缩处理，那么在系统启动时要先跳转到一段启动代码，它将系统代码进行解压后才能继续系统的正常启动。
- 如果应用软件中包含一个嵌入式操作系统，BSP要负责将操作系统需要的模块加载到内存中。因为嵌入式应用软件系统在进行固化时，可以有基于Flash和常驻Flash两种方式。在基于Flash方式时，系统在运行时要将Flash内的代码全部加载到RAM内。在常驻Flash方式时，代码可以在Flash内运行，系统只将数据部分加载到RAM内。
- 如果应用软件中包含一个嵌入式操作系统，BSP还要在操作系统初始化之前，将硬件设置为静止状态，以免造成操作系统初始化失败。

在为驱动程序提供访问硬件的手段时，BSP一般应完成以下工作：

- 将驱动程序提供的ISR(中断服务程序)挂载到中断向量表上。
- 创建驱动程序初始化所需要的设备对象，BSP将硬件设备描述为一个数据结构。这个数据结构中包含这个硬件设备的一些重要参数，上层软件就可以直接访问这个数据结构。
- 为驱动程序提供访问硬件设备寄存器的函数。

➤ 为驱动程序提供可重用性措施，例如将与硬件关系紧密的处理部分在 BSP 中完成，驱动程序直接调用 BSP 提供的接口，这样驱动程序就与硬件无关。只要不同的硬件系统 BSP 提供的接口相同，驱动程序就可在不同的硬件系统上运行。

开发一个性能稳定可靠、可移植性好、可配置性好、规范化的板级支持包将大大提高嵌入式操作系统各方面的性能。在目标环境改变的情况下，嵌入式操作系统的板级支持包只需要在原有的基础上做小小的改动，就可以适应新的目标硬件环境。这无疑将显著地减少开发的成本和开发周期，提高嵌入式操作系统的市场竞争力。

习 题

1. 嵌入式系统开发过程分为哪几个阶段？每个阶段的特点是什么？
2. 简述嵌入式软件开发流程。
3. 划分任务的基本原则有哪些？
4. 任务间的通信方式有哪几种？各有何特点？
5. 嵌入式系统有哪几种调试方式？现在最流行的是哪种？使用什么接口？
6. 什么是板级支持包？它一般应完成哪些工作？

第3章 嵌入式 Linux 和 Android 操作系统

3.1 Linux 和 Android 概述

3.1.1 Linux 与 UNIX 和 GNU

1. Linux 的历史

Linux(发音为 Li - nucks)可以说完全是一个互联网时代的产物,它是在互联网上产生、发展和不断壮大起来的。它最初的生成动机应当追溯到 1990 年的秋天。那时的芬兰学生 Linus Benedict Torvalds 正在赫尔辛基大学学习计算机操作系统课程,所用的教材是计算机科学家 Andrew S. Tanenbaum 的《操作系统:设计与实施》。在实习过程中,Linus 发现 Minix(一个教学用的类 UNIX 操作系统)的功能还很不完善。于是,他在自己的微机上自行开发了一套保护模式下的操作系统,这就是 Linux 的原型。

Minix 虽说是"类 UNIX",其实离 UNIX 相当远。Minix 是个所谓"微内核",而 Linux 是个"宏内核",与 UNIX 内核属于不同的设计。Minix 虽然不失为一个不错的教学工具,却缺乏实用价值。Minix 是个类 UNIX 的教学用模型,而 Linux 基本上就是 UNIX,而且是 UNIX 的延续和发展。

Linux 第一次问世是在 1991 年 10 月 5 日,为 0.02 版。该版本中包括一个简单的磁盘驱动程序,一个文件系统,可以运行 bash 和 GCC 编译器,但其中并不包括良好的用户界面以及文档。该版本首先发布在赫尔辛基大学的一台 FTP 服务器上,该服务器的管理员认为这个系统是 Linus 的 Minix,于是将两个名字混合起来当做存放该系统的目录名,就是 Linux。

到 1992 年 1 月,全世界大约只有 100 人在使用 Linux,但正是他们为 Linux 做了关键性的在线洗礼。他们所提供的所有初期的上载代码和评论后来证明对 Linux 的发展至关重要,尤为重要的是那些网上黑客们为了解决 Linux 的错误而编写的许多插入代码段。网上的任何人在任何地方都可以得到 Linux 的基本文件,并可通过电子邮件发表评论或者提供修正代码,USENET 新闻组还专门为它开辟了一个论坛。于是,Linux 就从最开始的个人思想的产品变成了一副巨大的织锦,变成了由无数志同道合的黑客们发起的一场运动。

1993 年,Linux 的第一个正式版本 1.0 版发布,并遵从 GPL(GNU General Public License)版权协议。该协议使得 Linux 更加迅速地流传开去,并且在公众心中留下了美好的印象,从而得到全世界黑客们的热心支持。

1994 年 3 月 14 日,Linux 的第一个正式商业版本 1.0 版发布,而 Linux 的讨论区也从 comp. os. minix 中独立出来成为 alt. os. linux,而后又更名为 comp. os. linux。由于访问者的数量急剧增加,comp. os. linux 又被划分为若干个讨论组 comp. os. linux. * 。关于 Linux 的讨论逐渐成为了 USENET 上最热门的话题,每天都有数以万计的文章发表于其上。

1996 年,美国国家标准技术局的计算机系统实验室确认 Linux 版本 1.2.13(由 Open Linux 公司打包)符合 POSIX 标准。

1998 年以后,Linux 迅速在国内科研、教学机构流行开来。1999 年相继出现了红旗 Linux、Turbo Linux 等简体中文版 Linux 系统。

Linux 是一种类 UNIX 系统,二者有相当的渊源。同时,Linux 遵循 GNU 的 GPL 许可证,是自由软件家族中的一员。因此,要了解 Linux,就必须先了解它们三者之间的关系。

2. Linux 与 UNIX 系统

Linux 的源头要追溯到最早的 UNIX。1969 年,Bell 实验室的 Ken Thompson 开始利用一台闲置的 PDP-7 计算机开发了一种多用户、多任务操作系统。很快,Dennis Ritchie 加入到这个项目中,在他们共同努力下,诞生了最早的 UNIX。Ritchie 受一个更早的项目 MULTICS 的启发,将此操作系统命名为 UNIX。早期的 UNIX 是用汇编语言编写的,但其第 3 个版本用一种崭新的编程语言 C 重新设计。C 语言是 Ritchie 设计出来并用于编写操作系统的程序语言。通过这次重新编写,UNIX 得以移植到功能更强的 DEC PDP-11/45 与 11/70 计算机上运行。

UNIX 系统正式发表于 1974 年,到 1975 年的第 6 版中,引入了多道技术,这时,UNIX 成为真正的多用户分时系统。1980 年,Bell 实验室公布了 VAX11/780 系统平台的 32 位操作系统 UNIX32V。在 UNIX32V 的基础上,UNIX 系统走上以 AT&T 和加州伯克利分校二者为主的发展道路。1980 年,伯克利先后公布了 UNIX BSD 4.0 和 UNIX BSD 4.1,1983 年公布了 UNIX BSD 4.2,而 AT&T 在 1982 年、1983 年发布了 UNIX system III 和 UNIX system V。

这样的发展持续了几年之后,人们迫切需要一个统一的 UNIX 系统标准,美国 IEEE 的 POSIX 委员会应运而生,专门从事 UNIX 的标准化工作并按照其定义的标准重新实现 UNIX。在由 AT&T、SUN Microsystem 公司支持的 UI(UNIX International)和 DEC、HP、IBM 等公司支持的 OSF(Open Software Foundation)这两大集团的配合下,定义了“什么是UNIX系统”这一标准——一个可以运行UNIX程序的系统就是UNIX。也就是说,按照层次的观点,只要一个系统能够提供一个UNIX的标准界面,包括程序级的和用户级的,而不管它内部如何实现,更不管它运行于什么硬件平台,都是一个UNIX操作系统。

UNIX是一个简单却非常优秀的操作系统模型。Linux系统最初以UNIX为原型,以实现POSIX标准作为其目标。Linux从UNIX的各个流派中不断吸取成功经验,接受UNIX的优点,抛弃UNIX的缺点,具有稳定高效的处理性能,拥有稳定庞大的用户群体,从而得到众多厂商有力的支持,成为操作系统发展的热点。

3. Linux与自由软件运动

Linux只是自由软件家族中的一员,是其中最具影响的成员之一。自由软件最早由美国麻省理工学院(MIT)的理查德·斯托尔曼(Richard Stallman)提出,自由软件的源代码应该是拥有属于全人类的公共知识产权,应该在编写和使用程序的人之间自由地传播,而不应该是商人谋求利益的手段。由此可见,自由软件不仅仅是个免费使用的问题,而主要是一个版权的问题。

自1984年起,MIT开始支持Richard Stallman的努力,即在软件开发团体中发起支持开发自由软件的运动。这导致了自由软件基金会FSF(Free Software Foundation)的建立和GNU(GNU's Not UNIX,GNU不是UNIX)项目的产生。Richard Stallman的信念是:计算机系统应该对用户开放,软件应该自由使用。在其他人的协作下,他创作了通用公共许可证GPL(General Public License)。这对推动自由软件的发展起到了重要的作用。与传统的商业软件许可证不同,GPL保证任何人有共享和修改自由软件的自由,任何人有权取得、修改和重新发布自由软件的源代码,并且规定在不增加附加费用的条件下得到源代码(基本的发布费用除外)。这一规定保证了自由软件总的费用是低的,在使用Internet的情况下,则是免费的。

GPL条款还规定自由软件的衍生作品必须以GPL作为它重新发布的许可证。这一规定保证了自由软件及其衍生作品继续保持自由状态。GPL条款容许销售自由软件,为公司介入自由软件事业敞开了大门。公司的介入弥补了自由软件的不足,对推动自由软件的应用起了很大的作用。自由软件基金会发起人的主要项目是GNU,它的目标是建立可自由发布和可移植的UNIX类操作系统。开始实施GNU项目时,当时没有多少高质量的自由软件可供项目使用。因此,为GNU项目做出贡献的人们是先从系统的应用软件和工具入手的。因为GPL也是自由软件基金会发表的,所以,GNU操作系统的许多关键组成部分都置于GPL条款的约束之下。GNU项目本身产生的主要软件包包括emacs编辑软件、gcc编译软件、bash命令解释程序和编程语言,以及gawk(GNU’s awk)等,还有许多操作系统所必不可少的工具。

GNU有自己的版权声明GPL,针对普通版权声明Copyright而制定了一套名为

Copyleft 的规则。即用户获得 GNU 软件后可以自由使用和修改，但是当用户发布自己的 GNU 软件时，就必须让其他用户有获得源代码的权利。这样一来，任何基于或使用 GNU 软件开发的软件都具有 GNU 版权，也即都是免费使用和传播。这是一项有趣而伟大的运动。

Linux 是免费的公开软件，但 Linux 以及 Linux 内核源代码，是有版权保护的，只不过这一版权归公众（或者说全人类）所有，由自由软件基金会 FSF 管理。FSF 为所有的 GNU 软件制定了一个公用许可证制度 GPL，也叫 Copyleft，这是与通常所讲的版权（即 Copyright）截然不同的制度。Copyright 即通常意义下的版权，保护作者对其作品及其衍生品的独占权，而 Copyleft 则允许用户对作品进行复制、修改，但要求用户承担 GPL 规定的一些义务。按 GPL 规定，允许任何人免费地使用 GNU 软件，并且可以用 GNU 软件的源代码重构可执行代码。进一步，GPL 还允许任何人免费取得 GNU 软件及其源代码，并且再加以发布甚至出售，但必须要符合 GPL 的某些条款。简而言之，这些条款规定 GNU 软件以及在 GNU 软件的基础上加以修改而成的软件，在发布（或转让、出售）时必须要申明该软件出自 GNU（或者源自 GNU），并且必须要保证让接收者能够共享源代码，能从源代码重构可执行代码。

emacs 是 Stallman 编写的一套功能非常强大的编辑环境，也是第一个 GNU 软件产品。经过全世界程序员的热心修改和传播，其功能已经日趋完善，并得到世界范围的广泛应用。

gcc 是一种支持多达 11 种操作系统平台的 C、C++、Object C 编译器。gcc 的编译原理与其他编译器不同。它先将 C 或 C++ 语言代码转化为一种内部语言 RTL，再将其优化后生成可执行代码，这样整个过程就分为两个部分。当一种新型的高级语言加入时，只需要编写前一部分；当编译器需要移植到一种新型的硬件平台时，只需要重新编写后一部分。

除了按 GPL 发布的自由软件之外，还有许多按其他许可证发布的自由软件。如 X Window 系统、TEX 排版系统和 Perl 语言等就是例子。随着时间的推移，GNU 项目将这些软件也包括进来。这些工作为后来的 Linux 操作系统迅速发展奠定了坚实的基础。

Linux 项目一开始就与 GNU 项目紧密结合在一起，系统的许多重要组成部分直接来自 GNU 项目。Linux 操作系统的另一些重要组成部分则来自加利福尼亚大学 Berkeley 分校的 BSD UNIX 和麻省理工学院的 X Window 系统项目。这些都是经过长期考验的成果。正是 Linux 内核与 GNU 项目、BSD UNIX 以及 MIT 的 X11 的结合，才使整个 Linux 操作系统得以很快形成，而且建立在稳固的基础上。

4. Linux 的发行版本

当提到 Linux 时，一般是指 Kernel（内核）。它是所有 Linux 操作系统的“心脏”。但仅有 Linux 并不能成为一个可用的操作系统，还需要许多软件包、编译器、程序库文件、X Window 系统等。因为组合方式不同，面向用户对象不同，所以有许多不同的 Linux 发行版本。

当 Linux 走向成熟时，一些人开始建立软件包来简化新用户安装和使用 Linux 的方法。这些软件包称为 Linux 发布或 Linux 发行版本(distributions)。发行 Linux 不是某个人或某个组织的事。任何人都可以将 Linux 内核和操作系统的其他组成部分组合在一起进行发布。Linux 操作系统在市场上有多种发行版本，它们并不是都一样。所有的发行版本具有一样的 Linux 内核，内核包含着所有核心的操作系统功能以及网络堆栈。另外，它们都提供标准的工具、一系列的应用程序、一些打印的文档，以及有限的技术支持。每种发行版都带有 X Window 系统以及一个图形用户界面、Web Server、E-mail Server、FTP Server。真正不同的地方在于其安装、配置、支持，以及第三方应用。

(1) Red Hat Linux

Red Hat Linux 已经成为 Linux 市场中最重要的一员，主要是因为它提供了最优秀的安装程序以及先进的包管理程序。如果是第一次使用 Linux，Red Hat Linux 是最好的选择。

Red Hat Linux 因其包管理程序(RPM)而闻名，是一个开放源码的程序，在其他许多发行版中也广泛应用。RPM 使安装和反安装应用变得安全，避免了程序冲突，甚至可以对内核本身进行升级而无须重装整个系统。

相关资源站点：www.redhat.com，ftp.redhat.com/pub。

(2) Debian GNU /Linux

Debian GNU/Linux 在主要的发行版中是唯一仍由一群志愿的程序员开发的。该版本以许多强有力的特性成为黑客中流行的选择，但是，Windows 用户对此要考虑清楚。

Debian 被认为是最难安装的发行版。当完成安装后，Debian 包含的 X Window 可以使工作稍微容易一些。该发行版最大的卖点在于包括一个可选的包管理——Debian Package Management System。它可以在安装之前对新的应用程序进行扫描，并且检查系统现有的配置情况，以决定所需安装的包，以免发生冲突。Debian 由 Linux Press 发行。

相关资源站点：www.1inuxpress.com，ftp.debian.org。

目前，Red Hat Linux 发行版的安装更容易，应用软件更多，已成为最流行的 Linux 发行版本。中文的 Linux 发行版也有很多，国内自主建立的如 Blue Point Linux、Flag Linux、Xterm Linux 以及美国的 XLinux、TurboLinux 等。这些发行版大多对安装及使用界面进行了部分汉化。

RedFlag，即红旗 Linux，特别适合新手及喜欢国货的朋友，由北京中科红旗软件技术有限公司支持。Fedora 和 Ubuntu 也是目前流行的 Linux 发行版本。Fedora 是最成功的商业发行版。Fedora 面向社区，特点在于创新，最新的技术和软件经常是 Fedora 第一个使用,开发社区很兴旺,但不适合服务器使用。Ubuntu 是当前流行的发行版,使用界面非常友好。Ubuntu 基于 Debian,Ubuntu 的成功也与 Debian 分不开。Ubuntu 的强势文化也吸引了许多顶尖的 Debian 开发者。目前,对它的批评声音也很少听到,争论主要集中在非自由软件的使用和发行版的商业化上。

3.1.2 Linux 的特点

Linux 是类 UNIX 操作系统。按照层次结构的观点,在同一种硬件平台上面,Linux 可以提供和 UNIX 相同的服务,即相同的用户级和程序员级接口。同时,Linux 绝不是简化的 UNIX。相反,Linux 是强有力和具有创新意义的 UNIX 操作系统。它不仅继承了 UNIX 的特征,而且在许多方面超过了 UNIX。Linux 兼容 POSIX1003.1 标准,具有下列特点:

- 多任务支持。多任务是现代计算机最主要的一个特点。它是指计算机同时执行多个程序,而且各个程序的运行互相独立。
- 多用户支持。多用户是指系统资源可以被不同用户各自拥有使用,即每个用户对自己的资源(例如文件、设备)有特定的权限,互不影响。
- 多处理器支持。从 2.0 起,Linux 可以在多处理器体系结构上运行。
- 跨平台支持。Linux 可以在几乎所有常见的硬件体系结构上运行。
- 按需调入执行。只有实际执行中需要的程序块才会被装入到内存中。直到需要对内存出现写操作时,才将该进程的内存段复制出来,即"写时复制"。
- 分页机制。Linux 将一个不常使用的 4 KB 字节大小内存页面中的数据置换到外存上,并将需要的数据页面由外存调入内存中。
- 动态外存缓存。在内存中保留一块空间作为外存操作的缓存。Linux 中可以动态地调整缓存的大小。
- 共享库支持。也叫动态链接库,库文件只被读入内存一次,但可以被若干个应用程序共享使用。
- 开放性。Linux 遵循 IEEE POSIX(Portable Open System Interface Standand)标准。Linux 自从 1.2 版本起就开始完全支持 POSIX 1003.1。与国际标准接轨使得 Linux 在界面上具有很强的通用性。
- 设备独立性。设备独立性是指操作系统把所有外部设备统一当做文件来看待,只要安装它们的驱动程序,任何用户都可以像使用文件一样,操纵、使用这些设备。
- 多种不同格式可执行文件支持。Linux 可以支持所有 UNIX 系统中的可执行文件格式,许多商用程序都可以不需要特别的移植工作而直接在 Linux 上运行。
- 可靠的系统安全。Linux 采取了许多安全技术措施,包括对读/写进行权限控制、带保护的子系统、审计跟踪、核心授权等。

- 支持不同种类的文件系统。在Linux中最常使用的是其系统自带的ext2/ext3文件系统。此外,MSDOS、VFAT、NTFS、AFF、HPFS以及网络文件系统NFS等各种文件系统也都被Linux所支持。
- 丰富的网络功能。完善的内置网络是Linux的一大特点。Linux在通信和网络功能方面优于其他操作系统。对于网络上的嵌入式系统(有网络支持的嵌入式系统),Linux支持NFS(Network File System)。这在软件开发过程中是很重要的。举例来说,工程师可以在本地编辑程序,交叉编译后,不需要烧录到嵌入式Linux系统中就可以通过NFS直接运行。
- 良好的用户界面。Linux向用户提供了用户界面和系统调用两种界面。Linux的传统用户界面是基于文本的命令行界面,即Shell。它既可以联机使用,又可以存在文件上脱机使用。Shell有很强的程序设计能力,用户可方便地用它编制程序,从而为用户扩充系统功能提供了更高级的手段。可编程Shell是指将多条命令组合在一起,形成一个Shell程序,这个程序可以单独运行,也可以与其他程序同时运行。系统调用给用户提供编程时使用的界面。用户可以在编程时直接使用系统提供的系统调用命令。系统通过这个界面为用户程序提供低级、高效率的服务。
- 健壮性。Linux系统已经在真实世界中被广泛地应用,时间证明它是一种可靠性和健壮性非常高的操作系统。

它的Bug总是可以很快地被发现,然后很快地被解决。而对于许多源代码不公开的商业操作系统,即使发现了Bug也只能忍受漫长的等待修正Bug的时间。

缺乏商业级的调试工具,如WindRiver公司的Tornado IDE开发环境。调试仍然是以打印语句printk()为主;低等级、内核级的调试工具仍然不是很好用;内核调试器kgdb会使人感到很不适应,经常要重新启动等。

大量的高级程序设计语言已移植到Linux系统上,因而它是理想的应用软件开发平台,而且,在Linux系统下开发的应用程序具有很好的可移植性。

3.1.3 Andriod与物联网

众所周知,后PC时代已经来临。智能手机出货量超过PC客户端,这是一个重要的里程碑。在几年时间内,智能手机已经从高端手机市场的一款小众产品发展成为真正的大众市场产品。而后PC时代的真正意义,在于一个新的以更广泛定义的智能终端为基础的人与人、人与物、人与社会的全息通信时代的到来!在这个新的时代,智能终端无疑是一切的基石。而智能终端本身的定义也涵盖了包括从智能手机、平板电脑、智能电视、机顶盒、游戏主机、超级本到智能微控制设备等。

伴随着各类智能终端设备一同兴起的是各类嵌入式操作系统,相对于PC上较为收敛的操作系统分支,智能终端上的操作系统之争格外激烈。以智能手机为例,根据Nielsen的最新数据,iOS和Android两强共占据了智能手机市场近8成的市场份额,而 Windows Mobile/Phone7、RIM BlackBerry、Symbian 和 Palm/WebOS 的份额都有一定程度的萎缩。在智能手机和移动终端上,三大操作系统(OS)iOS、Android 和 Windows Phone 呈三足鼎立的态势。

Android(安卓)是一种以 Linux 为基础的开放源码操作系统,主要使用于便携设备。Android 操作系统最初由 Andy Rubin 开发,主要支持手机。2005 年由 Google 收购注资,并拉拢多家制造商组成开放手机联盟开发改良,逐渐扩展到平板电脑及其他领域。该联盟是由中国移动、英伟达、高通、三星、宏达电子等 30 多家领军企业组成的。Android 是一个真正意义上的开放性移动设备综合平台。在智能手机和平板电脑如此普及的今天,应用在快速地向移动智能终端转移,移动编程变得热门,Android 在国内更受追捧。近年来,经过重新洗牌,基本形成了目前 iOS、Android 和 Win8 的竞争格局。谷歌 Android 系统和苹果 iOS 系统在智能手机上的竞争已经进入白热化。应用平台系统想要获得更大的份额,就必须扩展使用范围,找到一个全新的发展领域,因此智能手表、智能眼镜等智能穿戴设备,以及智能电视等智能家电设备开始相继兴起。Android 操作系统的开放性和可编程的软件结构,以及网络化的特点使得在 Android 系统上能够开发广泛的满足人们需求的应用。

百度发布移动互联网发展趋势报告指出,移动互联网正在强势崛起。在用户接入网络的时间节点上,移动互联网用户和 PC 互联网用户有比较大的差别:早上 7~10 点和晚上 9~12 点,使用移动互联网的用户明显高于 PC 互联网。移动互联网用户使用高峰期出现在晚上 10 点,而 PC 互联网用户使用高峰期出现在晚上 8 点。数据显示,Android 和 iOS 用户更倾向于使用高速网络接入,来自 3G 和 WiFi 的接入量占据了 67.8%,这应该得益于智能手机各种网络应用的使用需求。值得注意的是,在智能手机的平台方面,Android 增势迅猛,同比增长 12.2%(涨幅 900%)。智能手机已经无疑成为移动互联网发展的重要载体,其地位和意义已经不亚于 PC 对传统互联网发展的作用。

物联网概念是 1999 年由麻省理工学院自动标识中心(MIT Auto - ID Center)提出的。2005 年,国际电信联盟(ITU)发布了一份题为 *The Internet of things* 的年度报告,正式将"物联网"称为"the Internet of Things",对物联网概念进行了扩展。提出了任何时刻、任何地点、任意物体之间互联(Any Time、AnyPlace、Any Things Connection),无所不在的网络(Ubiquitous networks)和无所不在的计算(Ubiquitous computing)的发展愿景。2009 年 8 月,温家宝总理考察中科院无锡高新微纳传感网工程技术研发中心,明确要求尽快建立中国的传感信息中心,或者叫"感知中国"中心。随之,国内形成了物联网应用的热潮。教育部首批战略性新兴产业相关本科开设新专业物联网专业。物联网工程是复合专业,涉及控制理论与控制工程、微电子检测、通信工程和计算机与信息专业,对应物联网的控制、感知、传输和信息处理技术。物联网网络架构由感知层、网络层、应用层组成。Andriod 智能终端可实现物联网的视频采集、视频处理、视频压缩和视频传输的功能。

3.2 Linux内核

3.2.1 Linux内核的特征

内核(kernel)是操作系统的内部核心程序,它向外部提供了对计算机设备的核心管理调用。我们将操作系统的代码分成两部分。

① 内核所在的地址空间称为内核空间。

② 外部管理程序与用户进程所占据的地址空间称为外部空间。

通常,一个程序会跨越两个空间。当执行到内核空间的一段代码时,称程序处于内核态;而当程序执行到外部空间代码时,称程序处于用户态。

单一内核(monolithic kernel)是当时操作系统的主流,操作系统中所有的系统相关功能都被封装在内核中。它们与外部程序处在不同的内存地址空间中,并通过各种方式防止外部程序直接访问内核中的数据结构。程序只有通过一套称为系统调用(system call)的界面访问内核结构。近些年来,微内核(micro kernel)结构逐渐流行起来,成为操作系统的主要潮流。1986年,Tanenbaum提出Mach kernel,而后,他的Minix和GNU的Hurd操作系统更是微内核系统的典范。

在微内核结构中,操作系统的内核只需要提供最基本、最核心的一部分操作(比如创建和删除任务、内存管理、中断管理等)即可,而其他的管理程序(如文件系统、网络协议栈等)则尽可能地放在内核以外。这些外部程序可以独立运行,并对外部用户程序提供操作系统服务,服务之间使用进程间通信机制(IPC)进行交互。

微内核结构使操作系统具有良好的灵活性,它有许多优点:

- 内核本身小而且简单,容易理解,容易维护。
- 各种特殊的模块(如文件系统等)、设备驱动,乃至中断处理程序,都可以作为独立的进程开发,既简单又容易调试,并且容易在其他环境下模拟。这样,就为整个系统的开发提供了一条渐进的开发途径。
- 系统的配置也变得更灵活方便。从商业的角度,还可以把内核和各种服务进程模块或动态链接库分别销售,让用户根据具体需要选购;也有利于软件开发商们开发和提供各种第三方软件包。这样,以微内核为基础的系统的扩充就比较灵活、方便,或者说可裁减性(Scalability)较好。
- 微内核天生就是可抢占的。由于微内核很小,所以CPU在内核中运行的时间十分短暂。这样,基本上就不存在因为CPU在内核中运行而不可抢占的问题了。可以说,许多嵌入式操作系统之所以能宣称“可抢占”,就是因为采用了微内核结构。

如同面向对象程序设计带来的好处一样,微内核使操作系统内部结构变得简单清晰。在内核以外的外部程序分别独立运行,其间并不互相关联。这样,可以对这些程序分别进行维护和拆装，只要遵循已经规定好的界面，就不会对其他程序有任何干扰。这使得程序代码在维护上十分方便，体现了面向对象式软件的结构特征。但这样的结构也存在着不足之处。首先，程序代码之间的相互隔离，使得整个系统丧失了许多优化的机会。其次，部分资源浪费在外部进程之间的通信上。这样，微内核结构在效率上必然低于传统的单一内核结构，这些效率损失将作为结构精简的代价。总体而言，在当前的硬件条件下，微内核在效率上的损失小于其在结构上获得的收益，故而选取微内核成为操作系统的一大潮流。

然而，Linux 系统却恰恰使用了单一内核结构。这是由于 Linux 是一个实用主义的操作系统。Linus Torvalds 以代码执行效率为自己操作系统的第一要务。在这样的发展过程中，参与 Linux 系统开发的程序员大多数为世界各地的黑客。比起结构的清晰，他们更加注重功能的强大和高效率的代码。于是，他们将大量的精力花在优化代码上，而这样的全局性优化必然以损失结构精炼作为代价，导致 Linux 中的每个部件都不能被轻易拆出，否则必然破坏整体效率。单一体系内核结构和微内核结构之间的区别如图 3-1 所示。

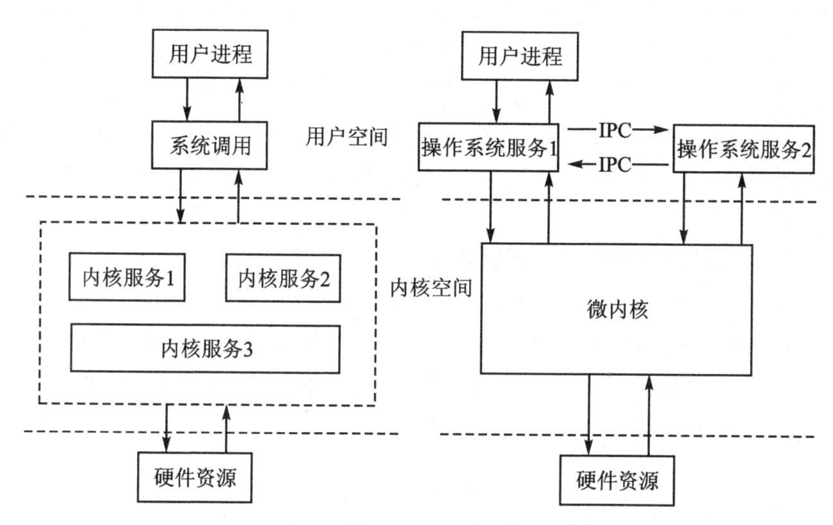

图 3-1　单一内核结构与微内核结构之间的区别

虽然 Linux 是单一内核操作系统，但它与传统的单一内核 UNIX 操作系统不同。在普通的单一内核系统中，所有内核代码都是被静态编译连入的，而在 Linux 中，可以动态装入和卸载内核中的部分代码。Linux 中将这样的代码段称为模块（module），并对模块给予了强有力的支持。在 Linux 中，可以在需要时自动装入和卸载模块。

Linux 并不支持用户态线程。线程是同时执行的共享资源的程序段，线程之间可以共享地址空间、物理内存页面，甚至打开的设备和文件。这样，在线程间切换要比在进程间切换的开销少，大量使用线程可以使系统的效率得到提高。因此，线程在现代操作系统中得到了广泛的应用。但 Linux 中线程的使用却很少见到，只是在内核态中定期执行某个函数时才会用到线程的概念，这些内核态线程由于不具有上下文(context)，故而不能在用户态使用。在用户态中，Linux 通过另一种方法解释并实现 LWP(Light Weight Process)的机制。Linux 中认为线程就是共享上下文(context)的进程，并可以通过系统调用 clone()来创建新的线程。

Linux 的内核为非抢占式的(non - preemptive)。这就是说，Linux 并不能通过改变优先权来影响内核当前的执行流程。Linux 并不是一个“硬”实时操作系统。

Linux 从 2.0 版起，其内核就对多处理器结构进行支持。2.2 版中对于对称多处理器 SMP(Symmetric MultiProcessing)进行了支持。

在 Linux 中，内核包括进程管理、定时器、中断管理、内存管理、模块管理、虚拟文件系统接口、文件系统、设备驱动程序、进程间通信、网络管理、系统启动等程序。

1. 接口特色

按照 POSIX 标准，一个可以运行 UNIX 程序的系统就是 UNIX。Linux 系统提供和一般 UNIX 系统相同的标准界面，包括程序级的和用户级的，因此也是一个 UNIX 系统。一般，大家称之为类 UNIX 系统，以区别于其他传统意义上的 UNIX 系统。

在程序级，Linux 系统提供标准的 UNIX 函数库，一个在 Linux 下开发的应用程序，可以几乎不经过任何改动就可以在其他 UNIX 系统下编译执行，完成同样的功能。

Linux 系统对用户同时提供图形和文本用户界面，文本界面是 shell 接口，图形界面是 X Window 系统。UNIX 下的基本命令与在 Linux 下的功能和使用方式都完全相同。而最早在 UNIX 平台开发的图形用户界面 X Window 系统，在 Linux 系统下运行良好，并可以展示与其他版本 UNIX 系统下相同甚至更好的效果。

2. 功能特色

Linux 最早运行在 Intel 80386 系列 PC 机上，现在，它也可以运行在 ARM、MIPS 和 Motorola 68000 系列的计算机上，同时，一些改进的嵌入式 Linux 还可以运行于手机、家电等设备上。从 Linux 2.0 开始，它不仅支持单处理器的机器，还能支持对称多处理器(SMP)的机器，实现真正的多任务工作。

Linux 系统可以支持多种硬件设备。Linux 系统下的驱动程序开发和 Windows 系统相比要简单得多。最初的硬件设备驱动程序，都是由自由软件开发者们提供的。随着 Linux 系统的普及，越来越多的硬件厂商也开始提供设备驱动，这无疑又是一个好消息。

Linux 自身使用的专用的文件系统为 Ext2，可以提供方便有效的文件共享及保护机制。同时，它可以通过虚拟文件系统的技术，支持包括微软公司操作系统所使用的 Fatl6、Fat32 和 NTFS 等文件系统在内的几十种现有的文件系统。

Linux 系统具有内置的 TCP/IP 协议栈，可以提供各种高效的网络功能，包括基本的进程间通信、网络文件服务等。

3. 结构特征

Linux 内核基本采用模块结构，单内核模式，所以系统具有很高的运行效率，但系统的可扩展性及可移植性受到一定的影响。为了解决这个问题，Linux 使用了附加模块（modules，也称为模组）技术。利用模块技术，可以方便地在内核中添加新的组件或卸载不再需要的内核组件，而且这种装载和卸载可以动态进行，即在系统运行过程中完成，而不需要重新启动系统。

引入动态的模块技术，使系统内核具有良好的动态可裁减性，但是，内核模块的引入也带来了对系统性能、内存利用和系统稳定性的一些影响。可动态装卸的模块需要系统增加额外的资源来记录、管理，而装入的内核模块和其他内核部分一样，具有相同的访问权限。差的内核模块会导致系统不稳定甚至崩溃，特别是一些恶意的内核模块可能对系统安全造成极大的威胁。

总的来讲，Linux 内核基本采用模块式结构构造，同时加入动态的模块技术，在追求系统整体效率的同时，实现了内核的动态可裁减性。这样的结构，给系统移植带来一定的负面影响。但是，在广大自由软件爱好者们不懈的努力下，Linux 系统仍然不断地推出支持新硬件平台的版本。Linux 可以运行的硬件平台超过任何一种商业系统，具有较好的平台适应性。

3.2.2 进程管理

1. 进程的特性

进程具有的 3 个重要特性。

① 独立性。进程是系统中独立存在的实体，它可以拥有自己独立的资源。在没有经过进程本身允许的情况下，其他进程不能访问到这些资源。这一点与线程有很大的区别。线程是共享资源的程序实体，创建一个线程所花费的系统开销要比创建一个进程小得多。

② 动态性。进程与程序的区别在于，程序只是一个静态的指令集合，而进程是一个正在系统中活动的指令集合。在进程中加入了时间的概念，所以进程具有自己的生命周期和各种不同的状态。这些概念在程序中都是不具备的。

③ 并发性。若干个进程可以在单处理机状态上并发执行。注意并发性（concurrency）和多处理机并行（parallel）是两个不同的概念。并行指在同一时刻内，有多条指令在多个处理机上同时执行；而并发指在同一时刻内单处理机只能有一条指令执行，但多个进程的指令被快速轮换执行，使得在宏观上具有多个进程同时执行的效果。

2. 进程的组成

在 Linux 中，进程以进程号 PID（Process ID）作为标识。任何对进程进行的操作都要给予其相应的 PID 号。每个进程都属于一个用户，进程要配备其所属的用户编号 UID。此外，每个进程都属于多个用户组，所以进程还要配备其归属的用户组编号 GID 的数组。

进程运行的环境称为进程上下文。Linux 中进程的上下文由进程控制块 PCB (Process Control Block)、正文段、数据段以及用户堆栈组成。其中，正文段存放该进程的可执行代码，数据段存放进程中静态产生的数据结构，而 PCB 包括进程的编号、状态、优先级以及正文段和数据段中数据分布的大概情况。

一个称为进程表(process table)的链表结构将系统中所有的 PCB 块联系起来，如图 3-2 所示。

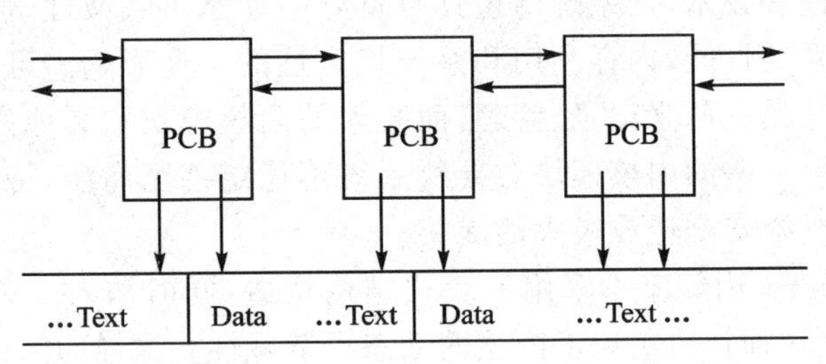

图 3-2 进程的数据结构

3. 进程的状态和调度

进程是一个动态的实体，故而它是有生命的。从创建到消亡，是一个进程的整个生命周期。在这个周期中，进程可能会经历各种不同的状态。一般来说，所有进程都要经历以下 3 种状态。

① 就绪态：指进程已经获得所有所需的其他资源，并正在申请处理机资源，准备开始运行。在这种情况下，称进程处于就绪态。

② 阻塞态：指进程因为需要等待所需资源而放弃处理机，或者进程本不拥有处理机，且其他资源也没有满足，从而即使得到处理机资源也不能开始运行。这种情况下，称进程处于阻塞态。阻塞状态又称休眠状态或者等待状态。

③ 运行态：进程得到了处理机，并不需要等待其他任何资源，正在执行的状态，称之为运行态。只有在运行态时，进程才可以使用所申请到的资源。

在 Linux 系统中，将各种状态进行了重新组织，由此得出 Linux 进程的几个状态：

- RUNNING：正在运行，或者在就绪队列中等待运行的进程，也就是上面提到的运行态和就绪态进程的综合。一个进程处于 RUNNING 状态，并不代表它一定在被执行。由于在多任务系统中，各个就绪进程需要并发执行，所以在某个特定时刻，这些处于 RUNNIGN 状态的进程之中，只有一个能够得到处理机，而其他进程必须在一个就绪队列中等待。即使是在多处理机的系统中，Linux 也只能同时让一个处理机执行任务。

➢ UNINTERRUPTABLE：不可中断阻塞状态。处于这种状态的进程正在等待队列中，当资源有效时，可由操作系统进行唤醒，否则，将一直处于等待状态。

➢ INTERRUPTABLE：可中断阻塞状态。与不可中断阻塞状态一样，处于这种状态的进程在等待队列中，当资源有效时，可以由操作系统进行唤醒。与不可中断阻塞状态所不同的是，处于此状态中的进程亦可被其他进程的信号唤醒。

➢ STOPPED：挂起状态。进程被暂停，需要通过其他进程的信号才能被唤醒。导致这种状态的原因有两个，其一是受到了相关信号（SIGSTOP、SIGSTP、SIGTTIN 或 SIGTTOU）的反应；其二是受到父进程 PTRACE 调用的控制，而暂时将处理机交给控制进程。

➢ ZOMBIE：僵尸状态。表示进程结束但尚未消亡的一种状态。此时进程已经结束运行并释放大部分资源，但尚未释放进程控制块。

调度程序用来实现进程状态之间的转换。用户进程由 fork()系统调用实现。获得处理机而正在运行的进程若申请不到某个资源，则调用 sleep()进行休眠。进程执行系统调用 exit()或收到外部的杀死进程信号 SIG_KILL 时，进程状态变为 ZOMBIE，释放所申请资源。同时启动 schedule()把处理机分配给就绪队列中其他进程。进程的状态转换关系如图 3-3 所示。

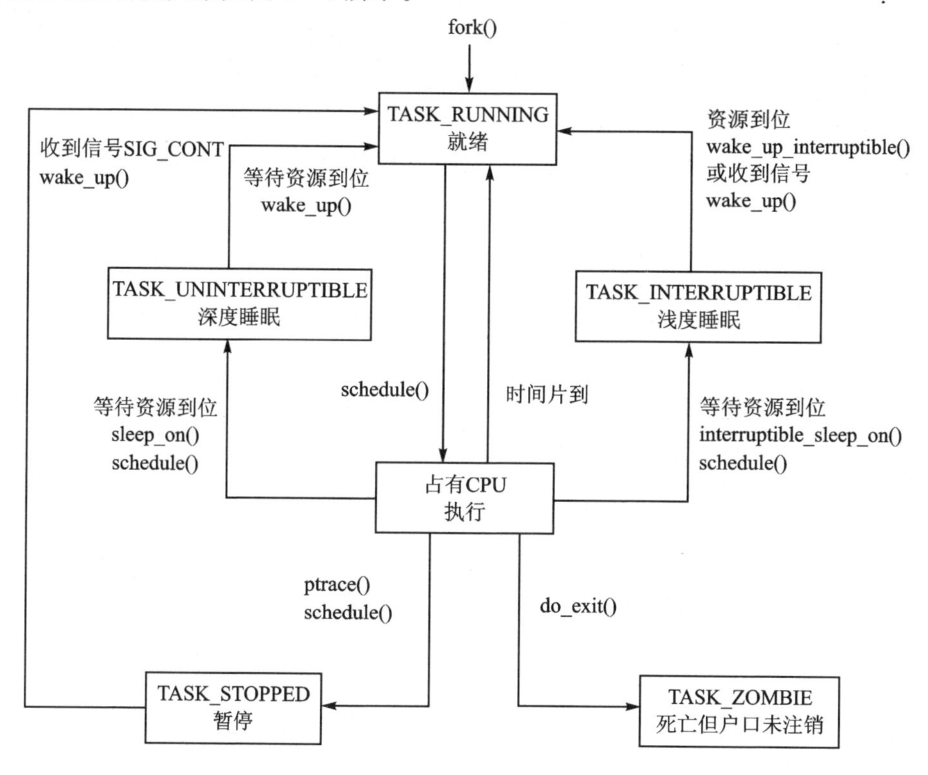

图 3-3　进程的状态转换关系

在多进程的操作系统中,进程调度是一个全局性的、关键性的问题,它对系统的总体设计、系统的实现、功能设置以及各方面的性能都有着决定性的影响。根据调度结果所作的进程切换的速度,也是衡量一个操作系统性能的重要指标。进程调度算法可采用先进先出算法(FIFO)或轮转法(round robin),分实时和非实时两种形式。实际上,未经改造的Linux很难实现"实时"。若采用Linux的轮转法,当时间片到时(10 ms的整数倍),由时钟中断触发,引起新一轮调度,把当前进程挂到就绪队列队尾。在schedule()中有一个goodness()函数,可以用来保证实时的进程可以得到优先调用。然而这只是在调用上优先,事实上,在内核态下,实时进程并不能对普通进程进行抢占,所以Linux中的实时并不是真正意义上的实时。

4. 进程间关系

Linux中除了0号进程是启动时由系统创建以外,其余进程都是由其他进程自行创建的。为了表示这种创建关系,用父进程指代缔造者,用子进程指代被创建出的新进程。如果进程A是进程B的间接父进程,则A称为B的祖先,B为A的后代。既然提到了父子关系,那么这两个进程之间自然是有着如同父子一样的继承性。

在数据结构上,父进程PCB中的指针p_cptr指向最近创建的一个子进程的PCB块,而每个子进程PCB中的指针p_pptr都指向其父进程的PCB块。这一对指针构成了进程的父子关系,如图3-4所示。此外,除了最老的子进程外,每个子进程PCB块中的p_osptr指针都指向其父进程创建的上一个子进程PCB;反之,除了最新的子进程外,每个子进程PCB块中的p_ysptr都指向其父进程所创建的后一个子进程PCB。这样,同一个"父亲"的子进程们就按"年龄"顺序构成了一个双向链表,而父进程则可以通过其p_cptr指针,从最新创建的子进程开始,依次访问其每一个子进程。

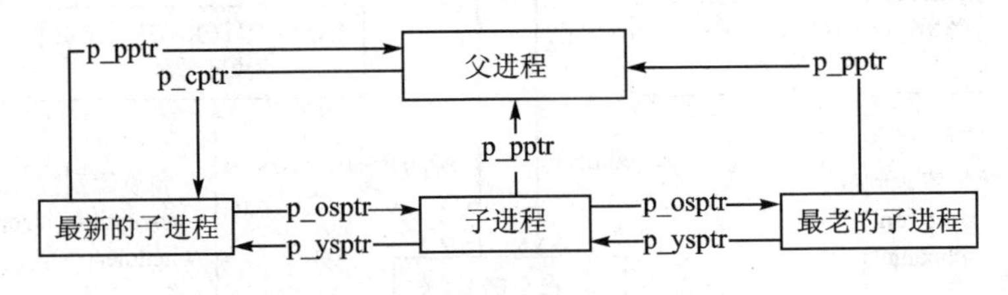

图3-4 父子进程关系

系统启动时,自行创建了0号进程,其所运行的代码是init_task()函数。该进程的作用是作为一切其他进程的父进程。

创建新进程的调用是fork()。fork一词在英文中是"分叉"的意思。同样,在Linux中,fork()调用也起了一个"分叉"的作用。

如果系统中只提供fork()调用,那么整个操作系统的所有进程就都只能运行同一个程序了,因为其代码段都是复制或者共享的。Linux为了创建进程运行新的程序,又提供了execve()系统调用。

5. 中断处理与定时器

中断是现代操作系统中的重要功能模块之一。中断分两种，分别是由外部设备生成的硬件中断和由软件程序所生成的软件中断（又称为陷阱，Trap）。Linux 中同时支持 Intel 处理机的外部硬件中断和内部中断。

中断描述符表（IDT）是建立在内存中的一个表，它的入口地址存放在一个中断入口寄存器中。这个表分为两项。第一项是中断编号，它唯一标识了一个中断；而与之相对应的是一个入口指针，该指针指向内存中相应中断处理程序的地址。Linux 的 IDT 是定长的，它包含 256 个中断表项，即 0～255。

在中断响应时，为了避免重要操作出现嵌套，从而出现对系统造成破坏的可能性，操作系统规定要关闭中断允许位。但是，如果一个中断的处理时间较长，则中断将长时间关闭，这时将会失去对外部发来的其他中断的响应能力。

Linux 中为了避免这样的事情发生，就将那些执行时间可能比较长的中断处理程序一分为二，称做 top half（前半部分）和 bottom half（后半部分）。其中，top half 为一些重要的，与硬件设备紧密相关的程序，这些程序一定要关中断执行；而 bottom half 中为其余的一些处理程序，这些程序都是对内存进行操作，不怕被打断。当系统进入中断处理状态时，首先关中断执行 top half。top half 的程序一般都是从硬件获取数据，并不处理，而是直接写入内存缓冲区中。这样，top half 的执行速度一般都很快。在 top half 结束后，将中断打开，继续执行 bottom half 中的处理程序。

前半部分是必须立即执行，一般是在关中断条件下执行的，并且必须是对每次请求都单独执行。而后半部分，是可以稍后在开中断条件下执行的，并且往往可以将若干次中断服务中剩下来的部分合并起来执行。这些操作往往比较费时，因而不适宜在关中断条件下执行，或者不适宜一次占据 CPU 时间太长而影响对其他中断请求的服务。

定时器是建立在时钟中断基础上的一种 Linux 定时服务机制。可以设置一个定时器在特定时间发送信号唤醒一个特定的进程。时钟的处理程序主要是在 bottom half 中完成的。

6. 系统调用

系统调用（system call）是 Linux 中从用户态进入内核态唯一的途径。Linux 使用了中断的方法来实现系统调用。

在 Linux 中，当进程需要进行系统调用时，必须以 C 语言函数的形式写一句系统调用命令。

Linux 中，处于用户态的程序称为进程，而处于内核态的指令称为任务（task），如图 3-5 所示。进程具有并发性，而任务不具有并发性，所以 Linux 具有一个非抢占式的内核。

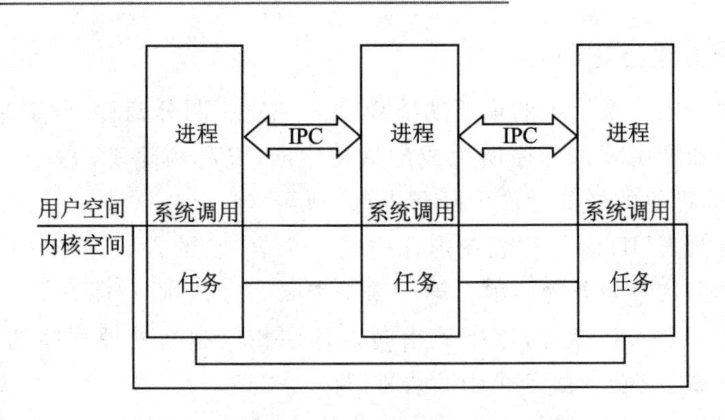

图3-5　进程和任务之间的切换过程

7. 进程间互斥

在并发的情况下，要对这些资源进行必要的保护，防止多个进程对资源进行非串行性操作，导致数据损坏。

在给出串行性定义之前，首先要给出原子操作（atomic operation）的定义。原子操作指一系列基本操作组成的操作序列，其中不可被打断执行。

可串行性是数据库中广泛使用的一种正确标准。当事务交叉执行它们的操作，产生的结果与串行执行的结果一致时，这些事务便称为可串行性的。同样，在操作系统中，假设两个进程同时修改一个文件，进程 A 和进程 B 都分别从偏移量 x 处读出数据，加 1 后写回。如果操作是可串行的，那么无论 A 和 B 的指令具体在 CPU 中执行的先后顺序如何，最后 x 的值都应该增加 2。然而，如果不加任何保护措施，则很有可能出现 A 和 B 都分别读出 x 的数据，再各自加 1，先后写回的情况。在这种情况下，x 最终只增加了 1。为了避免不可串行的情况出现，操作系统中需要将进程的读数据和"加 1"两个操作定义为一个原子操作，并进行互斥保护。

在单处理机的情况下，用关中断的方法可以实现原子操作。然而，在多处理机 SMP 的情况下，关中断的方法就无法对临界区进行保护了。于是，Linux 中引入了自旋锁机制。

自旋锁（spinlock）的意思就是在一个密封的循环中坚持反复尝试夺取一个资源（一把锁），直到成功为止。这通常是通过在类似 test - and - set 操作进行循环来实现的，即不停地旋转直到获得该锁。

自旋锁的基本前提是线程在某处理机上忙等待（busy waiting）一个资源，而另一个线程在不同处理机上正使用这个资源。这只有在多处理机上才有可能。在单处理机上，如果一个系统试图获取一个已被持有的自旋锁，就会进入死循环。

信号量（semaphore）是另一种加锁操作。与普通加锁不同的是，信号量记录了一个空闲资源数值，其原子操作并不是 lock 和 unlock，而是 up 和 down。信号量的值表示了当前空闲资源的多少，当它变为 0 时，down 操作就需要进入等待对列。

8. 进程间通信

用户态进程间处于并发状态。为了协调进程的运行，需要实现进程之间通信的机制。在 Linux 中，进程间通信有以下几种方法：

- 管道机制。该机制最适用于解决生产者—消费者问题。管道是一种在进程之间单向流动数据的结构。
- 先进先出(FIFO)机制。管道机制的最大缺点是不能由多个进程共享，除非此管道为这些进程共同的祖先所创建。为了解决这个问题，Linux 中引入了 FIFO 机制(又称为命名管道)。FIFO 指一个文件，可以被所有进程所共享。但是，FIFO 与一般文件不同，它还使用了内核中的缓冲区，所以在效率上要比一般共享文件快得多。
- IPC 机制。IPC(Inter Process Communication)包含了一系列系统调用，允许用户态进程通过信号量进行同步，向其他进程发消息，并且可以与其他进程共享一块内存空间。IPC 资源包括信号量、消息队列和共享内存几种。

3.2.3 存储管理

目前计算机 CPU 的速度越来越快，性能越来越高，但内存速度方面的增长却远远落于 CPU 的发展，已成为计算机速度和性能进一步提高的瓶颈(bottleneck)。

1. 存储管理的任务

存储管理是 Linux 中负责管理内存的模块(这里的“模块”一词指广义的程序段，与后面将提到的 module 不同)。存储管理的任务有以下几点：

① 屏蔽各种硬件的内存结构，并向上层返回统一的访问界面。Linux 支持各种各样的硬件体系结构。对每种硬件结构，其内存的组织形式不尽相同。

② 解决多进程状态下内存不足的问题，按需调页。

③ 阻止进程肆意访问其他进程的地址空间和内核地址空间。

④ 为进程中通信所需要的共享内存提供必要的基础。对于上层用户来讲，共享内存和普通内存是两种东西。然而对于存储管理系统来讲，这两者却都是内存中的一部分，并没有任何关于进程对内存的共享规则。

2. 虚拟内存

虚拟内存是现代操作系统的重要特征。对于一个多进程的操作系统来说，每个进程都要占据自己唯一的内存地址空间。虚拟内存的基本原理是将内存中一部分近期不需要的内容移出到外存上，从而让出一块内存空间，以供其他需要的进程使用。当要访问到那些已经被调出到外存的数据时(称做访问失效)，存储管理需要将内存中一部分不常被访问的数据调出，让出一块空间以供需要的数据调入内存。

时间局部性和空间局部性原理是虚拟内存效率的重要保证。所谓时间局部性原理,指在存储访问中,人们对最近访问过的数据进行再次访问的概率非常大。这个原理确保了人们不用频繁地将数据在主存与外存之间换入换出,因为这些数据很可能在未来被再次访问到。所谓空间局部性原理,指在存储访问中,人们时常会访问到最近访问过的地址附近的数据。这个原理给人们的启示是将内存划分成一定长度的数据段,从而每次换入换出时,将整个数据段一起操作,这样可以减少访问失效的次数。

3. 页面模式

页面(page)为存储管理中调入调出的基本单位。在存储管理中,将内存划分为长度相等的页面。Linux将每个用户进程4 GB长度的虚拟内存划分成固定大小的页面。其中,0～3 GB是用户态空间,由各进程独占;3～4 GB是内核态空间,由所有进程共享,但只有内核态的进程才能访问。

4. 按需调页

当进程访问到某个虚拟地址,却发现该地址所对应的物理页面已经被换出内存时,系统将会自动产生一个硬件中断,即缺页中断。在中断产生后,系统会自动调用相应的中断处理程序,将所需的页面从外存调入,或者干脆新建一个空白页面(对于那些申请空间的进程)。这个过程就叫按需调页。

5. 对　换

对于虚拟内存页面来说,总是要将其改动过的内容写回到外存上去,才能够将其丢弃(这实际上就是一个换出的过程)。一个被更改过的内存页面,但还没有将其内容写到外存上,就称为“脏页面”(dirty page)。在换入页面时,首先考虑的肯定是将那些“干净的”页面直接丢弃,然后将外存数据写进来,因为这样并不会破坏数据的完整性。然而这是一个矛盾,内存的调用者希望尽可能地少进行向外存的刷新(flash),由于它们的懒惰,使得内存中“脏”页面不断增加,而换入程序又希望尽可能多一些“干净”页面,以便它们可以很方便地将数据调入。于是,收拾垃圾的工作就由一个叫“对换”(swap)的程序来完成。

3.2.4 文件系统管理

支持多种不同类型的文件系统是Linux操作系统的一大特色。目前支持的有ext、ext2、minix、umsdos、ncp、iso9660、hpfs、ntfs、msdos、xia、vfat、proc、romfs、nfs、smbfs、sysv、affs、efs、coda、hfs、adfs、qnx4、bfs、udf以及ufs等。每一种文件系统都有自己的组织结构和文件操作函数,相互之间差别很大。Linux对上述文件系统的支持是通过虚拟文件系统VFS的引入而实现的。

文件操作面向外存空间。Linux的办法是采用缓冲技术和hash解决外存与内存在I/O速度上的差异,从而提高系统效率。

1. 文件系统

一个已安装的 Linux 操作系统究竟支持几种文件系统类型,需由文件系统类型的注册链表描述。向系统核心注册文件系统的类型有两种途径。一种是在编译核心系统时确定,并在系统初始化时通过内嵌的函数调用向注册表登记;另一种则利用 Linux 的模块(module)特征,把某个文件系统当做一个模块。装入该模块时向注册表登记它的类型,卸载该模块时则从注册表注销。

2. 虚拟文件系统

VFS 是物理文件系统与服务之间的一个接口层,对用户程序隐去各种不同文件系统的实现细节,为用户程序提供一个统一的、抽象的、虚拟的文件系统界面。VFS 对 Linux 的每个文件系统的所有细节进行抽象,使得不同的文件系统在 Linux 核心以及系统中运行的其他进程看来,都是相同的。严格说来,VFS 并不是一种实际的文件系统。它只存在于内存中,不存在于任何外存空间。VFS 在系统启动时产生,在系统关闭时注销。VFS 的作用就是屏蔽各类文件系统的差异,给用户、应用程序,甚至 Linux 其他管理模块提供一个统一的界面。管理 VFS 数据结构的组成部分主要包括超级块和 inode。

VFS 使 Linux 同时安装、支持许多不同类型的文件系统成为可能。VFS 拥有关于各种特殊文件系统的公共界面,如超级块、inode、文件操作函数入口等。实际文件系统的细节,统一由 VFS 的公共界面来索引,它们对系统核心和用户进程来说是透明的。

VFS 的功能包括:

- 记录可用的文件系统的类型;
- 将设备同对应的文件系统联系起来;
- 处理一些面向文件的通用操作。

文件系统由目录和文件构成。每个子目录或文件只能由唯一的 inode 描述。inode 是 Linux 管理文件系统的最基本单位,也是文件系统连接任何子目录和文件的桥梁。

VFS inode 的内容取自物理设备上的文件系统,由文件系统指定的操作函数(i_op属性指定)填写。VFS inode 只存在于内存中,可通过 inode cache 访问。

3. 嵌入式系统的存储

在嵌入式系统中,各种特殊的应用目的对存储设备提出了各种各样的要求,所以在不同的场合下需要因地制宜地选择存储设备。目前,Flash 存储器由于有安全性高、存储密度大、体积小、价格相对便宜等特点,是嵌入式领域中最受欢迎的一类存储器。

实际上,Flash 存储器属于 EEPROM 的一种。在 Flash 芯片中,数据被划分为若干块来管理。当需要进行擦除、改写时,以整个块为单位进行操作。由于过多的写操作会损坏 Flash 芯片(一般来说可写次数在 100 000 这个数量级),所以如果既要对 Flash 进行写操作,又要让它的寿命尽可能长,必须要对 Flash 的写操作进行合理的调度,尽量使每一个存储块经历大致相同的擦写次数。

在嵌入式系统中使用 Flash 存储器,通常有两种使用方式:

① 只进行只读访问,在将内核与文件系统写到 Flash 上之后,不需要再对 Flash 进行写操作。

② 在系统运行时既需要进行读操作,也需要进行写操作。

在第一种情况下,只需将 Flash 作为普通 ROM 来使用,或辅以 romfs、cramfs 等即可满足要求。在运行时,系统会把需要操作的文件、目录提取到内存中进行操作。在第二种情况下,虽然使用 Flash 存储数据并不是非常困难,但是要想使存储的数据获得比较高的可靠性,就需要在 Flash 的管理方面进行一些研究了。

大多数的嵌入式应用场合,都要求系统有较好的健壮性。通常,有这么几种管理方式可供选择:

(1) 直接访问 Flash

自己编写 Flash 的驱动程序(即基本操作函数)。除非花费很大的精力对存储设备的所有操作进行抽象与封装,否则在应用程序中通常也需要添加一些与硬件相关的代码来对 Flash 的存储数据进行操作与管理。

这样的设计与实现,工作量也是相当大的,并且,由于 Flash 太多次写入会有损坏,设计驱动程序的时候还要考虑进行优化,以尽量延长整个 Flash 存储设备的使用寿命。

(2) Flash disk

有一些 Flash 存储设备上附带了控制电路,并且提供了 IDE 的接口。这些设备通常都是模拟了 PC 中的 IDE 之类设备的接口。大多数的嵌入式环境中都支持对这种接口的存储设备进行访问。

这样,在嵌入式 Linux 环境下,就可以直接通过/dev/hda 等 IDE 设备文件按照对普通硬盘的操作方式一样对其进行访问。首先可以在这个 Flash 设备上创建一个文件系统(例如 ext2 文件系统),之后对该设备的访问就得到了极大的简化。

该方式的缺点是,按照通常的 IDE 设备对 Flash 设备进行访问,并不能够保证数据的可靠存储。这是因为 Flash 存储设备与普通的 IDE 设备有很多不同之处,而且必须选购专门的 Flash 存储设备。

(3) 专用于 Flash 的文件系统

例如 JFFS 等文件系统,目前已经比较成熟,并有了成功的应用。主要的思想就是根据 Flash 存储设备的特点,在设计文件系统的过程中就考虑了 Flash 的读、写特性。这样,就可以获得针对 Flash 存储设备进行优化过的一个文件系统。

4. 文件系统类型

(1) ext2 文件系统

ext2 是专门为 Linux 设计的文件系统类型。每个文件系统由逻辑块的序列组成,一个逻辑盘空间一般划分为几个用途各不相同的部分,即引导块、超级块、inode 区以及数据区。

➢ 引导块:在文件系统的开头,通常为一个扇区,其中存放引导程序,用于读入并启动操作系统。
➢ 超级块(super_block):用于记录文件系统的管理信息。
➢ inode 区(索引节点):一个文件(或目录)占据一个索引节点。第一个索引节点是该文件系统的根节点。利用根节点,可以把几个文件系统挂在另一个文件系统的非叶节点上。
➢ 数据区:存放文件数据或者管理数据。

(2) cramfs 文件系统

在嵌入式的环境之下,内存和外存资源都需要节约使用。如果使用 ramdisk 方式来使用文件系统,那么在系统开始运行之后,首先要把外存(Flash)上的映像文件解压缩到内存中,构造 ramdisk 环境,才可以运行程序。但是,它也有很致命的弱点,在正常情况下,同样的代码不仅在外存中占据了空间(以压缩后的形式存在),而且还在内存中占用了更大的空间(以解压缩之后的形式存在),这违背了嵌入式环境下尽量节省资源的要求。

使用 cramfs 就是一种解决这个问题的方式。cramfs 是一个压缩式的文件系统,它并不需要一次性地将文件系统中的所有内容都解压缩到内存之中,而只是在系统需要访问某个位置的数据时,马上计算出该数据在 cramfs 中的位置,将其实时地解压缩到内存之中,然后通过对内存的访问来获取文件系统中需要读取的数据。cramfs 拥有以下一些特性:

➢ 采用实时解压缩方式,但解压缩时有延迟。
➢ cramfs 的数据都是经过处理、打包的,对其进行写操作有一定困难。
➢ 在 cramfs 中,文件最大不能超过 16 MB。
➢ 支持组标识(gid),但是 mkcramfs 只将 gid 的低 8 位保存下来,因此只有这 8 位是有效的。
➢ 支持硬链接。
➢ cramfs 的目录中,没有“.”和“..”这两项。因此,cramfs 中目录的链接数通常也仅有一个。
➢ cramfs 中,不会保存文件的时间戳(timestamps)信息。

(3) romfs 文件系统

romfs(rom file system)是一种只读文件系统,占用系统资源也比较小。romfs

中的文件组织方式比较有特色,非常简单。文件系统多数都是为了对块设备进行高效管理而开发的,romfs也不例外。

只需要采用mount命令将这个文件挂接到任何一个目录下,即可对这个romfs中的文件按照正常方式进行访问。

(4) 日志文件系统

文件系统既然是用来管理和保存数据的,那么就必须尽量保证其中数据的完整性。在实际的工作环境中,可能会遇到相当多的意外情况,例如各种情况下的机器崩溃:

➢ 保存文件之后,系统崩溃。这种情况不会丢失数据。
➢ 保存文件之前,系统崩溃。所有的未存盘的数据将会丢失,但是文件系统中的老版本文件不会有损坏。
➢ 正在保存文件时,系统崩溃。这种情况可能带来最严重的损失,包括该文件永久不能使用。严重的情况下,会破坏文件系统的管理信息,导致目录、分区,甚至整个硬盘的数据丢失。

实用的文件系统通常要考虑到这些情况,预先准备好应急措施。例如,在ext2fs文件系统中,文件系统已经保存了冗余的系统信息(如目录结构等),当系统发生崩溃时,就可以使用那些备份的信息来恢复目录结构、分区信息等。对文件系统进行的这种“检测+恢复”的操作需要相当多的时间才能完成。于是,日志文件系统(journaling file systems)就应运而生了。

日志文件系统相对于普通文件系统,最主要的改变是增加了日志记录。有几种日志文件系统,如ext3、ReiserFS、xfs、JFFS等。其中JFFS是专为Flash设备开发的日志文件系统,其他的几种则没有专门的针对性。

日志文件系统管理的最重要的一个原则,就是必须先写日志后写数据。一般的日志文件系统都会在存储设备上划分出一个区域来存储日志,在每次对数据进行修改之前,都要先将改动记录到日志存储区。这样,当系统发生突然掉电等灾难性事故时,系统重启之后会自动根据日志记录把尚未完成的文件操作取消,可以保证文件系统的一致性与完整性。

(5) JFFS与JFFS2文件系统

2000年,Axis公司发布了其开发的日志式Flash文件系统JFFS(Journaling Flash File System)。JFFS文件系统是开放源代码的文件系统,可以说是专门用于嵌入式Linux的。

JFFS是直接在Flash存储设备上实现的文件系统,它针对Flash的特性(例如Flash的擦除、分块等)在文件系统中做了很多修改。由此可知,它根本就没有打算发展成为一个通用的文件系统(如exf1之类),只准备在Flash存储设备上使用时获得较高的效率。

2001年初,Red Hat公司在此基础上推出了JFFS2文件系统。JFFS2也是针对嵌入式系统中 Flash 存储设备进行设计的。

5. 文件系统的目录结构

在嵌入式环境下的资源是非常有限的，所以目录树中的所有文件都应该是系统提供的功能所必需的文件，以免浪费宝贵的存储空间。

图 3-6 所示的就是 romfs 文件系统的根目录中的目录结构。这个目录结构基本上同普通 Linux 系统中的目录是相同的，其中：

① /bin 和/sbin 目录存放的是可执行程序；

② /dev 目录存放的是设备文件；

③ /etc 目录存放的是配置文件和启动脚本；

④ /lib 目录存放的是库文件；

⑤ /proc 目录下面是系统信息（本目录是虚拟目录，并没有存放在 romfs 中，而是在系统运行时自动生成的）；

⑥ /tmp、/usr 和/var 目录的功能也同 Linux 下面的对应目录没有什么差别。

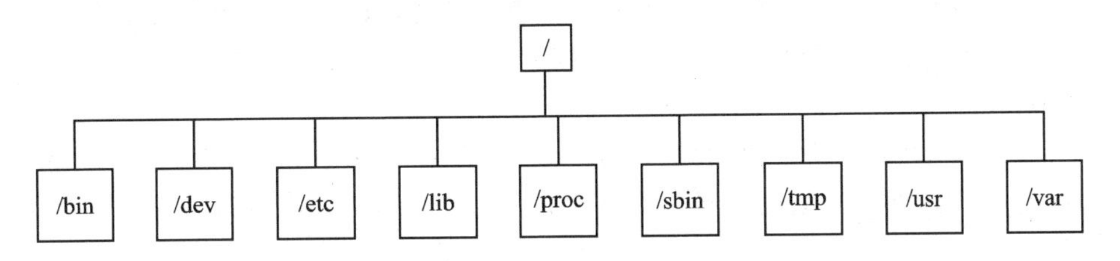

图 3-6　romfs 文件系统的根目录结构

3.2.5　设备管理

Linux 操作系统能够被广大用户所接受的原因之一，是它对市面上几乎所有的设备都有良好的支持。在 Linux 下为设备编写并安装驱动程序，是遵循着一定原则的。Linux 下的驱动程序仅仅是为相应的设备编写几个基本函数，并向 VFS 注册就可以安装成功。当应用程序需要使用设备时，可以访问该设备对应的文件节点，利用 VFS 调用该设备的相关处理函数。这种管理方式就是所谓的设备文件管理方式。

1. 设备管理概述

设备管理，即输入输出子系统是操作系统的重要组成部分。与进程管理、内存管理和文件系统管理相比，设备管理相对来说要更为“乱”一些。这主要是由于多种多样的输入输出设备同时存在，导致难以形成一个通用的解决方案。

输入输出子系统可分为上下两部分：一部分是下层且与设备有关的，常称为设备驱动程序，它直接与相应设备打交道，并且向上层提供一组访问接口；另一部分是上层且与设备无关的，这部分根据输入输出请求，通过特定设备驱动程序接口与设备进行通信。

虽然设备种类繁多,但是为了便于使用,输入输出子系统的下层部分必须提供一个统一的设备使用接口。Linux 将各种设备都作为特殊文件来处理(网络设备除外)。也就是说,对设备也可以进行 read(读)和 write(写)等操作,从而映射到对设备的底层直接访问。

设备驱动程序与相应设备密切相关。一个设备可简单地分为两部分:电子部分和机械部分。

内核与设备之间的数据传输有两种方式。有的设备只能一个字节一个字节地进行数据传输。当传输了一个字节后,CPU 可以不断查询设备是否已准备好,以便可以传输下一个字节。这种方法被称为轮询(polling)方式,浪费了 CPU 资源;另一种为中断方式,CPU 可做其他事,当设备发送了一个可以传输下一个字节的中断请求时,再传输。这种采用中断进行数据传输的方法相对来说效率要高,但是传输时间长。

但是,如果设备支持 DMA(Direct Memory Access,直接内存访问),则情况就不一样了。内核只需要向设备发送一些参数如数据目的或来源的位置、传输数据的数量等。接下来,设备会直接访问内存,进行数据传输。完成后,再向 CPU 发送一个中断。

一般来说,无论设备的驱动程序采用哪一种方式,在 Linux 下都可以获得相当好的系统支持。如果数据集中而且数据量比较大,还是应该采用“中断+DMA”的方式进行设备访问。

设备可分为两类:一类是字符设备,另一类是块设备。字符设备以字节为单位进行数据处理,通常只允许按顺序访问,一般不使用缓存技术。这类设备有很多,如鼠标、声卡等。块设备将数据按可寻址的块为单位进行处理,块的大小通常为 1 KB/2 KB 到 32 KB 不等。大多数块设备允许随机访问,而且常常采用缓存技术。

传统方式的设备管理中,除了设备类型(字符设备或块设备)以外,内核还需要一对称为主、次设备号的参数,才能唯一标识设备。主设备号(major number)相同的设备使用相同的驱动程序;而次设备号(minor number)用来区分具体的设备。

2. 设备文件

在与设备驱动程序通信时,内核常常使用设备类型、主设备号和次设备号来标识一个具体的设备。但是,从用户角度来看,这一方法不太实用,因为用户不会记住每台设备的主、次设备号。再者,在使用不同设备时,用户并不希望使用不同的操作方法,这毕竟太麻烦。用户希望能用同样的应用程序和命令来访问设备和普通文件。为此,Linux 中的设备管理应用了“设备文件”这个概念来统一设备的访问接口。

简单地说,系统试图使它对所有各类设备的输入、输出看起来就好象对普通文件的输入、输出一样。因此,只需将设备映射为一种特殊的文件即可达成上述目的。采用 mknod 进行系统调用或者直接进行 devfs 中的设备节点注册可得到设备文件。

由于引入"设备文件"这一概念,Linux为文件和设备提供了一致的用户接口。对用户来说,设备与普通文件并无区别。用户可以打开和关闭设备文件,可以读数据,也可以写数据等。

在引入设备文件系统(devfs)之前,Linux习惯上将设备文件放在目录/dev或其子目录之下。设备文件名通常由两部分组成,第一部分通常较短,可能只有2个或3个字母组成,用来表示设备大类。例如,普通硬盘如IDE接口为hd,软盘为fd,并口为lp,串口为ssy0。第二部分通常为数字或字母,用来区别设备实例。例如,/dev/hda、/dev/hdb、/dev/hdc表示第一、二、三块硬盘;/dev/hdal、/dev/hda2、/dev/hda3表示第一硬盘的第一、第二、三分区。

自从在Linux 2.4.0的内核中正式引入了设备文件系统devfs之后,所有的设备文件作为一个可以挂接的文件系统被纳入了文件系统的管理范围,而设备文件也可以挂接到任何需要的地方。同时,命名规则也有了更改,目录管理更加具有条理性。

在Linux内核中,设备文件是通过structfile来表示的,与普通文件的表示方法完全相同。通常所说的设备驱动程序接口也是指结构file_operation,与文件操作接口相同。块设备拥有自己特殊的结构block_device,在块设备文件的函数接口管理的过程中只需要提供block_device_operations,即可自动生成对应的file_operations设备接口。因此,也可以将block_device _operations结构称为块设备文件的接口。

以下是对file_operation中常用访问接口的简单介绍,可以比较它们与普通文件访问接口之间的异同。

llseek() 重新定位读/写位置,需要提供偏移量参数。
read() 从设备中读数据,需要提供字符串指针。
write() 向字符设备写数据,需要提供所写内容指针。
readdir() 只用于文件系统,而不用于设备。
ioctl() 控制设备,需要提供符合设备预先定义的命令字。
mmap() 将设备内存映射到进程地址空间。通常只有块设备驱动程序使用。
open() 打开并初始化设备准备进行操作。可以为NULL,这样每次打开设备总会成功,而且不通知设备驱动程序。
flush() 清除内容。
release() 关闭设备并释放资源等。
fsync() 实现内存与设备之间的同步。
fasync() 实现内存与设备之间的异步通信。
lock() 对设备加锁。
ready() 在进行读操作之前,需要验证地址是否可读。
writev() 在进行写操作之前,需要验证地址是否可写。

3. 设备注册与管理

在Linux 2.3.46版本以前的内核之中,一直采用的是利用设备类型以及主/次设备号管理设备的方法。在引入了 devfs 设备文件系统之后，传统的管理方式并没有遭到摒弃。在目前最新的 Linux 2.4.18 内核版本中，传统方式与 devfs 管理方式并存，同时发挥作用。

首先来讨论主/次设备号(major & minor number)管理机制。在字符设备管理中，全局数组 chrdevs[]处于核心地位。Linux 通过全局数组 chrdevs[]组织起 MAX_CHRDEV(255)个 device_struct 结构，其主要功能是记录相关设备的名称以及其对应的设备操作函数接口(fops)。由于 MAX_CHRDEV 的限制，在传统的主/次设备号管理方式中，只能满足最多 254 种设备的注册与管理，这也是采用 devfs 的原因之一。

在使用设备之前，需要先用 register_chrdev 来对其进行注册，也就是将该设备所附带的操作函数接口挂到系统中指定的结构上。在注册完成后，应用程序只需要像操作文件一样对设备进行操作即可。如果一个设备不再使用，则可以用 unregister_chrdev 函数进行注销。

块设备的管理方法与之不同。在系统中存在两个数组 blkdevs[]和 blk_dev[]，是注册管理的主要参与者。blkdevs[]数组相当于字符设备管理中的 chrdevs[]，它记载了各个主设备号对应的 block_device_operations 结构，通过块设备的 register_blkdev()和 unregister_blkdev()函数进行维护，同时还有一些相关的函数操作，比如根据主设备号取得对应的操作函数的 get_blkfops()函数等。block_device_operations 中记载了块设备操作的函数，包括 open、release、ioctl、check_media_change 和 revalidate 等，但是不包括读/写函数。

传统的主/次设备号管理方式有较多的缺陷，现在随着各方面技术的进步，已经表现出一些不方便的地方。例如：

- 区分设备类型过分依赖主/次设备号，使主设备号在数量上有限制。
- 有两个主/次设备号的数据库(KERNEL、/DEV(MAKEDEV))，数据重复。
- 不存在的设备也创建了一个 dev 节点，浪费空间，也增加了访问设备的时间。

这些问题在系统中都已经体现得比较明显了。例如，当主设备号成为了一种宝贵的资源之后，必然要对其进行事先约定，即预分配。但是随着外设种类不断增加，这种方法肯定不能长期沿用下去。此外，当前的大多数系统 dev 目录下面都有非常多的文件，这对设备的查找非常不利。

现在启用的 devfs 设备文件系统与过去依赖主/次设备号的管理方式有很大的不同，对比如下。

① 主/次设备号方式：设备驱动程序注册时，需要提供一个唯一的整数，作为系统内核中区分不同设备的判别标志，就是所谓的主设备号(major number)。根据主设备号，系统内核可以通过查找 chrdevs[]数组，来获得该设备的操作函数表(fops 结构)，从而进行设备的读/写、控制等操作。至于次设备号，则是为了在同一设备类型中区分不同的设备而用的。

② 设备文件系统(devfs)管理方式：在 devfs 设备文件系统被引入操作系统内核之后，驱动程序的注册、使用从外表上看并没有太大的区别，而内部实现方法已经完全不同于过去了。在这种管理方式中，主、次设备号的介入已经不像过去那样必要了，在驱动程序注册时就已经指明了相应的操作函数以及标识等，不必再根据主、次设备号去查找设备操作函数的接口。同时，devfs 的注册函数自动在 devfs 设备文件系统挂接到的目录中生成对应的入口点。

开始时，整个系统中只有一个节点，那就是整个文件系统的"根"节点(/)。这个节点存在于内存中，而不在任何具体的设备上。系统在初始化时将一个根设备安装到节点"/"上，这个设备上的文件系统就成了整个系统中原始的、基本的文件系统(所以才称为根设备)。此后，就可以由超级用户进程通过系统调用函数 mount()把其他的子系统安装到已经存在于文件系统中的空闲节点上，使整个文件系统得以扩展。当不再需要使用某个子系统时，或在关闭系统之前，则通过系统调用函数 umount()把已经安装的设备逐个"拆卸"下来。系统调用函数 mount()将一个可访问的块设备安装到一个可访问的节点上。所谓"可访问"，是指该节点或文件已经存在于已安装的文件系统中，可以通过路径名寻访。Linux 将设备看做一种特殊的文件，并在文件系统中又代表着具体设备的节点，称为"设备文件"，通常都在目录"/dev"中。

采用了设备文件系统之后，对应的挂接到的目录之下仅是产生了少数几个当前机器上存在的设备节点，也就是说，在驱动程序的初始化时自动生成了该节点。这样，从这个目录下就可以完全看出当前系统配置中存在的外接设备。另外一个好处是，众多的外接设备使得主设备号成为了一个非常有限的资源，总有一天，主设备号的数量将不能满足人们的需要。而采用设备文件系统之后，这个问题就完全不存在了。

设备文件系统 devfs 是一个虚拟的文件系统。这个文件系统中包含了所有 Linux 可以识别的外接设备的设备文件。当设备文件系统被挂接到特定的目录之下以后，就可以将对设备文件的所有操作对应到对设备的操作。

在实现效果上，设备文件系统的管理方式与传统的主/次设备号管理方式并没有什么不同，都是最终实现了设备文件与设备的对应处理关系；但从实现方式上看，则大不相同。

设备文件系统挂接后的目录，看起来同过去的/dev 目录很类似。它们两者之间最根本的区别在于设备文件系统是虚拟文件系统，它只在系统内存中存在。

3.2.6　嵌入式 Linux 的引导过程

当一个微处理器最初启动时，它首先执行在一个预定地址处的指令。通常这个位置是只读内存，其中存放着系统初始化或引导程序。在 PC 中，它就是 BIOS。这些程序要执行低级的 CPU 初始化并配置其他硬件。BIOS 接着判断出哪一个磁盘包含有操作系统，再把 OS 复制到 RAM 中，并把控制权交给 OS。

在一个嵌入式系统里，常常没有上述的BIOS，这样就需要提供等价的启动代码。在嵌入式系统中，首先需要考虑的是启动问题，即系统如何告知CPU启动位置以及启动方法。一般来说，嵌入式系统会提供多种启动方式。具备Flash ROM的系统有从Flash启动的方式，也有直接从RAM中启动的方式。这些启动部分的工作主要由一个被称为bootloader的程序完成。目前，开源社团已经发展了许多引导Linux内核的bootloader程序，ARM体系有armboot、blob和redboot。

运行Linux的目标机在重新启动后要经过几个步骤才能出现系统提示符。最初的步骤（例如ROM启动代码和寄存器配置）是和微处理器硬件相关的。内核本身包含了微处理器体系结构相关的初始化代码，这些代码首先被执行。该初始化代码为保护模式的运算配置微处理器的寄存器，然后调用与微处理器体系结构无关的称为start_kernel的内核开始点。从此以后，内核的引导过程对于所有微处理器体系结构都是完全相同的。Linux的引导过程包括下列步骤：

① 处理器重新启动之后，执行ROM启动代码。

② ROM启动代码初始化CPU、内存控制器以及片上设备，然后配置存储映射（memory map）。ROM启动代码随后执行一个引导装载程序（bootloader）。

③ 引导装载程序将Linux内核从闪存或TFTP服务器解压到RAM中，然后跳到内核的第一条指令处执行。内核首先配置微处理器的寄存器，然后调用start_kernel，它是体系结构无关的开始点。

④ 内核初始化高速缓存和各种硬件设备。

⑤ 内核挂装根文件系统。

⑥ 内核执行init进程。

⑦ 正在执行的init进程装载运行时共享库。

⑧ init读取其配置文件/etc/inittab并执行脚本。一般而言，init执行一个启动脚本rc.d/rcS，该脚本配置并启动网络及其他系统服务。

⑨ init进入运行级别，在该级别下可以执行系统任务或开始登录进程，最后进入用户会话阶段。

1. bootloader程序

一般来说，bootloader都分成主机端（Host）和目标端（Target）两个部分。目标端嵌入在目标系统中，在启动之后就一直等待和主机端的bootloader程序之间的通信连接。目标端程序需要使用交叉编译器编译，主机端使用本地编译器编译。在主机端和目标端之间的通信方式没有规定，一般由bootloader程序自己规定。

但是有些bootloader并不需要提供服务端程序，而是使用标准的终端程序作为主机端的连接程序，可以使用Linux下的minicom、kermit或者Windows下的超级终端作为主机端程序。

一般，bootloader提供给用户一个交互shell，通过交互式完成由主机控制目标板的过程。bootloader可以存放在Flash中,也可以下载到RAM中,以bootmem方式启动。

CPU总是从一个位置开始启动,bootloader被CPU运行,并为操作系统的运行做准备。一般来说,bootloader的作用主要是如下几个:

(1) 初始化处理器

bootloader会初始化处理器中的一些配置寄存器。例如,ARM920T体系结构的CPU如果需要使用MMU,就应当在bootloader中进行初始化。

(2) 初始化必备的硬件

使用bootloader初始化板上的必备硬件。例如,内存初始化就是通过它完成的,还有中断控制器等。用于从主机下载系统映像到硬件板上的设备也是由它完成初始化的。例如,有些硬件板使用以太网传输嵌入式系统映像文件,那么在bootloader中会使用以太网驱动程序初始化硬件,随后完成与主机端的通信,并完成程序下载工作。

(3) 下载系统映像

系统映像的下载只能由bootloader提供。因为CPU提供的代码无法完成大系统映像的下载工作,而bootloader下载可以有更多的自由度,可以指定内核映像和文件系统映像的下载位置等。在目标端的bootloader程序中,提供了接收映像的服务端程序,而在主机端的程序中,提供了发送数据包动作——通过串口或者以太网等方式发送。发送系统映像结束之后,如果硬件允许,bootloader还可以提供命令将下载成功的映像写入到Flash ROM中。一般而言,bootloader都提供了擦写Flash的命令,为操作带来很大的便利。

(4) 初始化操作系统并准备执行

使用bootloader,可以启动已经下载好的操作系统,可以指定bootloader在RAM中或者Flash中启动操作系统,也可以指定具体的启动地址。

2. 嵌入式系统内核

对于使用操作系统的嵌入式系统而言,操作系统一般以内核映像的形式下载到目标系统中。以Linux为例,在系统开发完成之后,将整个操作系统部分做成压缩或没有压缩过的内核映像文件,与文件系统一起传送到目标系统中。通过bootloader指定地址运行Linux内核,启动嵌入式Linux系统,然后再通过操作系统解开文件系统,运行应用程序。

在内核中,通常必需的部件是进程管理、进程间通信、内存管理部分,其他部件如文件系统、驱动程序、网络协议等都可以配置,并以相关的方式实现。

3. 根文件系统

在嵌入式系统中,"硬盘"概念一般都以ramdisk的方式实现。因为像Flash这样断电后还能继续保存数据的设备,其价格相对昂贵。然而系统中又无法使用像硬盘这样的大型设备，因此，需要长久使用的文件系统数据，尤其是应用程序的可执行文件、运行库等，运行时都放在 RAM 中。常用的方式就是从 RAM 中划分出一块内存，作为虚拟“硬盘”，对它的操作与对永久存储器的操作一样。在 Linux 中就存在这种设备，称为 ramdisk，一般使用的设备文件是/dev/ram0。

ramdisk 的启动需要操作系统的支持。bootloader 负责将 ramdisk 下载到与内核映像不冲突的位置，操作系统启动之后会自动寻找 ramdisk 所在的位置，将 ramdisk 作为一种设备安装(mount)到根文件系统。

当然，根文件系统不一定使用 ramdisk 实现，还可以用 NFS 方式通过网络安装根文件系统，这也是在系统内核中实现的。操作系统启动之后，直接通过内核中 NFS 相关代码对处于网络上的 NFS 文件系统进行安装。文件系统启动的方式可以在内核代码中编写或者启动时通过参数指定。

4. 重定位和下载

生成了目标平台需要的 image 文件之后，就可以通过相应的工具与目标板上的 bootloader 程序进行通信。可以使用 bootloader 提供的，或者通用的终端工具与目标板相连接。一般在目标板上使用串口，通过主机终端工具与目标板通信。bootloader 中提供下载等控制命令，完成嵌入式系统正式在目标板上运行之前对目标板的控制任务。bootloader 指定 image 文件下载的位置。在下载结束之后，使用 bootloader 提供的运行命令，从指定地址开始运行嵌入式系统软件。这样，一个完整的嵌入式软件就开始运行了。

5. Linux 内核源代码中的汇编语言代码

任何一个用高级语言编写的操作系统，其内核源代码中总有少部分代码是用汇编语言编写的。其中大部分是关于中断与异常处理的底层程序，还有就是与初始化有关的程序以及一些核心代码中调用的公用子程序。

用汇编语言编写核心代码中的部分代码，出于如下几个方面考虑：

① 操作系统内核中的底层程序直接与硬件打交道，需要用到一些专用的指令，而这些指令在 C 语言中并无对应的语言成分。因此，这些底层的操作需要用汇编语言来编写。CPU 中的一些对寄存器的操作也是一样，例如要设置一个段寄存器时，也只好用汇编语言来编写。

② CPU 中的一些特殊指令也没有对应的 C 语言成分，如关中断、开中断等。此外，在同一种系统结构的不同 CPU 芯片中，特别是新开发出来的芯片中，往往会增加一些新的指令，对这些指令的使用也得用汇编语言。

③ 内核中实现某些操作的过程、程序段或函数，在运行时会非常频繁地被调用，因此其时间效率就显得很重要。而用汇编语言编写的程序，在算法和数据结构相同的条件下，其效率通常要高于用高级语言编写的程序。在此类程序或程序段中，往往每一条汇编指令的使用都需要经过推敲。系统调用的进入和返回就是一个典型的

例子。

④ 在某些特殊的场合，一段程序的空间效率也会显得非常重要，操作系统的引导程序就是一个例子。系统的引导程序通常一定要能容纳在特定的区域中，此时，哪怕这段程序的大小多出一个字节也不行，所以就只能以汇编语言编写。

3.2.7 Linux 2.6内核

1. Linux 2.6内核嵌入式应用特点

实时可靠性是嵌入式应用较为普遍的要求，尽管Linux 2.6并不是一个真正的实时操作系统，但其改进的特性能够满足一般响应需求。在Linux 2.6内核的主体中已经加入了提高中断性能和调度响应时间的改进，其中3个最显著的改进是采用可抢占式内核、更加有效的调度算法以及同步性的提高。在嵌入式应用领域，Linux 2.6是一个巨大的进步，除了提高其实时性能，操作系统的移植更加方便，同时添加了新的体系结构和处理器类型的支持，包括对没有硬件存储器管理单元（MMU-less）系统的支持。Linux 2.6可以支持大容量内存模型、微控制器，同时还改善了I/O子系统，增添更多的多媒体应用功能。

(1) 可抢占式内核

在先前的Linux 2.4内核版本中不允许抢占以核心态运行的任务，包括通过系统调用进入内核模式的用户任务，只能等待它们自己主动释放CPU。这样必然导致一些重要任务延时以等待系统调用结束。一个内核任务可以被抢占，为的是让重要的用户应用程序可以继续运行。这样做最主要的优势是极大地增强系统与用户交互性。

Linux 2.6内核并不是真正的RTOS（Real Time Operating System），其在内核代码中插入了抢占点，允许调度程序中止当前进程而调用更高优先级的进程，通过对抢占点的测试避免不合理的系统调用延时。Linux 2.6内核在一定程度上是可抢占的，比2.4内核具备更短的响应时间。但也不是所有的内核代码段都可以被抢占，可以锁定内核代码的关键部分，以确保CPU的数据结构和状态始终受到保护而不会被抢占。

软件需要满足的最终时间限制与虚拟内存请求页面调度之间是相互矛盾的。慢速的页错误处理将会破坏系统的实时响应性能，而Linux 2.6内核可以编译无虚拟内存系统来避免这个问题，这是解决问题的关键，但要求软件设计者有足够的内存来保证任务的执行。

(2) 更有效的调度算法

Linux 2.6内核使用了由Ingo Molnar开发的新的调度算法，称为O(1)算法。它在高负载情况下执行得极其出色，并且当有很多处理器并行时也可以很好地扩展。过去的调度程序需要查找整个等待任务队列，并且计算它们的重要性以决定下一步调用的任务，需要的时间随任务的数量而改变。O(1)算法则不再每次扫描所有的任务，当任务就绪时被放入一个活动队列中，调度程序每次从中调度适合的任务，因而每次调度都是一个固定的时间。任务运行时分配一个时间片，当时间片结束，该任务将放弃处理器并根据其优先级转到过期队列中。活动队列中任务全部调度结束后，两个队列指针互换，过期队列成为当前队列，调度程序继续以简单的算法调度当前队列中的任务。这在多处理器的情况更能提高 SMP 的效率，平衡处理器的负载，避免进程在处理器间的跳跃。

(3) 同步性提高与共享内存

多进程应用程序需要共享内存和外设资源，为避免竞争采用了互斥的方法保证资源在同一时刻只被一个任务访问。Linux 内核用一个系统调用来决定一个线程阻塞或是继续执行来实现互斥。在线程继续执行时，这个费时的系统调用就没有必要了。Linux 2.6 所支持的快速用户空间互斥(fast user - space mutexes)可以从用户空间检测是不是需要阻塞线程，只在需要时执行系统调用终止线程。它同样采用调度优先级来确定将要执行的进程。多处理器嵌入式系统的各处理器之间需要共享内存，对称多处理机技术对内存访问采用同等优先级，在很大程度上限制了系统的可量测性和处理效率。Linux2.6 内核则提供了新的管理方法 NUMA(Non Uniform Memory Access)。NUMA 根据处理器和内存的拓扑布局，在发生内存竞争时，给予不同处理器不同级别权限以解决内存抢占瓶颈，提高吞吐量。

(4) 面向应用

嵌入式应用有用户定制的特点，硬件设计都针对特定应用开发，这给系统带来对非标准化设计支持的问题，如 IRQ 的管理。为了更好地实现特定应用，可以采用部件化的操作系统。Linux 2.6 内核采用的子系统架构将功能模块化，可以满足定制而对其他部分影响最小。同时 Linux 2.6 内核提供了多种新技术的支持以实现各种应用开发，如 Advanced Linux Sound Architecture(ALSA)和 Video4Linux 等，对多媒体信息处理更加方便；对 USB2.0 的支持，提供更高速的传输，增加蓝牙无线接口、音频数据链接和面向链接的数据传输 L2CAP，满足短距离无线连接的需要；还可以配置成无输入和显示的纯粹无用户接口系统。

(5) 微控制器的支持

Linux 2.6 内核加入了多种微控制器的支持。无 MMU 的处理器以前只能利用一些改进的分支版本，如 μClinux，而 Linux 2.6 内核已经将其整合进了新的内核中，开始支持多种流行的无 MMU 微控制器，如 Dragonball、ColdFire、Hitachi H8/300。Linux 2.6 内核在无 MMU 控制器上仍旧支持多任务处理，但没有内存保护功能，同时也加入了对许多流行的 S3C2410 等微控制器的支持。

(6) POSIX 线程及 NPTL

新的线程模型基于一个 1:1 的线程模型，即一个内核线程对应一个用户线程，包括内核对新的 NPTL(Native POSIX Threading Library)的支持，这是对以前内核线程方法的明显改进。Linux 2.6内核同时还提供POSIX信号和POSIX高分辨率定时器。POSIX信号不会丢失，并且可以携带线程间或处理器间的通信信息。嵌入式系统要求系统按时间表执行任务，POSIX定时器可以提供1 kHz的触发信号使这一切变得简单，从而可以有效地控制进度。

2. Linux 2.6与Linux 2.4内核驱动程序的区别

为了彻底防止误操作正在使用的内核模块，Linux 2.6内核在加载和导出内核模块方面都较Linux 2.4内核有所改进，避免了用户执行会导致系统崩溃的操作，如强制删除模块等。同时，当驱动程序需要在多个文件中包含<linux/module.h>头文件时，不必用定义宏来检查内核的版本。与Linux 2.4内核相比，Linux 2.6内核在可扩展性、吞吐率等方面有了较大提升。其新特性主要包括：使用了新的调度算法；内核抢占功能显著地降低了用户交互式、多媒体等应用程序的延迟；改进了线程模型以及对NPTL的支持，显著改善了虚拟内存在一定程度负载下的性能；能够支持更多的文件系统；引进了内存池技术；支持更多的系统设备，在Linux 2.4内核中有约束大型系统的限制，其支持的每一类设备的最大数量为256，而Linux 2.6内核则彻底打破了这些限制，可以支持4 095种主要的设备类型，且每个单独的类型又可以支持超过一百万个的子设备；支持反向映射机制(reverse mapping)，内存管理器为每一个物理页建立一个链表，包含指向当前映射页中每个进程的页表条目的指针，该链表叫PTE链，它极大地提高了找到那些映射某个页的进程的速度。

Linux操作系统的设备驱动程序是在内核空间运行的程序，其中涉及很多内核的操作。随着Linux内核版本的升级，驱动程序的开发也要做出相应的修改。总之，在Linux 2.6内核上编写设备驱动程序时，具体要注意以下几个方面：

① Linux 2.6内核驱动程序必须由MODULE_LICENSE("Dual BSD/GPL")语句来定义许可证，而不能再用Linux 2.4内核的MODULE_LICENSE("GPL")；否则，在编译时会出现警告提示。

② Linux 2.6内核驱动程序可以用int try_module_get(&module)来加载模块，用module_put()函数来卸载模块，而在Linux 2.4内核使用的宏MOD_INC_USE_COUNT和MOD_DEC_USE_COUNT则可不用。

③ 字符型设备驱动程序模型中结构体file_operations的定义要采用下面的形式。这是因为在Linux内核中对结构体的定义形式发生了变化，不再支持原来的定义形式。

```
static struct file_operations test_ops = {
.open = test_open,
    .read = test_read,
    .write = test_write,
};
```

④ 就字符型设备而言，test_open()函数中向内核注册设备的调用函数 register_chrdev()可以升级为 int register_chrdev_region(dev_t from,unsigned count,char * name)。如果要动态申请主设备号，可调用函数 int alloc_chrdev_region(dev_t * dev,unsigned baseminor,unsigned count,char * name)来完成。原来的注册函数还可以用，只是不能注册设备号大于 256 的设备。同理，对于块设备和网络设备的注册函数也有着相对应的代替函数。

⑤ 在声明驱动程序是否要导出符号表方面有很大变化。当驱动程序模块装入内核后，它所导出的任何符号都会变成公共符号表的一部分，在/proc/ksyms 中可以看到这些新增加的符号。通常情况之下，模块只需实现自己的功能，不必导出任何符号。然而，如果有其他模块需要使用模块导出的符号时，就必须导出符号，只有显示的导出符号才能被其他模块使用。Linux 2.6 内核中默认不导出所有的符号，不必使用 EXPORT_NO_SYMBOLS 宏来定义。而在 Linux 2.4 内核中恰恰相反，它默认导出所有的符号，除非使用 EXPORT_NO_SYMBOLS。

⑥ Linux 内核统一了很多设备类型，同时也支持更大的系统和更多的设备，原来 Linux 2.4 内核中的变量 kdev_t 已经被废除，取而代之的是 dev_t。它拓展到了 32 位，其中包括 12 位主设备号和 20 位次设备号。调用函数为 unsigned int iminor (struct inode * inode)和 unsigned int imajor(struct inode * inode)，而不再用 Linux 2.4 版本中的 int MAJOR(kdev_t dev)和 int MINOR(kdev_t dev)。

⑦ 所有的内存分配函数不再包含在头文件<linux/malloc.h>中，而是包含在<linux/slab.h>中，而原来的<linux/malloc.h>已经不存在。当在驱动程序中要用到函数 kmalloc()或 kfree()等内存分配函数时，必须定义头文件<linux/slab.h>而不是<linux/malloc.h>。同时，申请内存和释放内存函数的具体参数也有了一定的改变，包括分配标志 GFP_BUFFER 被取消，取而代之的是 GFP_NOIO 和 GFP_NOFS；新增了_GFP_REPEAT、_GFP_NOFAIL 和_GFP_NORETRY 分配标志等，使得内存操作更加方便。

⑧ 因为内核中有些地方的内存分配是不允许失败的，所以为了确保这种情况下的成功分配，Linux 2.6 内核中开发了一种称为"内存池"的抽象。内存池其实相当于后备的高速缓存，以便在紧急状态下使用。要使用内存池的处理函数时，必须包含头文件<linux/mempool.h>。内存池处理函数主要有：mempool_t * mempool_create()、void * mempool_alloc()、void mempool_free()和 int mempool_resize()。

⑨ Linux 2.6 内核为了区别以.o 为扩展名的常规对象文件，将内核模块的扩展名改为.ko，因此驱动程序最后是被编译为 ko 后缀的可加载模块，在应用程序中加载驱动程序模块时要特别注意。

3.3 主流嵌入式Linux系统

3.3.1 MontaVista Linux

MontaVista Linux是MontaVista Software于1999年7月推出的。MontaVista Software公司是全球三大嵌入式Linux操作系统及解决方案供应商之一,其重点考虑的是小内存、确保响应、高可用性和台式Linux不能满足的其他重要问题。因此,MontaVista Linux一开始便是专门为将Linux做成嵌入式系统而推出的。MontaVista公司原名HardHat ,由于HardHat与RedHat名称比较相近,所以在它的2.1版本中,已经改名为MontaVista Linux,为了方便,以后都称为MontaVista Linux。

MontaVista Linux是针对嵌入式设备度身定制的实时的、专业的嵌入式操作系统。它直接修改Linux内核代码中的调度机制和算法,把Linux内核修改成为Relatively Fully Pre-emptable Kernel的抢占式内核,以达到一定的实时性,是一种软实时的Linux。它的优点是用户进程可以调用Linux提供的系统调用,Linux程序无需修改或者重新编译即可增强性能。MontaVista Linux最大的特色是提供了一整套集成开发环境,包括CDK(Cross Development Kit)、图形化Trace工具等。

MontaVista Linux不仅仅是一个普通的Linux发行版本,还包括了许多与嵌入式系统有关的优点。

1. 支持多种硬件及平台

- 支持多种CPU,其中包括IA-32/x86、PowerPC、StrongARM、SuperH、MIPS和ARM。
- 支持许多种开发板,其中包括CompactPCI、VME、PC/104、EBX、ATX等。
- 支持更多的主机操作系统平台,其中包括Red Hat Linux、Yellow Dog Linux、Solaris、Mandrake、Suse和Windows下的VMWare等。

2. 提供多种实用的开发工具包

(1) 交叉开发工具

在嵌入式开发中,不管主机(host)和目标机(target)是否使用同样的CPU和OS,MontaVista Linux提供的交叉工具开发包(cross development tools)都能够提供结构上具体的细节、头文件、运行库来完成构建目标机的内核、文件系统和应用程序。

(2) C和C++语言工具

MontaVista Linux集成了GNU编译器、链接器、make和其他的一些语言工具。这些工具是针对交叉编译和编写嵌入式Linux应用程序而特别配置的。

(3) 源代码调试工具和跟踪工具

MontaVista Linux 提供了标准的 GNU 调试器 DDE(Data Display Ebugger)和其他的一些代码调试工具，以帮助开发者控制目标机的程序在本机上执行。这些工具可以使目标机内存状态直观化，简化单步调试，方便分析由于错误使系统产生的 core 文件。

MontaVista Linux 提供了 4 种比较新颖的程序调试模式：

- 利用网络连接本机的 gdb 和嵌入式 gdbserver 来交叉调试应用程序；
- 利用 kgdb 通过串行口和网络连接来调试内核和驱动程序；
- 自主机(self - hosted)的程序和内核调试；
- 利用 JTAG 和 BDM 调试器对内核和驱动程序基于硬件运行控制的调试。

MontaVista Linux 所提供的跟踪工具是在 Karim Yaghmour 编写的公开源码的 Linux 跟踪工具上发展的，它是第一个为 IA - 32/x86 和 PowerPC CPU 提供交叉开发的跟踪工具。

(4) 目标配置工具

为了帮助开发者准确地定制内核大小，用最合适的文件系统组装配置好的嵌入式 Linux 内核映像，MontaVista Linux 提供了功能完善的目标配置工具(target configuration tools)。它可以根据需要，对内核进行裁减、编译和建立，选择 runtime 库。它提供了标准的 GUI 界面(图形用户界面)，所以在常规情况下使用命令行方式实现的重新定制、编译内核，makedep、clean 等工作均可以在图形界面下完成。

(5) 库优化工具

库优化工具(library optimization tool)是一个系统库优化工具。它通过分析目标机文件系统层次结构来决定程序对共享库部件的需求，然后建立实际执行程序所需的经过裁减的共享库。这种优化对嵌入式系统的优点是明显的，它能够产生更小的文件和文件系统。

(6) Java 技术的支持

在一些传统的嵌入式系统开发中，开发者必须克服有关本机与目标机开发平台间的分歧，存储空间有限性和程序模块兼容性等问题。而 Java 技术可以很好地解决这些问题，所以 MontaVista Linux 与 IBM 合作推出了基于嵌入式 Linux 上的 Java 开发环境——VisualAge Micro Edition，它为嵌入式 Java 的开发提供了一系列强大的工具。

3. 性能优越的实时性

MontaVista Linux 在嵌入式系统市场处于领先地位的原因之一，就是它能够基于 Linux 提供很好的实时解决方案，而这实际上也展现了 Linux 在面对多种多样实时性挑战时的潜力。

但在 Linux 中有 3 个不利于实现实时性的弊病。

- 中断封锁时间过长；
- 非抢占式的 Linux 内核；
- 耗尽式的、机会均等的进程调度策略。

针对上面 3 个问题，MontaVista Linux 提出了一些解决方案。

(1) 完全的抢占性内核

完全的抢占性内核，即内核不但要求是抢占性的，而且还要求不能削弱或增强 Linux 的 API。基于一种完全的抢占性内核技术——SMP（Symmetric Multi Processing），MontaVista Linux 提供了内核补丁来建立这样的抢占性内核，当然这种抢占性内核没有对 Linux 的 API 做任何改变。

(2) 透明的 MontaVista Linux 实时调度器

MontaVista Linux 提供了自己的实时调度器，以便很好地达到实时性的要求，这个调度器是一个源码完全公开的 Linux 模块。

MontaVista Linux 实时调度器在 Linux 的调度器之前运行，然后由它来管理所有有实时要求的进程。如果不存在有实时要求的进程，那么 MontaVista Linux 实时调度器会十分迅速有效地将控制权转给标准的 Linux 调度器，就好像什么事也没发生似的，当然这会造成一点延迟，不过对普通的 Linux 调度器调度的非实时的进程不会有什么影响，如图 3－7 所示。

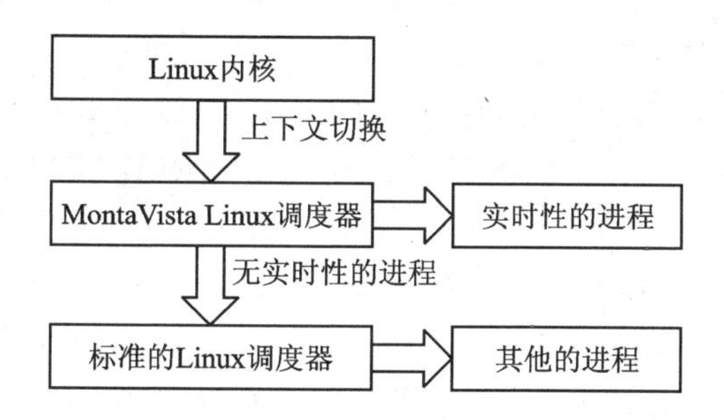

图 3－7　MontaVista Linux 实时调度器

4. 完整的图形支持

对于图形和用户界面开发，MontaVista Linux 附带的图形产品——MontaVista Graphics（MVG），提供了完整的支持。基于许多优秀的开放源码的软件，MontaVista Graphics 将多种有关图形和界面的元素集于一身，为开发者提供了完整、可靠的图形开发和使用环境。MontaVista Graphics 的主要组件包括：

- X Window 系统；
- 用户图形界面开发包 GTK＋；
- 用户界面开发环境；
- 窗口管理器——IceWM。

3.3.2 μClinux

Lineo 公司的 μClinux 是开放源代码的嵌入式 Linux 的一个典范之作。在 Linux 内核版本还是 2.0 时，μClinux 就产生了。到现在为止，μClinux 已经可以支持 2.0.x、2.4.x 和 2.5.x 等版本的内核。μCLinux 的内核始终与主流 Linux 内核保持同步。几乎随着每一个 Linux 的内核发布版本，μCLinux 都会发布相应的版本。

μClinux 设计的目标平台是那些不具有内存管理单元 MMU（Memory Management Unit）的微处理器芯片。为了满足嵌入式系统的需求，μClinux 还改写和裁减了大量 Linux 内核代码以缩小内核。因此，μClinux 的内核远远小于标准 Linux 的内核，同时仍然保持了 Linux 操作系统几乎所有的优秀特性，包括稳定、强大的网络功能，出色的文件系统支持。

1. μClinux 特点

一个功能完整的 μClinux，即包括任务管理、设备驱动程序、网络功能等特性，其内核的最低硬件需求是 200 KB RAM 和 1 MB ROM，这可以很好地满足大多数嵌入式环境的要求。而 μClinux 最成功之处还在于它不需要微处理器的 MMU 支持，这使得 μClinux 在低硬件成本的嵌入式市场上大受欢迎。总的来说，μClinux 有如下特点：

- 多种 CPU 支持。自从 Lineo 公司在 1998 年首次在 Motorola 的 MC68328 DragonBall 微处理器上成功运行 μClinux 起，这个开放源代码的嵌入式操作系统飞速发展，现在支持的微处理器包括 ARM7TDMI，Motorola 冷火系列（5206E、5307、5407）、Motorola 龙珠系列（Motorola MC68EN360、Motorola MC68EN302、Motorola MC68EC030、Motorola MC68328、Motorola MC68EZ328、Motorola MC68VZ328）。μClinux 已经在大量的目标平台上得到应用，其中包括 Lineo 公司自己的虚拟私有网路由器 NETtel、3Com 公司的 Palm 个人数字助理、Aplio 公司的 IP 电话、Cisco 公司的路由器、AXIS 公司的网络摄像机等。
- 标准 Linux 的 API。
- 可定制的网络支持。具备完整的 TCP/IP 栈，同时支持大量的其他网络协议。
- 可定制的文件系统支持。支持大量文件系统，包括 NFS、EXT2、MS-DOS、FAT16/32、ROMFS、RAMFS 等。
- 小型 Linux 内核和开发系统。内核小于 512 KB，内核加上开发工具小于 900 KB。

2. μClinux 的缺陷

由于缺少了 MMU 的支持，μClinux 的多任务管理功能受到一定限制。

- μClinux 中无法实现 fork()，而只能使用 vfork()。

- 标准 Linux 中的内存分段为应用程序提供了接近无限的堆空间和栈空间，而 μClinux 为可执行程序在紧随它的数据段结束处分配堆栈空间。如果堆增长的太大，它将可能覆盖程序的静态数据段和代码段。
- μClinux 中没有自动扩展的栈，也没有 brk()调用。用户必须通过使用 mmap()来分配内存空间，在程序的编译过程中指定栈的大小。
- 不具有内存保护机制。任何程序都有可能导致内核崩溃。

3. μClinux 的嵌入式方案

(1) 对 Linux 内核的修改

μClinux 相对于 Linux 的主要区别是，μClinux 针对没有 MMU 的处理器进行改造。为了达到这个目的，μClinux 不得不重写部分内核代码。但是这个工作也不是白手起家的，因为标准的 Linux 发布版本具有在普通 M68K 处理器（针对那些具有 MMU 支持的 M68K 系列芯片）上运行的能力，而且 gcc 编译器也提供了编译生成 M68K 可运行代码的支持，所以可以在这些基础上对内核代码和编译工具进行修改，以适应无 MMU 的处理器。μClinux 修改最大的部分位于内存管理部分，而为了解决由此引入的新的问题，μClinux 同时设计了一种可执行文件格式 flat，并修改了部分进程管理的代码，如用 vfork()来代替 fork()调用，实现了无法共享页面的 do_mmap()等。

μClinux 下的多任务管理远比 Linux 简单，因为没有每个进程的页表项和保护机制要处理。内核的调度器不需要进行修改，唯一需要完成的工作就是进行程序上下文的正确保存和恢复。这些上下文包括所有的在进程被中断时必须保存的寄存器值。

除了重写部分代码之外，对原标准 Linux 中大量不再用到的代码，μClinux 采用预处理宏的方法进行了屏蔽。

(2) 运行方式和内核载入方式

μClinux 的内核有两种可选的运行方式：在 Flash 上直接运行和加载到内存中运行。其中，第一种做法可以减少对内存的需求。究竟使用哪种运行方式可以在编译 μClinux 内核的时候做出选择。

- Flash 运行方式：把内核的可执行映像烧写到 Flash 上，系统启动时从 Flash 的某个地址开始逐句执行。很多嵌入式系统采用这种方法。
- 内核加载方式：把内核的压缩文件存放在 Flash 上，系统启动时将压缩文件读入内存并进行解压，然后开始执行。这种方式相对复杂一些，但是由于 RAM 的存取速率要比 Flash 高，因此运行速度快于第一种方式。

(3) 根文件系统

μClinux 系统采用 romfs 文件系统，这种文件系统相对于一般的 ext2 文件系统要求更少的空间。空间的节约来自于两个方面。首先，内核支持 romfs 文件系统比支持 ext2 文件系统需要更少的代码；其次，romfs 文件系统相对简单，在建立文件系统超级块（superblock）时需要更少的存储空间。romfs 文件系统不支持动态擦写保存，对于系统需要动态保存的数据采用虚拟 RAM 盘的方法进行处理（RAM 盘将采用 ext2 文件系统）。

(4) 应用程序库

μClinux 小型化的另一个做法是重写了 C 函数库，相对于越来越大且越来越全的 glibc 库，uClibc 对 libc 做了精简。在 μClinux 中，用户程序采用静态链接的形式。

4. μClinux 的内存管理

由于体积限制或者出于降低成本的考虑，嵌入式系统中所使用的微处理器大多缺少 MMU。没有 MMU 的微处理器为传统 Linux 的应用造成了一个障碍，它们要求使用 flat 内存模型——即没有虚拟内存（分页/页面交换）、内存地址转换（分段）和内存保护的内存管理机制。

μClinux 中所使用的都是直接物理地址。而且，由于没有了虚拟内存管理功能，μClinux 不再使用"按需调页"算法。这样在程序载入内存执行时，需要将程序的全部映像都一次装入。那些比物理内存还大的程序将无法执行。

μClinux 将整个物理内存划分成大小为 4 KB 的页面，由数据结构 page 管理，有多少页面就有多少 page 结构，它们又作为元素组成一个数组 mem_map[]。μClinux 仍然使用标准 Linux 内核中的变型 BuddySystem 机制来管理空闲的物理页面、bitmap 表和 free area 数组。

μClinux 与标准 Linux 的主要区别在于，它针对没有 MMU 的处理器进行改造，抛弃标准 Linux 的内存管理模块中的许多功能，诸如对页目录和页表的管理、对于交换空间的维护、页交换内核守护进程和页面换出功能以及缺页中断和页面保护机制等。而为了解决由此产生的新问题，μClinux 同时设计了一种新的可执行文件格式——flat。在没有 MMU 的处理器上不可能实现内存共享和保护。

为了适应 μClinux 中新的内存管理模式而引入了一种专为它所使用的 flat 可执行文件格式。可执行文件头是前面描述的 reloc 段，紧接着是程序的文本段、数据段和未初始化数据段。可执行文件加载到内存之后，程序的堆栈段紧随在 BSS 段的后面。

flat 可执行文件格式如图 3-8 所示。

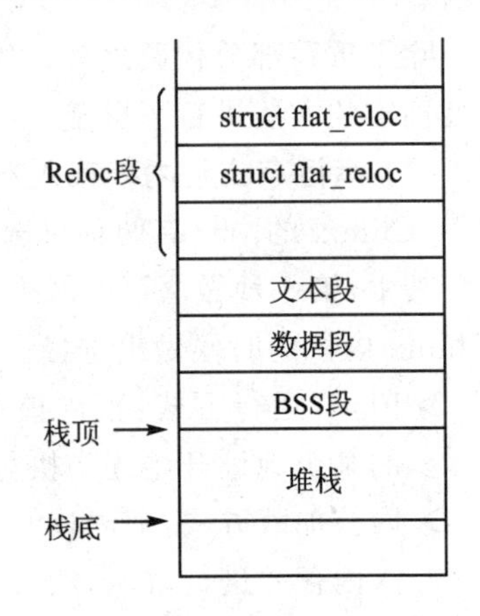

图 3-8 flat 可执行文件格式

3.3.3　RTLinux

RTLinux 最早是美国新墨西哥理工学院的一个研究项目，是硬实时操作系统。RTLinux 是世界上最早的实时 Linux 系统，在设计和实现时力图遵循 POSIX1003.13 标准。到目前为止，RTLinux 应用广泛，从航天飞机的空间数据采集、科学仪器测控到电影特技图像处理等众多领域都有 RTLinux 成功的范例。

RTLinux 最基本的概念就是“架空”Linux 内核，以便让其他的实时进程尽快地被执行。RTLinux 其实是一个小型的 RTOS，它将 Linux 的内核代码做一些修改，将 Linux 本身的任务以及 Linux 内核本身作为一个优先级最低的任务；而 RTLinux 的实时任务作为优先级最高的任务，即在 RTLinux 实时任务存在的情况下运行实时任务，否则才运行 Linux 本身的任务。实时任务不同于 Linux 普通进程，它是以 Linux 的内核模块 LKM(Linux Loadable Kernel Module)的形式存在的。当需要运行实时任务时，可将这个实时任务的内核模块插入到内核中去。实时任务与 Linux 一般进程之间的通信通过共享内存或者 FIFO 通道来实现。

RTLinux 并没有对 Linux 内核作大的改动，而是利用 Linux 内核模块机制，采用插入模块的方式，通过一个独立的内核来管理实时任务，如图 3-9 所示。在加载了 RTLinux 内核之后，原来的 Linux 内核就作为实时操作系统的一个空闲任务，仅当没有实时任务要运行时才执行。Linux 任务从不阻塞中断，也不阻止其他进程从自己手中抢占处理机资源。RTLinux 使用的关键技术是中断控制硬件的软件模仿。当 Linux 使硬件中断无效时，实时系统将阻止这个请求，记录它，然后返回到 Linux。Linux 不允许去真正地禁止中断，无论 Linux 在什么状态，它不可能延迟实时中断响应时间。当一个中断到达时，RTLinux 内核截获这个中断，然后决定该怎么做。如果有这个中断实时处理程序，那么将调用这个处理程序；如果没有这个实时处理程序，或者如果那个处理程序表明它想和 Linux 共享中断，那么这个中断将标记为“未解决”的；如果 Linux 已经请求中断是可用的，那么任何未解决的中断将参与竞争，然后调用 Linux 的处理程序——重新启用硬件中断。无论 Linux 正在做什么，无论 Linux 是否在核心态下运行，无论 Linux 是否将禁止中断，也不论 Linux 是否被锁住了，实时系统总是能响应中断。

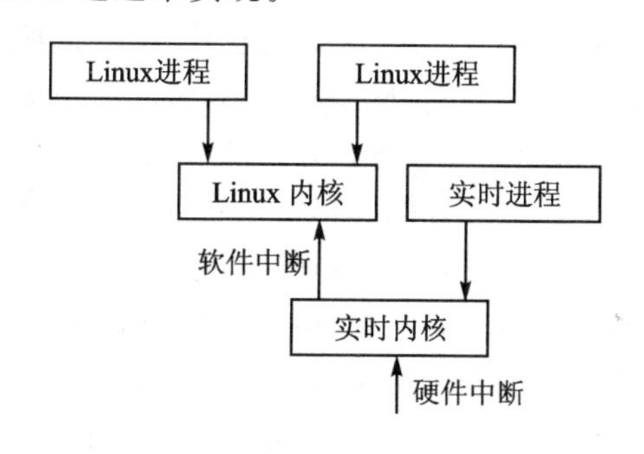

图 3-9　实时内核与 Linux 内核的关系

RTLinux 从一般的目的内核机制分离出了实时内核机制，这样有助于每个机制都能独立优化，实时内核能被保持小而且简单。

RTLinux 被设计成实时内核，从来不用等待 Linux 释放资源。实时内核不要求额外内存，不要求自旋转锁(spin - locks)，也不要求和任何数据结构同步——在控制得很紧的情况下除外。

当然，对一个实时系统来说，不能和任何非实时系统通信也不行，因此 RTLinux 提供了共享内存与让 Linux 进程读和写实时任务的设备接口。RTLinux 的关键设计规则中的一条是：在 Linux 中做得越多，那么在实时这边做得就越少。Linux 所关心的则是系统和设备的初始化，以及任何阻塞动态资源的分配。设备初始化可以在启动时进行，因此不需要涉及实时系统。阻塞动态资源的分配留给了 Linux。当没有可用资源时，被阻塞的任何执行的线程不能有硬实时强制力。例如，对一个实时任务来说，调用 malloc 或 kmalloc 或任何其他内存分配程序是不可能的。如果任务没有静态地分配内存，它将不能访问内存。最后，RTLinux 依靠 Linux 的可装入内核模块机制来装入实时系统的组件，来使实时系统模块化并且易于扩展。装入一个实时模块的操作并不是一个实时操作，它可以安全地留给 Linux。实时内核的工作，是提供给实时任务对原硬件的直接访问能力。当实时任务需要访问这些硬件资源时，这样做就会有最小的延迟和最大的进程时间。

最初的 RTLinux 调度程序在“一次性(one shot)”模式下使用定时器，以便能轻松地处理时间间隔比较小的任务集。例如，如果一个任务必须在每隔 331 个时间单位运行，而其他任务是在每隔 1 027 个时间单位运行，则再没有比在 one shot 模式下使用定时器更好的选择了。在 one shot 模式下，时钟先设成在 331 个时间单位后产生中断；在中断产生后重新写程序，使第二个中断在 691 个时间单位后产生(减去重设时钟所需的时间)。但是这样做的代价是在每个中断后重设时钟。许多应用程序并不是一定需要一次性定时器，这样可以避免时钟重设的麻烦。RTLinux 调度程序既提供了周期模式，也提供了一次性模式。在单处理器系统中，这个问题变得简单，因为可以将附在处理器上的高频率定时器分配给 RTLinux 系统。

RTLinux 刚开始时也是一个 GNU 的项目，但是现在 FSM Labs(Finite State Machine Labs, Inc)公司把它变为了一个商业软件。读者可以访问它们的网址 http://www.rtlinux.org。目前，RTLinux 分为两个商业版本：开放版(GPL)和专业版(二进制形式发布)。

如今，美国风河系统(WindRiver)公司从 FSM Labs 购买了商用级硬实时 Linux 技术——RTLinux，并将其与风河全球领先的 Linux 设备软件平台的结合，为电子设备制造商提供一套成熟、可靠的全新技术，用于开发和部署各种复杂多样的基于 Linux 的下一代应用，满足电子设备制造商们对“硬实时”特性的需求。例如，功能型手机，各种需要高容量流媒体的数字图像应用以及包括车辆避撞系统在内的各类车载应用等。集成 RTLinux 技术的 Wind River Platform for Consumer Devices、Linux Edition可以把各种基于 Linux 的高速包交换设备软件，应用提升到一个全新的高性能级别，例如，需要硬实时特性的高速 IP 包交换路由系统等。

风河系统公司从 FSM Labs 购买的硬实时 Linux 技术——RTLinux，是一个完整的发布版本，获得了该项技术的全套知识产权，包括专利权、著作权、商标注册和其他相关产品的所有权。把 Linux kernel、文件系统和工具链（tool chain）与 RTCore 硬实时执行技术结合起来，形成了一个基于 Linux 的完整硬实时解决方案。风河系统公司经过测试验证发现，针对不同的测试基准，其性能可以达到软实时 Linux 系统的 2～5 倍。2009 年，Intel 公司收购了风河系统公司。

3.3.4 RTAI

RTAI(Real - Time Application Interface)是由 Politecnico di Milano(DIAPM)航空局的工程师 Paolo Mantegazza 及其同事们于 1996 年创建的一个 GNU 的硬实时 Linux 扩展，与 RTLinux 很相似。其实，RTAI 本来就是起源于 RTLinux。当时由于 RTLinux 的架构问题，RTLinux 在从 Linux 内核 2.0 版移植到 2.2 版发生了很大的困难，一直没有完成。Paolo Mantegazza 及其同事们就决定自行做移植工作，由 RTLinux 的困境他们认识到，必须解决将来可能面临的兼容性问题，于是 RTAI 诞生了。

RTAI 是一个 GNU 的项目，它在 Linux 内核中加入一系列可以保证硬实时的编程接口，来实现 Linux 的实时性。RTAI 与 RTLinux 非常相似，RTAI 的基本思想也是“架空”Linux 内核。RTAI 其实是一个小型的 RTOS，Linux 内核作为它上面一个优先级最低的任务执行。只有当 RTAI 的实时任务不执行时，Linux 内核才会被执行，从而避免了 Linux 内核带来的延时。并且，RTAI 的实时任务也是作为 Linux 的内核模块来实现的，如图 3-10 所示。

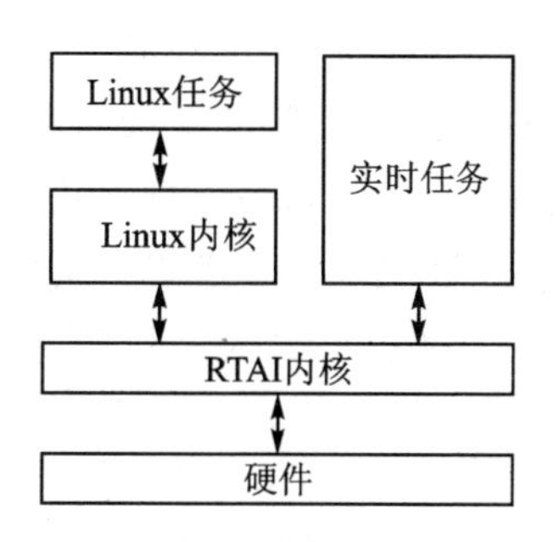

图 3-10 RTAI 框架图

RTAI 和 RTLinux 的区别在于它们实现方法的不同。RTLinux 大量地修改 Linux 内核的源代码，增加了 Bug 的可能性和维护 Linux 内核代码的工作量，并且为以后 Linux 内核版本的升级带来了困难。

RTAI 实现了一个硬件抽象层 RTHAL(Real Time Hardware Abstraction Layer)。它包括一个中断向量的结构和打开/关闭中断的功能，所有需要修改 Linux 内核的代码少于 20 句，并且只增加了 50 句左右。这样，RTAI 很容易升级 Linux 内核版本，并且，如果 RTAI 出现 Bug，用户可以很容易使 RTHAL 直接指向原来的 Linux 内核代码，以避免 Bug。

目前 RTAl 支持 1386、PowerPC、ARM、MIPS 和 M68k - nommu，其中 1386 是 RTAI 的优先开发平台，其他的都是后来移植过去的，并且功能不全。读者可以访问它们的网址 http://www.aero.polimi.it/projects/rtai。

3.4 Android 操作系统

3.4.1 Android 简介

Android 一词的本义指“机器人”,同时也是指 Google 公司发布的开源手机操作系统的名称。Android 是一种基于 Linux 的自由及开放源代码的操作系统,它最初被开发出来是为了创建一个能够与 PC 一样上网的“智能手机”生态圈。智能手机市场开始快速成长,Android 被改造为一款面向手机的操作系统。随着硬件性能的提升,Android 系统由于其全面的计算服务、丰富的功能支持和 Linux 内核为其带来的可移植性,逐渐被应用于移动设备之外的领域,比如智能电视,数码相机、智能路由器等领域。

黑莓公司和苹果公司都为其移动设备提供了非常受欢迎的移动操作系统平台——BlackBerry OS 和 iOS。但是,这两个操作系统却分别面向两个不同的消费群体。黑莓手机使用的 BlackBerry OS 最大的优点,在于其处理商务事务的强悍能力,比如其强大的邮件系统和保密系统,是企业级业务用户的必选。但是,作为一种消费设备,从人性化、易用性和“新奇特性”的角度来说,苹果公司 iPhone 和 iPad 使用的 iOS 系统则一直是业界的标杆,深受普通消费者的喜爱。

Android 则是一个年轻的、有待开发的平台,它有潜力同时涵盖移动设备的两个不同消费群体,甚至可能缩小工作和娱乐之间的差别。

如今,很多基于网络或有网络支持的设备都运行着某种 Linux 内核。这些设备通常使用 HTML 设计 UI,可以通过 PC 或 Mac 的浏览器连接进行查看和管理。但并不是每个设备都需要通过一个常规的计算设备来控制。如果家用电器都可以直接由 Android 控制,并且有一个彩色触摸屏,生活会因此发生很大改变,变得更加丰富多彩。

3.4.2 Android 简史

2003 年 10 月,“Android 之父”Andy Rubin 等人创建 Android 公司,并组建 Android 团队,Android 系统诞生。

2005 年 8 月 17 日,Google 公司收购了成立仅 22 个月的 Android 及其团队。Andy Rubin 成为 Google 公司工程部副总裁,继续负责 Android 项目。有了 Google 公司在背后强大的资金、技术支持和广阔的市场,Android 项目进入了一个迅速而稳健的发展阶段。Google 公司也借助此次收购正式进入移动领域。

2007 年 1 月,苹果公司在 Macworld 大会上公布了当时名为“iPhone Run OS X”的第一版 iOS 操作系统,并相继发布了该系统和 SDK。在 iOS 的市场竞争压力下,Google 公司也加快了 Android 系统的产品化进程。在 2007 年 11 月 5 日,Google 公司正式向外界展示了这款名为 Android 的操作系统,并在当天建立一个全球性的联盟组织“开放手持设备联盟（Open Handset Alliance）”来共同研发改良 Android 系统。Open Handset Alliance 由 Google 领导，由一群共同致力于构建更好的移动电话的手机制造商、软件开发商、电信运营商以及芯片制造商组成。同时 Google 公司以 Apache 免费开源许可证的授权方式发布了 Android 的源代码，这使得 Android 日渐成为开源领域的重要力量，降低了智能手机的生产门槛，促进了智能设备的迅猛发展。

2008 年，Android 获得了美国联邦通信委员会（FCC）的批准，正式发布了 Android 1.0 系统，这是 Android 系统最早的版本，标志着 Android 系统正式进入生产环节。HTC 公司设计并制造了第一款支持 Android 系统的手机 G1，引起了剧烈的反响。

2008 年和 2009 年，Google 公司为了鼓励在 Android 平台上创新和开发高质量的移动应用，举办了两届“Android Developer Challenges（ADC）”，为优胜的参赛作品提供数百万美金的奖励。G1 问世几个月之后，随后就发布了 Android Market，它使用户可以浏览应用程序，并且可以将应用程序直接下载到他们的手机上。此后 Android 逐渐扩展到了平板电脑以及其他智能领域上，比如电视、数码相机等。

2010 年，仅正式推出两年的 Android 操作系统在市场占有率上已经超越称霸逾十年的诺基亚 Symbian 系统，成为全球第一大智能手机操作系统。

3.4.3 Android 系统架构

Android 的系统架构采用了分层架构的思想，如图 3－11 所示。从上层到底层共包括以下几个层次，分别是应用程序层、应用框架层、系统库和 Android 运行时环境、HAL 硬件抽象层和 Linux 内核层。

1. 应用程序层

应用程序层（Application）是普通用户直接接触到的层，同时也是绝大多数用户能接触到的唯一的一层，直接决定了设备的使用体验。

Android 应用程序层由两部分组成。一部分是由 Android 提供的核心应用程序包，比如电话、短信、日历、电子邮件、地图、浏览器和联系人管理等，这些应用被预先安装在 Android 系统中，但并没有被固化到操作系统中，用户依旧可以根据自己的需要对这些应用进行灵活的个性化修改和移除；另一部分是由开发者借助 Android 提供的 SDK（Software Development Kit）开发的应用程序，这些应用是用户自己通过 Android 市场或者其他途径自行下载并安装到 Android 中的。

这两种应用程序都是使用 Java 语言编写的并运行在一个虚拟机（VM）上。开发者利用 Java 语言设计属于自己的应用程序，而这些程序与那些核心应用程序彼此平等、友好共处。为了系统安全和用户的考虑，Android 系统的 SDK 对于普通开发者有颇多的规范和约束，而且 SDK 中很多接口对于普通开发者来说是隐藏的，而系统提供的应用则能够自由使用全部的 SDK 提供的接口，因此系统 App 和第三方 App 有着不同的系统权限。

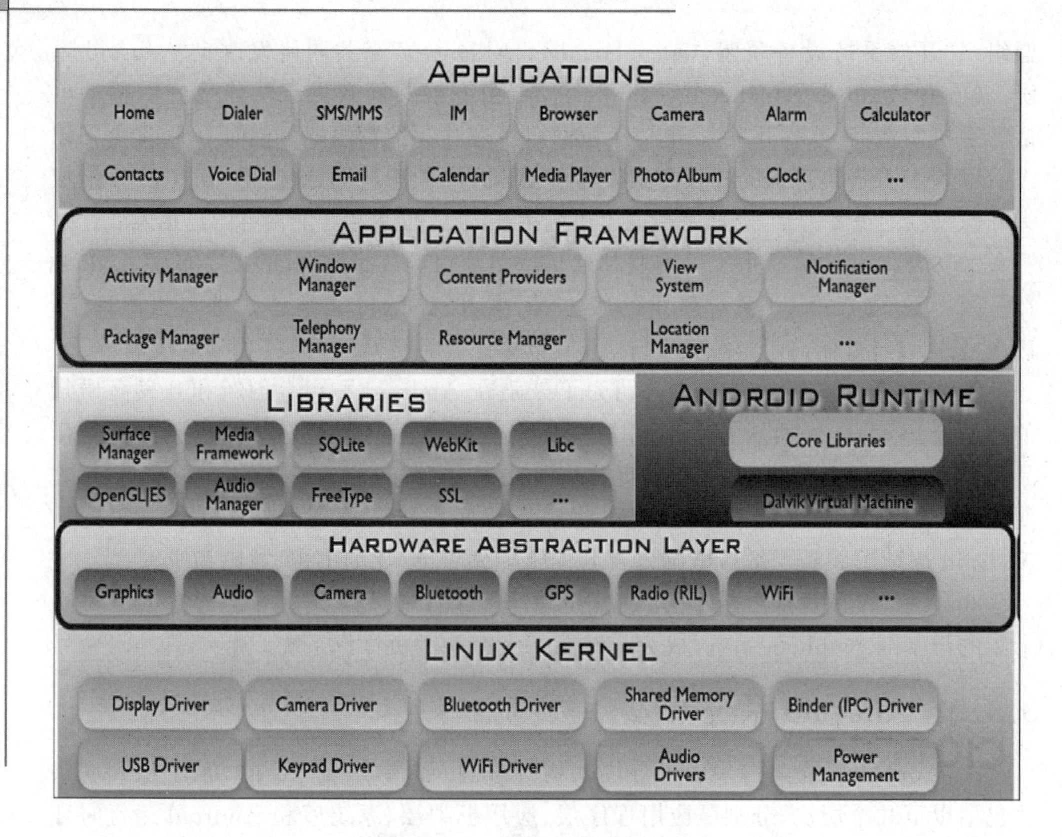

图 3－11 Android 系统架构图

2. 应用框架层

应用框架层(Application Framework)是 Android 应用开发的基础,开发人员大部分工作是在与该层打交道。该层对于开发人员来说直观表现为 SDK,它通过一系列的 Java 功能模块,来实现应用所需的功能。很多核心应用程序,也是通过这一层来实现其核心功能。该层简化了组件的重用,开发人员可以直接使用它提供的组件进行快速的应用程序开发,也可以通过继承而实现个性化的拓展。应用框架层是 Android 中最核心的部分,集中体现了 Android 系统的设计思想。

应用程序框架层包括活动管理器、窗口管理器、内容提供者、视图系统、包管理器、电话管理器、资源管理器、位置管理器、通知管理器和 XMPP 服务 10 个应用程序。每个应用后面都隐藏着这些服务中的一部分,比如构建应用程序的视图,包括列表、网格、按钮等,也包括应用程序访问另一个应用程序数据使用的内容提供器,还包括为应用提供非代码资源访问的资源管理器等。所有服务都寄宿在系统核心进程(System Core Process)中,在运行时,每个服务都占据一个独立的线程,彼此通过进程间的通信机制 IPC(Inter－Process Communication)发送消息和传输数据。

Android 的应用框架层使用 Java 开发,对于一些需要大规模计算和图形处理的应用来说，使用Java开发会导致执行效率过低和难以跨平台移植的问题。因此，Android提供了一种JNI(Java Native Interface)的机制，允许开发者绕过应用框架层，使用C/C++实现大计算量的底层模块并使用JNI接口和上层进行通信，然后使用NDK(Native Development Kit)提供的交叉编译工具编译成类库，添加到应用中。NDK中还包含了一系列C/C++接口来简化底层C/C++的开发。

开发人员在Android平台上可以完全访问核心应用程序所使用的API框架；任何一个应用程序都可以发布自身的功能模块，并且其他应用程序可以使用这些已发布的功能模块。基于这样的重用机制，开发人员就可以方便地替换平台本身的各种应用程序组件。

3. 系统库和Android运行环境

系统库(Libraries)是应用程序框架的支撑，是应用程序框架层与Linux内核层的之间的重要纽带。系统库由一系列的二进制动态库共同构成，通常使用C/C++语言进行开发。与框架层的系统服务相比，系统库不能独立运行于线程中，而需要被系统服务加载到其进程空间里，通过类库提供的JNI接口进行调用。

系统库的来源主要有两种。一种是系统原生类库，Android使用C/C++语言来实现它的一些性能关键模块，提高框架层的执行效率，如资源文件管理模块、基础算法库等。另一种是第三方类库，大部分来自于对优秀开源项目的移植，它们为Android提供了丰富功能，如浏览器控件的核心实现，是从Webkit项目移植而来，而数据库功能使用的SQLite也是来自于开源项目。Android为所有移植而来第三方类库封装一层JNI接口，以供框架层调用。系统库包括9个子系统，分别是图层管理、媒体库、SQLite、OpenGLEState、FreeType、WebKit、SGL、SSL和libc。

Android运行时包括核心库和Dalvik虚拟机，前者既兼容了大多数Java语言所需要调用的功能函数，又包括了如android.os、android.net、android.media等核心库。后者是一种基于寄存器的Java虚拟机，主要是完成对生命周期的管理、堆栈的管理、线程的管理、安全和异常的管理以及垃圾回收等重要功能。

和普通的Java程序一样，Android应用程序也需要一个虚拟机来提供运行环境(Run Time)的支撑。不同于普通Java程序使用的JVM虚拟机，Android使用的虚拟机叫做Dalvik。

Dalvik是为Android量身定做的Java虚拟机，负责Android应用程序的动态解析执行、分配内存、堆栈管理、管理对象生命周期、垃圾回收等工作。Dalvik虚拟机是Android系统的心脏，为Android应用程序提供强劲的动力。与低端移动设备上使用的J2ME虚拟机不同，Dalvik没有采用基于栈的虚拟机架构，而是使用了基于寄存器的虚拟机架构。基于寄存器的虚拟机架构相对于基于栈的虚拟机架构，会占用更多的存储空间，而且对于硬件设计的要求更高，但是基于寄存器的虚拟机有更高的执行效率，更能充分发挥现代移动设备使用的高端硬件的能力。

Dalvik 使用了不同于传统 Java 二进制码的.dex 文件,.dex 文件面向 Dalvik 特有的指令集,比传统的 Java 字节码更为精简。自从 Android2.2 开始,Dalvik 添加了对 JIT(Just-In-Time)的支持,在运行时将字节码编译为机器码,大大提高了 Dalvik 的执行效率。

每一个 Android 应用都运行在一个 Dalvik 虚拟机实例里,每一个 Dalvik 虚拟机都是一个独立的进程空间。虚拟机的线程机制,内存分配和管理等都是依赖底层操作系统实现的。所有 Android 应用的线程都对应一个 Linux 线程,虚拟机因而可以更多地依赖操作系统的线程调度和管理机制。不同的应用在不同的进程空间里运行,对不同来源的应用都使用不同的权限来运行,可以最大程度地保护应用程序的安全和独立运行特性。

4. 硬件抽象层

硬件抽象层 HAL(Hardware Abstract Layer),是对 Linux 内核驱动程序的封装,向上提供接口,屏蔽低层的实现细节。Android 把控制硬件的逻辑都放在了 HAL 层中而不是 Linux 内核中。HAL 层运行在用户空间,而 Linux 内核驱动程序运行在内核空间,Linux Driver 只负责一些简单的数据交互。HAL 层为框架层提供接口支持,厂商根据定义的接口实现相应功能。Linux 内核源代码版权遵循 GNU License,而 Android 源代码版权遵循 Apache License,前者在发布产品时,必须公布源代码,而后者可以只提供二进制代码而不需要提供源码。这样做将 Linux 内核独立出来,使得 Android 不过分依赖于 Linux 并且防止了硬件的相关参数和实现被公开出来,保护了硬件厂商的利益。

5. Linux 内核

Android 基于 Linux 2.6 内核(Kernel)开发。Linux 系统本身是一个可移植性好的操作系统,可以运行在各种各样架构的处理器上。Android 借助 Linux,得到了很好的可移植性。Linux 在 Android 和硬件之间起到了连接的作用,使得 Android 不必直接操作底层硬件。

3.3.4 Android 组件模型

Android 的 4 大基本组件分别是 Activity、Service(服务)、Content Provider(内容提供者)和 BroadcastReceiver(广播接收器),各组件之间的关系如图 3-12 所示。

1. Activity

Activity 就是一个为用户操作而展示的可视化用户界面,这个界面里面可以放置各种控件,如 Button、Textview 标签等。再例如,一个编写信息的 Activity,以及其他一些查看信息和修改应用程序设置的 Activity。一个 Activity 可以展示一个菜单项列表供用户选择,或者显示一些包含说明的照片。一个短消息应用程序可以包

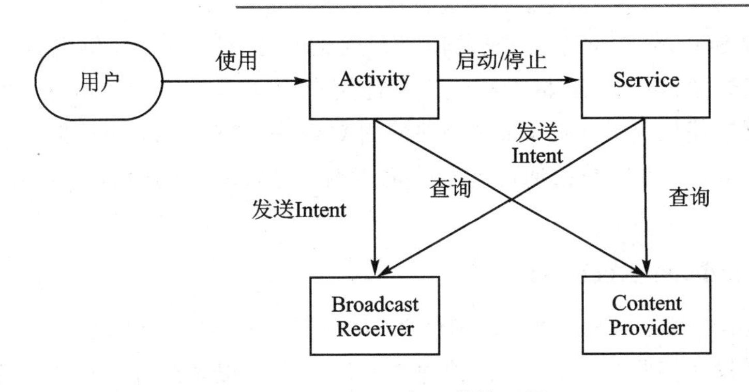

图3-12　Android各组件关系图

括一个用于显示作为发送对象的联系人列表的Activity,一个给选定的联系人写短信的Activity以及翻阅以前的短信和改变设置的Activity。尽管它们一起组成了一个内聚的用户界面,但其中每个Activity都与其他的保持独立。每个应用程序都是以Activity类为基类的子类实现。

一个应用程序可以只有一个Activity或者包含很多个。而每个Activity的作用以及其数目取决于应用程序及其设计。一般情况下,用户在应用程序启动时,总能第一个看到被标记的应用程序。从一个Activity转向另一个的方式是使用当前的Activity启动下一个。

每个Activity都被给予一个默认的窗口以进行绘制。一般情况下这个窗口填满屏幕,但它也可以是一个小的位于其他窗口之上的浮动窗口。Activity也可以用做附加的窗口——一个用户调用的弹出式对话框,或者当用户选择屏幕上一个特殊的选项时,窗口用来显示一些重要的信息。

窗口显示的可视内容是由一系列视图构成的,这些视图均继承自View基类。每个视图均控制着窗口中指定的一块矩形空间。父级视图包含并组织其他子视图的布局。叶节点视图(位于视图层次最底端)在它们控制的矩形中进行绘制,并响应用户对其操作。因此,视图是Activity与用户进行交互的界面。例如,视图可以显示一个小按钮,并在用户单击它时产生动作。Android有很多既定的视图供用户直接使用,包括卷轴、菜单项、按钮、文本域、复选框等。

2. Service

Service没有用户界面,但它会在后台一直运行,如文件下载、音乐播放程序等。例如,一个服务可以在用户做其他事情时在后台播放背景音乐、从网络上获取一些数据或者计算一些东西并提供给需要这个计算结果的Activity使用。应用程序可以连接到一个正在运行中的Service,当与一个Service连接成功后,Activity可以使用这个Service向外暴露的接口与这个Service进行通信。每个服务都继承自Service基类。

3. Content Provider

内容提供者提供了一套特殊的可供其他应用使用的数据。这些数据可以存储在文件系统和SQLite数据库中,或者其他有意义的形式。内容提供者继承于Content Provider基类,实现了一套标准的允许其他用户检索、存储数据的方法,但是,应用程序并不能直接使用这些方法,而是必须使用Content Provider的实例调用它的方法。Content Resolver可以与任何内容提供者交流,它们之间的合作可以管理进程间的通信。

4. Broadcast Receiver

Broadcast Receiver不执行任何任务,仅仅是接收并响应广播通知的一类组件。广播接收器只能接收广播,对广播的通知做出反应。很多广播都产生于系统代码,例如电池电量不足、照了一张相片或者用户改变了语言偏好。应用程序也可以发出广播,例如通知其他应用程序某些数据已经被下载到设备上可以使用。一个应用可以有很多广播接收器来对它认为重要的通知做出反应。所有的接收器继承于Broadcast Receiver基类。Broadcast Receiver不包含任何用户界面,然而它们可以启动一个Activity以响应接收到的信息,或者通过NotificationManager通知用户。通知用户注意可以用不同形式——闪烁背景灯、振动手机或发出声音等。它们通常在状态栏上放置一个暂时的图标,用户可以通过打开这个图标来获取信息。

习 题

1. 从技术角度讲,Linux是一个什么样的操作系统?你认为它有哪些不足?如何改进?
2. GPL协议主要内容是什么?你了解自由软件的开发模式并愿意让大家共享你的软件吗?为什么?
3. 程序和进程有什么区别?什么是进程间的互斥和同步?
4. 进程调度的功能是什么?Linux的进程调度发生在什么情况下?Linux系统的实时调度与普通调度有何区别?
5. Linux中从用户态进入内核态的唯一途径是什么?
6. 在Linux系统中,为什么我们可以像使用文件一样操作一个设备?
7. 什么是设备驱动程序?Linux系统中,用户怎么使用设备驱动程序?
8. Linux文件有哪些类型?
9. 主流Linux操作系统有哪几种?
10. Android系统架构分几层,各层的功能是什么?
11. Android的4大基本组件分别是什么,各实现什么功能?

第 4 章

ARM 体系结构

ARM 公司把 ARM 作为知识产权 IP(Intellectual Property)推向嵌入式处理器市场,目前,已占有 80%左右的市场。ARM 体系结构在市场出现有多种形式,既有处理器内核(如 ARM9TDMI)形式,也有处理器核(如 ARM920T)形式。半导体厂商或片上系统 SOC 设计应用厂商采用 ARM 体系结构生产相应的 MCU/MPU 或 SOC 芯片。

4.1 ARM 体系结构概述

4.1.1 ARM 体系结构的特点

ARM 即 Advanced RISC Machines 的缩写。ARM 公司于 1990 年成立,是一家设计公司。ARM 是知识产权(IP)供应商,本身不生产芯片,靠转让设计许可,由合作伙伴公司来生产各具特色的芯片。作为 32 位嵌入式 RISC 微处理器业界的领先供应商,ARM 公司商业模式的强大之处在于它在世界范围有超过 400 个合作伙伴,包括半导体工业的著名公司,从而保证了大量的开发工具和丰富的第三方资源。它们共同保证了基于 ARM 处理器核的设计可以很快投入市场。

ARM 处理器的 3 大特点是:

- 耗电少、成本低、功能强;
- 16 位/32 位双指令集;
- 全球众多合作伙伴保证供应。

ARM 公司专注于设计。ARM 核以其高性能、小体积、低功耗、紧凑代码密度和多供应源的出色结合而著名。其 RISC 性能业界领先,以小尺寸集成,具有最低的芯片成本,在非常低的功耗和价格下提供了高性能的处理器。ARM 已成为移动通信、手持计算、多媒体数字消费等嵌入式解决方案的 RISC 标准。

ARM 处理器出色的性能使系统设计者可得到完全满足其准确要求的解决方案。借助于来自第三方开发者广泛的支持,设计者可以使用丰富的标准开发工具和 ARM 优化的应用软件。

ARM 处理器是基于精简指令集计算机(RISC)思想设计的。RISC 指令集和相

关的译码机制比复杂指令集计算机(CISC)的设计更简单。这种简单性得到:

- 高的指令吞吐率;
- 出色的实时中断响应;
- 体积小、性价比高的处理器宏单元。

ARM 32位体系结构目前被公认为是业界领先的32位嵌入式RISC微处理器核,所有ARM处理器共享这一体系结构。这可确保当开发者转向更高性能的处理器时,在软件开发上可获得最大的回报。

ARM处理器本身是32位设计,但也配备16位Thumb指令集,以允许软件编码为更短的16位指令。与等价的32位代码相比,占用的存储器空间节省高达35%,然而保留了32位系统所有的优势(如访问全32位地址空间)。Thumb状态与正常的ARM状态之间的切换为零开销,如果需要,可逐个例程使用切换,这允许设计者完全控制其软件的优化。ARM的Jazelle技术提供了Java加速,可得到比基于软件的Java虚拟机(JVM)高得多的性能,与同等的非Java加速核相比,功耗降低80%。这些功能使平台开发者可自由运行Java代码,并在单一存储器上建立操作系统(OS)和应用。许多系统需要将灵活的微控制器与DSP的数据处理能力相结合,过去这要迫使设计者在性能或成本之间妥协,或采用复杂的多处理器策略。在CPU功能上,DSP指令集的扩充提供了增强的16位和32位算术运算能力,提高了性能和灵活性。ARM还提供了两个前沿特性——嵌入式ICE-RT逻辑和嵌入式跟踪宏核系列,用以辅助带深嵌入式处理器核的、高集成的SOC器件的调试。多年来,嵌入式ICE-RT一直是ARM处理器重要的集成调试特性,实际上已做进所有的ARM核中,允许在代码的任何部分——甚至在ROM中设置断点。断点后,为了调试,前台任务暂停,但并不同时暂停处理器的活动,而允许中断处理程序继续运行。ARM业界领先的跟踪解决方案——嵌入式跟踪宏单元ETM(Embedded Trace Macrocell),被设计成驻留在ARM处理器上,用以监控内部总线,并能以核速度无妨碍地跟踪指令和数据的访问。具有强大的软件可配置过滤和触发逻辑,以允许开发者精确地选择让ETM捕获哪条指令和数据,然后将信息压缩,通过分布、可配置的跟踪器和FIFO缓冲器从芯片中输出。

ARM当前有6个产品系列:ARM7、ARM9、ARM10、ARM11、Cortex和SecurCore。ARM7、ARM9、ARM10、ARM11和Cortex是5个通用处理器系列。每个系列提供一套特定的性能来满足设计者对功耗、性能和体积的需求。SecurCore是专门为安全设备而设计的,性能高达1 200 MIPS,功耗测量为μW/MHz,并且所有处理器体系结构兼容。

ARM作为嵌入式系统中的处理器,具有低电压、低功耗和低集成度等特点;并具有开放和可扩性。事实上,ARM已成为嵌入式系统首选的处理器体系结构。

1. RISC型处理器结构

RISC型处理器结构减少复杂功能的指令,减少指令条件,选用使用频度最高的指令，简化处理器的结构，减少处理器的集成度；并使每一条指令都在一个机器周期内完成，以提高处理器的速度。ARM采用RISC结构，并使一个机器周期执行1条指令。

RISC型处理器与存储打交道的指令执行时间远远大于在寄存器内操作的指令执行时间。因此，RISC型处理器都采用了Load/Store结构，即只有Load/Store的加载/存储指令可与存储器打交道，其余指令都不允许进行存储器操作。为此，ARM也采用Load/Store的结构；为了进一步提高指令和数据的存/取速度，有的还增加指令快存I-Cache和数据快存D-Cache；同时，还采用了多寄存器的结构，使指令的操作尽可能在寄存器之间进行。

由于指令相对比较精简，降低了处理器的复杂性，因此，中央控制器就没有必要采用微程序的方式，ARM则采用了硬接线PLA的方式。另外，ARM为了便于指令的操作的控制，所有指令都采用32位定长。除了单机器周期执行1条指令外，每条指令具有多种操作功能，提高了指令使用效率。

2. Thumb指令集

由于RISC型处理器的指令功能相对比较弱，ARM为了弥补此不足，在新型ARM体系结构定义了16位的Thumb指令集。Thumb指令集比通常的8位和16位CISC/RISC处理器具有更好的代码密度，而芯片面积只增加6%，可以使程序存储器更小。

3. 多处理器状态模式

ARM可以支持用户、快中断、中断、管理、中止、系统和未定义7种处理器模式。除了用户模式外，其余均为特权模式，这也是ARM的特色之一，可以大大提高ARM处理器的效率。

4. 嵌入式在线仿真调试

ARM体系结构的处理器芯片都嵌入了在线仿真ICE-RT逻辑，以便于通过JTAG来仿真调试ARM体系结构芯片，可以省去昂贵的在线仿真器。另外，在处理器核中还可以嵌入跟踪宏单元ETM(Embedded Trace Macrocell)，用于监控内部总线，实时跟踪指令和数据的执行。

5. 灵活和方便的接口

ARM体系结构具有协处理器接口，这样，既可以使基本的ARM处理器内核尽可能小，又可以方便地扩充各种功能。ARM允许接16个协处理器，如CP15用于系统控制，CP14用于调试控制器。

另外，ARM处理器核还具有片上总线AMBA(Advanced Micro—controller Bus Architecture)。AMBA定义了3组总线：

① 先进高性能总线AHB(Advanced High performance Bus)。

② 先进系统总线 ASB(Advanced System Bus)。

③ 先进外围总线 APB(Advanced Peripheral Bus)。

通过 AMBA 来方便地扩充各种处理器及 I/O,这样,可以把 DSP、其他处理器和 I/O(如 UART、定时器和接口等)都集成在一块芯片中。

6. 低电压低功耗的设计

由于 ARM 体系结构的处理器主要用于手持式嵌入式系统之中,其体系结构在设计中十分注意低电压和低功耗,因此,在手持式嵌入式系统得到广泛的应用。根据 CMOS 电路的功耗关系:

$$P_C = \frac{1}{2} \cdot f \cdot V_{dd} \cdot \sum_{g \in C} A_g \cdot C_L^g$$

式中,f 为时钟频率;V_{dd}为工作电源电压;A_g 是逻辑门在一个时钟周期内翻转次数(通常为 2);C_L^g 为门的负载电容。因此,ARM 体系结构的设计采用了以下一些措施:

- 降低电源电压,可工作在 3.0 V 以下。
- 减少门的翻转次数,当某个功能电路不需要时禁止门翻转。
- 减少门的数目,即降低芯片的集成度。
- 降低时钟频率(不过也会损失系统的性能)。

4.1.2 ARM 处理器结构

1. ARM 体系结构

图 4-1 是 ARM 体系结构图,它由 32 位 ALU、31 个 32 位通用寄存器及 6 个状态寄存器、32×8 位乘法器、32×32 位桶形移位寄存器、指令译码和逻辑控制、指令流水线和数据/地址寄存器组成。

2. ARM 的流水线结构

计算机中的 1 条指令的执行可以分为若干个阶段:

① 取指:从存储器中取出指令(fetch);

② 译码:指令译码(dec);

③ 取操作数:假定操作数从寄存器组中取(reg);

④ 执行运算(ALU);

⑤ 存储器访问:操作数与存储器有关(mem);

⑥ 结果写回寄存器(res)。

各个阶段的操作相对都是独立的,因此可以采用流水线的重叠技术,以大大提高系统的性能。指令执行流水线如图 4-2 所示,若每个阶段的执行时间是相同的,那么,在 1 个周期就可以同时执行 3 条指令,性能可以改善 3 倍。

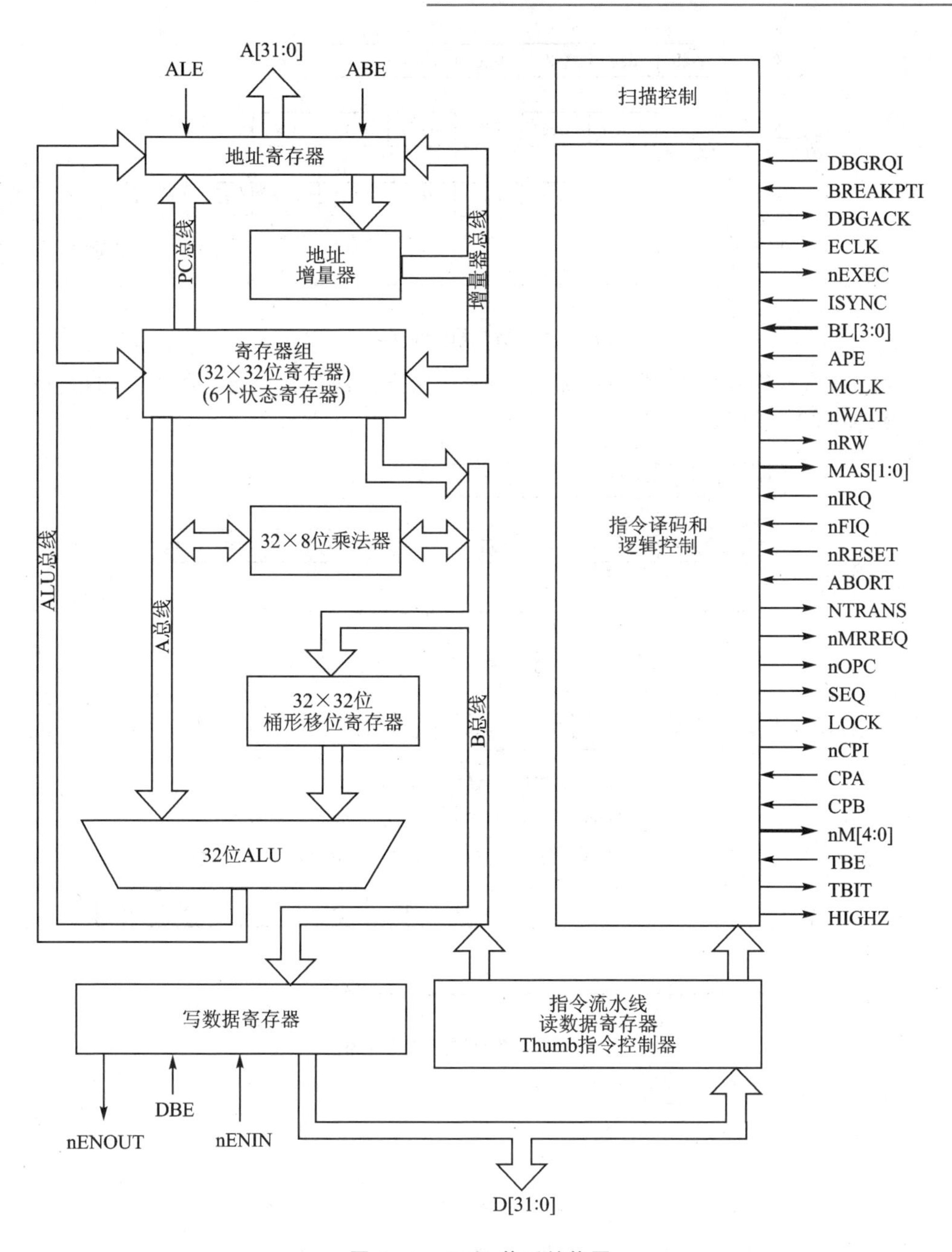

图 4-1　ARM 体系结构图

但上述的过程是一种理想的状态，各个阶段的操作时间有长短，故流水线操作有时不会十分流畅。特别是相邻指令执行的数据相关性会产生指令执行的停顿(stall)，严重的会产生数据灾难(hazards)。流水线的停顿如图 4-3 所示，第 2 条指令的 reg 操作需要第 1 条指令执行的结果(res)，因此，第 2 条指令在执行时，不得不

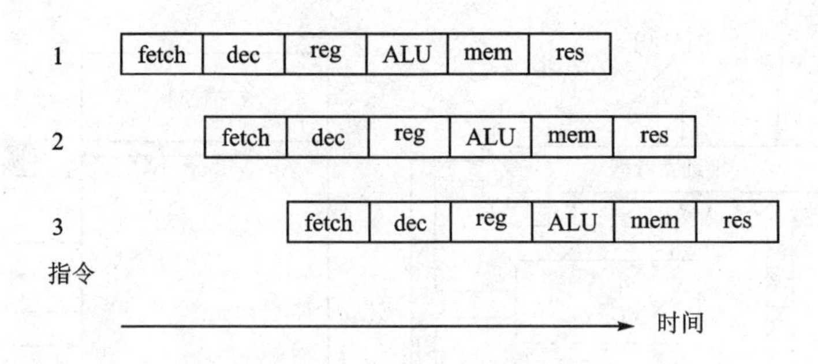

图 4-2 指令执行流水线

产生停顿。另外碰到分支类指令，那么，会使后面紧接该条指令的几条指令的执行都会无效，如图 4-4 所示。

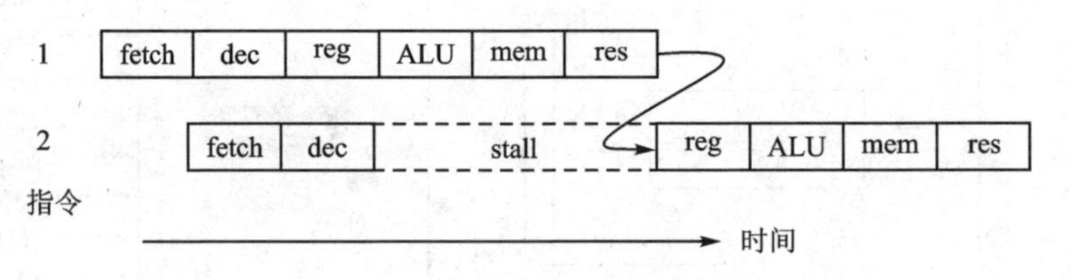

图 4-3 流水线的停顿

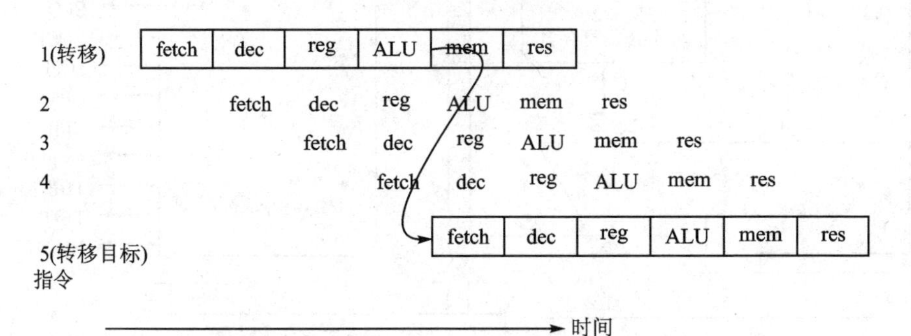

图 4-4 流水线有转移指令的情况

(1) ARM 体系结构的 3 级流水线

ARM7 体系结构采用了 3 级流水线，分为取指，译码和执行。图 4-5 是单周期 3 级流水线的操作示意图。

上述的 3 级流水线中，取指的存储器访问和执行的数据通路占用都是不可同时共享的资源，对多周期指令来说，会产生流水线阻塞。如图 4-6 所示的阴影框周期都是与存储器访问有关的。因此，在流水线设计中不允许重叠；而数据传送(Data Xfer)周期既需存储器访问，又需占用数据通路，故第 3 条指令的执行周期不得不等第 2 条指令的数据传送执行后才能操作。译码主要为下一周期的执行产生相应的控制信号，原则上与执行周期紧接在一起，故第 3 条指令取指后需延迟 1 个周期才进入

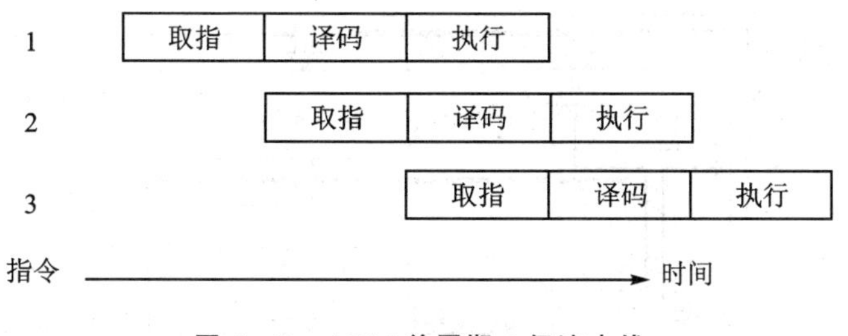

图 4-5　ARM 单周期 3 级流水线

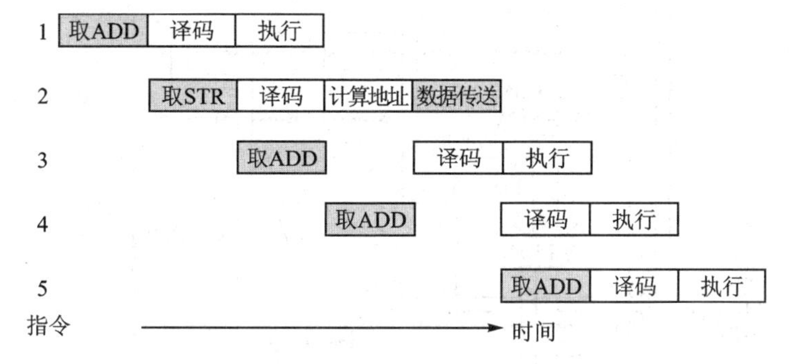

图 4-6　ARM 多周期 3 级流水线

到译码周期。

(2) ARM 体系结构的 5 级流水线

要提高处理器的性能，就需缩短在该处理器运行的程序执行时间：

$$T_{prog} = N_{inst} \times CPI / f_{clk}$$

式中，T_{prog}是执行一个程序所需时间；N_{inst}是执行该程序的指令条数；CPI(Cycle Per Instruction)是执行一条指令平均周期数；f_{clk}是处理器的时钟频率。

对于 ARM 体系结构来说，增加时钟频率会增加处理器的功耗，故尽可能降低式中分子部分的数值。N_{inst}对于一个程序来说通常是一个变化不大的常数，况且，在 ARM 体系结构的指令设计中，已使一条指令具有多种操作的功能（此点优于其他 RISC 结构处理器），最有效的办法是减少执行一条指令所需平均周期数 CPI。

减少执行一条指令的平均周期数 CPI 的最有效办法是增加流水数的级数。

上述的 3 级流水线阻塞主要产生在存储器访问和数据通路的占用上，因此 ARM9 体系结构都采用了 5 级流水线，如图 4-7 所示。把存储器的取指与数据存取分开，同时，还增加了 I-Cache 和 D-Cache 以提高存储器存取的效率；其次，增加了数据写回的专门通路和寄存器，以减少数据通路冲突。这样，5 级流水线分为：取指、指令译码、执行、数据缓存和写回。

3. ARM 存储器结构

ARM 架构的处理器，有的带有指令快存 I-Cache 和数据快存 D-Cache，但是，

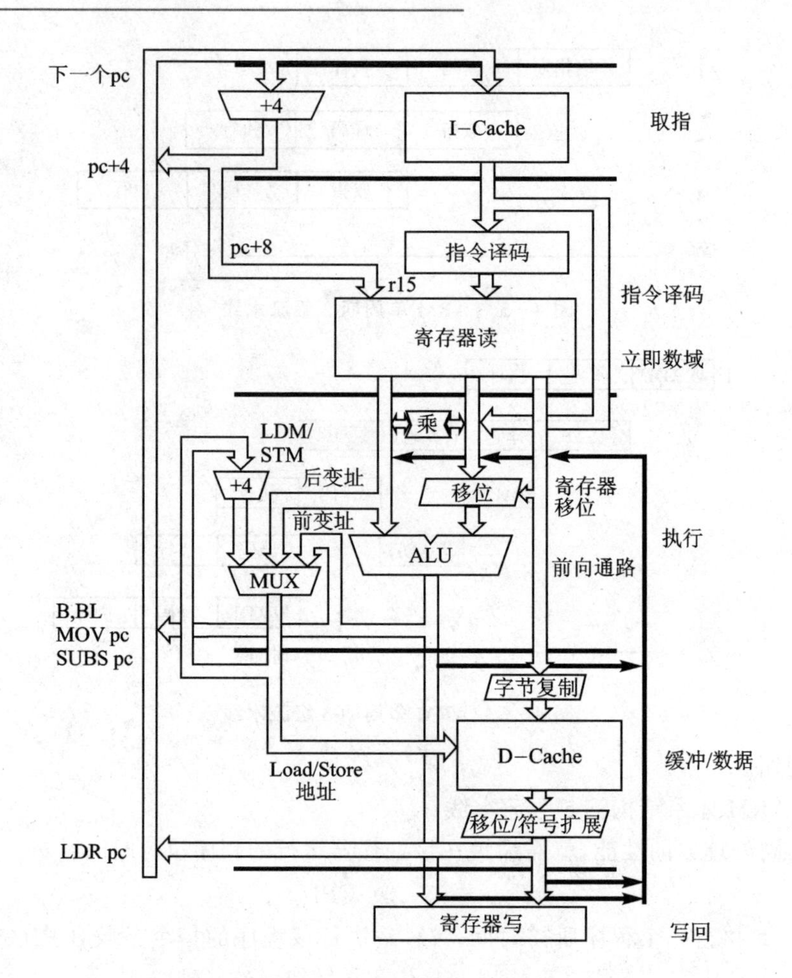

图 4-7 ARM 5 级流水线

不带有片内 RAM 和片内 ROM，系统所需的 RAM 和 ROM(包括闪存 Flash)都通过总线连接。由于系统的地址范围较大($2^{32}=4$ GB)，故有的 ARM 架构处理器片内还带有存储器管理单元 MMU(Memory Management Unit)，还允许外接 PCMCIA。

ARM 架构的处理器一般片内无 RAM 和 ROM，因此，系统所需的 RAM 和 ROM 需通过总线外接，如图 4-8 所示。

图 4-8 中的 ROMoe 和 RAMoe 为系统的 ROM 片选信号和 RAM 片选信号；RAMwe 为 RAM 的写允许信号。随着闪存 Flash 的发展，目前，ARM 架构的处理器已用闪存 Flash 逐步取代 ROM。

4. ARM I/O 结构

ARM 架构中的处理器核和处理器内核一般都没有 I/O 的部件和模块，构成 ARM 架构的处理器中的 I/O 可通过 AMBA 总线来扩充。下面讨论的是 ARM 架构中的 I/O、直接存储器存取 DMA 及中断的结构形式。

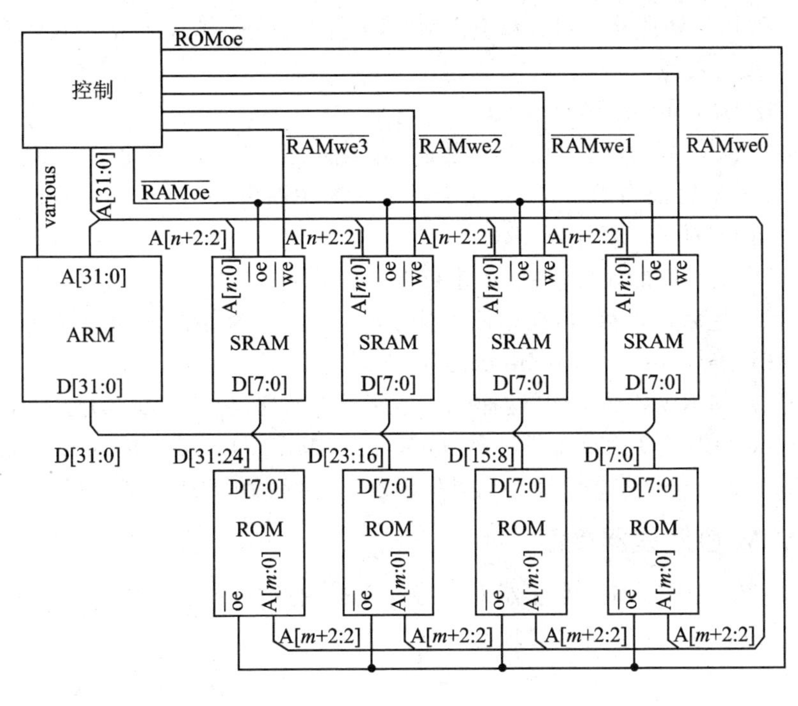

图 4－8　ARM 外接 RAM 和 ROM

(1) 存储器映射 I/O

一般的 I/O，如串行接口，它有若干个寄存器：发送数据寄存器（只写）、数据接收寄存器（只读）、控制寄存器、状态寄存器（只读）和中断允许寄存器等。这些寄存器都需相应的 I/O 端口地址。

ARM 采用了存储器映射 I/O 的方式，即把 I/O 端口地址作为特殊的存储器地址。不过，I/O 的输入/输出与真正的存储器读/写仍然有所不同。存储器的单元可以重复读多次，其读出的值是一致的；而 I/O 设备的连续 2 次输入，其输入值可能会有所不同。这些差异会影响到存储器系统中的 Cache 和写缓冲作用，因此，应把存储器映射 I/O 单元标识为非 Cache（uncachable）和非缓冲（unbufferable）。在许多 ARM 架构系统里，I/O 单元对于用户代码是不可访问的，这样，I/O 设备的访问只可以通过系统管理调用（SWIs）或通过 C 的库函数来进行。

(2) 直接存储器存取 DMA

在 I/O 的数据流量比较大，中断处理比较频繁的场合，会很明显影响系统的性能。因此，许多系统就采用了直接存储器存取 DMA，这样，I/O 的数据块传送至存储器的缓冲器区域就不需要处理器介入。而中断也仅仅在出错时或缓冲器满时出现。

DMA 虽然降低了系统的开销（不必每个周期中断来处理 I/O 的数据传送），但是，I/O 过于活跃，DMA 的数据传送仍要占用存储器的总线带宽，仍会对系统性能有所降低，不过，比起中断方式来说，系统的效率仍要高得多。

ARM架构的处理器一般都没有DMA部件,只有在一些高档的ARM架构处理器具有DMA的功能。

(3) 中断IRQ和快速中断FIQ

一般的ARM虽然没有DMA的功能,为了能提高I/O处理的能力,对于一些要求I/O处理速率比较高的事件,系统安排了快速中断FIQ(Fast Interrupt),而对其余的I/O源仍安排了一般中断IRQ。

要提高中断响应的速度,在设计中可以采用以下办法:

- 提供大量后备寄存器,在中断响应及返回时,作为保护现场和恢复现场的上下文切换(context switching)之用。
- 采用片内RAM的结构,这样可以加速异常处理(包括中断)的进入时间。
- Cache和地址变换后备缓冲器TLB(Translation Lookaside Buffer)采用锁住(locked down)方式以确保临界代码段不受"不命中"所产生的影响。

5. ARM协处理器接口

ARM可以通过增加协处理器来支持一个通用的指令集的扩充,也可以通过未定义指令陷阱(trap)来支持协处理器的软件仿真。

ARM为了便于片上系统SOC的设计,其处理器内核尽可能精简,要增加系统的功能,可以通过协处理器来实现。在逻辑上,ARM可以扩展16个协处理器,每个协处理器可有16个寄存器,如表4-1所列。

表4-1 协处理器

协处理器号	功 能
15	系统控制
14	调试控制器
13～8	保留
7～4	用户
3～0	保留

例如,MMU和保护单元的系统控制都采用CP15协处理器;JTAG调试中的协处理器采用CP14,即调试通信通道DCC(Debug Communication Channel)。

协处理器也采用Load/Store结构,用指令来执行寄存器的内部操作。取数据从存储器至寄存器或把寄存器中的数保护至存储器中,以及实现与ARM处理器内核中寄存器之间的数据传送,而这些指令都由协处理器指令来实现。

ARM处理器内核与协处理器接口有以下4类:

① 时钟和时钟控制信号:MCLK、nWAIT、nRESET;

② 流水线跟随信号:nMREQ、SEQ、nTRANS、nOPC、TBIT;

③ 应答信号:nCPI、CPA、CPB;

④ 数据信号:D[31:0]、DIN[31:0]、DOUT[31:0]。

协处理器设计也采用流水线结构,因此,必须与ARM处理器内核中的流水线同步。在每一个协处理器内需有1个流水线跟随器(pipeline follower),来跟踪ARM处理器内核流水线中的指令。由于ARM的Thumb指令集无协处理器指令,故协处理器必须监视 TBIT 信号的状态，以确保不把 Thumb 指令误解为 ARM 指令。

协处理器的应答信号中：

nCPI ARM 处理器至 CPn 协处理器信号，该信号低电平有效，代表“协处理器指令”，表示 ARM 处理器内核标识了 1 条协处理器指令，且希望协处理器去执行它。

CPA 协处理器至 ARM 处理器内核信号，表示协处理器不存在，目前协处理器无能力执行指令。

CPB 协处理器至 ARM 处理器内核信号，表示协处理器忙，协处理器还不能够开始执行指令。

6. ARM AMBA 接口

ARM 处理器内核可通过内部总线选用 Cache 等部件，或通过协处理器接口扩充各种协处理器；也可以通过先进微控制器总线架构 AMBA(Advanced Microcontroller Bus Architecture)来扩展不同体系架构的宏单元及 I/O 部件。AMBA 事实上已成为片上总线 OCB(On Chip Bus)标准。

AMBA 有先进高性能总线 AHB(Advanced High - performanceBus)、先进系统总线 ASB(Advanced System Bus)和先进外围总线 APB(Advanced Peripheral Bus)3 类总线，如图 4 - 9 所示。

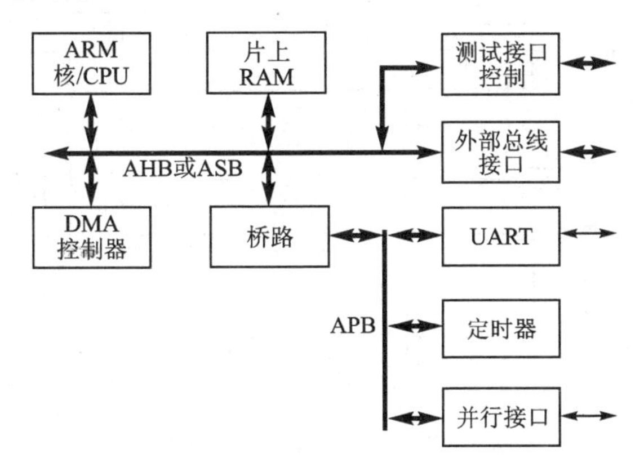

图 4 - 9 典型的基于 AMBA 的系统

ASB 是目前 ARM 常用的系统总线，用来连接高性能系统模块，它支持突发(burst)方式数据传送。

先进高性能总线 AHB 不但支持突发方式的数据传送，而且还支持分离式总线事务处理，以进一步提高总线的利用效率。特别在高性能的 ARM 架构系统（如 ARM1020E 处理器核），AHB 有逐步取代 ASB 的趋势。

先进外围总线 APS 为外围宏单元提供了简单的接口。也可以把 APS 看做先进系统总线 ASB 的余部，为外围宏单元提供了最简易的接口。

通过测试接口控制器 TIC(Test Interface Controller)，AMBA 提供了模块测试的途径。允许外部测试者作为 ASB 总线的主设备来分别测试在 AMBA 上的各个模块。

AMBA 中的宏单元测试也可以通过 JTAG 方式测试。只是 AMBA 的测试方式通用性稍差些，但其通过并行口的测试比 JTAG 的测试代价要低些。

7. ARM JTAG 调试接口

JTAG 调试接口的结构如图 4-10 所示。它由测试访问端口 TAP(Test Access Port)控制器、旁路(bypass)寄存器、指令寄存器和数据寄存器，以及与 JTAG 接口兼容的 ARM 架构处理器组成。处理器的每个引脚都有一个移位寄存单元，称为边界扫描单元 BSC(Boundary Scan Cell)，它将 JTAG 电路与处理器核逻辑电路联系起来，同时，隔离了处理器核逻辑电路与芯片引脚，把所有的边界扫描单元构成了边界扫描寄存器 BSR。该寄存器电路仅在进行 JTAG 测试时有效，在处理器核正常工作时无效。

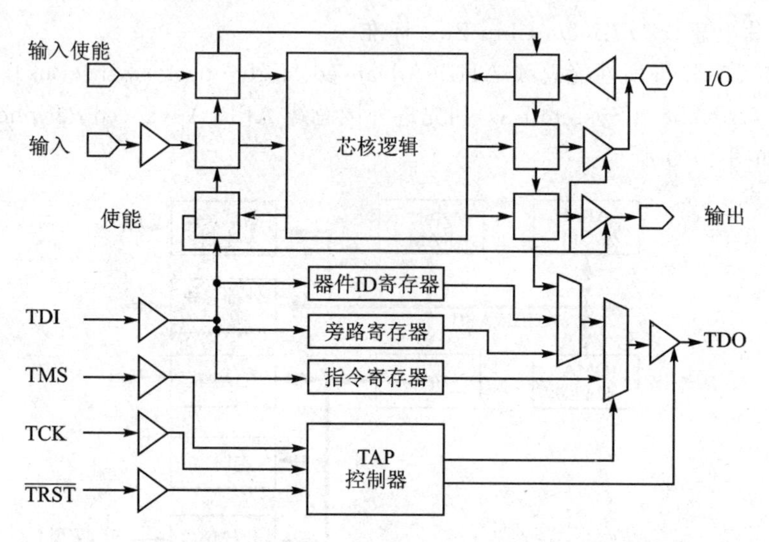

图 4-10　JTAG 调试接口示意图

(1) JTAG 的控制/寄存器

- 测试访问端口 TAP 控制器：它对嵌入在 ARM 处理器核内部的测试功能电路的访问控制，是一个同步状态机，通过测试模式选择 TMS 和时钟信号 TCK 来控制其状态和状态转移，实现 IEEE ll49.1 标准所确定的测试逻辑电路的工作时序。
- 指令寄存器：它是串行移位寄存器，通过它可以串行输入执行各种操作指令。
- 数据寄存器组：它是一组串行移位寄存器，操作指令被串行装入由当前指令所选择的数据寄存器，随着操作的进行，测试结果被串行移出。其中，

- 器件 ID 寄存器　　读出在芯片内固化的 ID 号;
- 旁路寄存器　　1 位移位寄存器,用 1 个时钟的延迟把 TDI 连至 TDO,使测试者在同一电路板测试循环内访问其他器件;
- 边界扫描寄存器(扫描链)　　截取 ARM 处理器核与芯片引脚之间所有信号,组成专用的寄存器位。

(2) JTAG 测试信号

TRST　测试复位输入信号,测试接口初始化。

TCK　测试时钟,在 TCK 时钟的同步作用下,通过 TDI 和 TDO 引脚串行移入/移出数据或指令;同时,也为测试访问端口 TAP 控制器的状态机提供时钟。

TMS　测试模式选择信号,控制测试接口状态机的操作。

TDI　测试数据输入线,其串行输入数据送至边界扫描寄存器或指令寄存器(由 TAP 控制器的当前状态及已保存在指令寄存器中的指令来控制)。

TDO　测试数据输出线,把从边界扫描链采样的数据传送至串行测试电路中的下一个芯片。

JTAG 可以对同一块电路板上多块芯片进行测试。TRST、TCK 和 TMS 信号并行至各个芯片,而 1 块芯片的 TDO 接至下一芯片的 TDI。

(3) TAP 状态机

测试访问端口 TAP 控制器是一个 16 状态的有限状态机,为 JTAG 提供控制逻辑,控制进入 JTAG 结构中各种寄存器内数据的扫描与操作。状态转移图如图 4-11 所示,在 TCK 同步时钟上升沿的 TMS 引脚的逻辑电平来决定状态转移的过程。

对于由 TDI 引脚输入到器件的扫描信号有 2 个状态变化路程:用于指令移入至指令寄存器,或用于数据移入至相应的数据寄存器(该数据寄存器由当前指令确定)。

状态图中的每个状态都是 TAP 控制器进行数据处理所需要的,这些处理包括给引脚施加激励信号、捕获输入数据、装载指令以及边界扫描寄存器中数据的移入/移出。

(4) JTAG 接口控制指令

控制指令用于控制 JTAG 接口各种操作,控制指令包括公用(public)指令和私有(private)指令。最基本的公用指令:

BYPASS　旁路片上系统逻辑指令,用于未被测试的芯片,即把 TDI 与 TPO 旁路(1 个时钟延迟)。

EXTEST　片外电路测试指令,用于测试电路板上芯片之间的互连。如图 4-11 中的引脚状态被捕获在 capture DR;并在 shift DR 状态时,通过 TDO 引脚把寄存器中数据移出;同时新的数据通过 TDI 引脚移入。该数据在 update DR 状态中用于边界扫描寄存器输出。

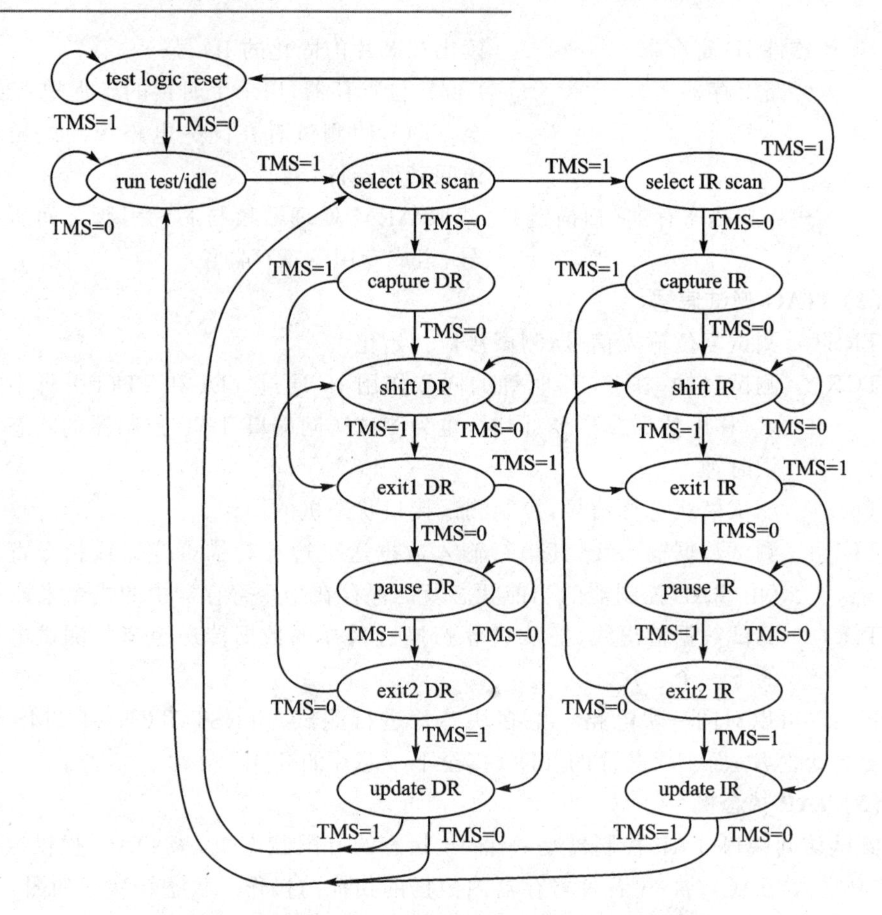

图 4-11　测试访问端口TAP控制器状态转移图

IDCODE　读芯片ID码指令，用于识别电路板上的芯片。此时，ID寄存器在TDI与TDO引脚之间。在capture DR状态中，将芯片的ID复制至该寄存器，然后在shift DR状态中移出。

INTEST　片内测试指令，边界扫描寄存器位于TDI与TDO引脚之间，处理器核逻辑输入和输出状态被该寄存器捕获和控制。

以上是ARM架构的最基本公用指令，各种处理器核可以根据需要进行扩展。

4.1.3　ARM处理器内核

ARM体系结构的处理器内核有ARM7TDMI、ARM8、ARM9TDMI、ARM10TDMI、ARM11及Cortex等。

1. ARM7TDMI处理器内核

ARM7TDMI处理器是ARM7处理器系列成员之一，是目前应用很广的32位高性能嵌入式RISC处理器。

ARM7TDMI 名字原义如下：

ARM7　ARM6 32 位整数核的 3 V 兼容的版本；

T　16 位压缩指令集 Thumb；

D　在片调试(debug)支持，允许处理器响应调试请求暂停；

M　增强型乘法器(multiplier)，与以前处理器相比性能更高，产生全 64 位结果；

I　嵌入式 ICE 硬件提供片上断点和调试点支持。

ARM7TDMI 的体系结构图与引脚如图 4-12 与图 4-13 所示。

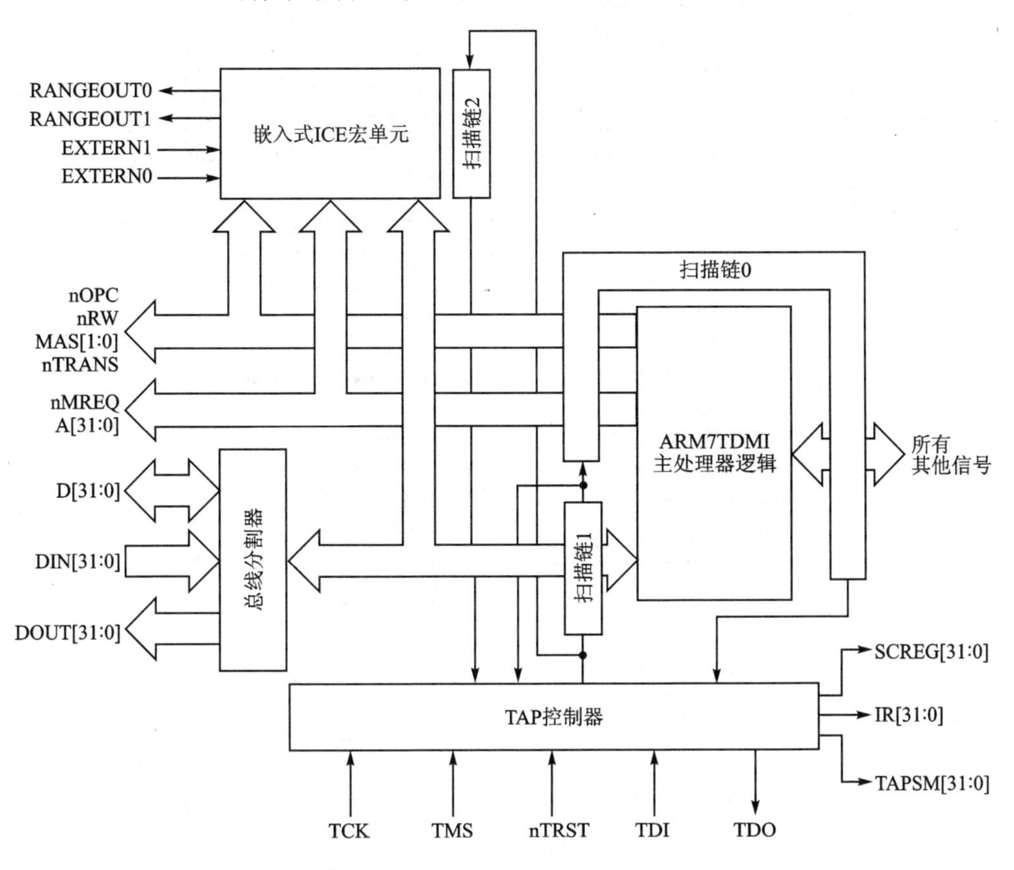

图 4-12　ARM7TDMI 体系结构图

图 4-12 中的处理器核采用了 3 级流水线结构，指令执行分为取指、译码和执行 3 个阶段。运算器能实现 32 位整数运算，采用了高效的乘法器，用 32×8 位乘法器实现 32×32 位乘法(结果为 64 位)。

ARM7TDMI 采用 v4T 版指令，同时，还支持 16 位 Thumb 指令集，使得 ARM7TDMI 能灵活高效地工作。

嵌入式 ICE(Embedded-ICE)模块为 ARM7TDMI 提供了片内调试功能；同时，

通过JTAG接口可以很方便地用PC主机对ARM7TDMI进行开发和调试。

如图4-13的引脚图所示,ARM7TDMI还提供了存储器接口、MMU接口、协处理器接口和调试接口,以及时钟与总线等控制信号。

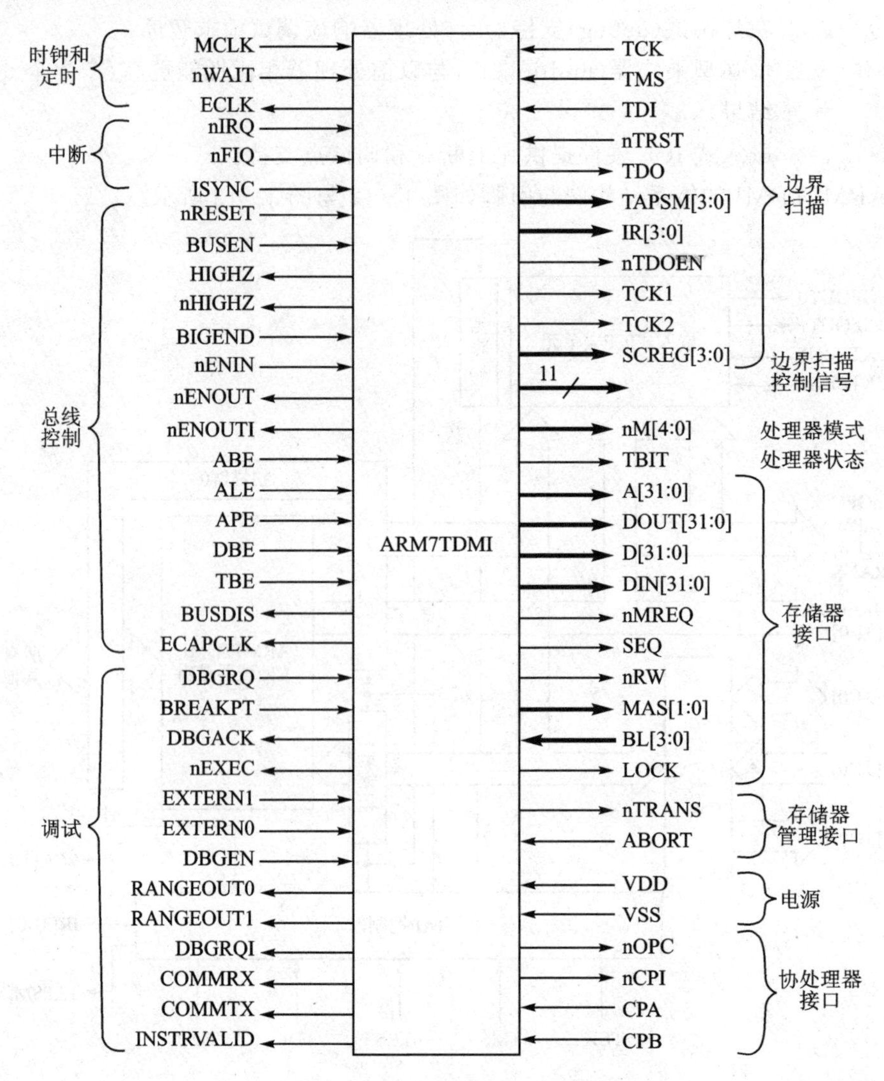

图4-13 ARM7TDMI的引脚图

存储器接口包括了32位地址A[31:0]、双向32位数据总线D[31:0]、单向32位数据总线DIN[31:0]与DOUT[31:0]以及存储器访问请求MREQ、地址顺序SEQ、存储器访问粒度MAS[1:0]和数据锁存控制BL[3:0]等控制信号。

MREQ　表示本处理器周期为存储器访问请求。

SEQ　表明存储器地址与先前周期的存储器地址顺序而来。

MAS[1:0]]　存储器访问的粒度,为字节、半字或字。

BL[3:0]　　数据锁存控制信号,32 位数据以字节方式分别锁存。

ARM7TDMI 处理器内核主要性能如下:

工艺　　0.35 μm(新近采用 0.25 μm);
金属布线　　3 层;
电压　　3.3 V(新近采用 1.2 V、0.9 V);
管子数　　74 209 只;
内核芯片面积　　2.1 mm^2;
时钟　　0～66 MHz;
MIPS　　66;
功耗　　87 mW;
MIPS/W　　690(采用 0.25 μm 工艺,0.9 V 电压,可达 1 200 MIPS/W)。

ARM7TDMI 处理器内核也可以软核(softcore)形式 ARM7TDMI－S 供用户选用,同时,该种综合特性也可以多种组合选择。如可以省去嵌入式 ICE 单元,也可以用 32 位积的简易乘法器来取代 64 位积的乘法器。若采用上述二项措施,那么芯片面积和功耗都会降低 50%。

2. ARM9TDMI 处理器内核

ARM9TTDMI 处理器内核主要性能如下:

工艺　　025 μm(0.18 μm);
金属布线　　3 层;
电压　　2.5 V(1.2 V);
管子数　　11 100 只;
核芯片面积　　2.1 mm^2;
时钟　　0～200 MHz;
MIPS　　220;
功耗　　150 mW;
MIPS/W　　1 500。

因此,与 ARM7TDMI 相比,ARM9TDMI 的性能提高了很多。其处理器内核采用了 5 级流水线,其系统结构图可参见图 4－7。

ARM9TDMI 的 5 级流水线结构与 ARM7TDMI 的 3 级流水线结构的对比如图 4－14 所示。其主要把 3 级流水线中的执行阶段的操作进行再分配,即把执行阶段中的“寄存器读”插在译码阶段中完成;把“寄存器写”按排另一级(即第 5 级完成),同时,在该级之前,再按排了 1 级(存储器访问)。因此,ARM9TDMI 与 ARM7TDMI 相比,取指必须快 1 倍,以便在译码阶段,同时可执行“寄存器读”操作。

ARM9TDMI 处理器内核的另一个显著特点是采用指令和数据分离访问的方式,即采用了指令快存 I－Cache 和数据快存 D－Cache。这样,ARM9TDMI 可以把

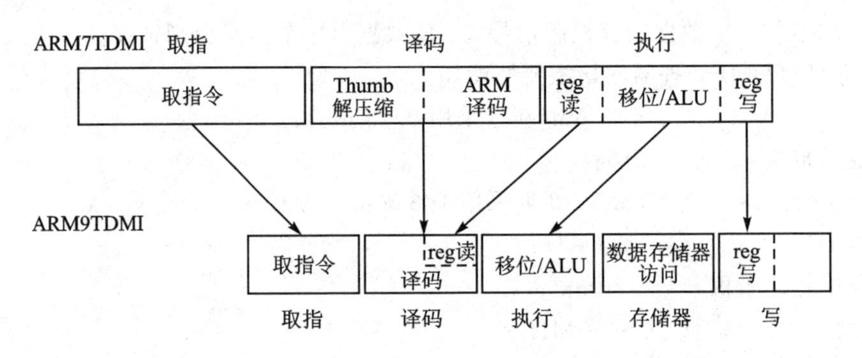

图 4-14　ARM9TDMI 与 ARM7TDMI 流水线比较图

数据访问单独按排 1 级流水线。而 ARM7TDMI 的取指和数据访问是通过单一存储器端口,无法保证取指与数据访问不同时产生。

ARM7TDMI 实现 Thumb 指令集是通过用 ARM7 的空隙(slack)时间,把 Thumb 指令翻译成 ARM 指令。而 ARM9TDMI 的流水线接排很紧,没有足够空隙时间来完成类似 ARMTTDMI 把 Thumb 指令翻译成 ARM 指令,因此,ARM9TDMI 用专门硬件来直接完成 ARM 与 Thumb 指令的译码。

ARM9TDMI 也有协处理器接口,允许在芯片增加浮点、数字信号处理或其他专用的协处理器。ARM9TDMI 也提供相应的软核。ARM9E-S 具有 DSP 功能,能执行 v5TE 版 ARM 指令的 ARM9TDMI 软核,因此其芯片面积要增加 30%。

3. ARM10TDMI 处理器内核

在同样工艺与同样芯片面积情况下,ARM9TDMI 的性能 2 倍于 ARM7TDMI;而 ARM10TDMI 也同样 2 倍于 ARM9TDMI。ARM10TDMI 在系统结构上主要采用增加时钟速率和减少每条指令平均时钟周期数 CPI(Clock Per Instruction)两大措施。

ARM9TDMI 的 5 级流水线中的 4 级负担已很满了,当然可以扩充流水线的级数来解决。但是,由于“超级流水线”结构较复杂,因此,只有在比较复杂的机器才采用。ARM10TDMI 仍保留与 ARM9TDMI 类似的流水线,而通过提高时钟速率来优化每级流水线的操作:

- 由于时钟的速率提高,因此,可以将取指和存储器数据访问阶段的时钟增至一个半时钟周期,这样可以早些为下一总线周期提供地址。为了进一步提高效率,在存储器访问阶段的地址计算由单独的加法器来完成,从而速度要比原来快。
- 在流水线的执行阶段采用改进的电路技术和结构。例如,乘法器为了分辨部分和与积,而不反馈至主 ALU;此时,由于乘法器不访问存储器,在存储阶段可以拥有其自已的地址计算专用加法器。
- 指令译码是处理器仅有的逻辑部分,而此部分无法来支持高时钟速率,因此,不得不在流水线中插入“发射(issue)”功能段。

图4-15是ARM10TDMI采用6级流水线的示意图,与ARM9TDMI的5级流水线相比,ARM10TDMI只需比ARM9TDMI稍快一些的存储器来支持6级流水线。插入了新的一级流水线,允许更多时间去指令译码。只有当非预测转移执行时,才会损害该流水线性能。由于新一级流水线是在寄存读之前插入,它没有新的操作数依赖,所以也不需要新的前进路径。该流水线通过转移预测机构和提高时钟速率,仍可得到与ARM9TDMI差不多的CPI。

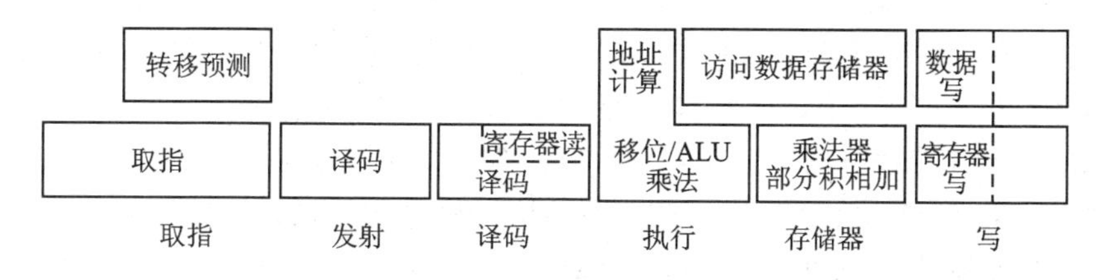

图4-15 ARM10TDMI流水线

上述增强流水线的措施把时钟速率提高50%,可以不损害CPI;若把时钟速率进一步提高,就会影响CPI。因此,要采取新的措施来减少CPI。

ARM7TDMI由于采用单一32位存储器,因而存储器几乎占用每一个时钟周期,ARM9TDMI采用指令与数据分离的存储器,虽然数据存储器只有50%的负载,而指令存储器仍几乎占用每一时钟周期。很明显要改进CPI,必须以某种方式来增加指令存储器的带宽。ARM10TDMI采用64位存储器的结构来解决上述的指令存储器的瓶颈问题。

- 采用转移预测逻辑。可以把时钟速率提高,达到每一时钟周期取2条指令。转移预测单元(在流水线的取指阶段)在流水线的发射阶段之前识别分支指令,并把它从指令流中移去,尽可能把分支所引起的周期损失降为零。ARM10TDMI采用的是静态分支预测机构,它只能预测向后转移的条件分支指令,而向前转移的条件分支指令却不能预测。
- 采用非阻塞(non-bloking)的存取执行。一般的存储器存储或加载指令,由于慢速存储器的传送及多寄存器传送等原因,不能在单一存储器周期中完成。采用非阻塞的存/取措施,就可以在流水线的执行阶段不会产生停顿。
- 采用64位数据存储器。这样,允许在每个时钟周期传送2个寄存器的指令存取。非阻塞的存和取逻辑需要独立寄存器文件和读/写端口,64位存储和加载多寄存器指令也需要这些资源。因此,ARM10TDMI的寄存器组具有4个读端口和3个写端口。

综合所述,ARM10TDMI采用提高时钟速率、6级流水线、转移预测逻辑、64位存储器和无阻塞的存/取逻辑等措施,使ARM10TDMI的性能得到很大提高,是高档ARM体系结构的处理器内核。

4. ARM11处理器

ARM11采用ARMv6体系结构,采用8级流水线,动态转移预测与返回堆栈。ARM11的时钟速度可达到550 MHz,采用了0.13 μm的工艺技术,支持IEM技术,可以大大减少功耗。ARM11的运算速度一般为1 000 DMIPS。ARM发布了4个ARM11系列微处理器内核:ARM1156T2-S、ARM1156T2F-S、ARM1176JZ-S和ARM11JZF-S。

ARM1156T2-S和ARM1156T2F-S是首批含有Thumb-2指令集技术的产品,主要用于多种深嵌入式存储器、汽车网络和成像应用产品,提供了更高的CPU性能和吞吐量,并增加了许多特殊功能,可解决新一代装置的设计难题。它们采用AMBA3.0 AXI总线标准,可满足高性能系统的大数据量存取需求。Thumb-2指令集技术结合了16位、32位指令集体系结构,提供更低的功耗、更高的性能、更短的编码。该技术提供的软件技术方案较ARM指令集技术方案使用的存储空间减少26%、较Thumb技术方案增速25%。ARM1176JZ-S和ARM1176JZF-S内核是首批以ARM TrustZone技术实现手持装置和消费电子装置中操作系统超强安全性的产品,同时也是首次对可节约高达75%处理器功耗的ARM智能能量管理(ARM Intelligent Energy Manager)进行一体化支持。

5. Cortex处理器

Cortex处理器采用ARMv7体系结构。ARMv7体系结构的Thumb-2技术是在ARM的Thumb代码压缩技术的基础上发展起来的,并且保持与现存ARM解决方案的代码完全兼容。Thumb-2技术比32位ARM代码使用的内存少31%,减小了系统开销。同时能够提供比Thumb技术的解决方案的性能高出38%。ARMv7体系结构还采用了NEON技术,将DSP和媒体处理能力提高了近4倍,并支持改良的浮点运算,满足下一代3D图形、游戏物理应用以及传统嵌入式控制应用的需求。此外,ARMv7还支持改良的运行环境,以迎合不断增加的JIT(Just In Time)和DAC(Dynamic Adaptive Compilation)技术的使用。在命名方式上,基于ARMv7体系结构的ARM处理器已经不再延用ARM加数字编号的命名方式,而是以Cortex命名。基于v7A的称为“Cortex-A系列”,基于v7R的称为“Cortex-R系列”,基于v7M的称为“Cortex-M3系列”。Cortex-A系列是针对日益增长的,运行包括Linux、Windows CE和Symbian操作系统在内的消费娱乐和无线产品;Cortex-R系列是针对需要运行实时操作系统来进行控制应用的系统,包括汽车电子、网络和影像系统;Cortex-M系列则是为那些对开发费用非常敏感同时对性能要求不断增加的微控制器应用所设计的。

(1) Cortex-M3处理器

Cortex-M3处理器是为存储器和处理器的尺寸对产品成本影响极大的各种应用专门开发设计的,其结构如图4-16所示。它整合了多种技术,减少使用内存,并在极小的 RISC 内核上提供低功耗和高性能，可实现由以往的 8/16 位微控制器代码向 32 位微控制器的快速移植。Cortex - M3 处理器是使用最少门数的 ARM 处理器，相对于过去的设计大大减小了芯片面积，可减小器件的体积或采用更低成本的工艺进行生产，仅 33 000 门的内核性能可达 1.2 DMIPS/MHz。此外，基本系统外设还具备高度集成化特点，集成了许多紧耦合系统外设，合理利用了芯片空间，使系统能满足下一代控制类产品的需求。

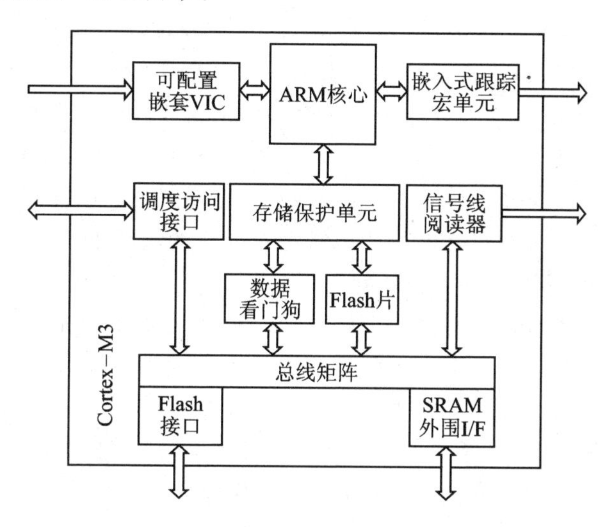

图 4-16　Cortex - M3 处理器结构

Cortex - M3 处理器集成了执行 Thumb - 2 指令的 32 位哈佛微体系结构和系统外设，包括可嵌套的向量中断控制器和 Arbiter 总线。该技术方案在测试和实际应用中表现出较高的性能，在台机电 180 nm 工艺下，芯片性能达 1.2 DMIPS/MHz，时钟频率高达 100 MHz。Cortex - M3 处理器还实现了 Tail - Chaining 中断技术，该技术是一项完全基于硬件的中断处理技术，最多可减少 12 个时钟周期数的中断延迟时间；推出了新的单线调试技术，避免使用多引脚进行 JTAG 调试，并全面支持 RealView 编译器和调试产品。RealView 工具向设计者提供模拟、创建虚拟模型、编译软件、调试、验证和测试基于 ARMv7 体系结构的系统等功能。ARM 后又推出更低功耗的 Cortex - M0 处理器核和带 DSP 功能的 Cortex - M4 处理器核。Cortex - M3 处理器核的特点如下：

1）通过提高效率来提高性能

处理器可通过两种途径来提高它的性能。一种是“work hard”，也就是直接通过提高时钟频率来提高性能，这种途径以高功耗作为代价，并增加了设计的复杂性；另一种是“work smart”，在低时钟频率的情况下提高运算效率，使处理器可以凭借简单的低功耗设计来完成与途径 1 同样的功能。Cortex - M3 处理器核是基于哈佛结构的 3 级流水线内核，该内核集成了分支预测，单周期乘法，硬件除法等功能强大的特性,使其Dhrystone benchmark具有出色的表现,为1.25 DMIPS/MHz。根据Dhrystone benchmark的测评结果,采用新的Thumb-2指令集体系结构的Cortex-M3处理器,与执行Thumb指令的ARM7TDMI-S处理器相比,每兆赫兹的效率提高了70%,与执行ARM指令的ARM7TDMI-S处理器相比,效率提高了35%。

2)简易的使用方法加速应用程序开发

缩短上市时间与降低开发成本是选择微控制器的关键标准,而快速和简易的软件开发能力是实现这些要求的关键。Cortex-M3处理器专门针对快速和简单的编程而设计,用户无需深厚的体系结构知识或编写任何汇编代码能力就可以建立简单的应用程序。Cortex-M3处理器带有一个简化的基于栈的编程模型,该模型与传统的ARM体系结构相容,同时与传统的8位、16位体系结构所使用的系统相似,它简化了8/16位到32位的升级过程。此外,使用基于硬件的中断机制意味着编写中断服务程序不再重要。在不需要汇编代码寄存器操作的情况下,大大简化启动代码。

3)针对敏感市场降低成本和功耗

成本是采用高性能微控制器永恒的屏障。由于先进的制造工艺相当昂贵,只有降低晶片的尺寸才有可能从根本上降低成本。为了减小系统区域,Cortex-M3处理器采用了至今为止最小的ARM内核,该内核的核心部分(0.18 μm)的门数仅为33 000个,它把紧密相连的系统部件有效地集成在一起。通过采用非对齐数据存储技术、原子位元操作和Thumb-2指令集,存储容量的需求得到最小化。其中Thumb-2指令集对指令存储容量的要求比ARM指令减少25%。为了适应对节能要求日益增长的大型家电和无线网路市场,Cortex-M3处理器支持扩展时钟门控和内置睡眠模式。ARM7TDMI-S和Cortex-M3的比较如表4-2所列。

表4-2 ARM7TDMI-S和Cortex-M3的特性比较(采用100 Hz和TSMC 0.18 μm工艺)

特性	ARM7TDMI-S	Cortex-M3
体系结构	ARMv4T(冯·诺依曼)	ARMv7-M(哈佛)
ISA支持	Thumb/ARM	Thumb/Thumb-2
流水线	3级	3级+预测
中断	FIQ/IRQ	NMI+1~240个物理中断
中断延迟	24~42个时钟周期	12个时钟周期
休眠模式	无	内置
存储器保护	无	8段存储器保护单元
Dhrystone	0.95 DMIPS/MHz(ARM模式)	1.25 DMIPS/MHz
功耗	0.28 mW/MHz	0.19 mW/MHz
面积	0.62 mm^2(仅内核)	0.86 mm^2(内核+外设)

4)集成的调试和跟踪功能

嵌入式系统通常不具备图形用户界面,软件调试也因此成了程序员的一大难题。

传统的在线仿真器(ICE)单元作为插件使用，通过大家熟悉的 PC 界面向系统提供视窗。然而，随着系统体积的变小及其复杂性的增加，物理上附加类似的调试单元已经难以成为可行的方案。Cortex－M3 处理器通过其集成部件在硬件本身实现了各种调试技术，使调试在具备跟踪分析、中断点、观察点和代码修补功能的同时，速度也获得了提高，使产品可更快地投入市场。此外，处理器还通过一个传统的 JTAG 接口或适用于低引脚数封装器件的 2 引脚串行线调试 SWD(Serial Wire Debug)口赋予系统高度的可视性。

(2) Cortex－R 处理器

Cortex－R 系列处理器目前包括 Cortex－R4 和 Cortex－R4F 两个型号，主要适用于实时系统。

Cortex－R4 处理器结构如图 4－17 所示。该处理器支持手机、硬盘、打印机及汽车电子设计，能快速执行各种复杂的控制算法与实时工作的运算；可通过存储器保护单元 MPU(Memory Protection Unit)、Cache 以及紧密耦合存储器 TCM(Tightly Coupled Memory)让处理器针对各种不同的嵌入式应用进行最佳化调整，且不影响与基本的 ARM 指令集的兼容。

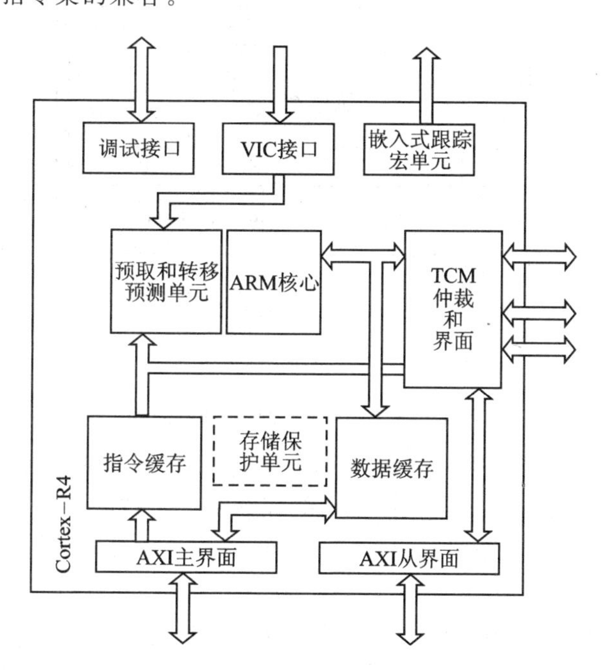

图 4－17 Cortex－R4 处理器结构

Cortex－R4 处理器使用 Thumb－2 指令集，加上 RealView 开发套件，使芯片内部存储器的容量最多可降低 30%，大幅降低系统成本，其速度比在 ARM946E－S 处理器所使用的 Thumb 指令集高出 40%。相比于前几代的处理器，Cortex－R4 处理器高效率的设计方案，使其能以更低的时钟达到更高的性能；经过最佳化设计的

Artisan Metro 存储器，则进一步降低嵌入式系统的体积与成本。处理器搭载一个先进的微体系结构，具备双指令发射功能，采用 90 nm 工艺并搭配 Artisan Advantage 程序库的组件，底面积不到 1 mm^2，耗电量低于 0.27 mW/MHz，并能提供超过 600 DMIPS 的性能。

Cortex－R4F 处理器拥有针对汽车市场而开发的各项先进功能，包括自动除错功能、可相互连接的错误侦测机制，以及可选择的优化浮点运算单元 FPU(Floating－Point Unit)。基于对安全性能的重视，Cortex－R4F 处理器特别搭载了高分辨率存储器保护机制，有效地降低成本与功耗。

(3) Cortex－A8 处理器

Cortex－A8 处理器是一款适用于复杂操作系统的应用处理器，其结构如图 4－18 所示。该处理器支持智能能源管理 IEM(Intelligent Energy Manger)技术的 ARM Artisan 库以及先进的泄漏控制技术，使得其实现了非凡的速度和功耗效率。在 65 nm 工艺下，Cortex－A8 处理器的功耗不到 300 mW，能够提供高性能和低功耗。

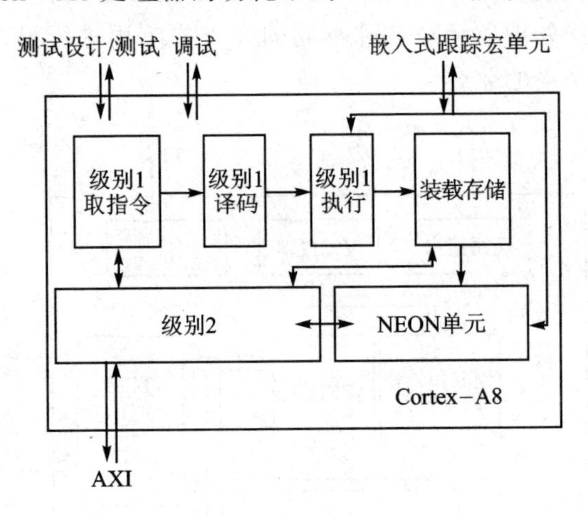

图 4－18　Cortex－A8 处理器结构

Cortex－A8 处理器是第一款基于 ARMv7 体系结构的应用处理器，使用了能够带来更高性能、更低功耗和更高代码密度的 Thumb－2 技术。它首次采用了强大的 NEON 信号处理扩展集，为 H.264 和 MP3 等媒体编解码提供加速性能。Cortex－A8 的解决方案还包括 Jazelle－RCT Java 加速技术，对实时(JIT)和动态调整编译(DAC)提供最优化，同时减少内存占用空间高达 3 倍。该处理器配置了先进的超标量体系结构流水线，能够同时执行多条指令，并且提供超过 2.0 DMIPS/MHz 的性能。处理器集成了一个可调尺寸的二级 Cache 存储器，能够同高速的 16 KB 或者 32 KB 一级 Cache 存储器一起工作，从而达到最快的读取速度和最大的吞吐量。该处理器还配置了用于安全交易和数字版权管理的 Trust Zone 技术，以及实现低功耗管理的 IEM 功能。

Cortex－A8 处理器使用了先进的分支预测技术，并且具有专用的 NEON 整型和浮点型流水线进行媒体和信号处理。在使用 4 mm^2 的硅片及低功耗的 65 nm 工艺的情况下，Cortex－A8 处理器的运行频率高于 600 MHz。在高性能的 90 nm 和 65 nm 工艺下，Cortex－A8 处理器运行频率最高可达 1 GHz，能够满足高性能消费产品设计的需要。

4.1.4　ARM 处理器核

在最基本的 ARM 处理器内核基础上，可增加 Cache、存储器管理单元 MMU、协处理器 CP15、AMBA 接口以及 EMT 宏单元等，构成了 ARM 处理器核。

1. ARM720T/ARM740T 处理器核

ARM720T 处理器核是在 ARM7TDMI 处理器内核基础上，增加 8 KB 的数据与指令 Cache，支持段式和页式存储的 MMU（Memory Management Unit）、写缓冲器及 AMBA（Advanced Microcontroller Bus Architecture）接口，其构成如图 4－19 所示。

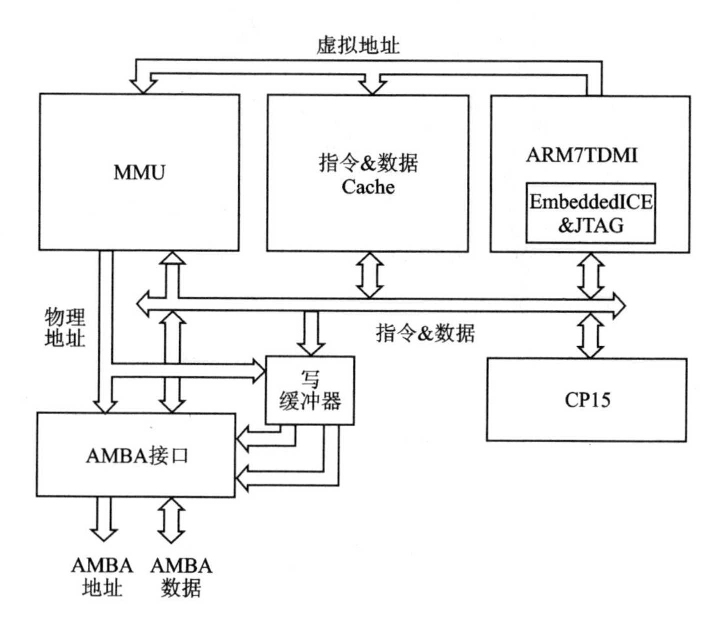

图 4－19　ARM720T 系统结构框图

ARM740T 处理器核与 ARM720T 处理器核其相比结构基本相同。但 ARM740 处理器核没有存储器管理单元 MMU，不支持虚拟存储器寻址，而是用存储器保护单元来提供基本保护和 Cache 的控制。这为低价格低功耗的嵌入式应用提供了合适的处理器核。由于在嵌入式应用中运行固定软件，也不需要进行地址变换，即可以省去地址变换后备缓冲器 TLB。

2. ARM920T/ARM940T 处理器核

ARM920T 处理器核是在 ARM9TDMI 处理器内核基础上,增加了分离式的 I-Cache 和 D-Cache,并带有相应的存储器管理单元 I-MMU 和 D-MMU,写缓冲器及 AMBA 接口等构成的,如图 4-20 所示。

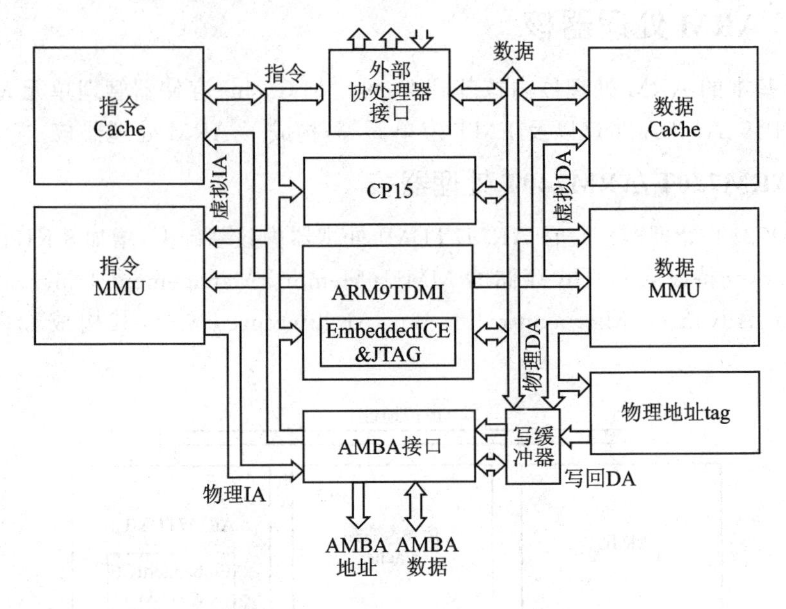

图 4-20 ARM920T 系统结构图

ARM920T 处理器核特性如下:

工艺	0.25 μm;
金属布线	4 层;
电压	2.5 V;
管子数	2 500 000 只;
核芯片面积	23～25 mm^2;
时钟	0～200 MHz;
MIPS	220;
功耗	560 mW;
MIPS/W	390。

ARM940T 处理器核与 ARM740T 处理器核相似,采用了 ARM9TDMI 处理器内核,是 ARM920T 处理器核的简化。ARM940T 没有存储器管理单元 MMU,不支持虚拟存储器寻址,而是用有储器保护单元来提供存储保护和 Cache 的控制。ARM940T 的存储保护单元结构与 ARM740T 存储保护单元结构基本相同。

ARM 公司一直以知识产权 IP(Intelligence Property)提供商的身份出售其知识产权,其 32 位 RISC 微处理器体系结构已经从 v3 发展到 v7。ARM 系列微处理器核及体系结构如表 4-3 所列。

表 4-3 ARM 系列微处理器核及体系结构

处理器核	体系结构
ARM1	v1
ARM2	v2
ARM2As、ARM3	v2a
ARM6、ARM600、ARM610、ARM7、ARM700、ARM710	v3
ARM8、ARM810	v4
ARM7TDMI、ARM710T、ARM720T、ARM740T ARM9TDMI、ARM920T、ARM940T	v4T
ARM9E-S、ARM10TDMI、ARM1020T	v5TE
ARM1136J(F)-S、ARM1176JZ(F)-S、ARM11、MPCore	v6
ARM1156T2(F)-S	v6T2
Cortex-M、Cortex-R、Cortex-A	v7

4.2 ARM 编程模型

4.2.1 数据类型

ARM 处理器支持下列数据类型：

Byte　　　字节，8 位；

Halfword　半字，16 位(半字必须与 2 字节边界对齐)；

Word　　　字，32 位(字必须与 4 字节边界对齐)。

图 4-21 所示为 ARM 数据类型存储图。

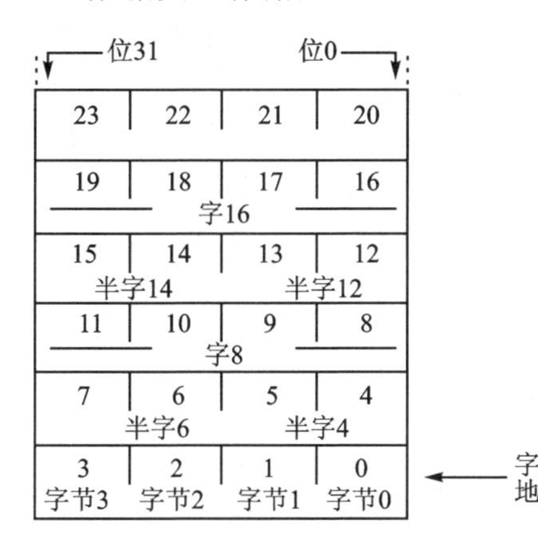

图 4-21 ARM 数据类型存储图

4.2.2　处理器模式

ARM体系结构支持表4-4所列的7种处理器模式。

表4-4　处理器模式

处理器	模　式	说　明
用户	usr	正常程序执行模式
FIQ	fiq	支持高速数据传送或通道处理
IRQ	irq	用于通用中断处理
管理	svc	操作系统保护模式
中止	abt	实现虚拟存储器和/或存储器保护
未定义	und	支持硬件协处理器的软件仿真
系统	sys	运行特权操作系统任务

在软件控制下可以改变模式,外部中断或异常处理也可以引起模式发生改变。

大多数应用程序在用户模式下执行。当处理器工作在用户模式时,正在执行的程序不能访问某些被保护的系统资源,也不能改变模式,除非异常(exception)发生。这允许操作系统来控制系统资源的使用。

除用户模式外的其他模式称为特权模式。特权模式是为了服务中断或异常,或访问保护的资源,它们可以自由地访问系统资源和改变模式。其中的5种称为异常模式,即

① FIQ(Fast Interrupt reQuest);

② IRQ(Interrupt ReQuest);

③ 管理(Supervisor);

④ 中止(Abort);

⑤ 未定义(Undefined)。

当特定的异常出现时,进入相应的模式。每种模式都有某些附加的寄存器,以避免异常出现时用户模式的状态不可靠。

剩下的模式是系统模式,不能由于任何异常而进入该模式,它与用户模式有完全相同的寄存器。然而它是特权模式,不受用户模式的限制。它供需要访问系统资源的操作系统任务使用,但希望避免使用与异常模式有关的附加寄存器,避免使用附加寄存器保证了当任何异常出现时,都不会使任务的状态不可靠。

4.2.3　处理器工作状态

ARM处理器有两种工作状态:

ARM　　32位,这种状态下执行字对齐的ARM指令;

Thumb　16位,这种状态下执行半字对齐的Thumb指令。

在Thumb状态下,程序计数器PC(Program Counter)使用位[1]选择另一个半

字。ARM 处理器在两种工作状态之间可以切换，ARM 和 Thumb 之间状态的切换不影响处理器的模式或寄存器的内容。

① 进入 Thumb 状态。当操作数寄存器的状态位（位[0]）为 1 时，执行 BX 指令进入 Thumb 状态。如果处理器在 Thumb 状态进入异常，则当从异常处理（IRQ、FIQ、Undef、Abort 和 SWI）状态返回时，自动转换到 Thumb 状态。

② 进入 ARM 状态。当操作数寄存器的状态位（位[0]）为 0 时，执行 BX 指令进入 ARM 状态。在处理器进行异常处理（IRQ、FIQ、Reset、Undef、Abort 和 SWI）情况下，把 PC 放入异常模式链接寄存器中，从异常向量地址开始执行也可以进入 ARM 状态。

4.2.4 寄存器组织

ARM 处理器总共有 37 个寄存器：

- 31 个通用寄存器，包括程序计数器（PC）。这些寄存器是 32 位的。
- 6 个状态寄存器。这些寄存器也是 32 位的，但只使用了其中的 12 位。

编程者不能同时看到这些寄存器，处理器状态和工作模式决定哪些寄存器可见。寄存器安排成部分重叠的组，每种处理器模式使用不同的寄存器组，如图 4－22 所示。在任何时候，15 个通用寄存器（R0～R14）、1 或 2 个状态寄存器和程序计数器都是可见的。图 4－22 的每列是在每种模式下可见的寄存器。

1. 通用寄存器

通用寄存器（R0～R15）可分成 3 类：

- 不分组寄存器 R0～R7；
- 分组寄存器 R8～R14；
- 程序计数器 R15。

(1) 不分组寄存器 R0～R7

R0～R7 是不分组寄存器，这意味着在所有的处理器模式下，它们每一个都访问一样的 32 位物理寄存器。它们是真正的通用寄存器，没有体系结构所隐含的特殊用途。

(2) 分组寄存器 R8～R14

R8～R14 是分组寄存器。它们每一个访问的物理寄存器取决于当前的处理器模式，每种处理器模式有专用的分组寄存器用于快速异常处理。若要访问特定的物理寄存器而不依赖于当前的处理器模式，则要使用规定的名字。

寄存器 R8～R12 各有两组物理寄存器。一组为 FIQ 模式，另一组为除 FIQ 以外的其他模式。第 1 组访问 R8_fiq～R12_fiq，第 2 组访问 R8_usr～R12_usr。寄存器 R8～R12 没有任何指定的特殊用途。只使用 R8～R14 足以简单地处理中断。这些寄存器中独立的 FIQ 模式允许快速中断处理。

模式						
	特权模式					
		异常模式				
用户	系统	管理	中止	未定义	中断	快中断
R0	R0	R0	R0	R0	R0	R0
R1	R1	R1	R1	R1	R1	R1
R2	R2	R2	R2	R2	R2	R2
R3	R3	R3	R3	R3	R3	R3
R4	R4	R4	R4	R4	R4	R4
R5	R5	R5	R5	R5	R5	R5
R6	R6	R6	R6	R6	R6	R6
R7	R7	R7	R7	R7	R7	R7
R8	R8	R8	R8	R8	R8	R8_fiq
R9	R9	R9	R9	R9	R9	R9_fiq
R10	R10	R10	R10	R10	R10	R10_fiq
R11	R11	R11	R11	R11	R11	R11_fiq
R12	R12	R12	R12	R12	R12	R12_fiq
R13	R13	R13_svc	R13_abt	R13_und	R13_irq	R13_fiq
R14	R14	R14_svc	R14_abt	R14_und	R14_irq	R14_fiq
PC	PC	PC	PC	PC	PC	PC
CPSR	CPSR	CPSR	CPSR	CPSR	CPSR	CPSR
		SPSR_svc	SPSR_abt	SPSR_und	SPSR_irq	SPSR_fiq

◺ 表明用户或系统模式使用的一般寄存器已被异常模式特定的另一寄存器所替代。

图 4-22 寄存器组织

寄存器R13、R14各有6个分组的物理寄存器。1个用于用户模式和系统模式，而其他5个分别用于5种异常模式。访问时需要指定它们的模式。名字形式如下：

R13_＜mode＞

R14_＜mode＞

其中：＜mode＞可以从usr、svc、abt、und、irq和fiq这6种模式中选取一个。

寄存器R13通常用做堆栈指针，称做SP。每种异常模式都有自己的分组R13。通常R13应当被初始化成指向异常模式分配的堆栈。在入口，异常处理程序将用到的其他寄存器的值保存到堆栈中。返回时，重新将这些值加载到寄存器。这种异常处理方法保证了异常出现后不会导致执行程序的状态不可靠。

寄存器R14用做子程序链接寄存器，也称为链接寄存器LR(Link Register)。当执行带链接分支(BL)指令时，得到R15的拷贝。在其他情况下，将R14当做通用寄存器。类似地，当中断或异常出现时，或当中断或异常程序执行BL指令时，相应的分组寄存器R14_svc，R14_irq，R14_fiq，R14_abt和R14_und用来保存R15的返回值。

FIQ模式有7个分组的寄存器R8～R14映射为R8_fiq～R14_fiq。在ARM状态下，许多FIQ处理没必要保存任何寄存器。User、IRQ、Supervisor、Abort和Undefined模式每一种都包含两个分组的寄存器R13和R14的映射，允许每种模式都有自己的堆栈和链接寄存器。

(3) 程序计数器R15

寄存器R15用做程序计数器(PC)。在ARM状态时，位[1:0]为0，位[31:2]保存PC。在Thumb状态下，位[0]为0，位[31:1]保存PC。程序计数器用于特殊场合。

① 读程序计数器。指令读出的R15的值是指令地址加上8字节。由于ARM指令始终是字对齐的，所以读出结果值的位[1:0]总是0(在Thumb状态下，情况有所变化)。读PC主要用于快速地对临近的指令和数据进行位置无关寻址，包括程序中的位置无关分支。

② 写程序计数器。写R15的通常结果是将写到R15中的值作为指令地址，并以此地址发生转移。由于ARM指令要求字对齐，通常希望写到R15中值的位[1:0]＝0b00。

2. 程序状态寄存器

在所有处理器模式下都可以访问当前程序状态寄存器CPSR(Current Program Status Register)。CPSR包含条件码标志、中断禁止位、当前处理器模式以及其他状态和控制信息。每种异常模式都有一个程序状态保存寄存器SPSR(Saved Program Status Register)。当异常出现时，SPSR用于保留CPSR的状态。

CPSR和SPSR格式如下：

31	30	29	28		8	7	6	5	4	3	2	1	0
N	Z	C	V		DNM(RAZ)	I	F	T	M4	M3	M2	M1	M0

(1) 条件码标志

N、Z、C、V(Negative、Zero、Carry、oVerflow)位称做条件码标志(condition code flags)，经常以标志(flags)引用。CPSR中的条件码标志可由大多数指令检测以决定指令是否执行。

通常条件码标志通过执行下述指令进行修改，即

➢ 比较指令(CMN、CMP、TEQ、TST)。
➢ 一些算术运算、逻辑运算和传送指令，它们的目的寄存器不是R15。这些指令中大多数同时有标志保留变量和标志设置变量。后者通过在指令助记符后加上字符“S”来选定，加“S”表示进行标志设置。

条件码标志的通常含义如下：

N　如果结果是带符号二进制补码，那么，若结果为负数，则 N＝1；若结果为正数或 0，则 N＝0。

Z　若指令的结果为 0，则置 1（通常表示比较的结果为"相等"），否则置 0。

C　可用如下 4 种方法之一设置，即

- 加法，包括比较指令 CMN。若加法产生进位（即无符号溢出），则 C 置 1；否则置为 0。
- 减法，包括比较指令 CMP。若减法产生借位（即无符号溢出），则 C 置为 0；否则置 1。
- 对于结合移位操作的非加法/减法指令，C 置为移出值的最后 1 位。
- 对于其他非加法/减法指令，C 通常不改变。

V　可用如下两种方法设置，即

- 对于加法或减法指令，当发生带符号溢出时，V 置 1，认为操作数和结果是补码形式的带符号整数。
- 对于非加法/减法指令，V 通常不改变。

(2) 控制位

程序状态寄存器 PSR(Program Status Register)的最低 8 位 I、F、T 和 M[4:0] 用做控制位。当异常出现时，可改变控制位。处理器在特权模式下时，也可由软件改变控制位。

➢ 中断禁止位。

I　置 1 则禁止 IRQ 中断；

F　置 1 则禁止 FIQ 中断。

➢ T 位。

T＝0　指示 ARM 执行；

T＝1　指示 Thumb 执行。

➢ 模式位。

M0、M1、M2、M3 和 M4(M[4:0])是模式位，这些位决定处理器的工作模式。如表 4-5 所列。

表 4-5　模式位

M[4:0]	模　式	可访问的寄存器
10000	用户	PC、R14～R0、CPSR
10001	FIQ	PC、R14_fiq～R8_fiq、R7～R0、CPSR、SPSR_fiq
10010	IRQ	PC、R14_irq、R13_irq、R12～R0、CPSR、SPSR_irq
10011	管理	PC、R14_svc、R13_svc、R12～R0、CPSR、SPSR_svc
10111	中止	PC、R14_abt、R13_abt、R12～R0、CPSR、SPSR_abt
11011	未定义	PC、R14_und、R13_und、R12～R0、CPSR、SPSR_und
11111	系统	PC、R14～R0、CPSR

并非所有的模式位的组合都能定义一种有效的处理器模式，其他组合的模式位，其结果不可预知。

(3) 其他位

程序状态寄存器的其他位保留，用做以后的扩展。

3. Thumb 状态的寄存器集

Thumb 状态下的寄存器集是 ARM 状态下的寄存器集的子集。程序员可以直接访问 8 个通用寄存器(R0～R7)、PC、SP、LR 和 CPSR。每一种特权模式都有一组 SP、LR 和 SPSR。详细的描述如图 4-23 所示。

Thumb状态的通用寄存器和专用寄存器

系统和用户	FIQ	管理	中止	IRQ	未定义
R0	R0	R0	R0	R0	R0
R1	R1	R1	R1	R1	R1
R2	R2	R2	R2	R2	R2
R3	R3	R3	R3	R3	R3
R4	R4	R4	R4	R4	R4
R5	R5	R5	R5	R5	R5
R6	R6	R6	R6	R6	R6
R7	R7	R7	R7	R7	R7
SP	SP_fiq*	SP_svc*	SP_abt*	SP_irq*	SP_und*
LR	LR_fiq*	LR_svc*	LR_abt*	LR_irq*	LR_und*
PC	PC	PC	PC	PC	PC

Thumb状态的程序状态寄存器

系统和用户	FIQ	管理	中止	IRQ	未定义
CPSR	CPSR	CPSR	CPSR	CPSR	CPSR
	SPSR_fiq	SPSR_svc*	SPSR_abt*	SPSR_irq*	SPSR_und*

* 分组的寄存器。

图 4-23 Thumb 状态下寄存器组织

- Thumb 状态 R0～R7 与 ARM 状态 R0～R7 是一致的。
- Thumb 状态 CPSR 和 SPSR 与 ARM 的状态 CPSR 和 SPSR 是一致的。
- Thumb 状态 SP 映射到 ARM 状态 R13。
- Thumb 状态 LR 映射到 ARM 状态 R14。
- Thumb 状态 PC 映射到 ARM 状态 PC(R15)。

Thumb 状态寄存器与 ARM 状态寄存器的关系如图 4-24 所示。

在 Thumb 状态下，寄存器 R8～R15 (高寄存器)并不是标准寄存器集的一部分。汇编语言编程者虽有限制地访问它，但可以将其用做快速暂存存储器，可以将 R0～R7 (低寄存器)中寄存器的值传送到 R8～R15(高寄存器)。

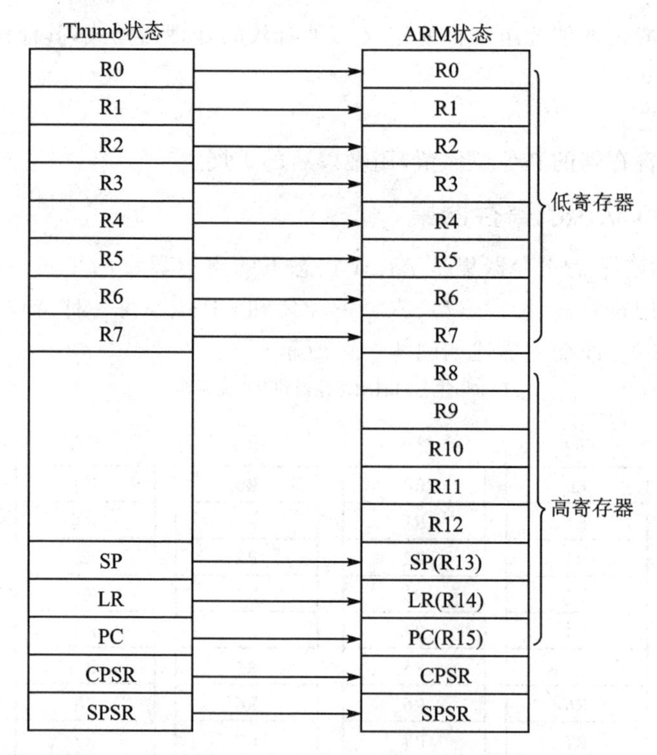

图 4－24　Thumb 状态寄存器映射到 ARM 状态寄存器

4.2.5 异　常

异常由内部或外部源产生并引起处理器处理一个事件，例如外部中断或试图执行未定义指令都会引起异常。在处理异常之前，处理器状态必须保留，以便在异常处理程序完成后，原来的程序能够重新执行。同一时刻可能出现多个异常。

ARM 支持 7 种类型的异常。异常的类型以及处理这些异常的处理器模式如表 4－6 所列。异常出现后，强制从异常类型对应的固定存储器地址开始执行程序。这些固定的地址称为异常向量(exception vectors)。

表 4－6　异常处理模式

异常类型	模　式	正常地址	高向量地址
复位	管理	0x00000000	0xFFFF0000
未定义指令	未定义	0x00000004	0xFFFF0004
软件中断(SWI)	管理	0x00000008	0xFFFF0008
预取中止(取指令存储器中止)	中止	0x0000000C	0xFFFF000C
数据中止(数据访问存储器中止)	中止	0x00000010	0xFFFF0010
IRQ(中断)	IRQ	0x00000018	0xFFFF0018
FIQ(快速中断)	FIQ	0x0000001C	0xFFFF001C

当异常出现时，异常模式分组的 R14 和 SPSR 用于保存状态。

当处理完异常返回时，把 SPSR 传送到 CPSR，R14 传送到 PC。这可用两种方法自动完成，即

① 使用带"S"的数据处理指令，将 PC 作为目的寄存器。

② 使用带恢复 CPSR 的多加载指令。

(1) 复　位

处理器上一旦有复位输入，ARM 处理器立刻停止执行当前指令。

复位后，ARM 处理器在禁止中断的管理模式下，从地址 0x00000000 或 0xFFFF0000 开始执行指令。

(2) 未定义指令异常

当 ARM 处理器执行协处理器指令时，它必须等待任一外部协处理器应答后，才能真正执行这条指令。若协处理器没有响应，就会出现未定义指令异常。

若试图执行未定义的指令，也会出现未定义指令异常。

未定义指令异常可用于在没有物理协处理器(硬件)的系统上，对协处理器进行软件仿真，或在软件仿真时进行指令扩展。

(3) 软件中断异常

软件中断异常指令 SWI(SoftWare Interrupt Instruction)进入管理模式，以请求特定的管理(操作系统)函数。

(4) 预取中止(取指令存储器中止)

存储器系统发出存储器中止(Abort)信号，响应取指激活的中止标记所取的指令无效。若存储器试图执行无效指令，则产生预取中止异常。若指令未执行(例如，指令在流水线中发生了转移)，则不发生预取中止。

(5) 数据中止(数据访问存储器中止)

存储器系统发出存储器中止信号，响应数据访问(加载或存储)激活中止标记数据为无效。在后面的任何指令或异常改变 CPU 状态之前，数据中止异常发生。

(6) 中断请求(IRQ)异常

通过处理器上的 IRQ 输入引脚，由外部产生 IRQ 异常。IRQ 异常的优先级比 FIQ 异常优先级低。当进入 FIQ 处理时，会屏蔽掉 IRQ 异常。

(7) 快速中断请求(FIQ)异常

通过处理器上的 FIQ 输入引脚，由外部产生 FIQ 异常。FIQ 被设计成支持数据传送和通道处理，并有足够的私有寄存器，从而在这样的应用中可避免对寄存器保存的需求，减少了上下文切换的总开销。

(8) 异常优先级

异常的优先级如表 4-7 所列。

表 4-7　异常优先级

优先级	异　常
1(最高)	复位
2	数据中止
3	FIQ
4	IRQ
5	预取中止
6(最低)	未定义指令、SWI

4.2.6 存储器和存储器映射I/O

ARM体系结构允许使用现有的存储器和I/O器件进行各种各样的存储器系统设计。

1. 地址空间

ARM体系结构使用2^{32}个8位字节的单一、线性地址空间。将字节地址作为无符号数看待，范围为$0 \sim 2^{32}-1$。

将地址空间看做由2^{30}个32位的字组成。每个字的地址是字对齐的，故地址可被4整除。字对齐地址是A的字由地址为A、A+1、A+2和A+3的4字节组成。

地址空间也看做由2^{31}个16位的半字组成，每个半字的地址是半字对齐的（可被2整除）。半字对齐地址是A的半字由地址为A和A+1的2个字节组成。

地址计算通常由普通的整数指令完成。这意味着若计算的地址在地址空间中上溢或下溢，通常就会环绕，意味着计算结果缩减模2^{32}。然而，为了减少以后地址空间扩展的不兼容，程序应该编写成使地址的计算结果位于$0 \sim 2^{32}-1$的范围内。大多数分支指令通过把指令指定的偏移量加到PC的值上来计算目的地址，然后把结果写回到PC。计算公式如下：

目的地址＝当前指令的地址＋8＋偏移量

如果计算结果在地址空间中上溢或下溢，则指令因其依赖于地址环绕从而是不可预知的。因此，向前转移不应当超出地址0xFFFFFFFF，向后转移不应当超出地址0x00000000。

另外，每条指令执行之后，根椐指令正常的顺序执行，则计算

目的地址＝当前指令的地址＋4

以决定下一个执行哪条指令。若计算从地址空间的顶部溢出，那么从技术上讲结果是不可预知的。换句话说，程序在执行完地址0xFFFFFFFC的指令后，不应当依据顺序来执行地址0x00000000的指令。

2. 存储器格式

对于字对齐的地址A地址空间规则要求：

地址位于A的字由地址为A、A+1、A+2和A+3的字节组成；

地址位于A的半字由地址为A和A+1的字节组成；

地址位于A+2的半字由地址为A+2和A+3的字节组成；

地址位于A的字因而由地址为A和A+2的半字组成。

然而，这没有完全指明字、半字和字节之间的映射关系。

存储系统使用以下两种映射方法之一：

① 在小端序存储系统：

- 字对齐地址中的字节或半字是该地址中字的最低有效字节或半字；

– 半字对齐地址中的字节是该地址中的半字的最低有效字节。

② 在大端序存储系统：

– 字对齐地址中的字节或半字是该地址中字的最高有效字节或半字；

– 半字对齐地址中的字节是该地址中的半字的最高有效字节。

对于字对齐地址A，图4–25表明了地址A中的字，地址A和地址A+2中的半字，以及地址A、A+1、A+2和A+3中的字节在每种存储系统中是如何互相映射的。

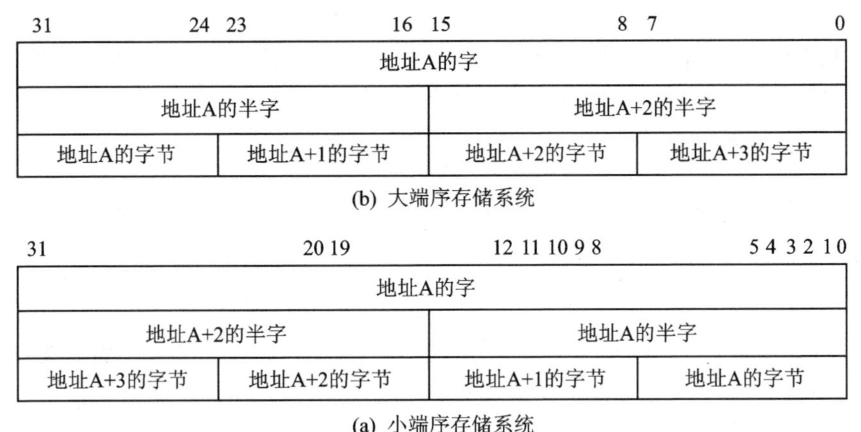

(b) 大端序存储系统

(a) 小端序存储系统

图4–25　大端序和小端序存储系统

3. 非对齐的存储器访问

ARM体系结构通常希望所有的存储器访问能适当地对齐。特别是，用于字访问的地址通常应当字对齐，用于半字访问的地址通常应当半字对齐。未按这种方式对齐的存储器访问称做非对齐的存储器访问。

若在ARM态执行期间，将没有字对齐的地址写到R15中，那么结果通常是，或者不可预知，或者地址的位[1:0]被忽略。若在Thumb态执行期间，将没有半字对齐的地址写到R15中，则地址的位[0]通常忽略。详见写程序计数器部分和每个指令的说明。当执行无效代码时，从R15读值的结果是，对ARM状态来说位[1:0]总为0，对Thumb状态来说位[0]总为0。

4. 存储器映射I/O

ARM系统完成I/O功能的标准方法是使用存储器映射I/O。这种方法使用特定的存储器地址，当从这些地址加载或向这些地址存储时，它们提供I/O功能。典型情况下，从存储器映射I/O地址加载用于输入，而向存储器映射I/O地址存储用于输出。加载和存储也可用于执行控制功能，代替或者附加到正常的输入或输出功能。

存储器映射 I/O 位置的行为通常不同于对一个正常存储器位置所期望的行为。例如,从一个正常存储器位置两次连续加载,每次返回同样的值,除非中间插入一个到该位置的存储操作。对于存储器映射 I/O 位置,第 2 次加载的返回值可以不同于第 1 次加载的返回值。一般来讲,这是由于第 1 次加载有副作用(如从缓冲器中移去加载值),或者由于对另一个存储器映射 I/O 位置插入加载或存储操作产生副作用。

4.3　ARM 基本寻址方式

寻址方式是根据指令中给出的地址码字段来寻找真实操作数地址的方式。ARM 处理器支持的基本寻址方式有以下几种。

1. 寄存器寻址

所需要的值在寄存器中,指令中地址码给出的是寄存器编号,即寄存器的内容为操作数。例如指令:

```
ADD  R0,R1,R2                      ;  R0←R1 + R2
```

这条指令将两个寄存器(R1 和 R2)的内容相加,结果放入第 3 个寄存器 R0 中。必须注意写操作数的顺序,第 1 个是结果寄存器,然后是第 1 操作数寄存器,最后是第 2 操作数寄存器。

2. 立即寻址

立即寻址是一种特殊的寻址方式,指令中在操作码字段后面的地址码部分不是通常意义上的操作数地址,而是操作数本身。也就是说,数据就包含在指令中,只要取出指令也就取出了可以立即使用的操作数,这样的数称为立即数。例如指令:

```
ADD R3,R3,#1                      ;R3←R3 + 1
AND R8,R7,#0xff                   ;R8←R7[7:0]
```

第 2 个源操作数为一个立即数,以“#”为前缀,十六进制值以在“#”后加“0x”或“&”表示。

第 1 条指令完成寄存器 R3 的内容加 1,结果放回 R3 中。第 2 条指令完成 R7 的 32 位值与 0FFH 相“与”,结果为将 R7 的低 8 位送到 R8 中。

3. 寄存器移位寻址

这种寻址方式是 ARM 指令集特有的。第 2 个寄存器操作数在与第 1 个操作数结合之前,选择进行移位操作。例如指令:

```
ADD  R3,R2,R1,LSL #3              ;  R3←R2 + 8 × R1
```

寄存器 R1 的内容逻辑左移 3 位,再与寄存器 R2 内容相加,结果放入 R3 中。

可以采取的移位操作如下:

LSL　逻辑左移(Logical Shift Left)。寄存器中字的低端空出的位补 0。

LSR　逻辑右移(Logical Shift Right)。寄存器中字的高端空出的位补 0。

ASR　算术右移(Arithmetic Shift Right)。算术移位的对象是带符号数,在移位过程中必须保持操作数的符号不变。若源操作数为正数,则字的高端空出的位补 0;若源操作数为负数,则字的高端空出的位补 1。

ROR　循环右移(ROtate Right)。从字的最低端移出的位填入字的高端空出的位。

RRX　扩展为 1 的循环右移(Rotate Right eXtended by 1 place)。操作数右移 1 位,空位(位[31])用原 C 标志值填充。

以上移位操作如图 4-26 所示。

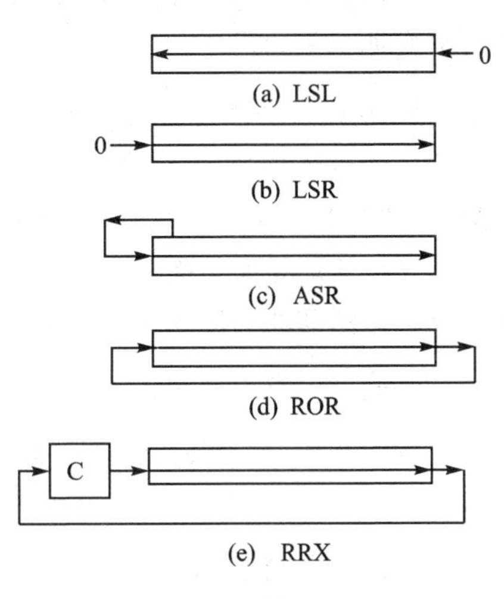

图 4-26　移位操作过程

4. 寄存器间接寻址

指令中的地址码给出某一通用寄存器的编号。在被指定的寄存器中存放操作数的有效地址,而操作数则存放在存储单元中,即寄存器为地址指针。例如指令:

```
LDR  R0,[R1]                    ;R0←[R1]
STR  R0,[R1]                    ;R0→[R1]
```

寄存器间接寻址使用一个寄存器(基址寄存器)的值作为存储器的地址。第 1 条指令将寄存器 R1 指向的地址单元的内容加载到寄存器 R0 中,第 2 条指令将寄存器 R0 存入寄存器 R1 指向的地址单元。

5. 变址寻址

变址寻址就是将基址寄存器的内容与指令中给出的位移量相加,形成操作数有效地址。变址寻址用于访问基址附近的存储单元,包括基址加偏移和基址加变址寻址。寄存器间接寻址是偏移量为 0 的基址加偏移寻址。

基址加偏移寻址中的基址寄存器包含的不是确切的地址。基址须加(或减)最大 4 KB 的偏移来计算访问的地址。例如指令:

```
LDR  R0,[R1,#4]                 ;R0←[R1+4]
```

这是前变址寻址方式,用基址访问同在一个存储区域的某一存储单元的内容。这条指令把基址 R1 的内容加上位移量 4 后所指向的存储单元的内容送到寄存器 R0 中。

改变基址寄存器指向下一个传送的地址对数据块传送很有用。可采用带自动变址的前变址寻址。例如指令:

```
LDR  R0,[R1,#4]!                  ;R0←[R1 + 4]
                                  ;R1←R1 + 4
```

“!”符号表明指令在完成数据传送后应该更新基址寄存器。ARM 的这种自动变址不消耗额外的时间。

另一种基址加偏移寻址称为后变址寻址。基址不带偏移作为传送的地址，传送后自动变址。例如指令：

```
LDR  R0,[R1],#4                  ;R0←[R1]
                                 ;R1←R1 + 4
```

这里没有“!”符号，只使用立即数偏移作为基址寄存器的修改量。

基址加变址寻址是指令指定一个基址寄存器，再指定另一个寄存器（变址），其值作为位移加到基址上形成存储器地址。例如指令：

```
LDR  R0,[R1,R2]                   ;R0←[R1 + R2]
```

这条指令将 R1 和 R2 的内容相加得到操作数的地址，再将此地址单元的内容送到 R0。

6. 多寄存器寻址

一次可以传送几个寄存器的值。允许一条指令传送 16 个寄存器的任何子集（或所有 16 个寄存器）。例如指令：

```
LDMIA  R1,{R0,R2,R5}             ;R0←[R1]
                                 ;R2←[R1 + 4]
                                 ;R5←[R1 + 8]
```

由于传送的数据项总是 32 位的字，基址 R1 应该字对齐。这条指令将 R1 指向的连续存储单元的内容送到寄存器 R0、R2 和 R5。

7. 堆栈寻址

堆栈是一种按特定顺序进行存取的存储区。这种特定的顺序可归结为“后进先出（LIFO）”或“先进后出（FILO）”。堆栈寻址是隐含的，它使用一个专门的寄存器（堆栈指针）指向一块存储器区域（堆栈）。栈指针所指定的存储单元就是堆栈的栈顶。存储器堆栈可分为两种：

① 向上生长：即向高地址方向生长，称为递增堆栈（ascending stack）。

② 向下生长：即向低地址方向生长，称为递减堆栈（descending stack）。

堆栈指针指向最后压入堆栈的有效数据项，称为满堆栈（full stack）。堆栈指针指向下一个数据项放入的空位置，称为空堆栈（empty stack）。

这样就有 4 种类型的堆栈表示递增和递减的满和空堆栈的各种组合。ARM 处理器支持所有这 4 种类型的堆栈。

➢ 满递增：堆栈通过增大存储器的地址向上增长，堆栈指针指向内含有效数据项的最高地址。
➢ 空递增：堆栈通过增大存储器的地址向上增长，堆栈指针指向堆栈上的第一个空位置。
➢ 满递减：堆栈通过减小存储器的地址向下增长，堆栈指针指向内含有效数据项的最低地址。
➢ 空递减：堆栈通过减小存储器的地址向下增长，堆栈指针指向堆栈下的第一个空位置。

使用进栈(push)向堆栈写数据项，使用出栈(pop)从堆栈读数据项。

8. 块复制寻址

下面从堆栈的角度来看多寄存器传送指令。多寄存器传送指令用于把一块数据从存储器的某一位置复制到另一位置。ARM 支持两种不同角度的寻址机制，两者都映射到相同的基本指令。块复制角度即基于数据是存储在基址寄存器的地址之上还是之下，地址是在存储第 1 个值之前还是之后增加还是减少。两种角度的映射取决于操作是加载还是存储，详见表 4－8 所列的堆栈和块复制角度的多寄存器加载和存储指令映射。

表 4－8　多寄存器指令映射

		向上生长		向下生长	
		满	空	满	空
增　加	之前	STMIB STMFA			LDMIB LDMED
	之后		STMIA STMEA	LDMIA LDMFD	
减　少	之前		LDMDB LDMEA	STMDB STMFD	
	之后	LDMDA LDMFA			STMDA STMED

块复制角度的寻址如图 4－27 所示。图中表明了如何将 3 个寄存器存到存储器中，以及使用自动寻址时如何修改基址寄存器。执行指令之前的基址寄存器值是 R9，自动寻址之后的基址寄存器是 R9'。

下面的两条指令是从 R0 指向的位置复制 8 个字到 R1 指向的位置。

```
LDMIA  R0!,{R2 - R9}
STMIA  R1,{R2 - R9}
```

执行指令后，R0 由于“!”的引用自动寻址 8 个字，其值共增加 32，而 R1 不变。

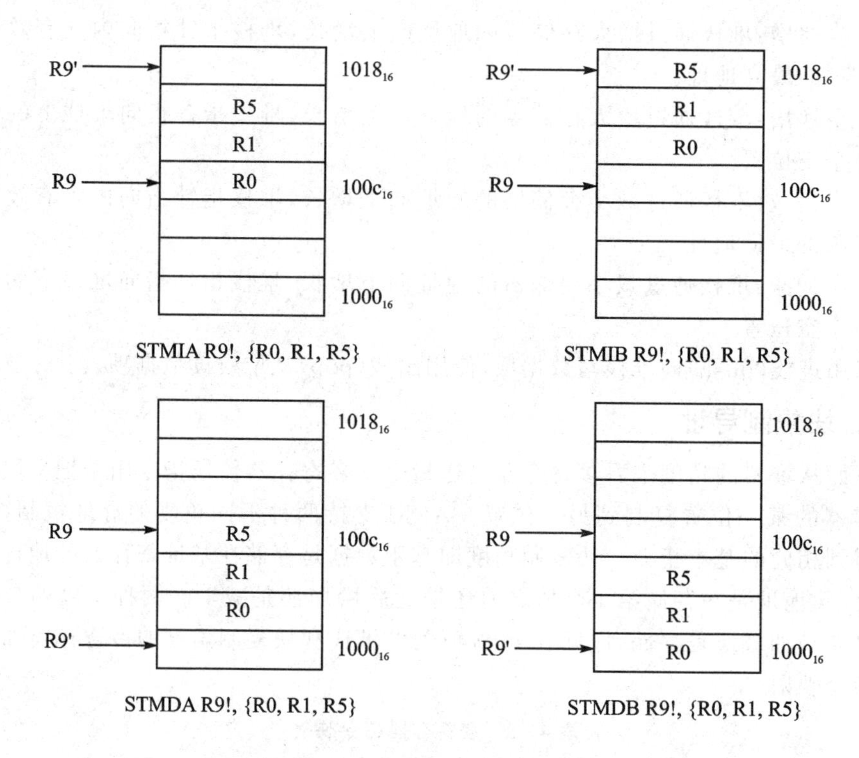

图 4-27 多寄存器传送寻址方式

若 R2～R9 保存的是有用的值,就应该把它们压进堆栈进行保存。即

```
STMFD   R13!,{R2 - R9}          ; 存储寄存器到堆栈
LDMIA   R0!,{R2 - R9}
STMIA   R1,{R2 - R9}
LDMFD   R13!,{R2 - R9}          ; 从堆栈恢复
```

其中第一条和最后一条指令的"FD"表明是满递减堆栈寻址方式(full descending stack)。

9. 相对寻址

相对寻址是变址寻址的一种变通,由程序计数器 PC 提供基地址,指令中的地址码字段作为位移量,两者相加后得到操作数的有效地址。位移量指出的是操作数与现行指令之间的相对位置。例如指令:

```
        BL   SUBR               ;转移到 SUBR
        …                       ;返回到此
SUBR    …                       ;子程序入口地址
        MOV  PC,R14             ;返回
```

4.4 ARM指令集

随着Thumb-2指令集的推出，ARM公司对指令集不再采用ARM指令集和Thumb指令集分开描述的方式，而是按类来说明助忆符相同的指令。本节首先从ARM特有的每条指令条件执行出发，分类详细说明ARM指令，介绍ARM汇编语言程序设计，最后给出Thumb指令集与ARM指令集的区别以及Thumb-2指令集的特点。

4.4.1 条件执行

几乎所有的ARM指令均可包含一个可选的条件码，句法说明中以{cond}表示。只有在CPSR中的条件码标志满足指定的条件时，带条件码的指令才能执行。可以使用的条件码如表4-9所列。

表4-9 ARM条件码

操作码[31：28]	助记符后缀	标 志	含 义
0000	EQ	Z置位	相等
0001	NE	Z清零	不等
0010	CS/HS	C置位	大于或等于(无符号＞＝)
0011	CC/LO	C清零	小于(无符号＜)
0100	MI	N置位	负
0101	PL	N清零	正或零
0110	VS	V置位	溢出
0111	VC	V清零	未溢出
1000	HI	C置位且Z清零	大于(无符号＞)
1001	LS	C清零或Z置位	小于或等于(无符号＜＝)
1010	GE	N和V相同	有符号＞＝
1011	LT	N和V不同	有符号＜
1100	GT	Z清零且N和V相同	有符号＞
1101	LE	Z置位或N和V不同	有符号＜＝
1110	AL	任何	总是(通常省略)

几乎所有的ARM数据处理指令均可以根据执行结果来选择是否更新条件码标志。若要更新条件码标志，则指令中须包含后缀S，如指令的句法说明所示。

一些指令(如CMP、CMN、TST和TEQ)不需要后缀S。它们唯一的功能就是更新条件码标志，且始终更新条件码标志。

4.4.2 指令分类说明

32位ARM指令集由13个基本指令类型组成,分成4个大类。

- 存储器访问指令:控制存储器和寄存器之间的数据传送。第1种类型用于优化的灵活寻址;第2种类型用于快速上下文切换;第3种类型用于交换数据。
- 数据处理指令:使用片内ALU、桶形移位器和乘法器针对31个寄存器完成高速数据处理操作。
- 转移指令:控制程序执行流程、指令优先级以及ARM代码和Thumb代码的切换。
- 协处理器指令:专用于控制外部协处理器。这些指令以开放和统一的方式扩展了指令集的片外功能。

指令说明所用的符号如下:

op　　操作码。

cond　可选的条件码。

S　　可选后缀。若指定S,则根据执行结果更新条件码标志。

其他所用的符号,与前面指令说明相同的符号不再特别说明。

1. ARM存储器访问指令

(1) LDR和STR(零、立即数或前变址立即数偏移)

加载寄存器(LDR,LoaD Register)和存储寄存器(STR,STore Register),字节和半字加载是用0扩展或符号扩展到32位。指令句法如下:

op{type}{T}{cond} Rd, {Rd2,} [Rn {, #offset}]{!}

其中:op　操作码,指令LDR或STR。

type　必须是以下所列的其中之一。

B　　对无符号字节;

SB　　对有符号字节(仅LDR);

H　　对无符号半字;

SH　　对有符号半字(仅LDR);

—　　对字省略;

D　　双字。

T　　可选后缀。若有T,那么即使处理器是在特权模式下,存储系统也将访问,看成是处理器是在用户模式下。T在用户模式下无效。

cond　可选的条件码。

Rd　　用于加载或存储的ARM寄存器。

Rd2　用于加载或存储的第2个ARM寄存器(仅type=D时)。

Rn　　存储器的基址寄存器,不允许与Rd或Rd2相同。

offset 加在 Rn 上的立即数偏移量。若偏移量省略，则指令是零偏移指令。

! 可选后缀。若有“!”，则指令是前变址指令，将包含偏移量的地址写回到 Rn。

① 零偏移：Rn 的值作为传送数据的地址。双字指令没有 T 后缀。

② 立即数偏移：在数据传送之前，将偏移量加到 Rn 中。其结果作为传送数据的存储器地址。

③ 前变址偏移：在数据传送之前，将偏移量加到 Rn 中。其结果作为传送数据的存储器地址。若使用后缀“!”，则结果写回到 Rn 中，且 Rn 不允许是 R15。

对于 ARM 指令，双字寄存器限制 Rd 必须是偶数寄存器，Rd 不准是 R14 且 Rd2 必须是 R(d+1)。

(2) LDR 和 STR(后变址立即数偏移)

加载和存储寄存器。字节和半字加载是用 0 或符号扩展到 32 位。指令句法如下：

op{type}{T}{cond} Rd, {Rd2,} [Rn], #offset

其中：Rn 存储器的基址寄存器，不允许与 Rd 或 Rd2 相同。

Rn 的值作为传送数据的存储器地址。在数据传送后，将偏移量加到 Rn 中，结果写回到 Rn。

【例　子】

```
LDR     R8,[R10]                    ;R8←[R0]
LDRNE   R2,[R5,#960]!               ;(有条件地)R2←[R5 + 960],R5←R5 + 960
STR     R2,[R9,#consta - struc]     ;consta - struc 是常量的表达式,该常量值的范围为
                                    ;0～4 095
STR     R5,[R7], # - 8              ;R5→[R7],R1←R7 - 8
LDR     R0,localdata                ;加载一个字,该字位于标号 lacaldata 所在地址
```

(3) LDR 和 STR(寄存器或前变址寄存器偏移)

加载和存储寄存器。字节和半字加载是用 0 或符号扩展到 32 位。指令句法如下：

op{type}{cond} {Rd, {Rd2,}} [Rn, +/-Rm {, shift}]{!}

其中：Rm 内含偏移量的寄存器，Rm 不允许是 R15。

shift Rm 的可选移位方法。可以是下列形式的任何一种：

ASR n 算术右移 n 位(1≤n≤32)；

LSL n 逻辑左移 n 位(0≤n≤31)；

LSR n 逻辑右移 n 位(1≤n≤32)；

ROR n 循环右移 n 位(1≤n≤31)；

RRX 循环右移 1 位，带扩展。

对于ARM指令集，从Rn的值中加上或减去Rm的值；而对于Thumb和Thumb-2指令集，不允许减法。加法或减法的结果用做传送数据的存储器地址。若指令是前变址指令结果写回到Rn。

(4) LDR和STR(后变址寄存器偏移)

加载和存储寄存器。字节和半字加载是用0或符号扩展到32位。指令句法如下：

op{type}{T}{cond} Rd, {Rd2,} [Rn], +/-Rm {, shift}

其中：Rm　内含偏移量的寄存器，不允许是R15。

shift　可选移位方法。

Rn的值作为传送数据的存储器地址。在数据传送后，将偏移量加到Rn中，结果写回到Rn。对于ARM指令集，偏移量加到Rn的值中或从Rn中减去；而对于Thumb-2指令集，偏移量只能加到Rn的值中，结果写回到Rn。Rn不允许是R15。

(5) LDR(PC相对偏移)

加载寄存器。地址是相对PC的偏移量。字节和半字加载是用0或符号扩展到32位。指令句法如下：

LDR{type}{cond}{.W} Rd, {Rd2,} label

其中：.w　可选的指令宽度说明。

label　程序相对偏移表达式，必须是在当前指令的±4 KB范围内。

(6) PLD

Cache预加载(Preload)。处理器告知存储系统从不久的将来使用的地址加载。存储系统可使用这种方法加速以后的存储器访问。指令句法如下：

PLD{cond} [Rn {, #offset}]

PLD{cond} [Rn, +/-Rm {, shift}]

PLD{cond} label

【例　子】

```
PLD     [R2]
PLD     [R15,#280]
PLD     [R9,# -2481]
PLD     [R0,#av*4]          ;av*4必须在汇编时求值,范围为-4 095～4 095内的整数
PLD     [R0,R2]
PLD     [R5,R8,LSL #2]
```

(7) LDM和STM

加载多个寄存器(LDM，LoaD Multiple registers)和存储多个寄存器(STM，Store Multiple registers)。在ARM状态可以传送R0～R15的任何组合，但在Thumb状态有一些限制。指令句法如下：

op{addr_mode}{cond} Rn{!}, reglist{^}

其中:addr_mode 可以是下列情况其中之一:

IA 每次传送后地址加1,可省略;
IB 每次传送前地址加1(仅ARM指令集);
DA 每次传送后地址减1(仅ARM指令集);
DB 每次传送前地址减1;
FD 满递减堆栈;
ED 空递减堆栈;
FA 满递增堆栈;
EA 空递增堆栈。

Rn 基址寄存器,装有传送数据的初始地址。Rn不允许是R15。

! 可选后缀。若有"!",则最后的地址写回到Rn。

reglist 加载或存储的寄存器列表,包含在括号中。它也可以包含寄存器的范围。
若包含多于1个寄存器或寄存器范围,则必须用逗号分开。

^ 可选后缀,不允许在用户模式或系统模式下使用。它有两个目的:
- 若op是LDM且reglist中包含PC(R15),那么除了正常的多寄存器传送外,将SPSR也复制到CPSR中。这用于从异常处理返回,仅在异常模式下使用。
- 数据传入或传出的是用户模式的寄存器,而不是当前模式寄存器。

【例 子】

```
LDM     R8,{R0,R2,R9}           ;LDMIA与LDM同义
STMDB   R1!,{R3 - R6,R11,R12}
STMFD   R13!,{R0,R4 - R7,LR}    ;寄存器进栈
LDMFD   R13!,{R0,R4 - R7,PC}    ;寄存器出栈,从子程序返回
```

(8) PUSH和POP

寄存器进栈和寄存器出栈。

PUSH{cond} reglist

POP{cond} reglist

其中:reglist为用{}括起来的寄存器或寄存器范围的、用逗号隔开的列表。

PUSH和POP与STMDB和LDM(或LDMIA)同义,基地址为R13(SP)。寄存器以数字顺序存储在堆栈中。最低数字的寄存器其地址最低。

```
POP    {reglist,PC}
```

这条指令引起处理器转移到从堆栈弹出给 PC 的地址。这通常是从子程序返回,其中 LR 在子程序开头压进堆栈的。

【例 子】

```
PUSH    {R0,R3,R5}
PUSH    {R1,R4 - R11}   ;R1、R4～R11 进栈
PUSH    {R0,LR}
POP     {R8,R12}
POP     {R0 - R7,PC}    ;出栈并从子程序返回
```

(9) SWP 和 SWAPB

在寄存器和存储器之间进行数据交换。

使用 SWP(SWaP)和 SWPB 来实现信号量(semaphores)交换。ARMv6 及以上版本不赞成使用 SWP 和 SWPB。

SWP {B}{cond} Rd, Rm, [Rn]

其中:B　可选后缀。若有 B,则交换一个字节;否则,交换 32 位字。

Rd　ARM 寄存器。数据从存储器加载到 Rd。

Rm　ARM 寄存器。Rm 的内容存储到存储器。Rm 可以与 Rd 相同。在这种情况下,寄存器的内容与存储器的内容进行交换。

Rn　ARM 寄存器。Rn 的内容指定要进行数据交换的存储器的地址。Rn 必须与 Rd 和 Rm 不同。

(10) 小　结

① Load/Store 寻址基本格式。

- 寄存器间接访问　[Rn]
- 寄存器加立即数偏移　[Rn,#+/-<offset>]
- 寄存器加寄存器偏移　[Rn,+/-Rm]
- 寄存器加寄存器移位偏移　[Rn, +/-Rm, <shift> # <shift_imm>]

② Load/Store 分类。

- Load/Store 单寄存器;
- Load/Store 多寄存器;
- 寄存器和内存值互换。

③ Load/Store 单寄存器。

- Load/Store Word/Unsigned Byte　LDR/STR{<cond>}{B} Rd,[Rn,+/-Rm]
- Load/Store Halfword/Signed Byte　LDR/STR{<cond>}H/SH/SB Rd,[Rn,+/-Rm]

➢ Cond:条件码。

- B:字节(8位)
- H:半字(16位)
- S:带符号

➢ 变址方式。

LDR R1,[R0,R3]

后变址　　LDR R1, [R0], R3

前变址　　LDR R1, [R0, R3]!

➢ 第2操作数偏移方式。

立即数　　LDR R1,[R0,#4]

寄存器　　LDR R1,[R0,R2]

寄存器移位　　LDR R1,[R0, R2, LSL #3]

④ Load/Store 多寄存器。

➢ LDM/STM{<cond>}IA/IB/DA/DB Rn{!},<registers>{^}

Cond　　条件码

IA/IB/DA/DB　　变化方式

　　I/D　　Increase/Decrease

　　A/B　　After/Before

Rn　　基地址

!　　更新 Rn

registers　　寄存器列表

➢ 主要用于堆栈操作。

STMDB SP!,{R1, R2－R5,PC}

LDMIA SP!, {R1－R3, PC}

➢ 堆栈类型。

Full/Empty

Ascending/Descending

➢ 与工作模式有关的用法。

LDMFD SP!,{R4－R12,PC}^

LDMFD SP!,{R2－R12,R14}

⑤ 寄存器和内存值互换。

➢ SWP R3, R2, [R1]

R3←(R1)

(R1)←R2

➢ SWP R2, R2, [R1]

R2↔(R1)

2. ARM 数据处理指令

(1) 灵活的第2操作数

大多数 ARM 和 Thumb-2 通用数据处理指令有一个灵活的第2操作数(flexible second operand)。在每一个指令的句法描述中以 Operand2 表示。在 ARM 和 Thumb-2 指令中 Operand 允许的选项有些区别。Operand2 有如下两种可能的形式：

```
#constant
Rm{, shift}
```

其中：constant 取值为数字常量的表达式。

Rm　　存储第2操作数数据的 ARM 寄存器。可用各种方法对寄存器中的位图进行移位或循环移位。

Shift　　Rm 的可选移位方法。可以是以下方法的任何一种：

- ASR n　　算术右移 n 位(1≤n≤32)。
- LSL n　　逻辑左移 n 位(0≤n≤31)。
- LSR n　　逻辑右移 n 位(1≤n≤32)。
- ROR n　　循环右移 n 位(1≤n≤31)。
- RRX　　带扩展的循环右移1位。
- type Rs　　仅 ARM 指令中有，其中：
  - type　　ASR、LSL、LSR、ROR 中的一种；
  - Rs　　提供移位量的 ARM 寄存器，仅使用最低有效字节。

在 ARM 指令中，contant 必须对应8位位图(pattern)在32位字中被循环移位偶数位(0、2、4、8、…、26、28、30)后的值。

合法常量：

0xFF、0x104、0xFF0、0xFF000、0xFF000000、0xF000000F。

非法常量：

0x101、0x102、0xFF1、0xFF04、0xFF003、0xFFFFFFFF、0xF000001F。

在32位 Thumb-2 指令中，contant 可以是在32位字中8位值左移任意位产生的常量，8位值被循环右移2、4、6位产生的常量在 ARM 数据处理指令中可用，但在 Thumb-2 指令中不可用。所有其他 ARM 常量在 Thumb-2 指令中也可用。

① ASR：若将 Rm 中内容看做是有符号的补码整数，那么算术右移(ASR，Arithmetic Shift Right)n 位，即与 Rm 中的内容除以 2^n 等效。将原来的位[31]复制到寄存器左边的 n 位中(即空出的最高位补码符号位)，如图4-28(a)所示。

② LSR 和 LSL：若将 Rm 中内容看做是无符号整数，则逻辑右移(LSR，Logical Shift Right)n 位，即将 Rm 的内容除以 2^n。寄存器左边的 n 位置为0，如图4-28(b)所示。

若将 Rm 中的内容看做是无符号整数，则逻辑左移（LSL，Logical Shift Left）n 位，即将 Rm 的内容乘以 2^n。可能会出现溢出且无警告，寄存器右边的 n 位置为 0，如图 4-28(b)所示。

③ ROR：循环右移（ROR，ROtate Right）n 位，把寄存器右边的 n 位移动到结果的左边 n 位。同时其他位右移 n 位，如图 4-28(c)所示。

④ RRX：带扩展的循环右移（RRX，Rotate Right with eXtend）将 Rm 的内容循环右移 1 位。进位标志复制到 Rm 的位[31]，如图 4-28(d)所示。若指定 S 后缀，则将 Rm 原值的位[0]移到进位标志。

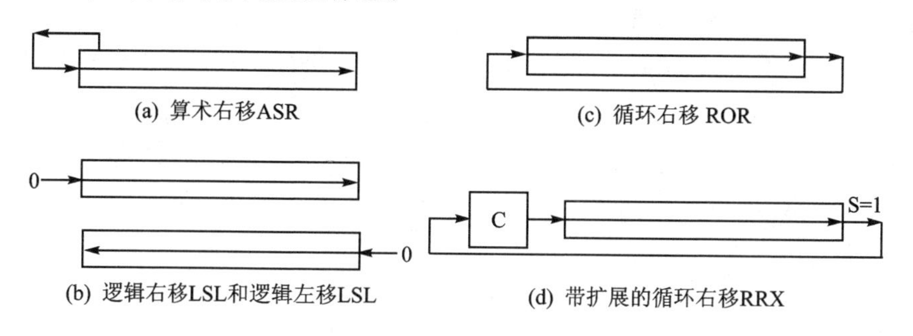

图 4-28　移位操作过程

(2) ADD、SUB、RSB、ADC、SBC 和 RSC

加、减、反减，每个带或不带进位位。

op {S} {cond} Rd,Rn,Operand2

其中：

op	ADD、SUB、RSB、ADC、SBC 和 RSC 其中一个。
S	可选的后缀。若指定 S，则根据操作结果更新条件码标志（N、Z、C 和 V）。
Rd	ARM 结果寄存器。
Rn	保存第 1 操作数的 ARM 寄存器。
Operand2	灵活的第 2 操作数。
ADD(ADD)	指令用于将 Rn 和 Operand2 的值相加。
SUB(SUBtract)	指令用于从 Rn 的值中减去 Operand2 的值。
RSB(Reverse SuBtract)	指令用于从 Operand2 的值中减去 Rn 的值。由于 Operand2 的可选范围宽，所以这条指令很有用。
ADC(ADd with Carry)	指令将 Rn 和 Operand2 中的值相加，再加上进位标志。
SBC(SuBtract with Carry)	指令从 Rn 的值中减去 Operand2 的值。若进位标志是清零的，则结果减 1。
RSC(Reverse Subtract with Carry)	指令从 Operand2 的值中减去 Rn 的值。若进位标志是清零的，则结果减 1。

ADC、SBC 和 RSC 用于多个字的算术运算。

【例　子】

```
ADD       R2,R1,R3
SUBS      R8,R6,#240         ;根据结果设置标志
RSB       R4,R4,#1280        ;1 280 - R4
ADCHI     R11,R0,R3          ;只有标志 C 置位且标志 Z 清零时才执行
RSCLES    R0, R5,R0,LSL R4   ;有条件执行,设置标志
```

【多个字的算术运算举例】

下面两条指令将 R2 和 R3 中的 64 位整数与 R0 和 R1 中的 64 位整数相加，结果放在 R4 和 R5 中，即

```
ADDS      R4,R0,R2                ;加低有效字
ADC       R5,R1,R3                ;加高有效字
```

下面这些指令进行 96 位减法，即

```
SUBS      R3,R6,R9
SBCS      R4,R7,R10
SBC       R5,R8,R11
```


(3) SUBS PC, LR（仅 Thumb－2）

从异常返回，没有堆栈弹出操作。

SUBS{cond} PC, LR, #immed_8

其中：immed_8　　8 位立即数常量。

若堆栈中没有返回状态，可以使用“SUBS PC,LR”从堆栈返回。“SUBS PC,LR”从链接寄存器减去一个值，结果加载到 PC，然后把 SPSR 复制到 CPSR。

(4) AND、ORR、EOR、BIC 和 ORN

逻辑与、或、异或、位清零和或非。

op {S} {cond} Rd,Rn,Operand2

AND、EOR 和 ORR	指令分别完成按位“与(AND)”、“异或(Exclusive OR)”和“或(OR)”操作，操作数是 Rn 和 Operand2 中的值。
BIC(BIt Clear)	指令用于将 Rn 中的位与 Operand2 值中相应位的补码(complement)进行“与”操作。
ORN	Thumb－2 指令用于将 Rn 中的位与 Operand2 值中相应位的补码(complement)进行“或”操作。

【例 子】

```
AND     R9,R2,#0xFF00
ORREQ   R2,R0,R5
EORS    R0,R0,R3,ROR R6
ANDS    R9, R8, #0x19
EORS    R7, R11, #0x18181818
BIC     R0, R1, #0xab
ORN     R7, R11, R14, ROR #4
ORNS    R7, R11, R14, ASR #32
```

(5) BFC 和 BFI

位域清 0(Bit Field Clear)和位域插入(Bit Field Insert)。清 0 寄存器中邻近位，或从一个寄存器到另一寄存器插入邻近位。

```
BFC{cond} Rd, #lsb, #width
BFI{cond} Rd, Rn, #lsb, #width
```

其中:lsb　要清 0 或复制的最低有效位;

width　要清 0 或复制的位数，width 不准是 0，且 width+lsb 必须小于 32。

BFC　Rd 中从 lsb 开始的 width 位被清 0。Rd 中其他位不变。

BFI　Rd 中从 lsb 开始的 width 位被 Rn 中从位[0]开始的 width 位代替。Rd 中其他位不变。

(6) CLZ

前导零计数。

```
CLZ {cond} Rd, Rm
```

其中:Rd　ARM 结果寄存器，Rd 不允许是 R15。

Rm　操作数寄存器，Rd 不允许是 R15。

CLZ(Count Leading Zeros)指令对 Rm 中值的前导零(leading zeros)的个数进行计数，结果放到 Rd 中。若源寄存器全为 0，则结果为 32。若位[31]为 1，则结果为 0。

【例 子】

```
CLZ     R4,R9
CLZNE   R2,R3
```

(7) CMP 和 CMN

比较和比较负值。

```
CMP {cond} Rn,Operand2
CMN {cond} Rn,Operand2
```

这些指令将寄存器的值与 Operand2 进行比较。它们根据结果更新条件码标志，但结果不放到任何寄存器中。

CMP(CoMPare)　　指令从 Rn 的值中减去 Operand2 的值。除将结果丢弃外，CMP 指令同 SUBS 指令一样。

CMN(CoMpare Negative)　　指令将 Operand2 的值加到 Rn 的值中。除将结果丢弃外，CMN 指令的用法同 ADDS 一样。

【例　子】

```
CMP      R2,R9
CMN      R0,#6400
CMPGT    R13,R7,LSL #2
```

(8) MOV 和 MVN

传送和传送非。

MOV {S}{cond} Rd,Operand2

MVN {S} {cond} Rd,Operand2

MOV(MOVe)　　指令将 Operand2 的值复制到 Rd。

MVN(MoVe Not)　指令对 Operand2 的值进行按位逻辑非操作，然后将结果送到 Rd。

【例　子】

```
MOV      R5,R2
MVNNE    R11,#0xF000000B     ;仅 ARM。这个常量 T2 中没有
MOVS     R0,R0,ASR R3
```

(9) MOVT

传送到顶部(Move Top)。把 16 位立即数值写到寄存器的顶部半字，不影响底部半字。

MOVT{cond} Rd, #immed_16

其中：Rd　　ARM 目的寄存器；

immed_16　　16 位立即数常量。

MOVT 把 immed_16 写到 Rd[31:16]，写操作不影响 Rd[15:0]。使用 MOV、MOVT 指令对可以产生 32 位常量。

(10) TST 和 TEQ

测试位和测试相等。

TST {cond}　Rn,Operand2

TEQ {cond}　Rn,Operand2

这些指令依据 Operand2 测试寄存器中的值。它们根据结果更新条件码标志，但结果不放到任何寄存器中。

TST(TeST)　指令对 Rn 的值和 Operand2 的值进行按位“与”操作。除结果丢弃外，TST 的功能同 ANDS 指令的一样。

TEQ(Test EQuivalence)　指令对 Rn 的值和 Operand2 的值进行按位“异或”操作。除结果丢弃外，某功能同 EORS 指令的一样。

【例　子】

```
TST        R0,#0x3F8
TEQEQ      R10,R9
TSTNE      R1,R5,ASR R1
```

(11) REV、REV16、REVSH 和 RBIT

在字或半字中翻转(Reverse)字节或位。

op{cond} Rd, Rn

使用这些指令改变端序(endian)。

REV　把32位大端序数据转换为小端序数据或把32位小端序数据转换为大端序数据；

REV16　把16位大端序数据转换为小端序数据或把16位小端序数据转换为大端序数据。

REVSH　转换，两者之一：

把16位有符号大端序数据转换为32位有符号小端序数据；

把16位有符号大端序数据转换为32位有符号大端序数据。

RBIT　逆转32位字中的位顺序。

【例　子】

```
REV R3, R7
REV16 R0, R0
REVSH R0, R5        ;翻转有符号半字
REVHS R3, R7        ;以更高或相同条件翻转
RBIT R7, R8
```

(12) ASR、LSL、LSR、ROR 和 RRX

移位和循环移位操作。这些指令与使用移位寄存器作为第2操作数的 MOV 指令同义。

op{S}{cond} Rd, Rm, Rs

op{S}{cond} Rd, Rm, #sh

RRX{S}{cond} Rd, Rm

其中：op　可以是下列其中之一：

- ASR　算术右移(Arithmetic Shift Right)。将寄存器中的内容看做补码形式的有符号整数。将符号位复制到空位。
- LSL　逻辑左移(Logical Shift Left)。空位清零。
- LSR　逻辑右移(Logical Shift Right)。空位清零。
- ROR　循环右移(Rotate Right)。将寄存器右端移出的位循环移回到左端。
- RRX　带扩展的循环右移(RRX，Rotate Right with eXtend)将Rm的内容循环右移1位。进位标志复制到Rm的位[31]。

sh　常量移位。

【例　子】

```
ASR R7, R8, R9
LSL R1, R2, R3
LSLS R1, R2, R3
LSR R4, R5, R6
LSRS R4, R5, R6
ROR R4, R5, R6
RORS R4, R5, R6
```

(13) MUL、MLA和MLS

乘法、乘加和乘减(32位×32位，结果为低32位)。

MUL{S}{cond} Rd, Rm, Rs
MLA{S}{cond} Rd, Rm, Rs, Rn
MLS{cond} Rd, Rm, Rs, Rn

其中：Rd　结果寄存器；

Rm、Rs、Rn　操作数寄存器。

MUL(MULtiply)　指令将Rm和Rs中的值相乘，并将最低有效的32位结果放到Rd中。

MLA(MuLtiply - Accumulate)　指令将Rm和Rs中值相乘，再加上Rn的值，并将最低有效的32位结果放到Rd中。

MLS(MuLtiply - Subtract)　指令将Rm和Rs中值相乘，再从Rn中减去乘法结果值，并将最低有效的32位结果放到Rd中。

【例　子】

```
MUL      R10,R2,R5
MLA      R10,R2,R1,R5
MULS     R0,R2,R2
MULLT    R2,R3,R2
MLS      R4,R5,R6,R7
```

(14) UMULL、UMLAL、SMULL和SMLAL

无符号和有符号长整数乘法和乘加(32位×32位,加法或结果为64位)。

op {S}{cond} RdLo,RdHi,Rm,Rs

其中:RdLo,RdHi　ARM结果寄存器。对于UMLAL和SMLAL,这两个寄存器用于保存加法值。

Rm,Rs　操作数寄存器。

R15不能用于RdHi、RdLo、Rm或Rs。RdLo、RdHi必须是不同的寄存器。

UMULL (Unsigned Long MULtiply)指令将Rm和Rs中的值解释为无符号整数。该指令将这两个整数相乘,并将结果的最低有效32位放在RdLo中,最高有效32位放在RdHi中。

UMLAL (Unsigned Long MuLtiply Accumulate)指令将Rm和Rs中的值解释为无符号整数。该指令将这两个整数相乘,并将64位结果加到RdHi和RdLo中的64位无符号整数上。

SMULL (Signed Long MULtiply)指令将Rm和Rs中的值解释为有符号的补码整数。该指令将这两个整数相乘,并将结果的最低有效32位放在RdLo中,将最高有效32位放在RdHi中。

SMLAL (Signed Long MuLtiply Accumulate)指令将Rm和Rs中的值解释为有符号的补码整数。该指令将这两个整数相乘,并将64位结果加到RdHi和RdLo中的64位有符号补码整数上。

【例　子】

```
UMULL     R0,R4,R5,R6
UMLALS    R4,R5,R3,R8
```

(15) SSAT和USAT

带可选的饱和前移位,有符号饱和和无符号饱和到任意位位置(bit position)。

op{cond} Rd, #sat, Rm{, shift}

其中:sat　指定饱和到的位位置,范围为0～31。

SSAT(Signed SATurate)　指令先进行指定的移位,然后饱和到有符号范围 $-2^{sat-1} \leqslant X \leqslant 2^{sat-1}-1$。

USAT(Unsigned SATurate)　指令先进行指定的移位,然后饱和到无符号范围

$$0 \leqslant X \leqslant 2^{sat}-1。$$

【例　子】

```
SSAT R7, #16, R7, LSL #4
USATNE R0, #7, R5
```

(16) SBFX 和 UBFX

有符号和无符号的位域提取(Signed and Unsigned Bit Field eXtract)。将相邻的位从一个寄存器复制到另一寄存器的最低有效位,有符号扩展或0扩展到32位。

op{cond} Rd, Rm, #lsb, #width

其中:lsb　位域的最低有效位的位编号,范围为0～31。

width　位域的宽度,范围为1～1+lsb。

(17) 小　结

1) 数据处理类指令格式

<opcode>{<cond>}{S} {Rd}, {Rn}, <shifter_operand>

Opcode	操作码,如ADD、SUB、ORR;	
Cond	条件码;	
S	本指令是否更新CPSR中的状态标志位;	
Rd	目标寄存器;	
Rn	第一个源寄存器;	
shifter_operand	复合的源操作数,其格式:	
	直接数	ADD R1,R2,#0x35
	寄存器	SUBS R3,R2,R1
	寄存器移位	ADDEQS R9,R5,R5, LSL #3
		SUB R3,R2, R1,ROR R7

2) 数据处理

算术/逻辑运算指令。

```
ADD R0, R0, R1
ORR R7, R9, #0x3f
```

乘法指令。

```
MUL R4, R2, R1
MLA R7, R8, R9, R3      ;R7 = R8 * R9 + R3
SMULL RdLo,RdHi,Rm,Rs
```

3) 条件判断,计算Abs(a-b)

```
SUBS R2,R1,R0
RSBLO R2, R2, #0
```

3. ARM 转移指令

(1) B、BL、BX、BLX 和 BXJ

转移、带链接转移、转移并交换指令集、带链接转移并交换指令集和转移并改变到 Jazelle 状态。

op {cond} label

op {cond} Rm

其中:op　是下列之一:

B{.w}　转移(Branch);

BL　带链接转移(Branch and Link);

BX　转移并交换(Branch and optionally eXchange)指令集;

BLX　带链接转移并交换(Branch with Link and optionally eXchange)指令集;

BXJ　转移,改变到 Jazelle 执行状态。

.w　可选的指令宽度指定符(specifier)。

label　程序相对偏移表达式。

Rm　含有转移地址的寄存器。

所有这些指令指令引起处理器转移到 label,或引起处理器转移到 Rm 中的地址。而且:

- BL 和 BLX 指令将下一条指令的地址复制到 R14(LR,链接寄存器)。
- BX 和 BLX 指令可以改变处理器状态,从 ARM 到 Thumb 状态或 Thumb 到 ARM 状态。
- BLX label 总是改变状态。
- BX Rm 和 BLX Rm 由 Rm 的位[0]得到目标状态:
  - 若 Rm 的位[0]为 0,处理器改变到或保持在 ARM 状态;
  - 若 Rm 的位[0]为 1,处理器改变到或保持在 Thumb 状态。

【例　子】

```
B       loop A
BLE     ng + 8
BL      subC
BLLT    rtX
BEQ     {pc} + 4 ; #0x8004
```

(2) CBZ 和 CBNZ

比较并为 0 转移(Compare and Branch on Zero)和比较并非 0 转移(Compare and Branch on Non - Zero)。

CBZ Rn，label

CBNZ Rn，label

使用CBZ或CBNZ指令在与0比较并转移的转移代码序列上节省一条指令。除不改变条件码标志外，CBZ Rn，label等同于：

```
CMP Rn, #0
BEQ label
```

除不改变条件码标志外，CBNZ Rn，label等同于：

```
CMP Rn, #0
BNE label
```

(3) TBB和TBH

表转移字节(Table Branch Byte)和表转移半字(Table Branch Halfword)。

TBB [Rn，Rm]

TBH [Rn，Rm，LSL #1]

其中：Rn　基址寄存器。保存转移长度表的地址。这条指令Rn可以是R15。使用的值是“当前指令的地址+4”。

Rm　是变址寄存器。保存指向表中单字节的整型数。表中的偏移量取决于指令，这些指令使用单一字节偏移(TBB)或半字偏移(TBH)表引起PC相对转移。Rn提供表的指针，Rm提供表的变址值。转移长度是表返回的字节(TBB)值的2倍或表返回的半字(TBH)值的2倍。

(4) 小　结

1) 转移B、BL

B{L} subroutine

数据处理或Load指令。

```
MOV PC, LR
LDR PC, [R0]
SUBS PC, LR, #4
```

SWI

```
SWI  n
```

2) 子程序调用和返回

调用

```
BL Sub1
 ⋮                ;return here
MOV   LR,PC
LDR PC, = Sub1
 ⋮                ;return here
```

返回

```
Sub1
 ⋮
MOV PC, LR        ;return
```

4. ARM协处理器指令

(1) CDP和CDP2

协处理器数据操作(CDP,Coprocessor Data oPeration)。

```
CDP {cond}    coproc,opcode1,CRd,CRn,CRm{,opcode2}
CDP2    coproc,opcode1,CRd,CRn,CRm{,opcode2}
```

其中:coproc　　指令操作的协处理器名。标准名为pn,其中n为0～15范围内的整数。

opcode1　　协处理器特定操作码。

CRd,CRn,CRm　　协处理器寄存器。

opcode2　　可选的协处理器特定操作码。

(2) MCR、MCR2、MCRR和MCRR2

将数据从ARM寄存器传送到协处理器,可指定各种附加操作,依据协处理器而定。

```
MCR {cond} coproc,opcode1,Rd,CRn,CRm{,opcode2}
MCR2 coproc,opcode1,Rd,CRn,CRm{,opcode2}
MCRR {cond} coproc,opcode1,Rd,Rn,CRm
MCRR2 coproc,opcode1,Rd,Rn,CRm
```

(3) MRC、MRC2、MRRC和MRRC2

从协处理器传送到ARM寄存器,取决于协处理器,可指定各种附加操作。

```
MRC {cond} coproc,opcode1,Rd,CRn,CRm{,opcode2}
MRC2 coproc,opcode1,Rd,CRn,CRm{,opcode2}
MRRC {cond} coproc,opcode1,Rd,Rn,CRm
MRRC2 coproc,opcode1,Rd,Rn,CRm
```

(4) LDC和STC

在存储器和协处理器之间传送数据。这些指令有3种可能形式:零偏移、前变址偏移、后变址偏移。以同样的顺序，3种形式的句法如下：

```
op {L}{cond}  coproc,CRd,[Rn]
op {L}{cond} coproc,CRd,[Rn, #{-}offset]{!}
op {L}{cond} coproc,CRd,[Rn], #{-}offset
```

其中：L　　可选后缀，指明是长整数传送。

coproc　指令操作的协处理器名。标准名为pn，其中n为0～15范围内的整数。

CRd　用于加载或存储的协处理器寄存器。

Rn　存储器基址寄存器。若指定R15，则使用的值是当前指令地址加8。

offset　表达式，其值为4的整倍数，范围在0～1 020之间。

(5) LDC2 和 STC2

在存储器和协处理器之间传送数据的指令，根据数据传送方向可以选择两者其一。这些指令有3种可能的形式：零偏移、前变址偏移、后变址偏移。以同样的顺序，3种形式的句法如下：

```
op{L} coproc,CRd,[Rn]
op{L} coproc,CRd,[Rn, #{-}offset]{!}
op{L} coproc,CRd,[Rn], #{-}offset
```

5. 杂项 ARM 指令

(1) BKPT

断点。

```
BKPT  immed
```

其中：immed　取值整数的表达式，其值范围：

在ARM指令中为0～65 536(16位值)。

在16位Thumb指令中为0～255(8位值)。

BKPT(BreaKPoinT)指令引起处理器进入调试模式。调试工具可使用这一点在指令到达特定的地址时调查系统状态。

(2) SWI

软件中断。

```
SWI {cond} immed
```

其中：immed为取值整数的表达式，其值范围：

在ARM指令中为0～$2^{24}-1$(24位值)。

在16位Thumb指令中为0～255(8位值)。

SWI(SoftWare Interrupt)指令引起SWI异常。这意味着处理器模式变换为管

理模式，CPSR保存到管理模式的SPSR中，执行转移到SWI向量。

(3) MRS

将CPSR或SPSR的内容传送到通用寄存器。

MRS {cond} Rd,psr

其中：Rd　目标寄存器。Rd不允许为R15。

psr　CPSR或SPSR。

MRS与MSR配合使用，作为更新PSR的读—修改—写序列的一部分。例如，改变处理器模式或清除标志Q。

【例　子】

```
MRS     R3,SPSR
```

(4) MSR

用立即数常量或通用寄存器的内容加载CPSR或SPSR的指定区域。

MSR {cond}　<psr>_<fields>，#constant

MSR {cond}　<psr>_<fields>，Rm

其中：<psr>　CPSR或SPSR。

<fields>　指定PSR(Program Status Register)的区域。<fields>可以是以下的一种或多种：

c　控制域屏蔽字节(PSR[7:0])；

x　扩展域屏蔽字节(PSR[15:8])；

s　状态域屏蔽字节(PSR[23:16])；

f　标志域屏蔽字节(PSR[31:24])。

constant　值为数字常量的表达式。常量必须对应于8位位图在32位字中循环移位偶数位后的值。

Rm　源寄存器。

MRS与MSR相配合使用，作为更新PSR的读—修改—写序列的一部分。例如，改变处理器模式或清除标志Q。

【例　子】

```
MSR     CPSR_f,R5
```

(5) CPS

CPS (Change Processor State)改变模式的一位或多位，CPSR中的A、I和F位，不改变其他CPSR位。仅在特权模式时允许CPS，在用户模式时无效。

CPS effect iflags{，#mode}

CPS #mode

其中:effect 是下列其中之一:

IE 中断或中止使能;

ID 中断或中止禁止。

iflags 是下列一个或多个的序列:

a 使能或禁止不确切中止;

i 使能或禁止 IRQ 中断;

f 使能或禁止 FIQ 中断。

mode 指定改变到的模式的编号。

【例 子】

```
CPSIE if        ;使能中断和快中断
CPSID A         ;禁止不确切中止
CPSID ai, #17   ;禁止不确切中止和中断,进入 FIQ 模式
CPS #16         ;进入用户模式
```

(6) NOP、SEV、WFE、WFI 和 YIELD

无操作(No Operation)、置位事件(Set Event)、等待事件(Wait For Event)、等待中断(Wait for Interrupt)和让步(Yield)。


```
NOP{cond}
SEV{cond}
WFE{cond}
WFI{cond}
YIELD{cond}
```

这些是提示指令,可选它们是否执行。若它们之一未执行,则行为如同 NOP。

NOP NOP 什么也不做。若 NOP 在目标体系结构上没作为特定的指令执行,汇编器产生可选的什么也不做的指令,如 MOV R0,R0(ARM)或 MOV R8,R8(Thumb)。

SEV SEV 引起给多处理器系统的所有处理器核发信号的事件。若执行 SEV,也必须执行 WFE。

WFE 若事件寄存器没置位,WFE 将执行挂起直到下列事件之一发生:

- IRQ 中断,除非被 CPSR I 位屏蔽;
- FIQ 中断,除非被 CPSR F 位屏蔽;
- 不确切数据中止,除非被 CPSR A 位屏蔽;
- 若调试使能,进入调试的请求;
- 由另一处理器使用 SEV 指令发出的事件。

若事件寄存器置位,WFE 清零它并立即返回。

若执行 WFE,也必须执行 SEV。

WFI　　WFI将执行挂起直到下列事件之一发生：
- IRQ中断，不管CPSR I位；
- FIQ中断，不管CPSR F位；
- 不确切数据中止，不管CPSR A位；
- 不管调试是否使能，进入调试的请求。

YIELD　YIELD告知硬件当前线程正在执行任务，例如一个自旋锁，当前线程可被切换出。在多处理器系统中硬件可以使用这个提示挂起并重新开始线程。

(7) 小　结

PSR操作

```
MRS R0, CPSR            ;读 CPSR
MSR R0, CPSR_c          ;更新控制位
```

6. ARM伪指令

(1) ADR伪指令

将程序相对偏移或寄存器相对偏移地址加载到寄存器中。

ADR{cond}{.W} register,label

其中：.W　　可选的指令宽度指定符；
register　　加载的寄存器；
label　　程序相对偏移或寄存器相对偏移表达式。

ADR始终汇编成1条指令。汇编器试图产生一个ADD或SUB指令来加载地址。若地址不能放入1条指令，则产生错误，汇编失败。因为地址是程序相对偏移或寄存器相对偏移，ADR产生位置无关代码。使用ADRL伪指令以汇编更宽的有效地址范围。若label是程序相对偏移，则它必须取值成与ADR伪指令在同一代码区域的地址。

【例　子】

```
start  MOV    R0,#10
       ADR    R4,start          ;=> SUB    R4,PC,#0x0C
```

(2) ADRL伪指令

将程序相对偏移或寄存器相对偏移地址加载到寄存器中。ADRL类似于ADR伪指令。ADRL因为产生2个数据处理指令，比ADR可以加载更宽范围的地址。

ADRL {cond} register, label

其中：register　　加载的寄存器；
label　　程序相对偏移或寄存器相对偏移表达式。

ADRL 始终汇编成 2 条 32 位指令。即使地址可放入一条指令,也产生第 2 条冗余指令。若汇编器不能将地址放入 2 条指令,则产生错误,汇编失败。因为地址是程序相对偏移或寄存器相对偏移,ADRL 产生位置无关的代码。若 label 是程序相对偏移,则必须取值成与 ADRL 伪指令在同一代码区域的地址;否则,链接后可能会超出范围。

【例 子】

```
start   MOV     R0,#10
        ADRL    R4,start + 6000   ;→ADD  R4,pc,#0xe800
                                  ; ADD  R4,R4,#0x254
```

(3) MOV32 伪指令

用 32 位常量值或任意的地址加载寄存器。

MOV32 总是产生 2 条 32 位指令。若 MOV32 用于加载一个地址,产生的代码不是位置无关的。

MOV32{cond} register, expr

其中:register　加载的寄存器。
　expr　可以是下列的任一个:
　　symbol　在这个或另一程序区的标号;
　　contant　任意 32 位常量;
　　symbol+contant　标号加上 32 位常量。

(4) LDR 伪指令

用 32 位常量或一个地址加载寄存器。

LDR {cond}{.w} register,=[expr | label-expr]

其中:.w　可选的指令宽度指示符。
　register　加载的寄存器。
　expr　赋值成数字常量。
　　- 若 expr 值是在指令范围内,则汇编器产生一条 MOV 或 MVN 指令。
　　- 若 expr 值不在 MOV 或 MVN 指令的范围内,则汇编器将常量放入文字池(literal pool),并产生一条程序相对偏移的 LDR 指令从文字池中读常量。
　label-expr　程序相对偏移或外部表达式。汇编器将 label-expr 的值放入文字池中,并产生一条程序相对偏移的 LDR 指令从文字池中加载值。

LDR 伪指令用于 2 个主要目的:

① 当立即数由于超出 MOV 和 MVN 指令范围不能加载到寄存器中时，产生文字常量。

② 将程序相对偏移或外部地址加载到寄存器中。地址保持有效而与链接器将包含 LDR 的 ELF 区域放到何处无关。

【例　子】

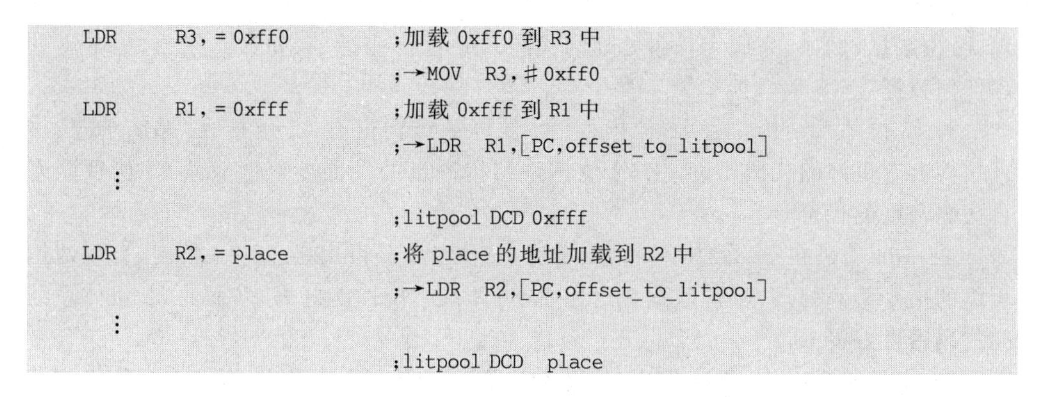

```
LDR     R3, = 0xff0         ;加载 0xff0 到 R3 中
                            ;→MOV  R3,#0xff0
LDR     R1, = 0xfff         ;加载 0xfff 到 R1 中
                            ;→LDR  R1,[PC,offset_to_litpool]
   ⋮
                            ;litpool DCD 0xfff
LDR     R2, = place         ;将 place 的地址加载到 R2 中
                            ;→LDR  R2,[PC,offset_to_litpool]
   ⋮
                            ;litpool DCD  place
```

4.4.3　Thumb 指令集与 ARM 指令集的区别

对于传统的微处理器体系结构，指令和数据具有同样的宽度。与 16 位体系结构相比，32 位体系结构在操纵 32 位数据时呈现了更高的性能，并可更有效地寻址更大的空间。一般来讲，16 位体系结构比 32 位体系结构具有更高的代码密度，但只有近似一半的性能。

Thumb 在 32 位体系结构上实现了 16 位指令集，以提供：

➢ 比 16 位体系结构更高的性能；

➢ 比 32 位体系结构更高的代码密度。

1. Thumb 指令集

Thumb 指令集是通常使用的 32 位 ARM 指令集的子集。每条 Thumb 指令是 16 位长，其相应的处理器模型与 32 位 ARM 指令有相同效果。

Thumb 指令在标准的 ARM 寄存器配置下进行操作，在 ARM 和 Thumb 状态之间具有出色的互操作性。执行时，16 位 Thumb 指令透明地实时解压缩成 32 位 ARM 指令，且没有性能损失。这以 32 位处理器性能给出 16 位代码密度，节省了存储空间和成本。

Thumb 指令集的 16 位指令长度使其近似有标准 ARM 代码两倍的密度，而保留了相对传统使用 16 位寄存器的 16 位处理器的 ARM 性能优势。这种可能性是由于 Thumb 代码如同 ARM 代码工作在相同的 32 位寄存器集之上。

一般来讲，Thumb 代码的长度是 ARM 代码长度的 65%，当从 16 位存储系统运行时，提供 ARM 代码 160%的性能。因此，Thumb 使 ARM 核非常适用于有存储器宽度限制且代码密度和脚印为重要的嵌入式应用场合。

2. Thumb的优点

32位体系结构相对16位体系结构的主要优点是能用单一指令操纵32位整型数，可以有效地寻址更大的地址空间。当处理32位数据时，16位体系结构至少花费2个指令来完成单一ARM指令的相同任务。然而，并不是程序中的所有代码都处理32位数据（例如，完成字符串处理的代码），并且一些指令，如分支指令，根本不处理任何数据。

若16位体系结构仅有16位指令，32位体系结构仅有32位指令，那么16位体系结构会有更好的代码密度，比32位体系结构一半的性能要好。显然32位性能来自代码密度的代价。

Thumb通过在32位体系结构上实现16位指令长度突破了这一限制，有效地用压缩的指令编码处理32位数据。这比16位体系结构性能好得多，而比32位体系结构代码密度好得多。

Thumb比使用16位指令的32位体系结构还有一个主要优点。这就是能够切换回全ARM代码并全速执行。从Thumb代码到ARM代码的切换开销只有子程序入口时间。通过适当地在Thumb和ARM执行之间切换，系统的各个部分可为速度或代码密度进行优化。

Thumb具有32位核的所有优点：

- 32位寻址空间；
- 32位寄存器；
- 32位移位器和算术逻辑单元ALU(Arthmetic Logic Unit)；
- 32位存储器传送。

Thumb因而可提供长的转移范围、强大的算术运算能力和大的寻址空间。

由于ARM7TDMI具有16位Thumb指令集和32位ARM指令集，这使设计者能根据他们的应用要求在子程序级灵活地强调性能或代码长度。例如，像快速中断和DSP算法这样的应用，关键循环可以使用全ARM指令集编码，然后再与Thumb代码链接。

3. Thumb指令集与ARM指令集的区别

Thumb指令集与ARM指令集一般在以下几种指令中有所区别：

- 转移指令；
- 数据传送指令；
- 单寄存器加载和存储指令；
- 多寄存器加载和存储指令。

Thumb指令集没有协处理器指令、信号量(semaphore)指令以及访问CPSR或SPSR的指令。

(1) 转移指令

转移指令用于：

➢ 向后转移形成循环；

➢ 条件结构下向前转移；

➢ 转向子程序；

➢ 将处理器从 Thumb 状态切换到 ARM 状态。

Thumb 指令集的程序相对转移指令，特别是条件转移指令，与 ARM 指令集的转移指令相比，在范围上有更多的限制，转向子程序只具有无条件转移指令。

(2) 数据处理指令

这些指令对通用寄存器进行操作。在许多情况下，操作的结果须放入其中一个操作数寄存器中，而不是第 3 个寄存器中。

Thumb 指令集的数据处理操作比 ARM 指令集的更少，因此访问寄存器 R8～R15 受到一定限制。除 MOV 或 ADD 指令访问寄存器 R8～R15 外，数据处理指令总是更新 CPSR 中的 ALU 状态标志。除 CMP 指令外，访问寄存器 R8～R15 的 Thumb 数据处理指令不能更新标志。

(3) 单寄存器加载和存储指令

这些指令从存储器加载一个寄存器值，或把一个寄存器值存储到存储器中。在 Thumb 指令集下，这些指令只能访问寄存器 R0～R7。

(4) 多寄存器加载和存储指令

LDM 和 STM 将任何范围为 R0～R7 的寄存器子集从存储器加载以及存储到存储器中。

PUSH 和 POP 指令使用堆栈指针（R13）作为基址实现满递减堆栈。除可传送 R0～R7 外，PUSH 还可用于存储链接寄存器，并且 POP 可用于加载程序指针。

4.4.4 Thumb-2 指令集的特点

今天系统设计者面临的最大挑战就是进行低成本、长电池寿命和高性能的嵌入式系统竞争需求的平衡。

Thumb-2 核技术是 ARM 体系结构的最新增强技术，它建筑在现有 ARM 解决方案之上，改善了 ARM 代码密度和性能，将 ARM 解决方案延伸到了低功耗、高性能系统中。

1. 设计权衡

设计者关注的重要指标是成本、性能和功耗。在一个应用中可将 ARM 和 Thumb 代码相结合，使设计者对系统的成本、性能和功耗特性进行平衡。

➢ 代码密度影响程序存储器，即影响存储器的大小。由于存储器是构成系统成本的主要部分之一，而存储器的成本随系统复杂性的增加而增加，因此需要减小存储器的大小。

➢ 降低功耗总是很重要的，对便携式应用的设计者来说，降低功耗、延长电池寿命是非常重要的，因而功耗对所有设计都有很大的影响。

➢ 从性能上考虑，通常指令越少越好。因此，只使用 ARM 指令通常性能最好。

性能与功耗关系紧密。通过使用高效的指令（ARM 指令集），以尽可能低速的时钟设计满足特定的功能，可显著降低设计的功耗。换句话说，通过让系统在进入低功耗模式前尽早完成所需的操作，可降低整个系统的功耗。

代码密度与功耗之间也有联系。高代码密度对改善系统的功耗很有帮助，不同的存储器类型需配置不同的电源。

在片外处理数据或指令比将所有数据或指令放在片内操作更耗电。因为总的来讲，要给更多的门提供时钟，所以需要更多的时钟周期；然而片内存储器容量是有限的。

用 Thumb 指令编写应用程序，可将更频繁使用的代码放在片内存储器中。可以说，提高代码密度与降低功耗的目标是一致的。

由此得出结论：性能—密度—功耗的权衡不是直观的。用手工调整代码达到这些指标之间所需的平衡需要相当长的时间。

2. 代码的开发过程

如同基本设计权衡一样，整个开发时间也是要着重考虑的。

为了得到功耗、性能和代码密度所需的平衡，产生优化设计，设计者趋于使用 ARM 和 Thumb 指令的混合编程。识别出性能关键的代码，让要求快的子程序使用 ARM 指令开发。若可能，其余代码则使用 Thumb 指令，以得到存储器的脚印最小。

代码开发的实用解决方案是使用 ARM 和 Thumb 混合编程。然而，使用这种混合 ARM－Thumb 方法有一些限制。不是所有 ARM 指令都有等效的 Thumb 指令，甚至当目标是最高代码密度时，仍必须使用一些 ARM 指令。例如，没有等效的访问特殊功能部件（如 SIMD）、协处理器寄存器或使用特权的 Thumb 指令。为了实现这些访问操作，Thumb 代码必须调用 ARM 代码函数。

在开发过程中，由于存储器的限制，ARM 代码和 Thumb 代码实现的边界可以改变。然而，真实情况常出现在设计接近完成，实际硬件环境已做好的时候。

这些因素使得开发过程更加复杂。在 ARM 和 Thumb 代码使用之间进行优化调整，特别是对有存储器限制的设计，可能需要反复调整。

3. 高性能、密度和效率的开发：ARM Thumb－2 核技术

Thumb－2 核技术扩展 ARM 体系结构，是对 Thumb ISA（Instruction System Architecture）的增强，有助于提高代码密度和改善性能。ISA 由现存 16 位 Thumb 指令组成，增加了：

➢ 用于改善程序流的新 16 位 Thumb 指令；

➢ 由 ARM 指令等价派生的新 32 位 Thumb 指令;

➢ ARM 32 位 ISA 增加了 32 位指令来改善性能和数据处理。

对 Thumb 增加 32 位指令克服了过去的限制,这些新 32 位指令是协处理器访问、特权指令和如 SIMD 的特殊功能指令。Thumb 现在具有高性能和高代码密度的所有指令。

对于新 Thumb-2 核技术:

➢ 其访问完全等同于所有的 ARM 指令;

➢ 12 个全新指令改善了性能—代码量的平衡;

➢ 性能达到只使用 ARM 指令集 C 代码开发的 98%;

➢ 存储器脚印只有 ARM 等效实现的 74%;

➢ 与现存 Thumb 高密度代码相比:代码量少 5%、速度快 2%~3%。

使用 ARM、Thumb 和 Thumb-2 指令集所生成的代码量和性能的比较如图 4-29 所示。

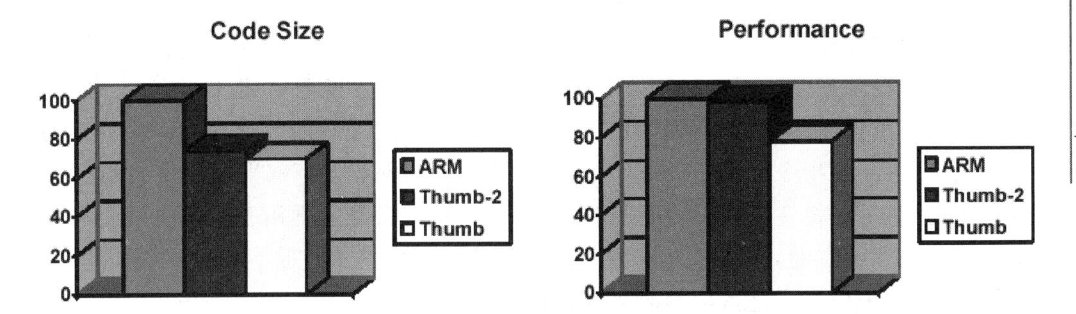

图 4-29 ARM、Thumb 和 Thumb-2 指令集的代码量和性能的比较

过去在选用 Thumb 和 ARM 指令集上可能有不确定性,Thumb-2 核技术现已成为大多数应用的缺省指令集。使用 Thumb-2 核技术显著简化了开发过程,特别是在性能、代码密度和功耗不能直接了当地权衡时。而且,代码"混和(blending)",改变了 ARM 和 Thumb 指令的使用方法,不再需要混合编程。

4. 性能和代码量的权衡

为 Thumb-2 核技术开发的新指令是通过大量的例子,分析由 ARM 和 Thumb 编译器产生的代码而得到的。

通过假定新指令,可以看到性能和代码密度的效果。

5. 指令亮点

(1) 位域指令

为了改善对打包的数据结构的处理,将插入和提取位域的指令加到了 Thumb 32 位指令和 ARM 32 位指令中。这减少了向一个寄存器插入或从寄存器提取几个位所需的指令数,该指令使得打包的数据结构更有吸引力,也减少了对数据存储器的需求。

```
ARM (v6或以前版本)                          Thumb-2 (ARM或Thumb)
AND R2, R1, #bitmask                        BFI R0, R1, #bitpos, #bitwidth
BIC R0, R0, #bitmask << bitpos
ORR R0, R0, R2, LSL #bitpos
```

以上代码表明,对于不超过 ARM 指令位域限制的掩码和移位掩码,简单的 ARM 例子需要 3 条指令。若位域宽度增大,需要的指令增多。Thumb-2 核技术就没有这个限制。ARM 代码还需要一个额外的寄存器用于保存中间值。

(2) 位翻转指令

这条指令将源寄存器的每个位从位[n]传送到目的寄存器的位[31－n]。有几种方法可以做到不使用位翻转指令,例如采用交换最小单元,直到所有位都翻转的 15 条指令的序列,然而还需要一个额外的工作寄存器。位翻转指令节省大量指令,在诸如 FFT 的 DSP 算法中非常有用。

(3) 16 位常量

为了给处理程序常量提供更大的灵活性,ARM 32 位指令集和 Thumb 32 位指令集增加了两条新指令。一条指令为 MOVW,将 16 位常量加载到寄存器中并用 0 扩展结果;另一条指令为 MOVT,将 16 位常量加载到寄存器顶部半字。这对指令结合起来使用,可以将 32 位常量加载到寄存器中。这种常量通常用于在访问外设的一个或多个寄存器之前,加载外设地址。目前是使用文字池来完成,将 32 位常量嵌入到指令流中,采用程序计数器相对寻址进行访问。

文字池对于存储常量和减少访问常量所需的代码量非常有用,然而实现哈佛体系结构存在内核开销。这里的开销是指需要几个额外周期,使指令流中保存的常量出现在内核的数据口。这意味着要么将常量加载到数据 Cache,要么从处理器的数据口访问程序存储器。

将常量嵌入两条指令的 2 个半字中,意味着常量已经存在于指令流中,不再需要数据访问。这对小型文字池非常有用,减少了访问常量所需的时钟数,改善了性能并显著减少了访问常量的功耗。

(4) 表转移指令

基于一个变量的值,使用表来控制程序流是高级语言的公有特征,此方法可使用 ARM 和 Thumb 指令集很好地翻译成目标代码。由于 ARM 编译器试图得到高性能代码,编译器选择只注重速度而不注重程序量的代码序列。相反,Thumb 编译器倾向于使用打包数据表,通过将代码和表结合起来使用,得到存储器最小化的代码序列。

Thumb-2 核技术结合两种技术的优点,引入了表转移指令,使用打包的数据使得指令数目最少,可以最少的代码和数据脚印得到最高的性能。

(5) IT - if then 指令

ARM 指令集具有条件执行每条指令的能力，这种特性在编译器为短条件语句生成代码时非常有用。尽管如此，Thumb 16 位译码空间没有足够的空间来保留这种能力，因此，在 Thumb 编译器中没有这种特性。

Thumb - 2 核技术引入了一条提供类似机制的指令。IT 指令根据一个条件码来预测多达 4 条 Thumb 指令的执行。条件码是状态寄存器中的一个或多个条件标志，这使得 Thumb 代码获得与 ARM 代码同等的性能。

ARM	Thumb	Thumb - 2
LDREQ R0,[R1]	BNE L1	ITETE EQ
LDRNE R0,[R2]	LDR R0,[R1]	LDR R0,[R1]
ADDEQ R0,R3,R0	ADD R0,R3,R0	LDR R0,[R2]
ADDNE R0,R4,R0	B L2	ADD R0,R3,R0
	L1	ADD R0,R4,R0
	LDR R0,[R2]	
	ADD R0,R4,R0	
	L2	

在上述例子中，ARM 代码占用 16 字节，Thumb 代码占用 12 字节，而 Thumb - 2 核技术代码仅占用 10 字节。ARM 代码的执行花费 4 个周期，Thumb 代码的执行花费 4～20 周期，而 Thumb - 2 核技术代码的执行只花费 4 或 5 个周期。Thumb 周期计数值取决于精确的转移预测。在 Thumb - 2 核技术情况下，IT 指令可以类似转移指令的方式交迭(fold)，将周期从 5 减少到 4。

(6) 比较 0 和转移指令——CZB

这条指令用于替换常用的与 0 比较，后跟一条转移指令的指令序列。它通常用于测试地址指针。除了程序流控制、数据处理和加载/存储指令外，新的 32 位 Thumb 指令包含协处理访问指令，这使得在其他协处理器中第一次能为向量浮点 VFP(Vector Floating - Point)单元编写 Thumb 代码。连同访问系统寄存器的指令，使得整个应用可在 Thumb 状态编写，而不必切换到 ARM 状态去访问特殊功能部件。

6. 应用举例

表 4 - 10 列出了以 Thumb - 2 核技术编译现存的 ARM - Thumb 实现的效果。1 MB 的应用原本将 80%的代码编译成 Thumb 得到最好的代码密度，剩余的 20%使用 ARM 指令集得到所需的性能。当所有代码使用 Thumb - 2 核技术编译时，整个可节省了 90 KB 或 9%。

但为了性能更佳，ARM 代码更喜欢驻存在 Cache 或紧耦合存储器中。分析

Thumb-2核技术只编译驻存在紧耦合存储器中代码的效果,表明使用片上存储器更有效。如表4-11所列,假设具有128 KB的指令TCM,其中50%由ARM代码占用,另50%由Thumb代码占用,可节省15%的存储器。

表4-10 Thumb v4编译

ARM	Thumb-2
200 KB	150 KB
Thumb	Thumb-2
800 KB	760 KB

表4-11 Cache/TCM存储器节省

ARM	Thumb-2
64 KB	48 KB
Thumb	Thumb-2
64 KB	61 KB

Thumb-2核技术显著增强了ARM体系结构,相比以前的ARM体系结构,可以更高的代码密度来提供高性能。此外,Thumb-2引入一些新特性进一步改进程序流、程序效率和代码量。这些优点共同使得设计者将更多的部件放入器件中来降低功耗和提高性能,为终端用户设备提供更完整的开发基础。

4.5 ARM汇编语言程序设计

4.5.1 预定义的寄存器和协处理器名

ARM汇编器对ARM的寄存器进行了预定义,所有的寄存器和协处理器名都是大小写敏感的。预定义的寄存器如下:

1. 定义的寄存器名

R0~R15和r0~r15。

a1~a4(参数、结果或临时寄存器,与r0~r3同义)。

v1~v8(变量寄存器,r4~r11)。

sb和SB(静态基址,r9)。

sl和SL(堆栈限制,r10)。

fp和FP(帧指针,r11)。

ip和IP(过程调用中间临时寄存器,r12)。

sp和SP(堆栈指针,r13)。

lr和LR(链接寄存器,r14)。

pc和PC(程序计数器,r15)。

R0~R3通常用来传递参数和保存结果,也可以保存子程序调用的中间结果,也可以用a1~a4表示。在ARM状态下,R12(也称为IP)通常也保存子程序调用的中间结果。R4~R11通常保存程序的局部变量,也可以用v1~v8表示,但是只有v1~v4能在Thumb状态下使用。R12~R15一般有特殊用途,通常也被称为IP、SP、LR

和 PC。

2. 定义的程序状态寄存器名

cpsr 和 CPSR。

spsr 和 SPSR。

3. 定义的浮点数寄存器名

f0～f7 和 F0～F7(FPA 寄存器)。

s0～s31 和 S0～S31(VFP 单精度寄存器)。

d0～d15 和 D0～D15(VFP 双精度寄存器)。

4. 定义的协处理器名和协处理器寄存器名

p0～p15(协处理器 0～15)。

c0～c15(协处理器寄存器 0～15)。

4.5.2 ARM 汇编程序规范

先从两个简单而完整的汇编程序开始,其中一个是 ARM 指令集汇编程序,另一个是 ARM/Thumb 混合指令集的汇编程序。它们包含了汇编程序的基本要素。

程序 1: ARM 指令集汇编程序

```
1           AREA   ARMex,CODE,READONLY
2                                ;命名代码段的名称为 ARMex
3           ENTRY                ;标记要执行的第一条指令
4   start   MOV R0,#10           ;设置参数
5           MOV R1,#3
6           ADD R0,R0,R1         ;R0 = R0 + R1
7   stop    MOV R0,#0x18         ;angel_SWIreason_ReportException
8           LDR R1, = 0x20026    ;ADP_Stopped_ApplicationExit
9           SWI 0x123456         ;ARM 半主机 SWI
10          END                  ;文件的结束标志
```

行 1:AREA 指示符定义本程序段为代码段,名字是 ARMex,属性为只读。通常一个汇编程序包括多个段,如可读写的数据段,代码段中也可以定义数据。该行中的信息将供链接器使用。

AREA 的语法如下:

AREA　name { , attr }{ , attr}…

其中:name 是以字母开始的字符串或以“|”起止的非字母字符串,如|1_DataArea|;attr 是一系列由汇编器定义的属性。

行 2:关于行 1 的注释。注释以“;”开始。

行3：ENTRY指示符标记程序中被执行的第1条指令。因此，程序中有且只能有一个ENTRY指示符。

行4：start是一个标号，其值是一个地址。其后是ARM指令，将立即数10赋给寄存器R0。

行5：将立即数3赋给寄存器R1。

行6：计算R0=R0+R1

行7～行9：这3条指令将系统控制权交还给调试器，结束程序运行。此处是通过向Angel发送一个软中断实现的。Angel的软中断号是0x123456，实现该功能的中断参数是R0=0x18，R1=0x20026。

行10：END指示符指示汇编器结束对该源程序的处理。因此，每个汇编程序都必须包含一个END行。

程序2：ARM/Thumb指令集的汇编程序

```
1           AREA   ThumbSub,CODE,READONLY    ;命名代码段
2           ENTRY                            ;标记要执行的第1条指令
3           CODE32                           ;下面的指令为ARM指令
4   header  ADR   R0,start + 1               ;处理器从ARM状态启动
5           BX   R0                          ;转到Thumb主程序
6
7           CODE16                           ;下面的指令为Thumb指令
8   start
9           MOV   R0,#10                     ;设置参数
10          MOV   R1,#3
11          BL   doadd                       ;调用子程序
12   stop
13          MOV   R0,#0x18                   ;angel_SWIreason_ReportException
14          LDR   R1, = 0x20026              ;ADP_Stopped_ApplicationExit
15          SWI   0xAB                       ;Thumb半主机SWI
16   doadd
17         ADD   R0,R0,R1                    ;子程序代码
18         MOV   PC,LR                       ;从子程序返回
19         END                               ;文件的结束标志
```

程序2比程序1复杂一些，主要使用Thumb指令集，并调用子程序。

行3：CODE32指示符指示汇编器将其下的指令汇编为ARM(32位)代码，直到遇到CODE16指示符。CODE32和CODE16只用于指示汇编器，并不在运行过程中更改处理器的状态。该汇编程序虽然使用Thumb指令集，但是程序还是从32位的ARM指令开始。

行4：ADR伪指令将行9指令的地址赋予R0，且R0最低位是1。

行5：BX指令使程序跳转到行9指令，并且根据R0最低位为1使处理器转入

Thumb 状态。

行 7:CODE16 指示符指示汇编器将其下的指令汇编为 Thumb(16 位)代码。

行 11:BL 指令调用子程序,其首地址是 doadd。BL 还会将返回地址保存到 LR 寄存器。

行 18:将 LR 寄存器内容赋予 PC,即子程序返回。

行 13~15 的作用同前面 ARM 指令集程序的结束处理的作用一样,只是 ARM 指令集与 Thumb 指令集对应的软中断号和参数不同而已。

1. 格 式

ARM 汇编程序中每一行的通用格式为

{ 标号 }{ 指令 | 指示符 | 伪指令 }{ ; 注释 }

源程序中允许空行。除了标号和注释,指令、伪指令和指示符都必须有前导空格,即它们不能顶格。如果单行代码太长,可以使用字符"\"将其分行,"\"后不能有任何字符,包括空格和 TAB。

指令、助记符、指示符和寄存器名既可以用大写,也可以用小写,但不要混用。注释从";"开始,到该行结束为止。

2. 标 号

标号代表一个地址。段内标号的地址值在汇编时确定;段外标号地址值在链接时确定。此处有两个概念需要注意:程序相对寻址和寄存器相对寻址。在程序段中,标号代表其所在位置与段首地址的偏移量。根据程序计数器(PC)和偏移量计算地址称为程序相对寻址。在映像中定义的标号代表标号到映像首地址的偏移量。映像的首地址通常被赋予一个寄存器,根据该寄存器值与偏移量计算地址称为寄存器相对寻址。此外在宏中也可以使用局部标号,局部标号是 0~99 的十进制数开始,可以重复定义。也可以使用 ROUT 指示符定义一个有效区间,并在局部标号后紧接区间名,使局部标号的引用局限在该有效区间内。

3. 常 量

① 数字常量有三种表示方式:

十进制数,如:123,1,0;

十六进制数,如:0x123,0xab,0x7b;

n_XXX,n 表示 n 进制,为 2~9,XXX 是具体的数。

② 字符常量由一对单引号及中间的字符表示,包括标准 C 中的转义字符。

③ 字符串常量由一对双引号及中间的字符串表示。标准 C 中的转义字符也可是使用。如果需要包含双引号或"$",则必须用""和$$代替。

④ 布尔常量 FALSE 和 TRUE 必须写成:{FALSE}和{TRUE}。

4.5.3 ARM汇编程序设计

1. 条件执行程序设计

ARM指令集中的所有数据处理指令都是条件执行指令。Thumb指令集中除使用高寄存器的MOV和ADD外，所有数据处理指令都会无条件的更新程序状态寄存器CPSR中的标志位，但只有B指令可以条件执行。因此条件执行程序的编写可以直接使用带条件后缀的ARM指令来完成。例如：

```
ADD  R0,R1,R2          ;R0 = R1 + R2,不更新标志位
ADDS  R0,R1,R2         ;R0 = R1 + R2,并更新标志位
ADDEQS  R0,R1,R2       ;如果Z标志置位,则执行R0 = R1 + R2,并更新标志位
CMP  R0,R1             ;根据R0 - R1的结果更新标志位
```

2. 传送类指令程序设计

(1) 加载立即数

通常，使用MOV和MVN指令向寄存器加载常量，但由于单条MOV或MVN指令只能包含8位立即数，所以向一个32位寄存器加载立即数并不容易。这个问题对于ARM指令集和Thumb指令集都存在。这里“加载”的含义是向寄存器或存储器赋值，而不单单指LDR指令所表示的加载指令。

(2) 使用MOV和MVN指令加载立即数

MOV的指令格式为：

MOV{cond}{S}　Rd,<shifter_operand>

对于立即数，<shifter_operand>中8位表示立即数，其余4位用于对该立即数进行循环右移运算。因此12位的<shifter_operand>可以表示4 096个立即数。例如，1 020=0x3fc，表示为<shifter_operand>就是(#0xff,30)，即8位立即数ff循环右移30位。

MVN指令则将<shifter_operand>的结果按位取反。

因此如果希望将立即数1 020赋予寄存器R0，可以使用以下代码：

```
MOV  R0,#0xff,30     ;R0 = 1020
```

也可以使用下面的代码：

```
MOV  R0,#0x3fc       ;R0 = 1020
```

因为ARM汇编器会自动根据立即数产生相应的ARM指令。对于不能由<shifter_operand>表示的立即数，汇编器会报错。尽管利用汇编器的这个功能可以简化汇编程序，但要熟练使用<shifter_operand>还是很困难的。

对于Thumb指令集中的MOV和MVN指令，由于它们不能在加载同时进行移

位运算，所以立即数的范围局限在0～255。

(3) 使用LDR伪指令加载立即数

“LDR Rd，=const”伪指令可以将任何32位立即数赋予目标寄存器。LDR通常用于向目标寄存器加载地址。LDR的效率很高，如果立即数可以由＜shifter_operand＞表示，则汇编器生成相应的MOV或MVN指令；如果立即数不能由＜shifter_operand＞表示，则汇编器将该立即数放到一个文字池（literal pool），并生成一条将该文字池内容加载到目标寄存器的LDR指令。例如：

```
LDR  Rn,[PC,#offset to literal pool] ;从地址[PC+offset]向Rn寄存器加载一个字
```

为此，必须确保在该LDR指令的访问范围内存在一个可用的文字池。汇编器会在每个段后面添加一个文字池。但是，对于ARM指令集，距程序计数器（PC）的常数偏移量必须小于4 KB；对于Thumb指令集为1 KB。通常，汇编器会在LDR伪指令前后查找可用的文字池，但是如果LDR指令与默认文字池距离太远汇编器就会报错。此时，必须在LDR指令上下4 KB（Thumb为1KB）之内用LTORG指示符显式地在代码段中添加一个文字池。而且因为文字池在代码段中，必须确保它不会被处理器作为指令而加以执行。通常将其紧跟在无条件跳转指令或子程序返回代码之后。下面是使用LDR伪指令加载立即数的例子：

```
1          ARER  Loadcon,CODE,READONLY
2          ENTRY                                ;标记要执行的第1条指令
3   start  BL   func1                           ;跳转到子程序 func1
4          BL   func2                           ;跳转到子程序 func2
5   stop   MOV   R0,#0x18                       ;angel_SWIreason_ReportException
6          LDR   R1,=0x20026                    ;ADP_Stopped_ApplicationExit
7          SWI   0x123456                       ;ARM 半主机 SWI
8   func1
9          LDR   R0,=42                         ;→MOV   R0,#42
10         LDR   R1,=0x55555555                 ;→LDR   R1,[PC,#到文字池1的偏移]
11         LDR   R2,=0xFFFFFFFF                 ;→MVN   R2,#0
12         MOV   PC,LR
13         LTORG                                ;添加文字池
14   func2
15         LDR   R3,=0x55555555                 ;→LDR   R3,[PC,#到文字池1的偏移]
16         ;LDR   R4,=0x66666666               ;如果这行不注释掉就会出错,因为文字池2
17                                              ;超出了范围
18         MOV   PC,LR
19   LargeTable
20         % 4200                               ;从当前位置开始,清0存储器的4 200字节区域
21         END                                  ;文字池2为空
```

注：① 行13，在子程序返回代码后添加文字池，供行10和行15的LDR伪指令

使用。

② 行19,20添加了一个4 200字节的空白区域,这使得行16的LDR伪指令到段末文字池的偏移量超过了4 KB,因而会造成错误。

(4) 加载地址

1) 使用ADR和ADRL伪指令加载地址

ADR和ADRL是两条伪指令,通常用于向寄存器加载一个标号或与标号有关的表达式。注意,标号就是地址。ADR和ADRL适用于程序相对寻址和寄存器相对寻址。

对于"ADR Rn,label"伪指令,如果标号表达式(地址)与PC或其他寄存器值的偏移量在下述范围内,汇编器将其转化成一条ADD或SUB指令,否则,产生错误信息。此处所指的范围是:如果地址字对齐,为±255个字(1 020字节);如果地址非字对齐,为±255个字节。ADRL伪指令最终会生成两条指令,因而地址范围比ADR有所扩大。字对齐时为256 KB;非字对齐时为±64 KB。如果地址偏移量超过这个范围,应该使用LDR伪指令。另外值得注意的是:ADR和ADRL中的标号必须与该指令在同一代码段内。

对于Thumb指令集,ADR只产生字对齐地址,而且无法使用ADRL。

下面是使用ADR和ADRL伪指令的例子:

```
1         AREA  adrlabel,CODE,READONLY
2         ENTRY                        ;标记要执行的第1条指令
3  Start
4         BL  func                     ;跳转到子程序
5  stop   MOV  R0,#0x18                ;angel_SWIreason_ReportException
6         LDR  R1,=0x20026             ;ADP_Stopped_ApplicationExit
7         SWI  0x123456                ;ARM半主机SWI
8         LTORG                        ;添加文字池
9  func   ADR  R0,Start                ;→SUB  R0,PC,#到Start的偏移
10        ADR  R1,DataArea             ;→ADD  R1,PC,#到DataArea的偏移
11        ;ADR  R2,DataArea+4300 ;如果这行不被注释掉就会出错,因为偏移不
12                                     ;能通过ADD的第2个操作数来表示
13        ADRL  R2,DataArea+4300 ;→ADD  R2,R2,PC,#偏移1
14                                     ;ADD  R2,R2,#偏移2
15        MOV  PC,LR                   ;从子程序返回
16 DataArea
17        % 8000                       ;从当前位置开始,清零存储器中的8 000字节区域
18        END
```

对于行9和行10,由于标号Start和DataArea在相应范围内,所以可以使用ADR伪指令。但是DataArea+4300与行11或行13指令的偏移量超过1 020字节,所以必须使用ADRL伪指令。

2）使用 LDR 伪指令加载地址

LDR 伪指令可以加载任何 32 位常量，包括地址。汇编“LDR　R0，=label”时，先将 label 放到文字池，然后生成一条 LDR 指令将文字池中的内容加载到目标寄存器。如：

```
LDR  Rn,[PC,#到文字池的偏移]  ;从地址[PC+偏移]向寄存器 Rn 加载一个字
```

因此必须确保 LDR 访问范围内有可用的文字池。

LDR 伪指令可以将其他代码段的标号作为地址赋给寄存器，而 ADR 和 ADRL 则不能。汇编 LDR 伪指令时，会为段外标号设置一个重定位指示符，指示链接器在链接时确定地址。下面是使用 LDR 伪指令加载地址的例子：

```
1           AREA   LDRlabel,CODE,READONLY
2           ENTRY                        ;标记要执行的第 1 条指令
3    start
4           BL   func1                   ;跳转到子程序 func1
5           BL   func2                   ;跳转到子程序 func2
6    stop    MOV   R0,#0x18              ;angel_SWIreason_ReportException
7           LDR   R1, = 0x20026          ;ADP_Stopped_ApplicationExit
8           SWI   0x12345                ;ARM 半主机 SWI
9    func1
10          LDR   R0, = start            ;→LDR   R0,[PC,#到文字池 1 的偏移]
11          LDR   R1, = Darea + 12       ;→LDR   R1,[PC,#到文字池 1 的偏移]
12          LDR   R2, = Darea + 6000     ;→LDR   R2,[PC,#到文字池 1 的偏移]
13          MOV,PC,LR                    ;从子程序返回
14          LTORG                        ;添加文字池 1
15   func2
16          LDR   R3, = Darea + 6000     ;→LDR   R3,[PC,#到文字池 1 的偏移]
17          ;LDR   R4, = Darea + 6004    ;如果该行不被注释掉就会出错,因为文字
18                                       ;池 2 超出了范围
19          MOV   PC,LR                  ;从子程序返回
20   Darea    %   8000                   ;从当前位置开始,清零存储器的 4 200 字节区域
21          END
```

3. 多寄存器加载/存储程序设计

ARM 和 Thumb 指令集都有同时加载多个寄存器的指令（LDM 和 STM 指令），它们不仅可以使代码简洁，而且可以提高执行效率。

(1) 使用 LDM 和 STM 指令实现堆栈操作

LDM 指令和 STM 指令非常适合用于堆栈操作，可以一次把多个寄存器进栈和出栈。堆栈指针可以指向栈顶，称为满堆栈；也可以指向一个空位置，称为空堆栈。堆栈指针值可以递增也可以递减。因此，按照堆栈指针的位置和移动方式，通常可以

将堆栈分成4种。LDM和STM指令有专门用于堆栈操作的后缀，R13是堆栈指针。下面是一些堆栈操作的例子：

```
STMFD  R13!,{R0 - R5}        ;向一个满递减堆栈压栈
LDMFD  R13!,{R0 - R5}        ;从一个满递减堆栈弹出
STMFA  R13!,{R0 - R5}        ;向一个满递增堆栈压栈
LDMFA  R13!,{R0 - R5}        ;从一个满递增堆栈弹出
STMED  R13!,{R0 - R5}        ;向一个空递减堆栈压栈
LDMED  R13!,{R0 - R5}        ;从一个空递减堆栈弹出
STMEA  R13!,{R0 - R5}        ;向一个空递增堆栈压栈
LDMEA  R13!,{R0 - R5}        ;从一个空递增堆栈弹出
```

子程序调用时需要保存和恢复现场，为了保证嵌套调用能够正常返回，必须将LR寄存器压栈。参见下面的例子：

```
subroutine  STMFD  SP!,{R5 - R7,LR}  ;将寄存器和LR压入堆栈
            ⋮                        ;代码
            BL  somewhere_else
            ⋮                        ;代码
            LDMFD  SP!,{R5 - R7,PC}  ;从堆栈弹出并加载寄存器和PC
```

(2) 使用LDM和STM指令实现块复制

例如如下指令：

```
LDMIA  R0!,{R4 - R11}        ;从源地址向寄存器加载8个字
STMIA  R1!,{R4 - R11}        ;将寄存器中的8个字保存到目标地址
```

(3) Thumb指令集的LDM和STM指令

Thumb指令集使用LDM和STM指令进行多寄存器的加载和存储操作。此时，LDM和STM指令必须包括后缀，而且只有IA一个后缀，如下：

```
LDMIA  R1!,{R0,R2 - R7}
STMIA  R4!,{R0 - R3}
```

对于堆栈操作，Thumb提供了PUSH和POP指令。堆栈基地址在R13中。可以将LR寄存器压栈，并可将返回地址弹出到PC寄存器，如下：

```
PUSH   {R0 - R3}
POP    {R0 - R3}
PUSH   {R4 - R7,LR}
POP    {R4 - R7,PC}
```

习　题

1. ARM7和ARM9在流水线方面有何不同？

2. ARM 处理器支持的数据类型有哪些？
3. 写出 ARM 使用的各种工作模式和状态？请给出特权模式和管理模式的区别。
4. 哪个寄存器用做 PC？哪个用做 LR？
5. CPSR 的哪几位定义状态？试比较 ARM 处理器标志位和 X86 处理器标志位的异同。
6. ARM 与 Thumb 指令的边界对齐有何不同？访问内存为何要按照地址边界对齐方式？
7. ARM 处理器为何没有移位操作指令？解释什么是 ARM 指令灵活的第 2 操作数。
8. 如何区分伪指令 LDR 和汇编指令 LDR？
9. 假设 R0＝0x12345678，使用“STORE R0”到“0x4000”指令存到存储器中。若存储器为大端序组织，写出“从存储器 0x4000 处 LOAD 一个字节到 R2”指令执行后 R2 的值。
10. 假定有一个 25 个字的数组。编译器分别用 R0 和 R1 分配变量 x 和 y，若数组的基地址在 R2 中，使用变址寻址方式翻译：x＝array[5]＋y。
11. 使用汇编完成下列 C 的数组赋值：
    for(i＝0;i＜＝10;i＋＋){　a[i]＝b[i]＋c; }

第5章

嵌入式 Linux 应用程序开发

5.1 开发平台简介

5.1.1 S3C2410 简介

S3C2410 是 Samsung 公司推出的 16/32 位 RISC 处理器，主要面向手持设备和高性价比、低功耗的应用。S3C2410 有两个型号：S3C2410X 和 S3C2410A。其中，A 型是 X 型的改进型，具有更好的性能和更低的功耗。

为了降低整个系统的成本，S3C2410A 在片上集成了以下丰富的组件：分开的 16 KB I-Cache 和 16 KB D-Cache、用于虚拟存储器管理的 MMU、LCD 控制器（支持 STN 和 TFT）、NAND Flash 启动装载器，系统管理器（片选逻辑和 SDRAM 控制器）、3 通道 UART、4 通道 DMA、4 通道 PWM 定时器、I/O 口、RTC、8 通道 10 位 ADC 和触摸屏接口、I^2C 总线接口、I^2S 总线接口、USB 主、从设备、SD 卡和 MMC（Multimedia Card，多媒体卡）卡接口、2 通道的 SPI（Serial Peripheral Interface，串行外围设备接口）以及 PLL 时钟发生器。同时它还采用了 AMBA（Advanced Microcontroller Bus Architecture，先进的微控制器总线体系结构）新型总线结构，其结构框图如图 5-1 所示。

S3C2410A 的 CPU 内核采用的是 ARM 公司设计的 16/32 位 ARM920T RISC 处理器。ARM920T 实现了 MMU、AMBA 总线和 Harvard 高速缓存体系结构，该结构具有独立的 16 KB I-Cache 和 16 KB D-Cache，每个 Cache 都由 8 字长的行组成。

S3C2410A 提供一组完整的系统外围设备，从而大大减少了整个系统的成本，省去了为系统配置额外器件的花销。S3C2410A 集成的主要片上功能包括：

- 1.8 V/2.0 V 内核供电，3.3 V 存储器供电，3.3 V 外部 I/O 供电；
- 具有 16 KB I-Cache 和 16 KB D-Cache 以及 MMU；
- 外部存储器控制器（SDRAM 控制和片选逻辑）；
- LCD 控制器（最大支持 4K 色 STN 和 256K 色 TFT）提供 1 通道 LCD 专用 DMA；

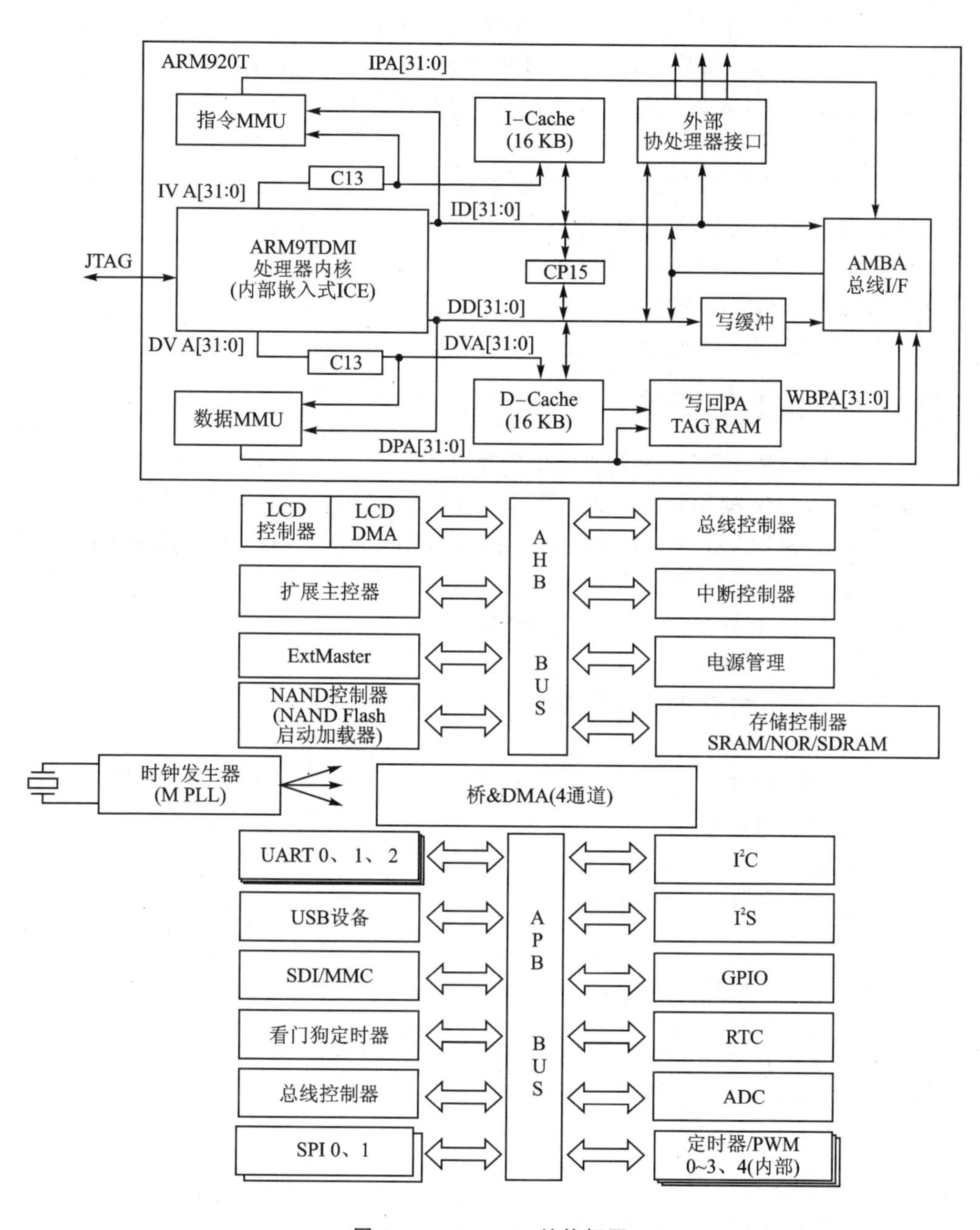

图 5-1 S3C2410 结构框图

- 4 通道 DMA 并有外部请求引脚；
- 3 通道 UART（IrDA1.0、16 字节 Tx FIFO 和 16 字节 Rx FIFO）和 2 通道 SPI；
- 1 通道多主机 I^2C 总线和 1 通道 I^2S 总线控制器；

- SD主接口版本1.0和MMC卡协议2.11兼容版；
- 2个USB主设备接口，1个USB从设备接口（版本1.1）；
- 4通道PWM定时器和1通道内部定时器；
- 看门狗定时器；
- 117位通用I/O口和24通道外部中断源；
- 电源控制模式包括：正常、慢速、空闲和掉电4种模式；
- 8通道10位ADC和触摸屏接口；
- 具有日历功能的RTC；
- 使用PLL的片上时钟发生器。

5.1.2 平台上的资源

UP-NETARM2410-S核心模块资源包括：

- 基于ARM9架构的嵌入式芯片S3C2410，主频为202 MHz；
- 64 MB SDRAM、64 MB Flash 3.2 UP-NETARM2410-S主板资源；
- 8寸640*480TFT真彩LCD；
- 触摸屏：4个主USB口、1个从USB口；
- 2个JTAG接口；
- 一个100M网卡，预留一个100M网卡；
- 两个串口、一个485接口；
- CAN总线接口；
- 红外通信收发器；
- 8通道10位A/D转换模块；
- 2通道10位D/A转换模块；
- PCMCIA接口；
- SD/MMC 接口；
- IDE硬盘接口；
- 笔记本硬盘接口；
- CF卡接口；
- IC卡接口；
- 直流电机、步进电机；
- 8个用户自定义LED数码管；
- 17键键盘；
- PS2鼠标、键盘接口；
- 高性能立体声音频模块，支持放音、录音；
- 麦克风接入；
- 一个168引脚的扩展插座，硬件可无限扩展。

5.2 开发环境的建立

5.2.1 宿主机环境搭建

嵌入式Linux开发环境有几个方案：

① 基于PC机Windows操作系统的Cygwin；

② 在Windows下安装虚拟机后，再在虚拟机上安装Linux操作系统；

③ 直接安装Linux操作系统。

基于Windows的开发环境要么有兼容性问题，要么速度有影响，因而推荐大家使用纯Linux操作系统开发环境。绝大多数Linux软件开发都是以native方式进行的，即本机（HOST）开发、调试，本机运行的方式。这种方式通常不适合于嵌入式系统的软件开发，因为对于嵌入式系统的开发，在目标机上没有足够的资源运行开发工具和调试工具。通常的嵌入式系统的软件开发采用一种交叉编译、调试的方式。交叉编译、调试环境建立在宿主机（即一台PC机）上，对应的开发板或实验箱叫做目标机。

在运行Linux的PC（宿主机）上开发程序时，使用宿主机上的交叉编译、汇编及链接工具形成可执行的二进制代码（这种可执行代码并不能在宿主机上执行，而只能在目标机上执行），然后把可执行文件下载到目标机上运行。调试时的方法很多，可以使用串口，以太网口等，具体使用哪种调试方法可以根据目标机处理器提供的支持进行选择。宿主机和目标机的处理器一般不相同，宿主机为Intel X86处理器，而目标机，如UP-NetARM2410-S实验箱，为三星S3C2410处理机。GNU编译器在编译时可以选择开发所需的宿主机和目标机，从而建立开发环境。所以在进行嵌入式开发前第一步的工作就是要安装一台装有指定操作系统的PC机作为宿主机。对于嵌入式Linux，宿主机上的操作系统一般要求为RedHat Linux。嵌入式开发通常要求宿主机配置有网络，支持NFS（交叉开发时mount所用），然后要在宿主机上建立交叉编译、调试的开发环境。

5.2.2 目标机和宿主机的连接

目标机和宿主机之间可以通过串口和网口进行连接。使用串口不需要配置IP地址等信息，使用最为方便，但是它受到距离的限制。

1. Linux环境串口通信配置

Linux环境串口通信的工具主要有minicom、picocom等。首先，以root身份运行minicom，其次，用组合键Ctrl+A O（先按Ctrl + A再按O）来配置minicom，然后从菜单中选择serial port setup，最后回车。以配置为115200 8 N 1为例，执行以下操作:按 e 键,然后依次按下 I、Q 键,确认 current 显示为 115200 8 N 1,回车,按下 A 键,在 Serial Device 下输入串口设备名(如果选择串口 1,输入/dev/ttyS0;如果选择串口 2,输入/dev/ttyS1),然后两次回车。按下 F 键,修改 Hardware Flow Control 为 NO。从菜单中选择 Modem and Dialing,键入 A,删除 Init Sring 中的内容,按回车。键入 B,删除 Reset String 中的内容,按回车。然后按回车返回上级菜单。在菜单中选择 save setup as dfl 回车,再选择 Exit 退出配置菜单。先按 Ctrl+A,然后按 Q 退出 minicom,配置完成。以后再进入 minicom 时会使用我们刚才的配置,无须重新配置了。

COM1 对应的设备文件是/dev/ttyS0,COM2 对应的设备文件是/dev/ttyS1,选择合适的设备,其他的参数可以参考下面介绍的 Windows 上配置超级终端时的参数。

2. Windows 环境配置

从桌面上选择"开始"→"所有程序"→"附件"→"通讯"运行超级终端,选择一个 COM 口(与实验箱相连的那个串口),超级终端的其他配置如图 5-2 所示。

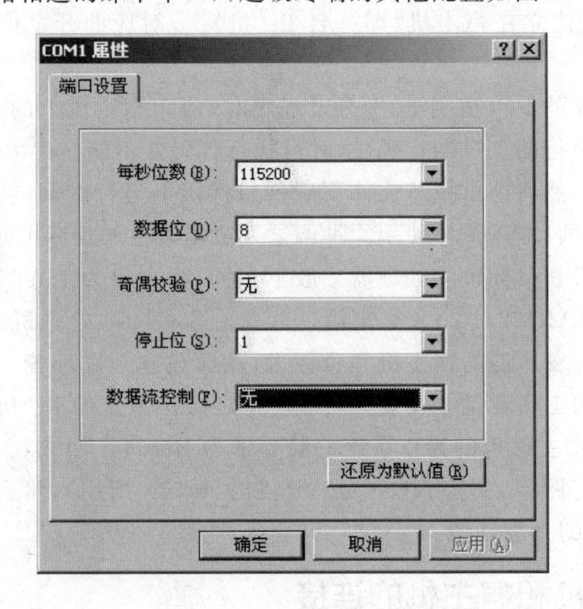

图 5-2 超级终端配置

单击"确定"按钮后,给实验箱通电,就可以在超级终端显示窗口上看到实验箱中 Linux 操作系统的启动信息。

5.2.3 网络文件系统搭建

配置网络包括配置 IP 地址、NFS 服务、防火墙。网络配置主要是要安装好以太网卡,对于一般常见的 RTL8139 网卡,RedHat9.0 可以自动识别并自动安装好,完全不要用户参与，因此建议使用该网卡。然后配置宿主机 IP 为 192.168.0.121。如果是在有多台计算机使用的局域网环境使用此开发设备，则 IP 地址可以根据具体情况设置。

1. 配置 IP 地址

ifconfig eth0 192.168.0.10 netmask 255.255.255.0 broadcast 10.1.0.255，也可以使用图形界面来配置，如图 5-3 所示。

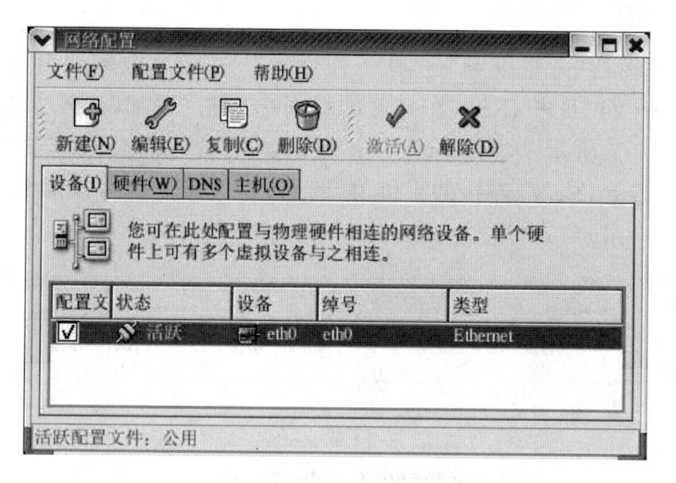

图 5-3　网络配置界面

双击设备 eth0 的蓝色区域，进入以太网设备设置界面，如图 5-4 所示。

图 5-4　以太网设备设置界面

对于 RedHat9.0,默认的是打开了防火墙,因此对于外来的 IP 访问它全部拒绝,这样其他网络设备根本无法访问它,即无法用 NFS mount,许多网络功能都将无法使用。因此,网络安装完毕后,应立即关闭防火墙。操作如下:单击 RedHat"开始"菜单,选择安全级别设置,选中无防火墙。

在系统设置菜单中选择服务器设置菜单,再选中服务菜单,将 iptables 服务的勾去掉,并确保选中 nfs 选项。

2. 配置网络文件系统 NFS

单击主菜单运行"系统设置"→"服务器设置"→"NFS 服务器"(英文为:SETUP→SYSTEM SERVICE→NFS),在打开的界面中单击"增加"出现"添加 NFS 共享"对话框,如图 5-5 所示。在"目录(Drictory):"中填入需要共享的路径,在"主机(Hosts):"中填入允许进行连接的主机 IP 地址,并选择允许客户对共享目录的操作为"只读(Read-only)"或"读/写(Read/Write)。"

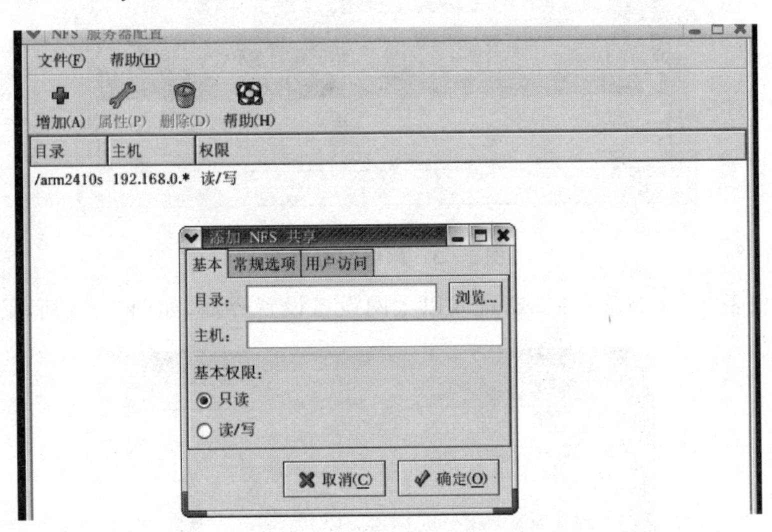

图 5-5　NFS 服务器配置

对客户端存取服务器的一些其他设置,一般取默认值。当将远程的根用户当做本地的根用户时,对于操作比较方便,但是安全性较差。最后退出时,则完成了 NFS 配置。

也可以手工编写/etc/exports 文件,如图 5-6 所示,其格式如下:

图 5-6 表示将本机的/arm2410s 目录共享给 IP 地址为 192.168.0.1～192.168.0.254 的所有计算机,可以读取和写入。在使用网络文件系统时需要启动 NFS 服务程序,命令如下:

```
/etc/init.d/nfs start
```

共享目录 可以连接的主机(读写权限,其他参数)。

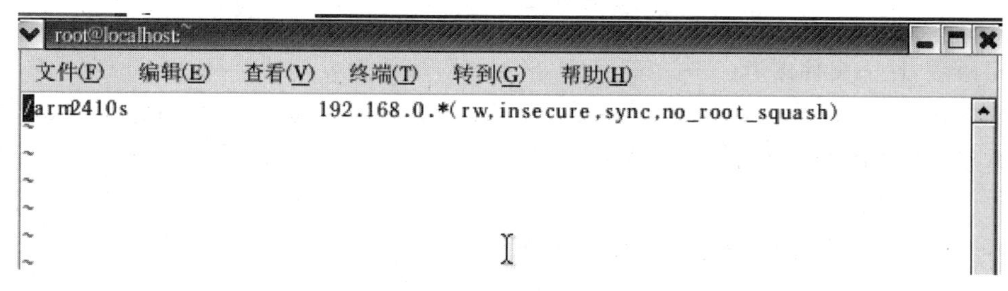

图 5-6 /etc/exports 文件内容

5.3 Linux 的使用基础

5.3.1 Linux 常用命令

所有的实验都是在 Linux 的命令模式下进行的,因此熟练掌握 Linux 的常用命令是进行实验的前提。下面列出一些实验中常用的 Linux 命令。

1. 文件命令

在 Linux 系统中,几乎所有内容包括文档、命令、设备和目录等都组织成文件形式,用文件来管理,常用的文件命令有:

(1) cat、more、less 命令

1) cat 命令

功能:显示文本文件内容。

语法:cat 文件名称。

范例:

$ cat file1

显示 file1 的内容。

$ cat file1 file2>file3

把 file1 和 file2 的内容输入到 file3 中。

2) more 命令

功能:一次以一个页显示。

语法:more 文件名称。

描述:通常在看一篇很长的文件时都希望是从头看到尾,在 Linux 中,more 命令可以以一个页为单位来浏览文件。当使用 more 时,可看到显示屏的左下方有一个"--more--"的信息,这时若按下回车键,则会显示下一行;若按下空格键,则会显示下一个页。

3）less 命令

功能：与 more 命令相似，一次以一个页显示，可以前翻、后翻。

语法：less 文件名称。

描述：若按下空格键，则会显示下一个页；若按下回车键，则一行行地下翻；若按下 b 键，则往上翻一页。

(2) ls 命令

功能：查看目录及文件。

语法：ls [选项] [目录或是文件]。

描述：ls 命令用来浏览文件与目录。对于每个目录，该命令将列出其中的所有子目录与文件。对于每个文件，ls 将输出其文件名以及所要求的其他信息。默认情况下，输出的条目按字母顺序排序。当未指定目录名或文件名时，就显示当前目录的信息。

例如：ls -1。

(3) cp 命令

功能：复制文件。将指定的文件或目录复制到另一个文件或目录中。

语法：cp [选项] 原文件或目录 目标文件或目录。

描述：该命令把指定源文件复制到目标文件或把多个源文件复制到目标目录中。该命令有可能使用户在不经意的情况下用 cp 命令破坏另一个文件，如果用户指定的目标文件名是一个已存在的文件名，用 cp 命令复制后，这个文件就会被新复制的源文件覆盖。

在 cp 中也可以使用通配符，像"＊"、"?"等。例如，要将 root 目录内的所有文件，但不包括隐藏文件，复制至根目录下的 temp 内，其命令为：

```
#cp  /root/* /temp
```

(4) rm 命令

功能：删除文件。删除一个目录中的一个或多个文件和目录，也可以将某个目录和其中的所有文件及子目录都删除。对于链接文件，只删除链接文件，原文件保持不变。

语法：rm [选项] 文件或目录。

该命令的各选项含义如下：

-f　忽略不存在的文件，不给出提示。

-r　将参数中列出的全部目录和子目录删除。

-i　进行交互式删除。

描述：只要是文件，不管是否隐藏，或是文件使用权限设置成只读，rm 皆可删除，在此要注意的是已删除的文件是无法恢复的，因此在使用 rm 时要特别小心。例如，要删除 temp 目录下的 filel 文件，可用：

```
$ cd temp; rm filel
```

在 Linux 中要一次键入两个不同的命令时，只需在命令与命令之间加上分号即可，这样 Linux 便会依照排列的先后次序来执行。在本例中，会先执行 cd temp，再执行 rm filel。

(5) mv 命令

功能：文件更名或搬移。用户可以使用 mv 命令为文件或目录改名，或将文件由一个目录移入另一个目录中。

语法：mv [选项] 源文件或目录 目标文件或目录。

描述：根据 mv 命令中第 2 个参数类型的不同（是目标文件还是目标目录），mv 命令将选择重命名文件，或将其移至一个目录中。当第 2 个参数类型是文件时，mv 命令完成文件重命名工作，此时，源文件只能有一个（也可以是源目录名），mv 将指定的源文件或目录重命名为指定的目标文件名。当第 2 个参数是已存在的目录时，源文件或目录参数可以由多个，mv 命令将各参数指定的源文件均移至目标目录中。在跨文件系统移动文件时，mv 先复制，再将原有文件删除，而与该文件的连接也将丢失。

有时要做文件更名的操作，或是移动文件。其实文件更名与移动文件的操作原理是一样的，差别只是路径的不同。mv 命令通常被用来移动文件，例如，把现在所在的目录中的 nets 文件移到/usr 内，可用：


```
$ mv nets /usr
```

2. 目录和层次命令

同 dos/windows 操作系统一样，在 Linux 系统中文件也是按目录保存在一个树形目录层次结构中的，目录层次的顶部是“根目录”，使用符号“/”。常用的目录和层次命令包括：

(1) pwd 命令

功能：显示当前工作目录。

语法：pwd。

描述：pwd 命令显示当前目录在文件系统层次中的位置。

(2) cd 命令

功能：切换目录。

语法：cd 目录名称。

描述：cd 除了有切换目录的功能外，还有一个功能就是不管在哪个目录内，只要输入 cd 命令不用接任何参数，就可回到用户目录（home directory）内。

(3) mkdir /rmdir 命令

功能：创建目录和删除目录。

语法：mkdir 目录名称。

rmdir 目录名称。

描述：在 Linux 中用 mkdir 命令，后面输入欲创建的目录名即可在当前目录中建立一个新目录；用 rmdir 并指定欲删除的目录即可删除指定的目录。其操作方法与 DOS 中的 md、rd 完全相同，差别只是命令的名称不同而已。另外，在使用 rmdir 时，要确保该目录内已无任何文件存在，否则该命令不成功。

(4) cp 命令

功能：带目录复制。

语法：cp -r 目录 目的目录。

描述：假如要复制一个目录，但该目录内还有多个子目录，则可以使用选择项 -r 来复制目录内的子目录及文件，并且在复制时会自动建立目录，此功能相当于 DOS 内的 xcopy。例如，要将 root 目录内的所有文件（包括目录），但不包括隐藏文件，复制至根目录下的 temp 内，其作法如下：

```
# cp  -r/root/ *   /temp
```

(5) rm 命令

功能：删除目录。

语法：rm -r 目录。

描述：选择项 -r，与 cp 中的 -r 有类似的功能，是指在删除目录的同时一并删除目录内的子目录及文件。这个功能相当于 DOS 中的 deltree 命令。通常在使用 deltree 时会有提示信息，但在 Linux 中使用 rm 没有任何提示信息。值得注意的是，已删除的文件是无法挽救回来的，所以在使用 rm 时要特别小心。当某个目录不再需要，例如，要删除 temp 目录，可以用下面的命令：

```
#  rm  -r /temp
```

(6) mv 命令

功能：目录更名或搬移。

语法：mv 目录名称搬移的目的地（或更改的新名）。

描述：有时需要做目录更名的操作，或是移动目录。目录更名与移动目录操作原理相同，差别只是路径不同。例如，要把现在所在的目录中的 userl 目录移到/home 内，可用以下命令：

```
# mv user1 /home
```

(7) chmod 命令

功能：修改文件的权限。

语法：chmod 权限参数 文件或目录名称。

使用人：每一位用户。

描述：前面在介绍 ls 命令时，已经介绍文件的权限形态，例如-rwx-----。要设置这些文件的形态可用 chmod 命令来设置，然而在使用 chmod 之前需要先了解权限参数的用法。权限参数可以有两种使用方法:英文字母表示法和数字表示法。

1) 英文字母表示法

一个文件用十个小格位记录文件的权限,第 1 小格代表文件类型。“-”表示普通文件;d 表示目录文件;b 表示块特别文件;c 表示字符特别文件。接下来是每 3 小格代表一类型用户的权限。前 3 小格是用户本身的权限,用 u 代表;中间 3 小格代表和用户同一个组的权限,用 g 代表;最后 3 小格代表其他用户的权限,用 o 代表。而每一种用户的权限就直接用 r、w、x 来代表对文件可读、可写、可执行,然后再用+号、-号或=号将各类型用户代表符号 u、g、o 和 rwx 3 个字母链接起来即可。

范例:

-rwx------ chmod u+rwx filel

用户本人对 filel 可以进行读/写执行的操作;

-rw------- chmod u-x filel

删除用户对 filel 的可执行权限;

-rw-rw-r-- chmod g+rw,o+r filel

同组用户对 filel 增加权限为能读/写,其他用户则只能读。

2) 数字表示法

数字表示法是用 3 位数字 XXX,最大值为 777 来表示的。第 1 个数字代表用户存取权限;第 2 个数字代表同组用户使用权限;第 3 个数字代表其他用户存取权限。前面介绍的可读的权限 r 用数字 4 表示,可写的权限 w 用 2 表示,而可执行的权限 x 用 1 表示。

假设用户对 filel 的权限是可读、可写、可执行 rwx,用数字表示则把 4、2、1 加起来等于 7,代表用户对 filel 这个文件可读、可写、可执行,这里 rwx 等价于 4+2+1=7。

至于同组用户和其他用户的权限,就顺序指定第 2 位数字和第 3 位数字即可。如果不指定任何权限,就要补 0! 下面举几个范例就明白了,请大家注意数字的变化。

范例:

-rwx------ chmod 700 filel

指定用户本人对 filel 的权限是可读、可写、可执行;

-rw------- chmod 600 filel

指定用户本人对 filel 的权限是可读、可写;

-rwxrwxrwx chmod 777 filel

指定所有用户对 filel 的权限是可读、可写、可执行。

总之,数字表示法就是将 3 位数字分成 3 个字段,每个字段都是 4、2、1 相加任意的组合。

3. 查找命令

(1) find 命令

功能:搜寻文件与目录。

语法:find 目录名 选项。

常用选项有:

-name filename	按名字查找;
-type x	查找类型为x的文件(x包括b、c、d、f、l等);
-user username	查找属主为username的文件;
-atime n	查找n天以前被访问过的文件;
-mtime n	查找n天以前被修改过的文件;
-cmin n	查找n分钟以前被修改过的文件;
-exec cmd{}	对查找出来的文件执行cmd命令,{}表示找到的文件,命令要以"\;"结束。

范例:


```
$find  /home/exam  -name hash
```

在/home/exam目录下找寻名为hash的文件。

```
$find  / -name fs* -print
```

从/根目录开始搜寻所有以fs开头的文件,然后用参数-print打印出符合条件的文件路径。

```
$find . -name *.c  -exec rm  -f {}\;
```

表示在用户当前的目录,搜寻所有以.c为结尾的文件名*.c,然后用参数-exec执行"rm -f{}\;",删除全部以.c结尾的文件(注意大括号里面没有空格)。

(2) grep 命令

功能;在文件中查找字符串。

语法:grep 字符串 文件名。

范例:

```
$grep tigger filel
```

在filel文件中找寻tigger字符串。

```
$grep  "big tigger" filel
```

在filel文件中找寻big tigger字符串。

另外,grep命令还可以用于查找用正则表达式所定义的目标。正则表达式包括字母和数字，以及那些对 grep 有特殊含义的字符。例如：

ˆ　　指示一行的开头；

$　　指示一行的结束；

.　　代表任意单一字符；

*　　表示匹配零个或多个 * 之前的字符。

范例：

```
$ grep 'ˆb' file1
```

查找文件 filel 中所有以 b 开头的行。

```
$ grep 'b$' file1
```

查找文件 filel 中所有以 b 结尾的行。

```
$ grep 'an.' file2
```

查找文件 file2 中所有以 an 为头两个字符的 3 个字符，包括 any、and 等。

4. 进程命令

(1) ps 命令

功能：查询正在执行的进程。

语法：ps [可选参数]。

描述：ps 命令提供 Linux 系统中正在发生的事情的一个快照，能显示正在执行进程的进程号、发出该命令的终端、所使用的 CPU 时间以及正在执行的命令。例如：

```
$ ps aux
```

(2) kill 命令

功能：终止正在执行的进程。

语法：kill　进程号。

例如：

```
$ kill -9 PID#
```

无条件删除进程号为 PID# 的进程。

5. 与服务器相关命令

(1) ftp 命令

功能：传送文件。

描述：ftp 是一个相当重要的指令，它用来传送文件。如果在网络上看到一个需要的文件，可以用这个命令把该文件传到自己的机器上。例如：

```
[root@localhost /root]# ftp
ftp>
```

此时可输入“?”或 help 得到有关帮助信息。输入 quit 就会退出。

(2) telnet 命令

功能:连接其他计算机系统。

语法:telnet 机器地址 port_number(默认为 23)。

描述:用来连接到其他机器执行工作。在 Linux 系统上,由于对 TCP/IP 协议有完全的支持,因此,用户可以很容易地从 Linux 主机连接上别的计算机系统。

(3) ping 命令

功能:查看网络上哪台主机在工作。

语法:ping [选项] 主机名/IP 地址。

描述:ping 命令用于查看网络上的主机是否在工作,它向该主机发送 ICMP RCHO_ REQUEST 数据包。有时想从网络上某台主机下载文件,可是又不知道那台主机是否开着,就需要使用 ping 命令查看。

(4) mount 命令

功能:挂上文件系统。

语法:mount (一参数) 设备 存放目录。

　　mount IP 地址:/所提供的目录 存放目录。

描述:mount 主要用于挂上文件系统,例如用户有一个硬盘分区,需要在 Linux 下使用这个分区里的内容,这时就要用 mount 命令把这块分区挂到 Linux 系统下,这样才能存取这个分区里的数据。

(5) unmount 命令

功能:卸下文件系统。

语法:unmount 已经挂上的目录或设备名。

描述:卸下已挂上的文件系统,这个命令和 mount 命令是相反的,但不能卸下 root。

(6) su 命令

功能:扩展用户权限。

语法:su [选项] [用户账号]。

描述:这个命令非常重要。它可以让一个普通用户拥有超级用户或其他用户的权限,也可以让超级用户以普通用户的身份做一些事情。普通用户使用这个命令时必须有超级用户或其他用户的口令,如果离开当前用户的身份,可以输入 exit。

若没有指定用户账号,则系统默认值为超级用户 root。

该命令中各选项的含义分别为:

-c　执行一个命令后就结束;

-m　保留环境变量不变。

(7) shutdown 命令

功能：将系统带到可以关闭电源的安全点。

语法：shutdown ［选项］ 时间 ［警告］。

6. 联机帮助命令

各种在线帮助是学习 Linux 很好的工具，下面介绍常用的在线辅助工具。

(1) man 命令

功能：在线帮助。

描述：系统上几乎每条命令都有相关的 man(manual)page。在有问题或困难时，可以立刻找到这个文件。例如，如果使用 ls 命令时遇到困难，可以输入：

```
$ man ls
```

系统就会显示出 ls 的 man page。由于 man page 是用 less 程序来看的，所以在 man page 里可以使用 less 的所有选项。在 less 中比较重要的键有：q 退出。

(2) clear 命令

功能：清除显示屏。

语法：clear。

5.3.2 vi 编辑器的使用

vi 是 Linux 提供的一个标准全屏幕文本编辑器。下面介绍 vi 的使用。

1. vi 的编辑过程

可以通过建立一个新文本或修改一个已经存在的文本来编辑文本。当建立一个新文本，将文本放入一个有普通的 Linux 文件名的文件；当修改已存在的文本时，用已存在的文件名调用一个文件的备份到编辑过程中。在上述任何一种情况使用编辑器时，文本都存入称为缓冲区的存储区域中的系统内存里。使用缓冲区防止直接改变文件内容，直到决定存储缓冲区。这对于想要放弃做过的修改是有利的。

当改变和增加文本时，这些编辑影响缓冲区中的文本，而不影响存在磁盘文件中的文本。当编辑达到要求时，发出命令保存文本，该命令将变化写到磁盘上的文件，只有这时改变才是永久的。

vi 编辑器被称为交互式的，因为在编辑时会与用户相互影响。编辑器通过显示状态信息，错误信息或有时在屏幕上什么也不显示与用户通信。屏幕的最后一行称为状态行，保存从 Linux 获得的信息。在屏幕上还可以看到对文本的修改。

2. vi 的使用

① 启动 vi，只需在 shell 提示符后键入它的名字。若知道想要建立或编辑的文件名，可以发出以文件名作为变量的的 vi 命令。成功启动 vi 后，vi 处于命令模式，等待输入第 1 个命令。

② vi 编辑器有两种模式：命令模式和输入模式。在命令模式中，vi 将键击解释成命令。从命令模式进入输入模式有两种方法：＜a＞——在光标后增加文本，＜i＞——在光标前插入文本。从输入模式进入命令模式按＜Esc＞键。

③ 退出 vi，有以下几种方法：

:q	不对缓冲区进行任何修改就退出或缓冲区被修改并保存到文件中后退出；
:q!	退出并放弃从上次保存文件后至目前的所有修改；
:wq	把缓冲区写到工作的文件，然后退出；
:x	与“:wq”相同。

注意：vi 不对文件做备份。当键入 wq 并按回车键时，原始文件修改而且无法恢复到原先的状态，所以必须自己做该文件的备份。

在 vi 中，只要没有把修改存入磁盘，就可以取消最近的行动或对缓冲区进行修改。取消命令为＜u＞。取消命令只能取消最后的操作，但不能用取消命令取消向文件的写入。

④ 写文件和保存缓冲区。

:w	将缓冲区写到 vi 正在编辑的文件；
:w　文件名	将缓冲区写到指定文件；
:w!　文件名	强迫 vi 改写已存在的文件。

⑤ 增加文本。

＜a＞	在光标位置后增加文本；
＜shift＋a＞	在当前行末尾增加文本；
＜i＞	在光标位置前插入文本；
＜shift＋i＞	在当前行前面插入文本；
＜o＞	在当前行下打开一行增加文本；
＜shift＋o＞	在当前行上打开一行增加文本。

⑥ 删除文本。

＜x＞	删除光标位置的字符；
＜d＞＜w＞	从光标位置所在的当前字符删到下一个字开始处；
＜d＞＜＄＞	从当前光标位置删到行尾；
＜shift＋d＞	删除当前行的剩余部分；
＜d＞＜d＞	删除当前行，不管行中的光标的位置。

⑦ 改变和替换文本。

＜r＞	替换一个字符；
＜shift＋r＞	替换字符序列；
＜c＞＜w＞	把当前字从光标位置改变到字尾；
＜c＞＜e＞	与“＜c＞＜e＞”相同；

<c><b>　　　把当前字从字的开始改变到光标的前一个字符；
<c><$>　　　把一行从光标位置改写到行尾；
<shift+c>　　　与"<c><$>"相同；
<c><c>　　　改变整行。

⑧ 块复制。

V　　块开始；
Y　　块复制；
P　　块粘贴。

⑨ vi 有一个命令允许查询字符串，可以从缓冲区中的当前位置向前查和向后查，也能持续查询。vi 在到文件尾时从缓冲区文件开始查起，反过来一样。在各种情况下，vi 都按指定的方向查询指定的串，并将光标定位于串的开始。

/串　　　通过缓冲区向前查指定的串；
? 串　　　通过缓冲区向后查指定的串；
<n>　　　在当前方向上再次进行查询；
<shift+n>　　　在反方向上再次进行查询。

5.4　make 工具和 gcc 编译器

5.4.1　应用程序的开发流程

在嵌入式系统中，由一个源文件变成最终可执行的二进制文件，一般要经过 3 个过程，即编译、链接和重新定位。通过编译或者汇编工具，将源代码变成目标文件。由于目标文件往往不只一个，所以需要用链接工具将它们链接成另外一个目标文件，可以称其为"可重定位程序"。经过定址工具，将"可重定位程序"变成最终的可执行文件。整个过程的流程如图 5-7 所示。

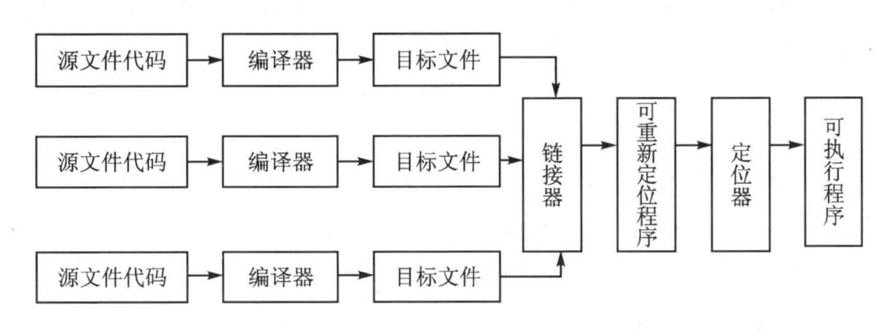

图 5-7　应用程序开发流程图

一般的嵌入式系统的开发，通常采用的是主从模式：即通过串行口（也可以同时通过网口），使目标机和宿主机相连接。在开发过程中，每个步骤都是在通用的计算机上执行软件转换的过程。必须清楚的是，图 5-7 中所标注的编译器、链接器和定位器都是在宿主机上运行的，而最终经过编译—链接—重新定位所得到的二进制可执行文件却是在目标机上运行的，所以称为“交叉编译调试”。

在嵌入式 Linux 的开发中，理所当然的是使用 GNU 的系列工具。GNU 开发套件作为通用的 Linux 开发套件，包括一系列的开发调试工具。主要组件有：

- gcc：编译器，可以做成交叉编译的形式，即在宿主机上开发编译目标上可运行的二进制文件；
- binutils：一些辅助工具，包括 objdump（可以反编译二进制文件）、as（汇编器）、ld（链接器）等；
- gdb：调试器，可使用多种交叉调试方式，包括 gdb-bdm（背景调试工具）和 gdbserve（使用以太网调试），应用程序调试也可采用图形界面调试器 DDD。

修改内核并重新编译后就拥有了符合实验需要的系统。然后就可以在嵌入式 Linux 系统下编写应用程序以实现设计的各种功能。下面将重点介绍 Linux 系统中控制软件编译过程的工具 make 和 gcc 编译器在嵌入式 Linux 系统中的使用。

5.4.2　make 管理项目简介

当使用 GNU 中的编译语言（如 gcc、GNU C++）编程开发应用时，绝大多数情况下需要使用 make 管理项目。通过使用 make 管理项目和 Makefile，在 Linux 环境下编译多个源文件时就避免了键入复杂的命令行。

make 管理项目通过把命令行保存到 Makefile 文件中简化了编译工作。make 管理项目可以识别出 Makefile 中哪些文件已经修改，并且在再次编译时只编译这些文件，这样提高了编译的效率。make 管理项目还在数据库中维护了当前开发工程中各个文件的依赖关系，在编译前就可以确定是否能找到所需文件。

要完成 make 管理项目的工作必须编写 Makefile（一般不使用自动生成工具）。Makefile 是一个数据库文件，规则包含 3 个方面的内容：make 要创建的的目标文件（target）、编译目标文件时需要的依赖文件列表（dependencies list）、通过依赖文件创建目标文件的命令组（commands group）。另外，Makefile 的一行中以 # 开头的部分全部是注释。

make 命令在执行时按顺序查找名为 GNUmakefile、makefile 和 Makefile 文件进行编译。为了保持与 Linux 操作系统源代码开发的一致性，一般使用文件名 Makefile。一个简单的 Makefile 规则可以使用如下代码表示：

```
target:   dependency file1 dependency file2[…]
          command1
          command2
          […]
```

上述规则中，target 是要创建的目标文件或者 Linux 系统支持格式的可执行文件。dependency fileN 是创建 target 需要的依赖文件列表。commandN 是创建 target 时使用的命令组，是包括 make 命令在内的许多 Shell 命令的集合，每个命令行的首字符必须是 Tab。默认情况下，当前目录就是 make 的工作目录。

在编写 Makefile 时会使用一些常用的目标名如 clean、install、uninstall、dist、tags、depend、test、check、installtest 以及 installcheck。目标 clean 一般用来清除编译过程中的中间文件。而名为 install 的目标常会把最终的二进制文件、所支持的库文件和 Shell 脚本以及相关文档移到文件系统中与它对应的位置，同时设置文件的权限和所有者。uninstall 用来删除 install 目标安装的文件。dist 常常用于删除编译工作目录中旧的二进制文件和目标文件并且创建归档文件。tags 用来更新或创建程序的标记表。depend 用来设置 Makefile 文件中各个目标所需要的依赖文件列表。最后，installtest 和 installcheck 一般用于验证 install 目标的安装过程。make 运行方法如下：

make　　[选项][变量定义][目标]

常用用法：

make －f filename（指定 makefile 文件，如果不指定则按照 GNUmakefie、makefile、Makefile 的顺序查找。）

make －C dirname（make 开始工作的目录，不指定缺省为当前目录。）

如果没有[目标]，默认的情况下，make 执行 Makefile 中的第 1 个规则，此规则的第 1 个目标称为“最终目的”或者“终极目标”。

对.o 文件所在的规则的处理有下列 3 种情况：

① 目标.o 文件不存在，使用其描述规则创建它；

② 目标.o 文件存在，目标.o 文件所依赖的.c 源文件、.h 文件中的任何一个比目标.o 文件“更新”，则根据规则重新编译生成它；

③ 目标.o 文件存在，目标.o 文件比它的任何一个依赖文件(的.c 源文件、.h 文件)“更新”，则什么也不做。

5.4.3　gcc 编译器的使用

编译器的作用是将用高级语言或者汇编语言写的源代码翻译成处理器上等效的一系列操作指令。针对嵌入式系统来说，其编译器数不胜数。其中，gcc 和汇编器 as 是非常优秀的编译工具。

Linux 系统下的 gcc 是 GNU 推出的功能强大、性能优越的多平台编译器，是 GNU 的代表作品之一。gcc 是可以在多种硬体平台上编译出可执行程序的超级编译器，其执行效率与一般的编译器相比平均效率要高 20％～30％。

gcc 编译器能将 C、C＋＋语言源程序、汇编语言程序和目标程序编译、链接成可执行文件,如果没有给出可执行文件的名字,gcc将生成一个名为a.out的文件。在Linux系统中,可执行文件没有统一的后缀,系统从文件的属性来区分可执行文件和不可执行文件。而gcc则通过后缀来区别输入文件的类别,下面介绍gcc所遵循的部分约定规则。

- 以.c为后缀的文件,是C语言源代码文件;
- 以.a为后缀的文件,是由目标文件构成的档案库文件;
- 以.C、.cc或.cxx为后缀的文件,是C++源代码文件;
- 以.h为后缀的文件,是程序所包含的头文件;
- 以.i为后缀的文件,是已经预处理过的C源代码文件;
- 以.ii为后缀的文件,是已经预处理过的C++源代码文件;
- 以.m为后缀的文件,是Objective-C源代码文件;
- 以.o为后缀的文件,是编译后的目标文件;
- 以.s为后缀的文件,是汇编语言源代码文件;
- 以.S为后缀的文件,是经过预编译的汇编语言源代码文件。

1. ELF和a.out

在Linux下,有两种可执行文件:ELF和a.out。有可能用户的Linux只支持一种,有可能两种都支持。运行命令file,如果命令输出包含ELF,则支持ELF;如果包含Linux/i386,则支持a.out。从2.0版本的Linux开始,Linux推荐使用ELF格式的可执行文件,因为它具有更强大的功能。

在使用gcc编译器时,如果没有给出可执行文件的名字,gcc将生成一个名为a.out的文件,它的格式就是a.out,其他情况下gcc产生ELF格式的文件。

2. gcc的执行过程

虽然称gcc是C语言的编译器,但使用gcc由C语言源代码文件生成可执行文件的过程不仅仅是编译的过程,而是要经历4个相互关联的步骤:预处理(Preprocessing,也称预编译)、编译(Compilation)、汇编(Assembly)和链接(Linking)。

gcc是GNU编译器的前端程序,在编译过程中,命令gcc首先调用cpp进行预处理。在预处理过程中,对源代码文件中的文件包含(include)、预编译语句(如宏定义define等)进行分析。接着调用ccl进行编译,这个阶段根据输入文件生成以.o为后缀的目标文件。汇编过程是针对汇编语言的步骤,调用as进行工作。一般来讲,以.S为后缀的汇编语言源代码文件和以.s为后缀的汇编语言文件经过预编译和汇编之后都生成以.o为后缀的目标文件。当所有的目标文件都生成之后,gcc就调用ld来完成最后的关键性工作,这个阶段就是链接。在链接阶段,所有的目标文件被安排在可执行程序中的恰当位置,同时,该程序所调用到的库函数也从各自所在的档案库中连到合适的地方。

使用gcc编写的代码可在任意一个编译阶段暂停编译过程并且检查相应的输出

信息。gcc 还能在生成的二进制文件中添加所需数量和种类的调试信息。在进行编译时，gcc 可以带上不同的优化选项，这样可以根据不同的需求优化可执行代码。

3. gcc 的基本用法和选项

在使用 gcc 编译器时，必须给出一系列必要的调用参数和文件名称。gcc 编译器的调用参数大约有 100 多个，其中多数参数可能根本就用不到，这里只介绍其中最基本、最常用的参数。

gcc 最基本的用法是：

```
gcc[options][filenames]
```

其中，options 就是编译器所需要的参数；filenames 给出相关的文件名称。

-v	显示版本号。
-c	只编译，不链接成为可执行文件，编译器只是由输入的 .c 等源代码文件生成 .o 为后缀的目标文件，通常用于编译不包含主程序的子程序文件。
-S	编译选项告诉 gcc 在为 C 代码产生了汇编语言文件后停止编译。gcc 产生的汇编语言文件的缺省扩展名是 .s。
-E	选项指示编译器仅对输入文件进行预处理。当这个选项被使用时，预处理器的输出被送到标准输出而不是储存在文件里。
-l library	用来指定所使用的库文件。
-I directory	为 include 文件的搜索指定目录。
-o output_filename	确定输出文件的名称为 output_filename，同时这个名称不能和源文件同名。如果不给出这个选项，gcc 就给出预设的可执行文件 a.out。用 gcc 编译 C 代码时，它会试着用最少的时间完成编译并且使编译后的代码易于调试。易于调试意味着编译后的代码没有经过优化。必要时，需要让编译器对代码进行优化。
-O	对程序进行优化编译、链接。采用这个选项，整个源代码会在编译、链接过程中进行优化处理，这样产生的可执行文件的执行效率可以提高，但是编译、链接的速度就相应地要慢一些。
-O2	比 -O 更好的优化编译、链接，当然整个编译、链接过程会更慢。
	gcc 支持数种调试和剖析选项，常用到的是 -g 和 -pg。
-g	选项告诉 gcc 产生能被 GNU 调试器使用的调试信息以便调试程序。gcc 提供了一个很多其他 C 编译器里没

	有的特性，在 gcc 里能使 - g 和 - O（产生优化代码）联用。
- pg	选项告诉 gcc 在编译好的程序里加入额外的代码。运行程序时，产生 gprof 用的剖析信息以显示程序的耗时情况。
- w	禁止警告信息。
- Wall	选项可以打开所有类型的语法警告，以便帮助确定代码是正确的，并且尽可能地实现可移植性。
- Wstrict - prototypes	选项打开严格的原型声明检查，这可以帮助养成声明函数原型的好习惯。

当做为交叉编译工具使用时，gcc 支持很多种的平台和宿主机——目标机的组合，其中也包括嵌入式 ARM 实验箱所使用的 X86PC＋Redhat Linux——ARM 核处理器＋ARM Linux 的组合形式。

gcc 是基于命令行的。交叉编译比较常用的命令就是"arm-linux-gcc -g -o 文件名 文件名＋后缀. c"。这样就可以编译一个. c 的文件，并把调试信息加入到可执行的文件里(-g 参数的使用)，且为生成的可执行文件指定一个文件名(-o 参数的使用)。当用 C 语言写好一个应用程序时，使用以上命令即可以生成可执行文件，通过超级终端执行以后，就可以在目标板上看到程序的结果。

5.5 简单嵌入式 Linux 程序开发

5.5.1 编写和运行应用程序

① 在宿主机上编写源程序。

```
cd  /arm2410s
mkdir hello
cd hello
vi hello.c
main()
{
   printf("hello world! \n");
}
```

② 在宿主机上交叉编译。

armv41-unknown-linux-gcc -o hello hello. c

③ 在目标机上通过网络文件系统挂载/mnt 到宿主机上的/arm2410s 目录。

```
mount  - t nfs  - o nolock 192.168.0.10:/arm2410s /mnt
```

④ 在目标机上执行 hello 程序。

```
cd mnt
cd hello
./hello
```

5.5.2　嵌入式 Linux 例子演示

我们设计的样例程序以及使用步骤如下：

① 驱动加载。

② 液晶显示屏(LCD)。

③ 声音采集和播放。

④ 视频采集和图像采集。

⑤ 触摸屏。

⑥ 图形用户界面(GUI)。

⑦ 综合实验。

1. 驱动加载

(1) 摄像头驱动加载

```
cd  videodriver
insmod videodev.o
insmod ov511.o
mknod /dev/video0 c 81 0
```

(2) 触摸屏驱动加载

```
cd ts-drvier
insmod s3c3410ts.ko
```

2. LCD 显示实验

(1) 实验列表

clear　　　　(清屏实验)；

graph　　　　(LCD 画图实验)；

drawRec　　　(画一个矩形)；

show　　　　(LCD 综合实验)；

putPixel　　　(画点实验)。

(2) 运行程序

进入 LCD 目录，在当前目录下执行 ./filename。

3. 声音采集和播放

(1) 声音采集

```
cd Audio
./ adrec 1.wav
```

按 CTRL+C 中止。

(2) 声音播放

```
cd Audio
./adplay 1.wav
```

4. 视频采集和图像采集

(1) 视频采集

检查 USB 摄像头是否连接好；用 lsmod 检查驱动是否装载成功。

```
cd Video
./videodemo
```

按 CTRL+C 结束。

(2) 图像采集

```
cd Video
./BmpSave
```

输入文件名，按 Enter 键。

(3) 显示图像

先用 clear 清除屏幕。

```
cd  Video
./BmpDisplay
```

输入文件名，按 Enter 键。

5. 触摸屏

使用的两种实验箱的触摸屏程序有所不同，分别放在 zlg 和 up 目录下，这里以博创实验箱为例。

(1) 触摸屏校准(标定)

```
cd up
./ts_calibration
```

用触摸笔依次点击出现在显示屏上的 5 个十字的交叉点，最后，超级终端上会出现 5 个点的坐标。

(2) 触摸屏测试

```
cd up
./ts_test
```

用触摸笔点击触摸屏，会在超级终端上显示出点击处相应的坐标。

6. 图形用户界面 GUI

```
cd GUI
./PicSee
```

如果 GUI 目录下没有 touchpad.conf，要用 ts_calibration 程序先进行标定，然后才能显示出 PicSee 主界面。这是使用自行设计 lwGUI 的简单应用程序。

7. 综合实验(键盘和 LCD 结合)

在 Integration 目录下有 up 和 zlg 两个子目录。

```
cd Integration/up
./myGame_up
```

可使用实验箱上的小键盘控制 LCD 上显示矩形的移动，上下、左右等 8 个方向。

5.6 LCD 程序设计

5.6.1 LCD 显示原理

LCD(Liquid Crystal Display)即液晶显示器的英文缩写。液晶是一种呈液体状的化学物质，像磁场中的金属一样，当受到外界电场影响时，其分子会产生精确的有序排列。如果对分子的排列加以适当地控制，液晶分子将会允许光线穿越。LCD 液晶显示器主要有两类：STN(Super Twisted Nematic，超扭曲向列型)和 TFT(Thin Film Transistor，薄膜晶体管型)。下面分别介绍这两类 LCD 的工作原理。

对于 STN－LCD，首先将向列型液晶夹在两片玻璃中间，这种玻璃的表面上镀有一层透明而且导电的薄膜作为电极，然后在有薄膜的玻璃上镀表面配向剂，以使液晶随着一个特定且平行于玻璃表面的方向扭曲。液晶的自然状态具有 90°的扭曲，利用电场可使液晶旋转。液晶的折射系数随液晶方向的改变而改变，造成的结果是光经过 STN 型液晶后偏极性发生变化。只要选择适当的厚度使光的偏极性旋转到 180°～270°，就可利用两个平行偏光片使得光完全不能通过。而足够大的电压又可以使得液晶方向与电场方向平行，这样光的偏极性就不会改变，光就可以通过第二个偏光片。于是，就可以控制光的明暗了。STN 液晶之所以可以显示彩色，是因为在 STN 液晶显示器上加了一个彩色滤光片，并将单色显示距阵中的每一个像素分成三个子像素，分别通过彩色滤光片显示红、绿、蓝三原色，进而显示出色彩。STN型液晶属于反射式LCD器件，它的好处是功耗小，但在比较暗的环境中清晰度很差，所以不得不配备外部照明光源。

对于TFT-LCD，液晶显示技术采用了"主动式距阵"的方式来驱动。方法是利用薄膜技术做成的电晶体电极，利用扫描的方法"主动地"控制任意一个显示点的开与关。光源照射时先通过下偏光板向上透出，借助液晶分子传导光线。电极通过时，液晶分子就像STN液晶的排列状态一样发生改变，也通过折光和透光来达到显示的目的。看起来，与STN原理差不多。但不同的是，由于TFT晶体管具有电容效应，能够保持电位状态，已经透光的液晶分子会一直保持这种状态，直到TFT电极下一次再加电改变其排列方式为止，而STN型液晶就没有这种特性。液晶分子一旦失去电场，立刻就返回原来的状态。这是TFT液晶和STN液晶显示原理的最大不同。TFT液晶为每个像素都设有一个半导体开关，其加工工艺类似于大规模集成电路。由于每个像素都可以通过点脉冲直接控制，因而，每个节点都相对独立，并可以进行连续控制。这样的设计不仅提高了显示屏的反应速度，同时也可以精确控制显示灰度，因此TFT液晶的色彩更逼真，更平滑细腻，层次感更强。

STN与TFT的主要区别：从工作原理上看，STN主要是增大液晶分子的扭曲角，而TFT为每个像素点设置一个开关电路，做到完全单独控制每个像素点；从品质上看，STN的亮度较暗，画面的质量较差，颜色不够丰富，播放动画时有拖尾现象，耗电量小，价格便宜；而TFT亮度高，画面质量高，颜色丰富，播放动画时清晰，耗电量大，价格高。对于S3C2410A的LCD控制器，同时支持STN和TFT显示器。

常用的LCD显示模块有两种：一种是带有驱动电路的LCD显示模块，一种是不带驱动电路的LCD显示屏。大部分ARM处理器中都集成了LCD控制器，所以对于采用ARM处理器的系统，一般使用不带驱动电路的LCD显示屏。

S3C2410A中具有内置的LCD控制器，它具有将显示缓存（在SDRAM存储器中）中的LCD图像数据传输到外部的LCD驱动电路上的逻辑功能。S3C2410A中的LCD控制器可支持STN和TFT两种液晶显示屏。对于STN液晶显示屏，LCD控制器可支持4位双扫描、4位单扫描和8位单扫描三种显示类型；支持4级和16级灰度级单色显示模式；支持256色和4 096色显示；可接多种分辨率的LCD，例如640×480、320×240和160×160等。在256色显示模式下，最大可支持4 096×1 024、2 048×2 048和1 024×4 096显示。对于TFT液晶显示屏，可支持1-2-4-8bpp（bits per pixel）调色板显示模式和16bpp非调色板的真彩显示。

在显示彩色时，它采用RGB的格式，即RED、GREEN、BLUE三色混合调色。通过软件编程，可以实现5:6:5的RGB调色格式。对于不同尺寸的LCD显示器，它们会有不同的垂直和水平像素点、数据宽度、接口时间及刷新率。对LCD控制器中的相应寄存器写入不同的值，可配置不同的LCD显示屏。

5.6.2 帧缓冲原理

帧缓冲(frame buffer)是 Linux 内核的一种图形设备驱动接口,提供了 LCD 控制器的抽象性描述。它将 LCD 控制器上的显存抽象成一种字符设备,应用程序通过定义好的接口可以访问 LCD 控制器的显存,直接对显示缓冲区进行读/写操作,而不需要知道底层的任何操作细节。

对于开发者来讲,帧缓冲只是一块显示缓冲区,向这个显示缓冲区中写入特定格式的数据就意味着更新显示屏的输出。帧缓冲与显示屏上的点存在着映射关系,显示屏上的每个点都与缓冲区某个特定位置相关联。例如,对于初始化为 16 位色的帧缓冲,其中的两个字节代表显示屏上的一个点,从上到下,从左到到右,显示屏位置与帧缓冲区的内存地址存在着线性映射关系。

1. 帧缓冲设备

该设备使用特殊的设备节点,通常位于/dev 目录,如/dev/fb＊。它是一个字符设备,其主设备号是 29,次设备号定义帧缓冲的个数。从用户的角度看,帧缓冲设备与位于/dev 下面的其他设备类似。通常,使用如下方式(前面的数字代码为次设备号)定义:

0＝/dev/fb0　　第 1 个帧缓冲

1＝/dev/fb1　　第 2 个帧缓冲

⋮

31＝/dev/fb31　第 32 个帧缓冲

帧缓冲设备只是一种普通的内存设备,可以读/写其内容。通过帧缓冲设备/dev/fb＊,应用程序可以直接操作显示屏的显示区域,向帧缓冲设备写入数据就相当于改变显示屏显示的信息。若希望保存显示屏上的显示信息,则只需从帧缓冲设备中读取数据并保存。例如,对显示屏抓屏 cp /dev/fb0 myfile。

系统也可以同时有多个显示设备,对应的帧缓冲设备/dev/fb0 和/dev/fb1 等可以独立工作。一个帧缓冲设备和内存设备/dev/mem 类似,有许多共性操作,可以使用 read、write、seek 以及 mmap()。不同的是帧缓冲的内存不是所有的内存区,而仅仅是 LCD 控制器专用的那部分内存。/dev/fb＊也允许使用 ioctl 操作,通过 ioctl 可以读取或设定设备参数。颜色映射表也可通过 ioctl 来设定。查看<linux/fb.h>就可知道有多少 ioctl 应用以及相关数据结构。使用 ioctl 操作可以:

- 获取设备一些不变的信息,如设备名,显示屏的组织(平面、像素、等)对应内存区的长度和起始地址。
- 获取可发生变化的信息,例如位深、颜色格式、时序等。如果改变了这些值,驱动程序将对值进行优化,以满足设备特性(如果设备不支持设定的值,则返回 EINVAL)。
- 获取或设定部分颜色表。

所有这些特性让应用程序能十分容易地使用设备。MiniGUI 和 QT 等 GUI 软件使用/dev/fb＊，而不需要知道硬件寄存器是如何组织的。

使用 read、write 函数在读或写之前持续地寻址导致开销会较大。这就是为什么要映射显示缓冲区。当将显示缓冲区映射到应用程序的一段虚拟地址空间时，你将得到一个直接指向显示缓冲区的指针。

2. 查询设备信息

在可以映射显示缓冲区之前，需要知道能够映射多少，以及需要映射多少。第一件要做的事，就是从新得到的帧缓冲设备取回信息。有两个结构包含需要的信息。第一个结构包含固定的显示屏信息，这部分是由硬件和驱动的能力决定的；第二个结构包含着可变的显示屏信息，这部分是由硬件的当前状态决定的，可以由用户空间的程序调用 ioctl()来改变。

使用 ioctl()函数查询帧缓冲设备信息，常用的 ioctl 查询命令有 FBIOGET_FSCREENINFO 和 FBIOPUT_FSCREENINFO，需要用到的数据结构分别为 struct fb_fix_screeninfo 和 struct fb_var_screeninfo。其中，struct fb_fix_screeninfo 用于记录帧缓冲设备和指定显示模式的不可修改信息，包括显示缓冲区的物理地址和长度等信息。

固定的显示屏信息可以使用 FBIOGET_FSCREENINFO 通过 ioctl()函数获得，得到的数据结构如下：

```
// 固定的显示屏信息数据结构
struct fb_fix_screeninfo {
    char id[16];                    /* identification string eg "S3C2410" */
    unsigned long smem_start;       /* Start of frame buffer mem */
                                    /* (physical address) */
    __u32 smem_len;                 /* Length of frame buffer mem */
    __u32 type;                     /* see FB_TYPE_*    */
    __u32 type_aux;                 /* Interleave for interleaved Planes */
    __u32 visual;                   /* see FB_VISUAL_*      */
    __u16 xpanstep;                 /* zero if no hardware panning */
    __u16 ypanstep;                 /* zero if no hardware panning */
    __u16 ywrapstep;                /* zero if no hardware ywrap */
    __u32 line_length;              /* length of a line in bytes */
    unsigned long mmio_start;       /* Start of Memory Mapped I/O */
                                    /* (physical address) */
    __u32 mmio_len;                 /* Length of Memory Mapped I/O */
    __u32 accel;                    /* Type of acceleration available */
    __u16 reserved[3];              /* Reserved for future compatibility */
};
```

结构中非常重要的成员是 smem_len 和 line_length。smem_len 告诉我们缓冲设备的大小，line_length 告诉我们指针应该前进多少字节就可以得到下一行的数据。

struct fb_var_screeninfo 用于记录帧缓冲设备和指定显示模式的可修改信息，包括显示屏的分辨率（即显示屏一行所占的像素数 xres 和显示屏一列所占的像素数 yres）、每个像素的位数 bits_per_pixel 和一些时序变量等。

可变的显示屏信息使用 FBIOGET_VSCREENINFO 通过 ioctl()函数获得。该数据结构则有更多的意思，它给出了我们可以改变的信息，如下：

```
// 可变的显示屏信息数据结构
struct fb_var_screeninfo {
    __u32 xres;                      /* visible resolution */
    __u32 yres;
    __u32 xres_virtual;              /* virtual resolution */
    __u32 yres_virtual;
    __u32 xoffset;                   /* offset from virtual to visible */
    __u32 yoffset;                   /* resolution      */
    __u32 bits_per_pixel;            /* guess what      */
    __u32 grayscale;                 /* != 0 Graylevels instead of colors */
    struct fb_bitfield red;          /* bitfield in fb mem if true color, */
    struct fb_bitfield green;        /* else only length is significant */
    struct fb_bitfield blue;
    struct fb_bitfield transp;       /* transparency */
    __u32 nonstd;                    /* != 0 Non standard pixel format */
    __u32 activate;                  /* see FB_ACTIVATE_*    */
    __u32 height;                    /* height of picture in mm */
    __u32 width;                     /* width of picture in mm   */
    __u32 accel_flags;               /* acceleration flags (hints) */
    /* Timing: All values in pixclocks, except pixclock (of course) */
    __u32 pixclock;                  /* pixel clock in ps (pico seconds) */
    __u32 left_margin;               /* time from sync to picture */
    __u32 right_margin;              /* time from picture to sync */
    __u32 upper_margin;              /* time from sync to picture */
    __u32 lower_margin;
    __u32 hsync_len;                 /* length of horizontal sync */
    __u32 vsync_len;                 /* length of vertical sync */
    __u32 sync;                      /* see FB_SYNC_*  */
    __u32 vmode;                     /* see FB_VMODE_*  */
    __u32 reserved[6];               /* Reserved for future compatibility */
};
```


前几个成员决定了分辨率。xres 和 yres 是显示屏的可见实际分辨率，在通常的 VGA 模式为 640 和 400（或是 480）。*res－virtual 决定了构建显示屏时读取显示屏内存的方式。当实际的垂直分辨率为400时，虚拟分辨率可以是800。这意味着800行的数据被保存在了显示屏内存区。因为只有400行可以被显示，因此可以决定从哪一行开始显示，这可通过设置 * offset 来实现。给 yoffset 赋0将显示前400行，赋35将显示第36行到第435行，如此重复。这个功能在许多情形下非常方便实用。

显示屏内存区可用来做双缓冲。双缓冲就是程序分配两个可以填充的显示屏内存。将offset设为0，将显示前400行，同时可以秘密地在400～799行构建另一个显示屏。当构建结束时，将yoffset设为400，新的显示屏内容将立刻显示出来。然后开始在第一块内存区中构建下一个显示屏的数据，如此继续，这在动画中十分有用。

将bits_per_pixel设为1、2、4、8、16、24或32来改变颜色深度(color depth)。当颜色深度改变时，驱动将自动改变fb - bitfields。

知道了结构的细节，就可以使用ioctl的命令去获得或设置它们。ioctl的命令使用参考如下：

```
int main () {
      int framebuffer_handler;
      struct fb_fix_screeninfo fixed_info;
      struct fb_var_screeninfo variable_info;
      framebuffer_handler = open ("/dev/fb0", O_RDWR);
      ioctl (framebuffer_handler,FBIOGET_VSCREENINFO, &variable_info);
      variable_info.bits_per_pixel = 32;
      ioctl(framebuffer_handler, FBIOPUT_VSCREENINFO, &variable_info);
      ioctl (framebuffer_handler,FBIOGET_FSCREENINFO, &fixed_info);
      variable_info.yoffset = 513;
      ioctl (framebuffer_handler,FBIOPAN_DISPLAY, &variable_info);
}
```

这些FBIOGET_ * 的ioctl命令将请求的信息写入最后一个变量所指向的结构体中。FBIOPUT_VSCREENINFO将所有提供的信息复制回内核。如果内核不能激活新的设置，将返回－1。

3. 内存映射

在应用程序中，通常可以使用内存映射(mmap)将帧缓冲设备中的显示缓冲区映射到进程中的一段虚拟地址空间，以后，程序员就可以通过读/写该虚拟地址来访问显示缓冲区，实现在显示屏上绘图或保存显示屏上的绘图信息等操作。

帧缓冲的使用步骤如下：

① 计算出需要映射多少内存；

② 映射内存；

③ 决定如何构建显示屏；

④ 向显示屏中写入数据。

帧缓冲使用例程如下：

```
int main() {
        int framebuffer_device;
        int line_size,buffer_size, i;
        char * screen_memory;
        struct fb_var_screeninfo var_info;
        framebuffer_device = open ("/dev/fb0" , O_RDWR); //以读/写模式打开帧缓冲设备
                                                          // /dev/fb0
        ioctl (framebuffer_device, FBIOGET_VSCREENINFO, &var_info);
        line_size = var_info.xres * var_info.bits_per_pixel/8; //计算一行字节数
        buffer_size = line_size * var_info.yres;               //计算显示缓冲区大小
        var_info.xoffset = 0;        var_info.yoffset = 0;
        screen_memory = (char * ) mmap (513, buffer_size, PROT_READ |
                                  PROT_WRITE, MAP_SHARED, framebuffer_device, 0);
        for (i = 0;i < buffer_size ; i ++ )
          * (screen_memory + i) = i % 236;
      return 0;
}
```


程序中新用到的是mmap()函数。使用mmap()函数将帧缓冲设备的显示缓冲区映射到进程的虚拟地址空间。映射前需要使用ioctl得到帧缓冲设备信息var_info。第一个变量在这种情形下可以忽略;第二个变量是映射的内存大小;第三个变量声明对共享内存可进行读和写;第四个变量表示这段内存将和其他进程共享。映射内存的长度buffer_size等于全显示屏像素总数与存储每个像素占用字节数的乘积(buffer_size=var_info.xres * var_info.yres * var_info.bits_per_pixel / 8),例如,320×240,16位色的映射内存大小为320×240×2。系统中第一个帧缓冲设备的节点为/dev/fb0,如果文件系统中没有该节点则应先创建该节点。执行命令:mknod /dev/fb0 c 29 0。

5.6.3 帧缓冲使用程序

内存映射完后,就可以向其写入数据,修改显示屏数据,其中写的方法与操作内存空间一样,可以逐个像素进行。显示屏上坐标为(x,y),该点定位在内存映射区的地址为:

fbp + (x+vinfo.xoffset) * (vinfo.bits_per_pixel/8) +(y+vinfo.yoffset) * finfo.line_length;

在640×480的LCD显示屏中间画一个矩形的完整程序如下:

```
#include <unistd.h>
#include <stdio.h>
#include <fcntl.h>
#include <linux/fb.h>
#include <sys/mman.h>
int main() {
    int fbfd = 0;
    struct fb_var_screeninfo vinfo;
    struct fb_fix_screeninfo finfo;
    struct fb_cmap cmapinfo;
    long int screensize = 0;
    char * fbp = 0; int x = 0, y = 0;
    long int location = 0; int b,g,r;
    fbfd = open("/dev/fb0", O_RDWR);      //打开 Frame Buffer 设备
    if (fbfd < 0) {
        printf("Error: cannot open framebuffer device. %x\n",fbfd);exit(1);
    }
    printf("The framebuffer device was opened successfully.\n");
        //获取设备固有信息
        if (ioctl(fbfd, FBIOGET_FSCREENINFO, &finfo)) {
          printf("Error reading fixed information.\n");exit(2);
        }
    printf(finfo.id);
    printf("\ntype:0x%x\n", finfo.typel);
            //FrameBuffer 类型,如 0 为像素
    printf("visual: %d\n", finfo.visual);
            //视觉类型:如真彩为 2,伪彩为 3
    printf("line_length: %d\n", finfo.line_length);
            //每行长度
    printf("\smem_start:0x%x,smem_len: %d\n",finfo.smem_start,finfo.smem_len);
            //映像 RAM 的参数
    printf("mmio_start:0x%x,mmio_len: %d\n",finfo.mmio_start,finfo.mmio_len);
            //获得可变的显示屏信息
    if (ioctl(fbfd, FBIOGET_VSCREENINFO, &vinfo)) {
            printf("Error reading variable information.\n");exit(3);
    }
    printf("%dx%d, %dbpp\n", vinfo.xres, vinfo.yres, vinfo.bits_per_pixel);
            //得到显示屏大小的字节数
    screensize = vinfo.xres * vinfo.yres * vinfo.bits_per_pixel / 8;
            // 将设备映射到存储器
    fbp = (char *)mmap(0, screensize, PROT_READ | PROT_WRITE,MAP_SHARED, fbfd, 0);
```

```
    if ((int)fbp == -1) {
        printf("Error: failed to map framebuffer device to memory.\n");
        exit(4);
    }
    printf("The framebuffer device was mapped to memory successfully.\n");
    vinfo.xoffset = (640 - 420)/2;                //计算图像在屏中间显示的坐标偏移
    vinfo.yoffset = (480 - 340)/2;
    b = 10; g = 100; r = 100;                     //设置显示颜色
    //得到在存储器放点的位置
    for (y = 0; y < 340; y++)                     //行扫描
        for (x = 0; x < 420; x++) {               //列扫描
            location = (x + vinfo.xoffset) * (vinfo.bits_per_pixel/8) +
                       (y + vinfo.yoffset) * finfo.line_length;
            if (vinfo.bits_per_pixel == 32) {
                *(fbp + location) = b;        //蓝
                *(fbp + location + 1) = g;    //绿
                *(fbp + location + 2) = r;    //红
                *(fbp + location + 3) = 0;    //非透明
            } else {
                unsigned short int t = r<<11 | g << 5 | b;
                                  //采用 16 位色,RGB 三种颜色以 5:6:5的方式排列
                *((unsigned short int *)(fbp + location)) = t;
            }
    }
    munmap(fbp, screensize);
    close(fbfd);                                  //关闭帧缓冲设备
    return 0;
}
```

5.6.4 LCD 程序开发

使用库函数可简化 LCD 程序的开发,我们自行设计了 lcd.c 和 lcd.h 库函数。样例程序与库函数及驱动程序的关系如图 5-8 所示。

在整个 LCD 的库程序里,有几个比较基本的函数。例如,画点 fb_PutPixel()函数。画点 fb_PutPixel()函数是画图的基础,直线、矩形、椭圆、圆都是在此基础上作出的。画线、画圆的应用函数都是通过调用 fb_PutPixel()函数来实现,这样可以提高效率。表 5-1 是 fb_PutPixel()函数参数 color 的各种颜色所对应的值。

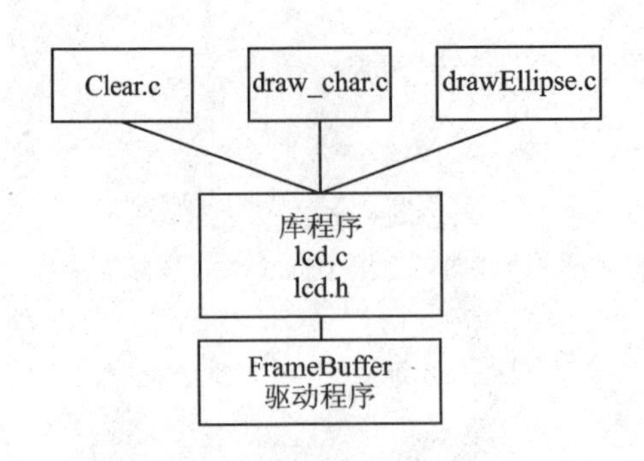

图 5-8　样例程序与库函数及驱动程序的关系

表 5-1　颜色所对应的值

颜　色	红　色	绿　色	蓝　色
黑	00000	000000	00000
白	11111	111111	11111
红	11111	000000	00000
绿	00000	111111	00000
蓝	00000	000000	11111
黄	11111	111111	00000
紫	11111	000000	11111
青	00000	111111	11111
灰	01111	011111	01111

1. 头文件 lcd.h

```
// 一些常用的颜色常量定义
#define SYS_BLACK    0x0000
#define SYS_WHITE    0xffff
#define RED          0xf800
#define ORANGE       0x7be0
#define YELLOW       0xffe0
#define GREEN        0x07e0
#define CYAN         0x07ff
#define BLUE         0x001f
#define PURPLE       0xf81f
#define GRAY         0x7bef
// 可调用的函数说明
// Framebuffer initialization.
// Failed return 0, succeed return 1.
int fb_Init(void);
// Framebuffer release
void fb_Release(void);
// Assert device is opened
int fb_AssertDevice(int dev);
// Make up System Palette
void fb_MakePalette(struct fb_cmap * map);
// Save System Palette
int fb_SavePalette(struct fb_cmap * map);
// Update System Palette
int fb_UpdatePalette(struct fb_cmap map);
// Make up a color fits for 8-bit display according to RGB factors specified
ColorType fb_MakeColor_8(ByteType red, ByteType green, ByteType blue);
// Make up a color fits for 16-bit display according to RGB factors specified
```

```
ColorType fb_MakeColor_16(ByteType red, ByteType green, ByteType blue);
// Retrieve base address of frame buffer
void * fb_GetFrameAddr();
// Retrieve screen width
unsigned int fb_GetScreenWidth();
// Retrieve screen height
unsigned int fb_GetScreenHeight();
// Retrieve screen bits_per_pixel
unsigned int fb_GetScreenBpp();
// Retrieve screen colors
unsigned int fb_GetScreenColors();
// Clear screen with specified color
void fb_Clear(ColorType color);
// Put a color pixel on the screen
void fb_PutPixel(short x, short y, ColorType color/* , int xorm */);
// Retrieve the color of specified pixel
ColorType fb_GetPixel(short x, short y);
// Draw a horizontal line on the screen
void fb_DrawLine_H(short x1, short x2, short y, ColorType color/* , int xorm */);
// Draw a vertical line on the screen
void fb_DrawLine_V(short x, short y1, short y2, ColorType color/* , int xorm */);
// Draw a common line on the screen
void fb_DrawLine(short x1, short y1, short x2, short y2, ColorType color/* , int
xorm */);
// Draw a rectangle frame on the screen
void fb_DrawRect(short x1, short y1, short x2, short y2, ColorType color);
// Draw a rectangle frame on the screen
void fb_FillRect(short x1, short y1, short x2, short y2, ColorType color);
// Draw a horizontal dashed line on the screen
void fb_DrawDashed_H(short x1, short x2, short y, short spaceWidth, ColorType color);
// Draw a vertical dashed line on the screen
void fb_DrawDashed_V(short x, short y1, short y2, short spaceWidth, ColorType color);
// Draw a horizontal dashed line on the screen
void fb_DrawDashed_H(short x1, short x2, short y, short spaceWidth, ColorType color);
// Draw a vertical dashed line on the screen
void fb_DrawDashed_V(short x, short y1, short y2, short spaceWidth, ColorType color);
// Draw a specified character with 16 x 8 dot matrix code on the screen
void fb_Text_8x16(short x, short y, unsigned char * dotCodes, ColorType color);
// Draw a specified character with 16 x 16 dot matrix code on the screen
void fb_Text_16x16(int x, int y, unsigned char * dotCodes, ColorType color);
```

2. 帧缓冲初始化函数 fb_Init()

```
int fb_Init(void) {
    struct fb_fix_screeninfo finfo;      /* fixed screen information */
    struct fb_var_screeninfo vinfo;      /* variable screen information */
    struct termios current;
    unsigned short red[256], green[256], blue[256];
    struct fb_cmap new_map = {0, 256, red, green, blue, NULL};
                                         /* new system palette */
    // Open framebuffer device
    fb_con = open("/dev/fb0", O_RDWR, 0);
    if (fb_con < 0) {
        printf("Can't open /dev/fb0.\n");
        return -1;
    }
    // Get fixed screen information
    if (ioctl(fb_con, FBIOGET_FSCREENINFO, &finfo) < 0) {
        printf("Can't get FSCREENINFO.\n");
        close(fb_con);
        return -1;
    }
    // Get variable screen information
    if (ioctl(fb_con, FBIOGET_VSCREENINFO, &vinfo) < 0) {
        printf("Can't get VSCREENINFO.\n");
        close(fb_con);
        return -1;
    }
    // Apply new framebuffer palette
    if (finfo.visual == FB_VISUAL_DIRECTCOLOR || vinfo.bits_per_pixel == 8) {
        if (ioctl(fb_con, FBIOPUTCMAP, &new_map) < 0) {
            printf("Error putting Colormap.\n");
            return -1;
        }
    }
    // Configure framebuffer color settings
    switch (vinfo.bits_per_pixel) {
        case 8:
            fb_pixel_size = 1;
            break;
        case 16:
            fb_pixel_size = 2;
            vinfo.red.offset = 11;
```

```
            vinfo.red.length = 5;
            vinfo.green.offset = 5;
            vinfo.green.length = 6;
            vinfo.blue.offset = 0;
            vinfo.blue.length = 5;
            break;
        default:
            fprintf(stderr, "Current color depth is NOT surpported.\n");
            fb_pixel_size = 1;
            break;
    }
    // Apply new settings to the framebuffer
    if (ioctl(fb_con, FBIOPUT_VSCREENINFO, &vinfo) < 0) {
        fprintf(stderr, "Couldn't set ideal mode at FBIOPUT_VSCREENINFO");
        return -1;
    }
    // Retrieve screen size information
    if (ioctl(fb_con, FBIOGET_VSCREENINFO, &vinfo) < 0) {
        fprintf(stderr, "ioctl FBIOGET_VSCREENINFO");
        return -1;
    }
    fb_width = vinfo.xres_virtual;
    fb_height = vinfo.yres_virtual;
    fb_bpp = vinfo.bits_per_pixel;
    fb_line_size = finfo.line_length;
    fb_buffer_size = finfo.smem_len;
    // Map frame buffer to a vitual memory area
    frame_base = mmap(NULL, BUFFER_SIZE, PROT_READ|PROT_WRITE, MAP_SHARED, fb_con,
0);
    if (frame_base == MAP_FAILED) {
        fprintf(stderr, "Can't mmap.\n");
        close(fb_con);
        return -1;
    }
    printf("\nVideo memory address = 0x%x\n",frame_base);
    printf("Video visible resolution: x_res = %ld, y_res = %ld\n", SCREEN_WIDTH,
SCREEN_HEIGHT);
    // Clear screen
    fb_Clear(SYS_BLACK);
    return 0;
}
```

3. 帧缓冲释放函数 fb_Release()

```
void fb_Release(void) {
    fb_AssertDevice(fb_con);
    // release the vitual memeory area of frame buffer
    munmap(frame_base, BUFFER_SIZE);
    // close framebuffer device
    if(fb_con)
        close(fb_con);
    tcsetattr(0, TCSANOW, &term);
    return;
}
```

4. 生成系统调色板函数 fb_MakePalette()

```
void fb_MakePalette(struct fb_cmap * map) {
    int rs, gs, bs, i;
    int r = 8, g = 8, b = 4;
    if (map == NULL)
        return;
    rs = 256 / (r - 1);
    gs = 256 / (g - 1);
    bs = 256 / (b - 1);
    for (i = 0; i < 256; i++) {
        map->red[i] = (rs * ((i / (g * b)) % r)) * 255;
        map->green[i] = (gs * ((i / b) % g)) * 255;
        map->blue[i] = (bs * ((i) % b)) * 255;
    }
    return;
}
```

5. 更新系统调色板函数 fb_UpdatePalette()

```
int fb_UpdatePalette(struct fb_cmap map) {
    fb_AssertDevice(fb_con);
    if (BPP == 8) {
        if(ioctl(fb_con, FBIOPUTCMAP, &map) < 0) {
            printf("Update system palette failed.\n");
            return -1;
        }
    }
    return 0;
}
```

6. 生成适合 8 位颜色的函数 fb_MakeColor_8()

```
ColorType fb_MakeColor_8(ByteType red, ByteType green, ByteType blue) {
    ColorType color;
    // Adjust RGB factors to fit 16 bit display
    red >> = 5;
    green >> = 5;
    blue >> = 6;
    red & = 7;
    green & = 7;
    blue & = 3;
    // Use RGB factors to make up the display color
    color = (red << 5 | green << 2 | blue);
    return color;
}
```

7. 生成适合 16 位颜色的函数 fb_MakeColor_16()

```
ColorType fb_MakeColor_16(ByteType red, ByteType green, ByteType blue) {
    ColorType color;
    // Adjust RGB factors to fit 16 bit display
    red >> = 3;
    green >> = 2;
    blue >> = 3;
    // Use RGB factors to make up the display color
    color = (red << 11 | green << 5 | blue);
    return color;
}
```

8. 显示一个点的函数 fb_PutPixel()

```
void fb_PutPixel(short x, short y, ColorType color/ * , int xorm * /) {
    void * currPoint;
    if (x < 0 || x > = SCREEN_WIDTH ||
        y < 0 || y > = SCREEN_HEIGHT) {
#ifdef ERR_DEBUG
        printf("DEBUG_INFO: Pixel out of screen range.\n");
        printf("DEBUG_INFO: x = %d, y = %d\n", x, y);
#endif
        return;
    }
    // Calculate address of specified point
    currPoint = (ByteType * )frame_base + y * LINE_SIZE + x * PIXEL_SIZE;
```

```
    switch (BPP) {
        case 8:
            *((ByteType *)currPoint) = (color & 0xff);
            break;
        case 16:
            *((WordType *)currPoint) = (color & 0xffff);
            break;
    }
    return;
}
```

9. 清屏函数 fb_Clear()

```
void fb_Clear(ColorType color) {
    switch (BPP) {
        case 8:
            memset((ByteType *)frame_base, (color & 0xff), BUFFER_SIZE);
            break;
        case 16:
            memset((WordType *)frame_base, (color & 0xffff), BUFFER_SIZE);
    }
}
```


10. 画线函数 fb_DrawLine()

```
void fb_DrawLine(short x1, short y1, short x2, short y2, ColorType color/*, int xorm
*/) {
    int i = 0;
    int d = 0;
    if(abs(y2 - y1) > abs(x2 - x1)) {
        d = (y2 > y1) ? 1 : -1;
        for(i = y1; i != y2; i += d) {
            fb_PutPixel(x1 + (i - y1) * (x2 - x1) / (y2 - y1), i, color);
        }
    }
    else {
        d = (x2 > x1) ? 1 : -1;
        for(i = x1; i != x2; i += d) {
            fb_PutPixel(i, y1 + (i - x1) * (y2 - y1) / (x2 - x1), color);
        }
    }
}
```

11. 输出 8×16 的字符函数 fb_Text_8x16()

字符显示原理如图 5-9 所示，为 1 处会用选定的颜色填充。

```
0 0 0 0 0 0 0 0
0 0 0 0 0 0 0 0
0 0 0 0 0 0 0 0
0 1 1 1 1 1 1 0
0 1 1 1 1 1 1 0
0 1 1 0 0 0 0 0
0 1 1 0 0 0 0 0
0 1 1 1 1 1 1 0
0 1 1 1 1 1 1 0
0 1 1 0 0 0 0 0
0 1 1 0 0 0 0 0
0 1 1 0 0 0 0 0
0 1 1 1 1 1 1 0
0 1 1 1 1 1 1 0
0 0 0 0 0 0 0 0
0 0 0 0 0 0 0 0
```

图 5-9　字符显示原理

```
for (i = 0; i<16; i++) {
        x += 8;
        for (j = 0; j < 8; j++) {
            x--;
            if ((dotCodes[i] >> j) & 0x1) {
                fb_PutPixel(x, y, color);
            }
        }
        y++;
    }
```

12. 显示中英文字符串程序 show_char.c

show_char.c 对 LCD 库函数的调用包括：

① 调用 fb_Init()函数进行 framebuffer 初始化；

② 调用字符串显示函数在 LCD 上进行显示；

③ 调用 fb_Release()函数关闭设备。

显示英文字符和汉字的函数如下：

```
void DrawCharEN(short x, short y, unsigned char c, ColorType color) {
    unsigned char codes[16];
    short i;
    for (i = 0; i < 16; i++)
        codes[i] = ascii_codes[c][i];
    fb_Text_8x16(x, y, codes, color);
```

```
}
void DrawCharCHS(int x, int y, unsigned char c[2], ColorType color) {
    unsigned char codes[32];
    short i;
    unsigned char ch, cl;
    unsigned long offset;
    if (hzkFile == NULL) {
        printf("No Chinese Character Library opened.\n");
        exit(1);
    }
    ch = c[0];
    cl = c[1];
    offset = ((ch - 0xa1) * 94L + (cl - 0xa1)) * 32L;
    fseek(hzkFile, offset, SEEK_SET);
    fread(codes, 32, 1, hzkFile);
    fb_Text_16x16(x, y, codes, color);
}
```

5.6.5　BMP 文件显示

要实现在 LCD 上正确显示 BMP 图片，必须首先深入分析 BMP 文件的格式，才能从 BMP 图像中提取出有用的信息，过滤可能的多余数据。首先详细介绍 BMP 的文件格式。

1. BMP 文件格式

显示存储器中存放的与显示屏画面上像素一一对应的一个矩阵，矩阵中的每个元素都对应相应的的像素值，这个矩阵就称为位图。矩阵中的每个元素不是一个字节，因为矩阵中的元素要表示色彩。这种色彩可能因为精度的要求而需要很大的存储空间，也称为位映像。它是以像素形式保存显示图像数据的存储设备，其像素值用来确定显示像素的颜色或亮度。在一些高级图形显示系统中，还包括确定其他特征如深度、纹理的成分。位映像使用光栅图形，用点的模式图表示图形。最典型的 BMP 格式的应用程序就是 Windows 的画笔。

BMP 文件几乎不压缩，占用磁盘空间较大，它的颜色存储格式有 1 位、4 位、8 位及 24 位。BMP 文件格式是当今应用比较广泛的一种格式。缺点是该格式文件比较大，只能用在单机上，不受网络欢迎。

BMP 文件由文件头(BITMAPFILEHEADER)、文件信息头(BITMAPINFO-HEADER)、调色板(PALETTE)以及图像数据(DATA)组成。

(1) 文件头数据结构 BITMAPFILEHEADER

名　称	类　型	备　注	偏移量
文件类型	WORD	必须是 BM	0
文件大小	DWORD	字节数	2
reserved1	WORD	必须是 0	6
reserved2	WORD	必须是 0	8
data offset	DWORD	点阵位图数据偏移	0a

(2) 位图信息数据 BITMAPINFOHEADER

名　称	备　注	偏移量
biSize	BITMAPINFOHEADER 的字节数(一般 0x28)	0e
biWidth	图像宽度(行数)	12
biHeight	图像高度(列数)	16
biPlanes	位平面数(必须是 1)	1a
biBitCount	每像素位数(1、4、8 或 24)	1c
biCompression	压缩方式	1e
biSizeImage	图像字节数(一般填 0)	22
biXPelsMeter	目标设备水平向每毫米像素数(一般 B12h)	26
biYPelsMeter	目标设备垂直向每毫米像素数(一般 B12h)	2a
biClrUsed	实际使用颜色数(一般填 0)	2e
biClrImportant	重要颜色索引值(填 0,表示所有都重要)	32

(3) 颜色表 RGBQUAD

名　称	类　型
rgbBlue	BYTE
rgbGreen	BYTE
rgbRed	BYTE
rgbReserved	BYTE(必须是 0)

颜色表 RGBQUAD 长度由 biByteCount(每像素位数)决定。

biByteCount	颜色数
1	2
4	16
8	256
24	0

(4) 图像数据 DATA

256 色图像:数据部分的值并非是图像的颜色值,而是调色板的索引(index)值。

24 位真彩色图像:数据部分的值就是图像的颜色值。因而 24 位真彩色位图没有调色板这一部分。

2. BMP 图像显示

BMP 图像数据是按逆序存储的,即数据的第一行是显示屏显示的最后一行,因而采用顺序读取,逆序显示的方法。为了使图像正向显示,将读取到的第一行数据从左至右显示在 LCD 的最下方一行，依次向上显示。显示一幅 BMP 图片的程序头文件如下：

```
//Bmpmap Information Header Structure
struct BITMAP_INFO_HEADER{
    DWORD    biSize;
    DWORD    biWidth;
    DWORD    biHeight;
    WORD     biPlanes;
    WORD     biBitCount;
    DWORD    biCompression;
    DWORD    biSizeImage;
    DWORD    biXPelsPerMeter;
    DWORD    biYPelsPerMeter;
    DWORD    biClrUsed;
    DWORD    biClrImportant;
};
// Bitmap Palette Item Structure
struct PALETTEITEM{
        BYTE            pBlue;            /* Blue factor */
        BYTE            pGreen;           /* Green factor */
        BYTE            pRed;             /* Red factor */
        BYTE            pReserved;        /* Reserved byte */
};
typedef struct PALETTEITEM *    PALETTE;
// Bitmap Structure
typedef struct _BITMAP{
        struct BITMAP_INFO_HEADER      bmpInfoHeader;
        PALETTE                        bmpPalette;
        BYTE *                         bmpBits;
}BITMAP;
// Initialize a Bitmap Structure
void InitBitmap(BITMAP * bitmap);
// Load essential information to a Bitmap Structure
int LoadBitmap(char * srcFileName, BITMAP * bitmap);
// Show a 8bits bitmap
void ShowBitmap_8bits(PDC pdc, BITMAP bitmap, short xStart, short yStart, short xMax,
short yMax);
// Show a 16bits bitmap
void ShowBitmap_16bits(PDC pdc, BITMAP bitmap, short xStart, short yStart, short xMax,
short yMax);
// Show a 24bits bitmap
void ShowBitmap_24bits(PDC pdc, BITMAP bitmap, short xStart, short yStart, short xMax,
short yMax);
// Save a bitmap to file
int SaveBitmap(char * desFileName,fb_v4l * vd);
```

显示 8 位位图和 24 位位图的程序片段如下：

```
fb_Clear(SYS_BLACK);
    printf("Show a 8bit bitmap:\t");
    LoadBitmap("./test8.bmp", &bmp8);
    ShowBitmap_8bits(bmp8, 0, 0);
    printf("Press any key to continue...\n");
    getchar();
    fb_Clear(SYS_BLACK);
    printf("Show a 24bit bitmap:\t");
    LoadBitmap("./test24.bmp", &bmp24);
     ShowBitmap_24bits(bmp24, 0, 0);
      ⋮
// Load bitmap infomation and bits
int LoadBitmap(char * srcFileName, struct BITMAP * bitmap) {
    FILE * bmpFile = NULL;              /* file pointer */
    WordType bfType;                    /* file type word */
    DWordType bfOffBits;                /* bits area offset */
    unsigned int bmp_BitCount;          /* bitmap bits-per-pixel */
    unsigned int bmp_Height;            /* bitmap height */
    unsigned int bmp_Width;             /* bitmap width */
    unsigned int bmp_Colors;            /* bitmap colors */
    ByteType * linePointer;
    unsigned int line;
    // Open a specified bitmap file
    bmpFile = fopen(srcFileName, "rb");
    if (bmpFile == NULL) {
        printf("Cannot open bitmap file: %s! \n", srcFileName);
        return -1;
    }
    // Read file type word, in order to check up file is bitmap or not
    fseek(bmpFile, BF_TYPE_OFFSET, SEEK_SET);
    if (fread(&bfType, sizeof(WordType), 1, bmpFile) < 0) {
        printf("Error read file header! \n");
        return -1;
    }
    if (bfType != (WordType) ('M' << 8 | 'B')) {
        printf("Current file is NOT a bitmap file.\n");
        return -1;
    }
    // Read bitmap infomation header
    fseek(bmpFile, BITMAP_INFO_OFFSET, SEEK_SET);
```

```
        if (fread(&bitmap->bmpInfoHeader, sizeof(struct BITMAP_INFO_HEADER), 1, bmp-
File) < 0) {
            printf("Error read bits infomation.\n");
            return -1;
        }
        // Check up bitmap is compressed or not
        if (bitmap->bmpInfoHeader.biCompression == 1) {
            printf("Compressed bitmap is NOT supported.\n");
            return -1;
        }
        bmp_Height = bitmap->bmpInfoHeader.biHeight;
        bmp_Width = bitmap->bmpInfoHeader.biWidth;
        bmp_BitCount = bitmap->bmpInfoHeader.biBitCount;
        bmp_Colors = bitmap->bmpInfoHeader.biClrUsed ? bitmap->bmpInfoHeader.bi-
ClrUsed : (1 << bmp_BitCount);
        // Read a palette when bitmap is 256 bitmap(or fewer colors)
        if (bmp_BitCount <= 8) {
            bitmap->bmpPalette = (PALETTE)malloc(sizeof(struct PALETTEITEM) * bmp_
Colors);
            if (bitmap->bmpPalette == NULL) {
                printf("Allocate memory for Palette failed.\n");
                return -1;
            }
            if (fread(bitmap->bmpPalette, sizeof(struct PALETTEITEM) * bmp_Colors, 1,
bmpFile) < 0) {
                printf("Error read bits infomation.\n");
                return -1;
            }
        }
        // Allocate memory for the bit area of bitmap
        bitmap->bmpBits = (ByteType *)malloc(bmp_Height * WIDTHBYTE(bmp_Width * bmp_
BitCount));
        if (bitmap->bmpBits == NULL) {
            printf("Allocate memory for bits area failed.\n");
            return -1;
        }
        // Read bits area offset
        fseek(bmpFile, BF_OFFBITS_OFFSET, SEEK_SET);
        fread(&bfOffBits, sizeof(DWordType), 1, bmpFile);
        // Read bits area into memory allocated
        fseek(bmpFile, bfOffBits, SEEK_SET);
```

```
        // Because bitmap is top-down, read last line first
        linePointer = bitmap->bmpBits + (bmp_Height - 1) * WIDTHBYTE(bmp_Width * bmp
_BitCount);
        for (line = 1; line <= bmp_Height; line++) {
            if (fread(linePointer, WIDTHBYTE(bmp_Width * bmp_BitCount),1,bmpFile)<0){
                printf("Error read bits infomation.\n");
                return -1;
            }
            linePointer -= WIDTHBYTE(bmp_Width * bmp_BitCount);
        }
        fclose(bmpFile);
        return 0;
    }
    // Show a 8bits bitmap
    void ShowBitmap_8bits(struct BITMAP bitmap, short xStart, short yStart) {
        unsigned int bmp_BitCount;          /* bitmap bits-per-pixel */
        unsigned int bmp_Height;            /* bitmap height */
        unsigned int bmp_Width;             /* bitmap width */
        unsigned int bmp_Colors;            /* bitmap colors */
        ByteType * linePointer;             /* current line pointer in bits area */
        ByteType * currPointer;             /* current bit pointer in current line */
        unsigned int lineCount;             /* bytes count in a line */
        short scr_x_max, scr_y_max;         /* maximum x-coordinate and y-coordinate */
        short x, y;
        short x_max, y_max;
        bmp_Height = bitmap.bmpInfoHeader.biHeight;
        bmp_Width = bitmap.bmpInfoHeader.biWidth;
        bmp_BitCount = bitmap.bmpInfoHeader.biBitCount;
        bmp_Colors = bitmap.bmpInfoHeader.biClrUsed ? bitmap.bmpInfoHeader.biClrUsed : (1
<< bmp_BitCount);
        // Calculate actual bytes of a line
        lineCount = WIDTHBYTE(bmp_Width * bmp_BitCount);
        // Calculate the boundary of display
        scr_x_max = fb_GetScreenWidth() - 1;
        scr_y_max = fb_GetScreenHeight() - 1;
        x_max = ((xStart + bmp_Width - 1) > scr_x_max) ? scr_x_max : (xStart + bmp_
Width - 1);
        y_max = ((yStart + bmp_Height - 1) > scr_y_max) ? scr_y_max : (yStart + bmp_
Height - 1);
        // Show the bitmap line by line
        linePointer = bitmap.bmpBits;
        for (y = yStart; y <= y_max; y++) {
```

```
          currPointer = linePointer;
          for (x = xStart; x <= x_max; x++) {
              ByteType red, green, blue;
              WordType newColor = 0x000000;
              ByteType currIndex;
              // Read index of current bit in the bitmap
                currIndex = *currPointer++;
              // According the palette, use index to retrieve corresponding RGB factors
              blue = bitmap.bmpPalette[currIndex].pBlue;
              green = bitmap.bmpPalette[currIndex].pGreen;
              red = bitmap.bmpPalette[currIndex].pRed;
              // Use RGB factors to make up the display color
              newColor = fb_MakeColor_16(red, green, blue);
              // Output current bit in the bitmap
              fb_PutPixel(x, y, newColor);
          }
          // Move to the next line
          linePointer += lineCount;
      }
  }
```

5.7　USB 摄像头程序

USB 摄像头连接简单，使用灵活，价格低廉且具有良好的性能，因此，得到了广泛的应用。Linux 内核包含了多种 USB 摄像头驱动，最常用的有基于 OV511 及其兼容芯片。目前，在低端市场占有率较高的摄像头芯片是中芯微公司生产的 ZC030x 系列摄像头芯片。Linux 系统中的视频子系统 Video4Linux 为视频应用程序提供一套统一的 API，视频应用程序通过调用 API 即可操作各种不同的视频捕获设备，包括电视卡、视频捕捉卡和 USB 摄像头等。

5.7.1　摄像头驱动的安装

1. 配置 Video4Linux 内核

在终端使用 make menuconfig 命令打开 S3C2410 Linux 内核编译的主菜单窗口，并进入“Multimedia devices --->”菜单选项，然后将 Video For Linux 配置为模块，即：

```
Device Driver --->
Multimedia devices    --->
            < * > Video For Linux
```

2. 配置 OV511 驱动

返回主菜单（Main Menu），再进入"USB support --->"菜单选项，然后将 USB OV511Camera support 设置为模块，即：

```
USB support --->
        < * > USB OV511 Camera support(NEW)
```

3. 模块安装

执行以下命令安装视频输入模块：

```
# insmod videodev.o
```

执行以下命令安装输入设备驱动模块：

```
# insmod usbcore.o
# insmod usb - ohci - s3c2410.ko
# insmod ov511.o
```

由于使用的设备是 USB 接口的摄像头，所以在加载 ov511.o 模块前，需要加载 USB 内核驱动和主机控制器驱动。

视频设备在 Linux 系统下为一个字符型设备，分配给视频设备使用的主设备号固定为 81，次设备号为 0～31。在 Linux 系统中通常使用设备名为 video0～video31。对于摄像头的视频采集，需要使用 Video4Linux 提供的设备接口/dev/video，若文件系统中没有这个设备文件，则使用以下命令在设备文件夹/dev/下创建一个名称为 video0 的节点：

```
# mknod /dev/video0 c 81 0
```

5.7.2 Video4Linux 模块应用

Video4Linux(V4L)是 Linux 的影像串流系统与嵌入式影像系统的基础。Linux 在 TV、多媒体上的应用是目前相当热门的研究领域，而其中最关键的技术则是 Linux 的 Video4Linux。Video4Linux 是 Linux 内核里支持影像设备的一组 API 函数，配合各种支持的视频采集卡与驱动程序，可实现影像采集、AM/FM 无线广播、影像 CODEC、频道切换等功能。

Video4Linux 为 2 层架构，上层为 Video4Linux 驱动程序本身，下层架构则是影像设备的驱动程序。一般情况都是使用 V4L 的上层驱动程序，即 V4L 提供给程序开发人员的 API 函数。

1. Video4Linux 常用的数据结构

在安装了图像采集设备驱动后，只需要再编写一个对视频流采集的应用程序就可以采集视频图像。Video4Linux 应用程序中常用的数据结构如下：

(1) struct voide_capability grab_cap;

video_capability 包含摄像头的基本信息：

```
struct video_capability{
    char name[32];            //设备名称
    int type;                 //设备功能标志
    int channels;             //支持的视频通道数
    int audios;               //支持的音频通道数
    int maxwidth;             //图像的最大宽度
    int maxheight;            //图像的最大高度
    int minwidth;             //图像的最小宽度
    int minheight;            //图像的最小高度
};
```

(2) struct video_picture grab_pic;

video_picture 包含设备采集图像的各种属性：

```
struct video_picture {
    __u16    brightness;          //亮度
    __u16    hue;                 //色调
    __u16    color;               //颜色数
    __u16    contrast;            //对比度
    __u16    whiteness;           //白度
    __u16    depth;               //色深
    __u16    palette;             //调色板格式
};
```

(3) struct video_mmap grab_buf;

video_mmap 用于内存映射：

```
struct video_mmap {
    unsigned int frame;             //帧号
    int height,width;               //图像的高度和宽度
    unsigned int format;            //图像格式
};
```

(4) struct video_mbuf grab_vm;

video_mbuf 为利用 mmap 进行映射的帧信息，实际上是输入到摄像头存储器缓冲中的帧信息：

```
struct video_mbuf {
    int    size;                          //帧的大小
    int    frames;                        //最多支持的帧数
    int    offsets[VIDEO_MAX_FRAME];      //每帧相对基址的偏移
};
```

2. Video4Linux 常用的系统调用函数

应用程序中用到的主要系统调用函数有：

```
open("/dev/video0", int flags);
close(fd);
mmap(void * start , size_t length, int prot, int flags, int fd, off_t offset);
munmap(void * start, size_tlength);
ioctl(int fd, int cmd, …);
```

open()和 close()函数比较简单。mmap()函数用于将某个文件的内容映射到进程的虚拟地址空间。其中，参数 start 指向欲映射的内存起始地址，通常设为 NULL，表示让系统自动选定地址，映射成功后则返回该地址；参数 length 表示映射到内存中的文件长度；参数 prot 表示映射区域的保护方式，必须指定标志 MAP_SHA RED 或 MAP_PRIVATE；参数 fd 为 open()函数返回的文件描述符，表示进行映射操作的文件；参数 offset 为文件映射的偏移量，通常设置为 0，表示从文件起始处开始映射，offset 必须是内存分页大小的整数倍。若映射成功，则函数的返回值为映射区域的内存起始地址；否则，返回 MAP_FAILED(－1)。

在 Linux 系统中把设备看成设备文件，在用户空间可以通过标准的 I/O 系统调用函数操作设备文件，从而达到与设备交互通信的目的，在设备驱动中提供对这些函数的相应支持。ioctl(int fd,int cmd,…)函数在用户程序中用来控制 I/O 通道，其中，fd 代表设备文件描述符；cmd 代表用户程序对设备的控制命令；省略号一般是一个表示类型长度的参数，也可以缺省。

3. Video4Linux 的应用编程

下面的应用程序打印出设备性能描述信息、图像特性信息和设备缓冲区信息，并且修改图像特性参数。

```
#include <unistd.h>
#include <sys/types.h>
#include <sys/stat.h>
#include <fcntl.h>
#include <stdio.h>
#include <sys/ioctl.h>
#include <stdlib.h>
#include <linux/videodev.h>
#define FILE "/dev/video0"                          //定义打开文件的名称
int main(void)
{       struct video_capability cap;                //设备的性能
        struct video_picture vpic;                  //设备的图片特性
        struct video_mbuf mbuf;                     //设备缓冲区信息
        int fd = open(FILE, O_RDONLY);              //打开设备
```

```
        if (fd < 0) { perror(FILE); exit(1); }
        printf("\n=========Get struct video_capability============\n");
        if (ioctl(fd, VIDIOCGCAP, &cap) < 0)          //获取设备性能描述数据结构
        {   perror("VIDIOGCAP");
            fprintf(stderr, "(" FILE " not a video4linux device?)\n");
            close(fd);  exit(1);
        }
        printf(cap.name);printf(", Type: %d\n",cap.type);
        printf("Maxwidth: %d,Maxheight: %d\n",cap.maxwidth ,cap.maxheight);
        printf("Minwidth: %d,Minheight: %d\n",cap.minwidth,cap.minheight);
        printf("Channels: %d,Audios: %d\n",cap.channels,cap.audios);
        printf("\n=============Get struct video_mbuf============\n");
        if (ioctl(fd, VIDIOCGMBUF, &mbuf) < 0)     //获取设备缓冲区信息
        {   perror("VIDIOCGMBUF");
            fprintf(stderr, "(" FILE " not a video4linux device?)\n");
            close(fd);  exit(1);
        }
        printf("Memery buffer size: %d\n",mbuf.size);
        printf("Memery buffer frames: %d\n",mbuf.frames);
        printf("\n===========Get struct video_picture===========\n");
        if (ioctl(fd, VIDIOCGPICT, &vpic) < 0)     //获取图像特性数据结构
        {   perror("VIDIOCGPICT");
            close(fd);    exit(1);
        }
        printf("Brightness: %d,Hue: %d,Colour: %d\n",vpic.brightness,vpic.hue,
vpic.colour);
        printf("Contrast: %d,Whiteness: %d(Black and white only)\n",
                                    vpic.contrast,vpic.whiteness);
        printf("Capture depth: %d,Palette: %d\n",vpic.depth,vpic.palette);
        printf("\nSet vpic.palette to VIDEO_PALETTE_RGB565,and vpic.depth to 16.\n");
        vpic.palette = VIDEO_PALETTE_RGB565;            //设置调色板
        vpic.depth = 16;                                //设置像素深度
        if(ioctl(fd, VIDIOCSPICT, &vpic) == -1)        //设置图像特性
        {   fprintf(stderr, "Unable to find a supported capture format.\n");
            close(fd);
            exit(1);
        }
        printf("\n==========Get struct video_picture============\n");
        if (ioctl(fd, VIDIOCGPICT, &vpic) < 0)          //获取图像特性数据结构
        {   perror("VIDIOCGPICT");
            close(fd);
            exit(1);
```

```
    }
    printf("Brightness: %d,Hue: %d,Colour: %d\n",
                   vpic.brightness,vpic.hue,vpic.colour);
    printf("Contrast: %d,Whiteness: %d(Black and white only)\n",
                   vpic.contrast,vpic.whiteness);
    printf("Capture depth: %d,Palette: %d\n",vpic.depth,vpic.palette);
    close(fd);
    return 0;
}
```

5.7.3 USB 摄像头图像显示

通过使用 Video4Linux 的 API 函数从视频设备(OV511 摄像头)中读取图像数据,然后将这些数据写入帧缓冲(Frame Buffer)中,使摄像头采集到的图像在液晶屏上显示出来。

1. 初始化设备

采集程序首先打开视频设备,视频采集设备在系统中对应的设备文件为/dev/video0,采用系统调用函数 fd=open ("/dev/video0", O_RDWR),fd 是设备打开后返回的文件描述符(若打开错误返回－1),以后的系统调用函数就可使用它来对设备文件进行操作了。接着,利用 ioctl(fd, VIDIOCGCAP, &grab_cap)函数读取 struct video _capability 中有关图像捕捉设备的信息。该函数成功返回后,这些信息从内核空间复制到用户程序空间 grab_cap 各成员分量中,使用 printf 函数就可得到各成员分量信息。例如,printf("maxheight=%d", grab_fd.maxheight)获得最大垂直分辨率的大小。还可以使用 ioctl(fd, VIDIOCGPICT, &grab_pic)函数,读取视频采集设备缓冲 voideo_picture 信息。在用户空间程序中可以改变这些信息,具体方法为先给变量赋新值,再调用 VIDIOCSPICT ioctl 函数。改变图像捕捉设备缓冲信息的程序如下:

```
grab_fd.depth = 3;
if (ioctl(fd, VIDIOCSPICT, &grab_pic) < 0)
{    perror("VIDIOCSPICT");
     return -1;
}
```

2. 视频图像截取

完成初始化设备工作后,就可以对视频图像进行截取。有两种方法:一种是使用 read()直接读取;另外一种用 mmap()进行内存映射。read()通过内核缓冲区来读取数据,而 mmap()通过把设备文件映射到内存中,绕过了内核缓冲区,最快的磁盘访问往往还是慢于最慢的内存访问,因此 mmap()方式加速了 I/O 访问。另外,mmap()

系统调用使得进程之间通过映射同一文件实现共享内存,各进程可以像访问普通内存一样对文件进行访问,访问时只需要使用指针而不用调用文件操作函数。在程序实现中采用了内存映射 mmap()方式。

利用 mmap()方式进行视频截取的具体操作如下:

① 先使用 ioctl(fd, VIDIOCGMBUF, &grab_vm)函数获得摄像头存储缓冲区的帧信息,之后修改 voideo_mmap 中的设置。例如,重新设置图像帧的垂直及水平分辨率、彩色显示格式,可用如下语句:

```
grab_buf.height = 240;
grab_buf.width = 320;
grab_buf.format = VIDEO_PALETTE_RGB24;
```

② 接着把摄像头对应的设备文件映射到内存区,具体使用 grab_data=(unsigned char *) mmap(0, grab_vm.size, PROT_READ|PROT_WRITE, MAP_SHARED, grad_fd, 0)操作。这样设备文件的内容就映射到内存区,该映射内容区可读可写并且不同进程间可共享。该函数成功时返回映像内存区的指针,出错时返回值为-1。

3. 单帧采集和连续帧采集

(1) 单帧采集

在获取的摄像头存储缓冲区帧信息中,最多可支持的帧数(frames 的值)一般为两帧。对于单帧采集只需设置 grab_buf.frame=0,即采集其中的第一帧。使用 ioctl(fd, VIDIOCMCAPTURE, &grab_buf)函数,若调用成功,则激活设备真正开始一帧图像的截取,是非阻塞的。接着使用 ioctl(fd, VIDIOCSYNC, &frame)函数判断该帧图像是否截取完毕,成功返回表示截取完毕,之后就可把图像数据写入到 Frame Buffer。

(2) 连续帧采集

在单帧的基础上,利用 grab_fd.frames 值确定采集完毕摄像头帧缓冲区帧数据进行循环的次数。在循环语句中,也是使用 VIDIOCMCCAPTURE ioctl 和 VIDIOCSYNC ioctl 函数完成每帧截取,但要给采集到的每帧图像赋地址。利用语句 buf=grab_data + grab_vm.offsets[frame],然后保存文件。若要继续采集可再加一个外循环,在外循环语句只要给原来的内循环再赋 frame=0 即可。

videodemo.c 程序使用单帧采集的方式。编译命令行如下:

```
$ arm-linux-gcc -s -Wall -I/zylinux/kernel/include  -Wstrict-prototypes -videodemo.c  -o videodemo
```

运行生成的 videodemo 程序,就可在液晶屏上观察到采集图像的效果。

```
# ./videodemo
```

videodemo.c 程序的主函数、打开帧缓冲设备函数和打开视频设备函数如下:

```
int main(void)
{    fb_v41 vd;          int ret,i;
     unsigned short     * imageptr;
     unsigned short     tempbuf[640 * 480];
     ret = open_framebuffer(FB_FILE,&vd);                    //打开 FrameBuffer 设备
     if(0! = ret)
     {     goto err; }
     for(i = 0;i<640 * 480;i ++ )
           tempbuf[i] = 0xffff;
     rgb_to_framebuffer(&vd,640,480,0,0,tempbuf);    //填充 FrameBuffer 颜色
     ret = open_video(V4L_FILE, &vd , 16, VIDEO_PALETTE_RGB565, 320,240);
        if(0! = ret) {                                       //打开视频设备失败
         goto err; }
     //打印设备信息
     printf(vd.capability.name);
     printf(", Type: % d\n",vd.capability.type);
     printf(" Maxwidth: % d, Maxheight: % d\n", vd.capability.maxwidth, vd.capability.
maxheight);
     printf(" Minwidth: % d, Minheight: % d\n", vd.capability.minwidth, vd.capability.
minheight);
     printf("Channels: % d,Audios: % d\n",vd.capability.channels,vd.capability.audios);
     while(1)
     {    imageptr = (unsigned short  * ) get_frame_address(&vd);
          rgb_to_framebuffer(&vd,vd.mmap.width,vd.mmap.height,
                                                  160,120,imageptr);
          if(get_next_frame(&vd) ! = 0)                      //获取图像数据出错
          {     goto err;   }
     }
  err: if(vd.fbfd) close(vd.fbfd);                           //关闭 FrameBuffer 设备
     if(vd.fd) close(vd.fd);
     exit(0);
     return 0;
 }
 //打开 FrameBuffer 设备函数
 int open_framebuffer(char * ptr,fb_v41  * vd)
 {    int fbfd,screensize;
      fbfd = open(ptr, O_RDWR);          //Open the file for reading and writing
      if (fbfd < 0)
      {     printf("Error: cannot open framebuffer device. % x\n",fbfd);
            return ERR_FRAME_BUFFER;
      }
      printf("The framebuffer device was opened successfully.\n");
```

```
    vd->fbfd = fbfd;                //保存打开 FrameBuffer 设备的句柄
    // Get fixed screen information 获取 FrameBuffer 固定不变的信息
    if (ioctl(fbfd, FBIOGET_FSCREENINFO, &vd->finfo))
    {   printf("Error reading fixed information.\n");
        return ERR_FRAME_BUFFER;
    }
    // Get variable screen information 获取 FrameBuffer 显示屏可变的信息
    if (ioctl(fbfd, FBIOGET_VSCREENINFO, &vd->vinfo))
    {   printf("Error reading variable information.\n");
        return ERR_FRAME_BUFFER;
    }
    printf("%dx%d, %dbpp, xoffset=%d ,yoffset=%d \n", vd->vinfo.xres,
            vd->vinfo.yres, vd->vinfo.bits_per_pixel,vd->vinfo.xoffset,
            vd->vinfo.yoffset);
    // Figure out the size of the screen in bytes
    screensize = vd->vinfo.xres * vd->vinfo.yres * vd->vinfo.bits_per_pixel/8;
    // 映射 Framebuffer 设备到内存
    vd->fbp = (char *)mmap(0,screensize,PROT_READ|PROT_WRITE,
                                    MAP_SHARED,fbfd,0);
    if ((int)vd->fbp == -1)
    {   printf("Error: failed to map framebuffer device to memory.\n");
        return ERR_FRAME_BUFFER;
    }
    printf("The framebuffer device was mapped to memory successfully.\n");
    return  0;
}
//打开视频设备函数
int open_video(char *fileptr,fb_v41 *vd ,int dep,int pal,int width,int height)
{   if ((vd->fd = open(fileptr, O_RDWR)) < 0) //打开视频设备
    {   perror("v4l_open:");
        return ERR_VIDEO_OPEN;
    }
    if (ioctl(vd->fd, VIDIOCGCAP, &(vd->capability)) < 0)
    {   perror("v4l_get_capability:");
        return ERR_VIDEO_GCAP;
    }
    if (ioctl(vd->fd, VIDIOCGPICT, &(vd->picture)) < 0)
    {   perror("v4l_get_picture");
        return ERR_VIDEO_GPIC;
    }
    //设置图像
```

```
    vd->picture.palette = pal;           //调色板
    vd->picture.depth = dep;             //像素深度
    vd->mmap.format = pal;
    if (ioctl(vd->fd, VIDIOCSPICT, &(vd->picture)) < 0)
    {     perror("v4l_set_palette");
          return ERR_VIDEO_SPIC;     }
    vd->mmap.width = width;              //宽度
    vd->mmap.height = height;            //高度
    vd->mmap.format = vd->picture.palette;
    vd->frame_current = 0;
    vd->frame_using[0] = 0;
    vd->frame_using[1] = 0;
    //获取缓冲映射信息
    if (ioctl(vd->fd, VIDIOCGMBUF, &(vd->mbuf)) < 0)
    {     perror("v4l_get_mbuf");    return -1;     }
    vd->map = mmap(0, vd->mbuf.size, PROT_READ|PROT_WRITE,
                                  MAP_SHARED, vd->fd, 0);
    if (vd->map < 0) {   perror("v4l_mmap_init:mmap"); return -1; }
    printf("The video device was opened successfully.\n");
    return 0;
}
```


4. 摄像头采集图像保存

将 USB 摄像头采集到的图像保存到文件中的主程序和调用的函数如下。

```
#include "bmp.h"
#include "video.h"
#define PATH "/mnt/hdap1/picture/"
int main(){
    fb_v4l vd;
    char filename[50];
    char fullpath[100] = PATH;
    printf("Please input filename:");
    scanf("%s",&filename);
    strcat(fullpath,filename);
    printf(fullpath);
    printf("\n");
    if(SaveBitmap(filename,&vd) == -1) return 0;
    else return 1;
}
//将采集的内容保存成位图的函数
int SaveBitmap(char * desFileName,fb_v4l * vd){
```

```
    FILE * bmpFile = NULL;                  /* file pointer */
    BITMAP bitmap;
    WORD bfType;                            /* file type word */
    DWORD bfSize;                           /* size of bitmap file */
    WORD bfReserved1;                       /* reserved word 1 */
    WORD bfReserved2;                       /* reserved word 2 */
    DWORD bfOffBits;                        /* bits area offset */
    unsigned int bmp_BitCount;              /* bitmap bits-per-pixel */
    unsigned int bmp_Height;                /* bitmap height */
    unsigned int bmp_Width;                 /* bitmap width */
    unsigned int bmp_Colors;                /* bitmap colors */
    BYTE * linePointer;
    unsigned int line;
    if (open_video(vd,24,4,320,240) != 0){
        printf("Cannot open video device file: %s!\n", V4L_FILE);
        return -1;
    }
    if(get_first_frame(vd) != 0){
        printf("Cannot get frame!\n");
        return -1;
    }
    //Open a specified bitmap file
    bmpFile = fopen(desFileName, "w+");
    if (bmpFile == NULL){
        printf("Cannot open bitmap file: %s!\n", desFileName);
        return -1;
    }
    //Calculate relative infomation
    bmp_Height = vd->mmap.height;
    bmp_Width = vd->mmap.width;
    bmp_BitCount = vd->picture.depth;
    bmp_Colors = vd->picture.colour;
    bfType = (WORD) ('M' << 8 | 'B');
    bfSize = BFHEADERSIZE + sizeof(struct BITMAP_INFO_HEADER) + bmp_Height * WIDTH-
BYTE(bmp_Width * bmp_BitCount);
    if (bmp_BitCount <= 8)
        bfSize += bmp_Colors * sizeof(struct PALETTEITEM);
    bfReserved1 = 0;
    bfReserved2 = 0;
    bfOffBits = BFHEADERSIZE + sizeof(struct BITMAP_INFO_HEADER);
    if (bmp_BitCount <= 8)
        bfOffBits += bmp_Colors * sizeof(struct PALETTEITEM);
```

```
        InitBitmap2(vd.&bitmap);
        //Write File Information header
        fseek(bmpFile, BF_TYPE_OFFSET, SEEK_SET);
        if (fwrite(&bfType, sizeof(WORD), 1, bmpFile) < 0) {
            printf("Error write bfType!\n");
            return -1;
        }
        fseek(bmpFile, BF_SIZE_OFFSET, SEEK_SET);
        if (fwrite(&bfSize, sizeof(DWORD), 1, bmpFile) < 0) {
            printf("Error write bfSize!\n");
            return -1;
        }
        fseek(bmpFile, BF_RESERVED1_OFFSET, SEEK_SET);
        if (fwrite(&bfReserved1, sizeof(WORD), 1, bmpFile) < 0) {
            printf("Error write bfReserved1!\n");
            return -1;
        }
        fseek(bmpFile, BF_RESERVED2_OFFSET, SEEK_SET);
        if (fwrite(&bfReserved2, sizeof(WORD), 1, bmpFile) < 0) {
            printf("Error write bfReserved2! \n");
            return -1;
        }
        fseek(bmpFile, BF_OFFBITS_OFFSET, SEEK_SET);
        if (fwrite(&bfOffBits, sizeof(DWORD), 1, bmpFile) < 0) {
            printf("Error write bfOffBits! \n");
            return -1;
        }
        //Write bitmap infomation header
        fseek(bmpFile, BITMAP_INFO_OFFSET, SEEK_SET);
        if (fwrite(&bitmap.bmpInfoHeader, sizeof(struct BITMAP_INFO_HEADER), 1, bmpFile)
< 0) {
            printf("Error write bits infomation.\n");
            return -1;
        }
        //Write a palette when bitmap is 256 bitmap(or fewer colors)
        //Read bits area into memory allocated
        fseek(bmpFile, bfOffBits, SEEK_SET);
        //Because bitmap is top-down, read last line first
        printf("%d",WIDTHBYTE(bmp_Width * bmp_BitCount));
        linePointer = get_frame_address(vd) + (bmp_Height - 1) * WIDTHBYTE(bmp_Width *
bmp_BitCount);
        for (line = 1; line <= bmp_Height; line++) {
```

```
            if (fwrite(linePointer, WIDTHBYTE(bmp_Width * bmp_BitCount),1,bmpFile)<0){
                printf("Error read bits infomation.\n");
                return -1;
            }
            linePointer -= WIDTHBYTE(bmp_Width * bmp_BitCount);
        }
        fclose(bmpFile);
        close_video(vd);
        return 0;
    }
```

5.8　音频采集和回放程序

5.8.1　采样原理和采集方式

模拟信号是连续信号，无法被计算机处理。因此，第一步首先是将模拟信号转化为数字信号，也就是常说的模/数转换(analog to digital conversion)，这其中包括两个步骤：采样(sampling)和量化(quantization)。根据采样定理，当采样频率大于信号的2倍时，在采样过程中不会丢失信息，且从采样信号中可以精确的重构原始信号波形。

本实例采用UP-NETARM2410-S开发板，其核心板是S3C2410，音频处理方面采用飞利浦公司的UDAl341TS芯片。

音频系统设计包括软件设计和硬件设计两方面，在硬件上使用了基于IIS总线的音频系统体系结构。IIS(Inter－IC Sound bus)又称 I^2S，是飞利浦公司提出的串行数字音频总线协议。IIS总线只处理声音数据。其他信号(如控制信号)必须单独传输。IIS工作在DMA(Direct Memory Access)模式下。DMA技术是一种代替微处理器完成存储器与外部设备或存储器之间大数据量传送的方法，也称直接存储器存取方法。

UDA13141TS音频处理芯片提供了IIS接口、麦克风扬声器接口和音量控制接口。S3C2410X有4个DMA控制器，其中DMA1(数据输入)和DMA2(数据输出)可用于IIS的控制。通过设置CPU的IISFCON寄存器可以使IIS接口工作在DMA模式下。此模式下FIFO寄存器组的控制权掌握在DMA控制器上。当FIFO满时，由DMA控制器对FIFO中的数据进行处理。DMA模式的选择由IISCON寄存器的第4和第5位控制。

在这个体系结构中，为了实现全双工，数据传输使用两个DMA通道。数据传输(以回放为例)先由内部总线送到内存，然后传到BDMA控制器通道1，再通过IIS控制器写入IIS总线并传输给音频芯片。通道2用来录音。

5.8.2 音频设备的编程实现

1. 驱动架构

Linux 驱动程序中将音频设备按功能分成不同类型，每种类型对应不同的驱动程序。UDA1341TS 音频芯片提供如下功能：

- 数字化音频：这个功能有时被称为 DSP 或 Codec 设备。其功能是实现播放数字化声音文件或录制声音。
- 混频器：用来控制各种输入输出的音量大小，在本系统中对应 L3 接口。

Linux 设备驱动程序将设备看成文件，在驱动程序中将结构 file_operations 中的各个函数指针与驱动程序对应例程函数绑定，以实现虚拟文件系统 VFS 对逻辑文件的操作。数字音频设备（audio）、混频器（mixer）对应的设备文件分别是/dev/dsp 和/dev/mixer。

2. 音频接口编程

目前，Linux 中常用的声卡驱动程序是开放声音系统 OSS（Open Sound System）。OSS 是 Linux 平台上一个统一的音频接口，即只要音频处理应用程序按照 OSS 的 API 来编写，那么在移植到另外一个平台时，只需要重新编译即可。OSS 提供了开源代码级的可移植性。

在 OSS 中，主要有以下的几种设备文件：

/dev/mixer：访问声卡中内置的 mixer，调整音量大小，选择音源。

/dev/sndstat：测试声卡，执行 cat /dev/sndstat 会显示声卡驱动的信息。

/dev/dsp、/dev/dspW、/dev/audio：读这个设备就相当于录音，写这个设备就相当于放音。/dev/dsp 与/dev/audio 之间的区别在于采样的编码不同，/dev/audio 使用 μ 律编码；/dev/dsp 使用 8 - bit（无符号）线性编码；/dev/dspW 使用 16 - bit（有符号）线性编码。/dev/audio 主要是为了与 Sun OS 兼容，所以尽量不要使用。

本实例的主要工作对象是/dev/dsp 设备。通过编程的方式来使用这些设备，Linux 平台通过文件系统提供了统一的访问接口。程序员可以通过文件的操作函数直接控制这些设备，这些操作函数包括：open、close、read、write、ioctl 等。下面分别讨论打开音频设备、放音、录音和参数调整。

(1) 打开音频设备

```
#define BUF_SIZE 4096
int audio_fd;
unsigned char audio_buffer[BUF_SIZE];
/* 打开设备 */
if ((audio_fd = open(DEVICE_NAME, open_mode, 0)) == -1) { /* 打开设备失败 */
    perror(DEVICE_NAME);
    exit(1);
}
```

open_mode 有 3 种选择:O_RDONLY、O_WRONLY 和 O_RDWR,分别表示只读、只写和读/写。OSS 建议尽量使用只读或只写,只有在全双工的情况下(即录音和放音同时)才使用读/写模式。

(2) 录 音

进行录音的程序片段如下:

```
int len;
if ((len = read(audio_fd, audio_buffer, count)) == -1) {
    perror("audio read");
    exit(1);
}
```

count 为录音数据的字节个数(建议为 2 的指数),但不能超过 audio_buffer 的大小。从读字节的个数可以精确地测量时间,例如,8 kHz 的 16 位立体声速率为 8 000×2×2=32 000 字节/s,这是知道何时停止录音的唯一方法。

(3) 放 音

放音实际上和录音很类似,只不过把 read 改成 write 即可,相应的 audio_buffer 中为音频数据,count 为数据的长度。注意,用户始终要读/写一个完整的采样。例如,在一个 16 位的立体声模式下,每个采样有 4 字节,因此应用程序每次必须读/写 4 的整数倍字节。另外,由于 OSS 是一个跨平台的音频接口,所以用户在编程时,要考虑到可移植性的问题,其中一个重要的方面是读/写时的字节顺序。

(4) 设置参数

```
/* 设置采样格式 */
int format;
format = AFMT_S16_LE;
if (ioctl(audio_fd, SNDCTL_DSP_SETFMT, &format) == -1) {
    /* 致命错误 */
    perror("SNDCTL_DSP_SETFMT");
    exit(1);
}
if (format != AFMT_S16_LE) {
    /* 本设备不支持选择的采样格式. */
}
/* 设置通道数目 */
int channels = 2; /* 1 = mono, 2 = stereo */
if (ioctl(audio_fd, SNDCTL_DSP_CHANNELS, &channels) == -1) {
    /* 致命错误 */
    perror("SNDCTL_DSP_CHANNELS");
    exit(1);
}
if (channels != 2) {
```

```
/* 本设备不支持立体声模式 ... */
}
/* 设置采样速率 */
int speed = 11025;
if (ioctl(audio_fd, SNDCTL_DSP_SPEED, &speed) == -1) {
    /* 致命错误 */
    perror("SNDCTL_DSP_SPEED");
    exit(Error code);
}
```

音频设备通过分频的方法产生所需要的采样时钟，因此不可能产生所有的频率。驱动程序会计算出最接近要求的频率来，用户程序要检查返回的速率值，如果误差较小，可以忽略，但误差不能太大。

3. 录音和回放程序

完成一段时间的录音并将音频保存到文件中的主程序和调用的录放音函数如下：

```
int32 main(int32 argc, char * argv[]) {
    int32 len, k, sps;
    int16 buf[512];
    FILE * fp;
    ad_rec_t * ad;
    if ((argc) < 2) {
        fprintf(stdout, "Too few arguments....\n");
        exit(0);
    }
    fp = fopen(argv[1], "wb");
    if (fp == 0)
        fprintf(stdout, "Failed to open %s\n", argv[1]);
    sps = 16000;
    if ((ad = ad_open_rec (sps)) == NULL)
        fprintf (stdout, "ad_open_sps(%d) failed\n", sps);
    len = 25; //record for 1.5 sec
    len * = ad->sps;
    ad_setformat(ad->audio_fd);
    ad_start_rec(ad);
    fprintf(stdout, "///////////////////////\n");
    while (len > 0) {
        if ((k = ad_read (ad, buf, 512)) < 0)
            fprintf(stdout,"ad_read returned %d\n", k);
        if (k > 0) {
            fwrite (buf, sizeof(int16), k, fp);
            fflush (fp);
            len - = k;
```

```
        }
    }
    fprintf(stdout, "//////////////////////\n");
    ad_stop_rec (ad);
    ad_rec_close (ad);
    fclose (fp);
    return 0;
}
//录音函数
int32 ad_read (ad_rec_t * handle, int16 * buf, int32 max) {
    int32 len;
    len = max * sizeof(int16);
    //printf("TESTLOG:Start to read from audio ( %s %d)\n",__FUNCTION__, __LINE__);
    if ((len = read(handle->audio_fd, buf, len)) == -1) {
        fprintf(stdout, "Audio device get data faild\n");
        exit(0);
    }
    len /= sizeof(int16);
    return len;
}
//放音函数
int32 ad_write (ad_play_t * handle, int16 * buf, int32 max) {
    int32 len;
    len = max * sizeof(int16);
    if ((len = write(handle->audio_fd, buf, len)) == -1)
        exit(0);
    return len/sizeof(int16);
}
```

习　题

1. 试说明 LCD 的显示原理和 LCD 的分类，在 LCD 显示器上是如何显示汉字的？
2. 熟悉 Linux 的使用，编制应用程序：在 LCD 液晶屏上显示中英文字符串，包括所在班级、学号和姓名等。
3. 制作 BMP 图片在 LCD 上显示，显示范围可以任意指定，例如 640×480 像素的图片，可以指定 100×80 的像素范围显示。截图后可以实现图像的放大和缩小显示，放大或者缩小的比率可以任意指定。
4. 掌握键盘控制，编制菜单由键盘选择画点、画矩形、画圆和显示图片等，或进行显示图形的移动。
5. 用 USB 摄像头采集图像，用键盘或触摸笔控制捕获图像并保存成 BMP 或 JPEG 格式文件。

第6章 嵌入式 Linux 驱动程序开发

6.1 嵌入式 Linux 的设备管理

在 Linux 操作系统下有 3 类主要的设备文件类型：块设备、字符设备和网络设备。这种分类的使用方法，可以将控制不同输入输出设备的驱动程序和其他操作系统软件分离开来。例如文件系统仅仅控制抽象的块设备，而将与设备有关的部分留给底层软件，即驱动程序。

字符设备与块设备的主要区别是：在对字符设备发出读/写请求时，实际的硬件 I/O 一般就紧接着发生了。块设备则不然，它利用一块系统内存作缓冲区，当用户进程对设备请求能满足用户的要求时，就返回请求的数据，如果不能，就调用请求函数来进行实际的 I/O 操作。块设备主要是针对磁盘等慢速设备设计的，以免耗费过多的 CPU 等待时间。网络设备可以通过 BSD 套接口访问数据。

用户进程是通过设备文件来与实际的硬件打交道。每个设备文件都有其文件属性(c/b)，表示是字符设备还是块设备。另外每个文件都有两个设备号，第 1 个是主设备号，标识驱动程序，第 2 个是从设备号，标识使用同一个设备驱动程序的不同硬件设备。例如，就可以用从设备号来区分两个软盘。设备文件的主设备号必须与设备驱动程序在登记时申请的主设备号一致，否则用户进程将无法访问到驱动程序。

6.1.1 Linux 驱动程序概念

系统调用是操作系统内核和应用程序之间的接口，设备驱动程序是操作系统内核和机器硬件之间的接口。设备驱动程序为应用程序屏蔽了硬件的细节，这样在应用程序看来，硬件设备只是一个设备文件，应用程序可以像操作普通文件一样对硬件设备进行操作。设备驱动程序是内核的一部分，它完成以下的功能：

① 对设备初始化和释放；

② 把数据从内核传送到硬件和从硬件读取数据；

③ 读取应用程序传送给设备文件的数据和回送应用程序请求的数据；

④ 检测和处理设备出现的错误。

嵌入式系统通常有许多设备用于与用户交互，像触摸屏、小键盘、滚动轮、传感器、RS232 接口、LCD 等。除了这些设备外，还有许多其他专用设备，包括闪存、USB、GSM 等。内核通过所有这些设备各自的设备驱动程序来控制它们，包括 GUI 用户应用程序也通过访问这些驱动程序来访问设备。本小节着重介绍通常在嵌入式环境中使用的一些重要设备的设备驱动程序。

帧缓冲(frame buffer)是最重要的驱动程序之一，因为通过这个驱动程序才能使系统屏幕显示内容。帧缓冲区驱动程序通常有 3 层。最底层是基本控制台驱动程序 drivers/char/console.c，它提供了文本控制台常规接口的一部分。通过使用控制台驱动程序函数，能将文本打印到屏幕上——但图形或动画还不能(这样做需要使用视频模式功能，通常出现在中间层，也就是 drivers/video/fbcon.c 中)。第 2 层驱动程序提供了视频模式中绘图的常规接口。帧缓冲区是显卡上的内存，需要将它的内存映射到用户空间以便可以将图形和文本能写到这个内存段上，然后这个信息将反映到屏幕上。帧缓冲区的支持提高了绘图的速度和整体性能。顶层是非常特定于硬件的驱动程序，它需要支持显卡不同的硬件方面——像启用/禁用显卡控制器、深度和模式的支持以及调色板等。所有这 3 层都相互依赖以实现正确的视频功能。与帧缓冲区有关的设备是/dev/fb0(主设备号 29，次设备号 0)。

触摸屏是嵌入式系统最基本的用户交互设备之一，小键盘、传感器和滚动轮也包含在许多不同设备中以用于不同的用途。触摸屏设备的主要功能是随时报告用户的触摸，并标识触摸的坐标。这通常在每次发生触摸时，通过生成一个中断来实现。

这个设备驱动程序的角色是每当出现中断时就查询触摸屏控制器，并请求控制器发送触摸的坐标。一旦驱动程序接收到坐标，它就将有关触摸和任何可用数据的信号发送给用户应用程序(如果可能的话)。然后用户应用程序根据它的需要处理数据。

MTD(Memory Technology Device)设备是像闪存芯片、小型闪存卡、记忆棒等之类的设备，它们在嵌入式设备中的使用正在不断增长。MTD 驱动程序是在 Linux 下专门为嵌入式环境开发的新一类驱动程序。相对于常规块设备驱动程序，使用 MTD 驱动程序的主要优点在于这是专门为基于闪存的设备所设计的。因此它们通常有更好的支持、更好的管理和基于扇区擦除以及读/写操作的更好接口。Linux 下的 MTD 驱动程序接口划分为两类模块：用户模块和硬件模块。为了访问特定的内存设备并将文件系统置于其上，需要将 MTD 子系统编译到内核中。这包括选择适当的 MTD 硬件和用户模块。当前，MTD 子系统支持为数众多的闪存设备，并且有越来越多的驱动程序正添加进来以用于不同的闪存芯片。

6.1.2　驱动程序的结构

Linux 的设备驱动程序可以分为 3 个主要组成部分。

1. 自动配置和初始化子程序

自动配置和初始化子程序，负责检测所要驱动的硬件设备是否存在和是否正常工作。如果该设备正常，则对这个设备及其相关的设备驱动程序需要的软件状态进行初始化。这部分驱动程序仅在初始化时调用一次。

2. 服务于 I/O 请求的子程序

服务于 I/O 请求的子程序，又称为驱动程序的上半部分。调用这部分是由于系统调用的结果。这部分程序在执行时，系统仍认为是和进行调用的进程属于同一个进程，只是由用户态变成了核心态，具有进行此系统调用的用户程序的运行环境，因此可以在其中调用 sleep()等与进程运行环境有关的函数。

3. 中断服务子程序

中断服务子程序，又称为驱动程序的下半部分。在 Linux 系统中，并不是直接从中断向量表中调用设备驱动程序的中断服务子程序，而是由 Linux 系统来接收硬件中断，再由系统调用中断服务子程序。中断可以产生在任何一个进程运行的时候，因此在中断服务程序被调用时，不能依赖于任何进程的状态，也就不能调用任何与进程运行环境有关的函数。因为设备驱动程序一般支持同一类型的若干设备，所以一般在系统调用中断服务子程序时，都带有一个或多个参数，以唯一标识请求服务的设备。

在系统内部，I/O 设备的存取通过一组固定的入口点来进行，这组入口点是由每个设备的设备驱动程序提供的。具体到 Linux 系统里，设备驱动程序所提供的这组入口点由一个文件操作结构来向系统进行说明。file_operations 结构定义于<linux/fs.h>文件中，随着内核的不断升级，file_operations 结构也越来越大，不同版本的内核会稍有不同。

```
struct file_operations {
    int ( * lseek) (struct inode * inode,struct file * filp ,off_t off,int pos);
    int ( * read) (struct inode * inode,struct file * filp,char * buf,int count);
    int ( * write) (struct inode * inode,struct file * filp,const char * buf,int count);
    int ( * readdir) ( struct inode * inode,struct file * filp,struct dirent * dirent,
int count);
    int ( * select) ( struct inode * inode,struct file * filp,int sel_type,select_ta-
ble * wait);
    int ( * ioctl) (struct inode * inode,struct file * filp,unsigned int cmd,unsigned
int arg);
    int ( * mmap) (void);
    int ( * open) (struct inode * inode,struct file * filp);
    int ( * release) (struct inode * inode,struct file * filp);
    int ( * fsync) (struct inode * inode,struct file * filp);
};
```

file_operations 结构中的成员几乎全部是函数指针，因此实质上就是函数跳转表。每个进程对设备的操作，都会根据设备的 major，minor 设备号，转换成对 file_ operations 结构的访问。

常用的操作包含以下几种：

lseek　移动文件指针的位置，显然只能用于可以随机存取的设备。

read　进行读操作，参数 buf 为存放读取结果的缓冲区，count 为所要读取的数据长度。返回值为负表示读取操作发生错误，否则返回实际读取的字节数。对于字符型，要求读取的字节数和返回的实际读取字节数都必须是 inode－i_blksize 的倍数。

write　进行写操作，与 read 类似。

readdir　取得下一个目录入口点，只有与文件系统相关的设备驱动程序才使用。

select　进行选择操作，如果驱动程序没有提供 select 入口，select 操作将会认为设备已经准备好进行任何的 I/O 操作。

ioctl　进行读/写以外的其他操作，参数 cmd 为自定义的命令。

mmap　用于把设备的内容映射到地址空间，一般只有块设备驱动程序使用。

open　打开设备准备进行 I/O 操作。返回 0 表示打开成功，返回负数表示失败。如果驱动程序没有提供 open 入口，则只要/dev/driver 文件存在就认为打开成功。

release　即 close 操作。

在自己的驱动程序中，首先要根据驱动程序的功能，完成 file_operations 结构中函数实现。当不需要某些函数接口（如 fsync、fasync、lock 等）时，可以直接在 file_operations 结构中初始化为 NULL。file_operations 变量会在驱动程序初始化时，注册到系统内部，当操作系统对设备操作时会调用驱动程序注册的 file_operations 结构中的函数指针。

6.1.3　Linux 对中断的处理

在 Linux 系统里，对中断的处理是属于系统核心的部分，因此如果设备与系统之间以中断方式进行数据交换，就必须把该设备的驱动程序作为系统核心的一部分。设备驱动程序通过调用 request_irq 函数来申请中断，通过 free_irq 来释放中断。它们的定义为：

```
#include<linux/sched.h>
int request_irq(unsigned int irq,
                void ( * handler)(int irq,void dev_id,struct pt_regs * regs),
                unsigned long flags,
                const char * device,
                void * dev_id);
void free_irq(unsigned int irq,void * dev_id);
```

参数 irq 表示所要申请的硬件中断号。handler 为向系统登记的中断处理子程序，中断产生时由系统来调用。调用时所带参数 irq 为中断号，dev_id 为申请时告诉系统的设备标识，regs为中断发生时寄存器内容。device 为设备名，将会出现在/proc/interrupts 文件里。flag 是申请时的选项，它决定中断处理程序的一些特性，其中最重要的是中断处理程序是快速处理程序还是慢速处理程序。快速处理程序运行时，所有中断都屏蔽，而慢速处理程序运行时，除了正在处理的中断外，其他中断都没有屏蔽。在 Linux 系统中，中断可以被不同的中断处理程序共享。

作为系统核心的一部分，设备驱动程序在申请和释放内存时不是调用 malloc 和 free，而是调用 kmalloc 和 kfree，它们定义为：

```
#include<linux/kernel.h>
void * kmalloc(unsigned int len,int priority);
void kfree(void * obj);
```

参数 len 为希望申请的字节数，obj 为要释放的内存指针。priority 为分配内存操作的优先级，即在没有足够空闲内存时如何操作，一般用 GFP_KERNEL。与使用中断和内存不同，使用一个没有申请的 I/O 端口不会使 CPU 产生异常，也就不会导致诸如“segmentation fault”一类的错误发生。任何进程都可以访问任何一个 I/O 端口。此时系统无法保证对 I/O 端口的操作不会发生冲突，甚至会因此而使系统崩溃。因此，在使用 I/O 端口前，也应该检查此I/O端口是否已有别的程序在使用，若没有，再把此端口标记为正在使用，在使用完以后释放它。

在设备驱动程序里，可以调用 printk 来打印一些调试信息，用法与 printf 类似。printk 打印的信息不仅出现在屏幕上，同时还记录在文件 syslog 里。

6.1.4　设备驱动的初始化

设备驱动程序所提供的入口点，在设备驱动程序初始化时向系统进行登记，以便系统在适当时调用。Linux 系统里，通过调用 register_chrdev 向系统注册字符型设备驱动程序。register_chrdev 定义为：

```
#include<linux/fs.h>
#include<linux/errno.h>
int register_chrdev(unsigned int major,const char * name,struct file_operations * fops);
```

其中，major 是为设备驱动程序向系统申请的主设备号，如果为 0 则系统为此驱动程序动态地分配一个主设备号；name 是设备名；fops 就是前面所说的对各个调用入口点的说明。此函数返回 0 表示成功；返回－EINVAL 表示申请的主设备号非法，一般来说是主设备号大于系统所允许的最大设备号；返回－EBUSY 表示所申请的主设备号正在被其他设备驱动程序使用。如果是动态分配主设备号成功，此函数将返回所分配的主设备号。如果 register_chrdev 操作成功，设备名就会出现在/

proc/devices 文件里。

Linux 为每个设备在/dev 目录中建立一个文件，用 ls -l 命令可列出函数返回值，如果小于 0，表示注册失败；返回 0 或大于 0 的值表示注册成功。参数 major 是设备所请求的主设备号；参数 name 表示设备的名称；参数 fops 是一个指针，指向设备访问的函数集。

Linux Kernel 2.0 支持 128 个主设备号，LinuxKernel 2.2 和 2.4 支持 256 个主设备号(其中 0 和 255 保留)。注册以后，Linux 把设备名和主/次设备号联系起来，当有对此设备名的访问时，Linux 通过请求访问的设备名得到主/次设备号，然后把此访问分发到对应的设备驱动，设备驱动再根据次设备号调用不同的函数。

当设备驱动模块从 Linux 内核中卸载时，对应的主设备号必须被释放。在模块卸载调用 cleanup_module()函数时，应该调用下面的函数卸载设备驱动：

```
int unregister_chrdev(unsigned int major,const char * name);
```

此函数的参数为主设备号 major 和设备名 name。Linux 内核把 name 和此 major在内核注册的名称对比，如果不相等，卸载将失败，并返回－EINVAL。如果 major 大于最大的设备号也将返回－EINVAL。

初始化部分一般还负责给设备驱动程序申请系统资源，包括内存、中断、时钟、I/O端口等，这些资源也可以在 open 子程序或别的地方申请。在这些资源不用时，应该释放它们，以利于资源共享。

设备驱动的初始化函数主要完成的功能是：

(1) 对驱动程序管理的硬件进行必要的初始化

对硬件寄存器进行设置。比如设置中断掩码，设置串口的工作方式以及并口的数据方向等。

(2) 初始化设备驱动相关的参数

一般来说每个设备都要定义一个设备变量，来保存设备相关的参数。在这里可以对设备变量中的项进行初始化。

(3) 在内核中注册设备

Linux 内核通过设备的主设备号和从设备号来访问设备驱动程序，每个驱动程序都有唯一的主设备号。设备号可以自动获取，内核会分配一个独一无二的主设备号。但这样每次获得的主设备号可能不一样，设备文件必须重新建立(当然可以写一个脚本来自动的创建)，因此最好手动给设备分配一个主设备号。可以查看 Linux 文件系统中/proc 下的 devices 文件，该文件记录中内核中已经使用的主设备号和相应的设备名。选择一个没有被使用的主设备号，调用下面的函数来注册设备：

```
int register_chrdev(unsigned int,const char * ,struct file_operations * )
```

其中，3 个参数分别表示主设备号，设备名字和上面定义的 file_operations 结构地址。该函数是在/linux/include/linux/fs.h 中定义的。

(4) 注册中断

如果设备需要 IRQ 支持,则要注册中断。注册中断使用函数:

```
int request_irq(unsigned int irq,
                void ( * handler)(int,void * ,struct pt_regs * ),
                unsigned long flags,
                const char * device,
                void * dev_id);
```

(5) 其他初始化工作

比如给设备分配 I/O,申请 DMA 通道等。

当驱动程序是内核的一部分,则要按如下方式:

```
int __init chr_driver_init(void);
```

声明函数,注意不能缺少__init。在系统启动时会由内核调用 chr_driver_init,完成驱动程序的初始化。

当驱动程序是以模块的形式编写时,则要按如下方式:

```
int init_module (void)
```

声明函数,当运行 insmod 命令插入模块时会调用 init_module 函数完成初始化工作。

6.2　设备驱动程序的开发过程

6.2.1　设备驱动程序的开发流程

进行嵌入式系统的开发,很大的工作量是为各种设备编写驱动程序,除非系统不使用操作系统,程序直接操纵硬件。Linux 系统中,内核提供保护机制,用户空间的进程一般是不能直接访问硬件的。

Linux 设备驱动程序在 Linux 的内核源代码中占有很大的比例,从 2.0、2.2 到 2.4 版的内核,源代码的长度日益增加,主要是驱动程序的增加。

所有设备的驱动程序都有一些共性,是编写所有类型的驱动程序都通用的,操作系统提供给驱动程序的支持也大致相同。

1. 读/写

几乎所有设备都有输入和输出。每个驱动程序要负责本设备的读/写操作,操作系统的其他部分不需要知道对设备的具体读/写操作怎样进行,这些都由驱动程序屏蔽掉了。操作系统定义好一些读/写接口,由驱动程序完成具体的功能。在驱动程序初始化时,需要把具有这种接口的读/写函数注册进操作系统。

2. 中　断

中断在现代计算机结构中有重要的地位。操作系统必须提供驱动程序响应中断的能力。一般是把一个中断处理程序注册到系统中，操作系统在硬件中断发生后调用驱动程序的处理程序。Linux支持中断的共享，即多个设备共享一个中断。

3. 时　钟

在实现驱动程序时，很多地方会用到时钟。例如某些协议里的超时处理，没有中断机制的硬件的轮询等。操作系统应为驱动程序提供定时机制，一般是在预定的时间过了以后，回调注册的时钟函数。

嵌入式Linux系统驱动程序开发和普通Linux没有区别。嵌入式设备由于硬件种类非常丰富，在缺省的内核发布版本中不一定包含所有驱动程序。可以在硬件生产厂家或者Internet上寻找驱动程序。如果找不到，可以根据一个相近硬件的驱动程序来改写。这样可加快开发速度。

在ARM平台上开发嵌入式Linux的设备驱动程序与在其他平台上开发是一样的。如果要深入了解Linux设备驱动程序，可以参考Alessandro Ruibini的《Linux设备驱动程序》。

实现一个嵌入式Linux设备驱动的大致流程如下：

① 定义主、次设备号，也可以动态获取。

② 实现驱动初始化和清除函数。如果驱动程序采用模块方式，则要实现模块初始化和清除函数。

③ 设计所需实现的文件操作，定义file_operations结构。

④ 实现所需的文件操作调用，如read、write等。

⑤ 实现中断服务函数，并用request_irq向内核注册。

⑥ 将驱动编译入内核或编译成模块，用ismod命令加载。

⑦ 生成设备节点文件。

与普通文件相比，设备文件的操作要复杂的多，不可能简单地通过read、write和llseek等来实现。所有其他类型的操作都可以通过VFS的ioctl调用来执行，为此只需要在驱动程序中实现ioctl函数，并在其中添加相应的case。通过cmd区分操作，通过arg传递参数和结果。

6.2.2 模块化驱动程序设计

1. 模块的概念

Linux的内核是一个整体式内核(monolithic kernel，与之对应的是微内核，microkernel)，即所有的内核功能链接在一起，在同一个地址空间执行。但完全这样做会带来很多不便和浪费。如果新添加一个硬件，就需要重新编译内核；如果去掉一个硬件，那么该硬件已经编译进内核的驱动程序就是浪费。Linux操作系统提供了一种机制——内核模块解决这个问题。可以根据需要，在不需要重新编译内核的情况下，把模块插入内核或者从内核卸载。

整个Linux是一个整体式的内核结构，整个内核是一个单独且非常大的程序。它由5个子系统组成，每个子系统都提供了内部接口的函数和变量。这些函数和变量可供内核所有子系统调用和使用。内核的另外一种形式是微内核结构。此时内核的功能块被划分成独立的模块，各部分之间通过严格的通信机制进行联系。给内核增加一个新成分的配置过程非常费时。整个内核并不需要同时装入内存。应该确认，为保证系统能够正常运行，一些特定的内核必须总是驻留在内存，例如，进程调度代码就必须常驻内存。但是内核其他部分，如大部分的设备驱动就应该仅在内核需要时才装载，而在其他情况下则无需占用内存。因此，Linux系统提供了一种全新的模块机制。可以根据用户需要，在不需对内核进行重新编译的情况下，模块能在内核中动态加载和卸载。

模块是内核的一部分且都是设备驱动程序，但它们并没有被编译到内核中去，而是被分别编译并链接成一组目标文件。这些文件能被载入正在运行的内核，或从正在运行的内核中卸载。必要时内核能请求内核守护进程kerneld对模块进行加载或卸载。根据需要动态载入模块可以保证内核达到最小，并且具有很大的灵活性。内核模块一部分保存在Kernel中，另一部分在Modules包中。在项目开始，很多地方对设备安装使用和改动都是通过编译进内核实现。对驱动程序稍微做点改动，就要重新烧一遍内核，而且烧内核经常容易出错，这样还占用资源。使用模块则是另一种途径，内核提供一个插槽，它就像一个插件，在需要时，插入内核中使用，不需要时从内核中拔出。这一切都由一个称为kerneld的守护进程自动处理。编译模块是伴随着编译内核一起完成的。

2. 模块化的优点

利用内核模块的动态加载具有以下优点：将内核映像的尺寸保持在最小，并具有最大的灵活性。这便于检验新的内核代码，而不需要重新编译内核并重新引导。但是，内核模块的引入也带来了如下问题：对系统性能和内存利用有负面影响。装入的内核模块和其他内核部分一样，具有相同的访问权限，因此，差的内核模块会导致系统崩溃。为了使内核模块访问所有内核资源，内核必须维护符号表，并在加载和卸载模块时修改这些符号表。有些模块要求利用其他模块的功能，因此内核要维护模块之间的依赖性。内核必须能够在卸载模块时通知模块，并且要释放分配给模块的内存和中断等资源。内核版本和模块版本的不兼容也可能导致系统崩溃，因此，严格的版本检查是必需的。尽管内核模块的引入同时也带来不少问题，但是模块机制确实是扩充内核功能一种行之有效的方法，也是在内核级进行编程的有效途径。

3. 两个重要的函数

应用程序与内核的区别就是应用程序从头到尾完成一个任务，而模块则是为以后处理某些请求而注册自己，完成这个任务后它的“主”函数就立即中止了。换句话说，模块第1个入口点init_module()的任务就是为以后调用模块的函数做准备；模块的第 2 个入口点 cleanup_module()，仅当模块卸载前才被调用。这个函数的功能是取消 init_module 所做的事情。能够卸载也许是最受用户欢迎的模块化特性之一，它可以让用户减少开发时间；无需每次都花很长时间开/关机就可测试设备驱动程序。模块的功能就是扩展内核的功能，运行在内核中模块化的代码。通常，一个设备驱动程序完成两个任务：模块的某些函数作为系统调用执行，而另一些函数则负责处理中断。有关模块实现的源代码可以参见/usr/src/linux/kernel/module.c。其中关键的函数是 init_module ()，在模块载入时执行。当内核启动时，要进行很多初始化工作，其中，对模块的初始化是在 main.c 中调用 init_modules()函数完成的。它注册驱动设备，并调用 module_register_chrdev。register_chrdev 需要 3 个参数：

参数 1 是希望获得的设备号，如果是 0，系统将选择一个没有占用的设备号返回。

参数 2 是设备文件名，它返回这个驱动程序所使用的主设备号。

参数 3 用来登记驱动程序实际执行操作的函数指针。如果登记成功，则返回设备的主设备号，如果不成功，则返回一个负值。

模块是内核的一部分，但是并没有编译到内核里，它们分别编译和链接成目标文件。用命令 insmod 将一个模块插入内核，用命令 rmmod 卸载一个模块。这两个命令分别调用 init_module()和 cleanup_module()函数。

init_module()函数在模块调入内核（insmod）时调用，它在内核中注册一定的功能函数（如图 6－1 中的“功能 1、“功能 2”、“功能 3”）。在注册之后，如果有程序访问内核模块的某个功能，如功能 1，内核将查表获得功能 1 在 Module 中的位置，然后调用功能 1 函数。

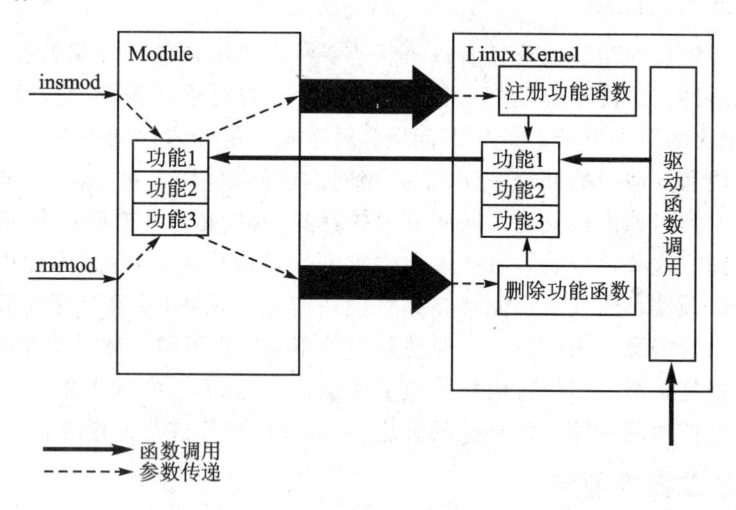

图 6－1　Linux 模块调用图

cleanup_module()函数在模块从内核中卸载时调用，它把以前注册的功能函数卸载。cleanup_module 函数必须把 init_module 函数在内核中注册的功能函数完全卸载，如果没有完全卸载，在此模块下次调入时，将因为有重名的函数而导致调入失败。

在 2.3 版本以后的 Linux 内核中，提供了一种新的方法来命名这两个函数。例如可以定义 my_init()代替 init_module()函数，定义 my_cleanup()代替 cleanup_module()函数，然后在源代码文件末尾使用下面的语句：

```
module_exit(my_init);
module_exit(my_cleanup);
```

注意：在源代码文件中必须包括<linux/init.h>。这样做的好处是每个模块都可以有自己的初始化和卸载函数的函数名，多个模块在调试时不会有函数名重名问题。

从 Kernel 2.2 开始，这两个函数的定义有了一点变化：

__init 定义的函数，将在执行一次后从内存中删除，并且它申请的内存也将回收。__init 定义只在和内核一起编译时才有效；当作为模块编译时无效。__exit 定义的函数，在和内核一起编译时，该函数根本就不会编译进内核；当作为模块编译时，__exit 无效。

insmod 程序要找到请求加载的内核模块，它一般保存在/lib/modules/kernel - version 中。这些内核模块与系统中的其他程序一样是已链接的目标文件，但不同的是它们被链接成可重定位映像。insmod 将执行一个特权级系统调用 get_kernel_sysms( )函数以找到内核的输出符号，它表示为符号名和符号值，如地址值。insmod 修改模块对内核符号的引用后，将再次使用特权级系统调用 create_module()函数申请足够的物理内存空间来保存新的模块。内核将为其分配一个新的 module 结构以及足够的内核内存，并将新模块添加在内核模块链表的尾部，然后将新模块标记为 uninitialized。利用 rmmod 命令可以删除卸载模块。如果内核中还在使用此模块，该模块就不能卸载，原因是设备文件正被一个进程打开。移除那个内核模块将导致对读/写函数所在的内存区域的调用。如果幸运，没有其他的代码被加载到那儿，我们得到一个难看的错误消息。如果不幸运，另一个内核模块被加载到同一区域，这就意味着跳到内核中的另一个函数的中间，结果是不可预见的，但肯定不是什么好事。通常，当不准许的事情发生，就会从被假设做这件事的函数返回一个用负数表示的错误代码。使用 cleanup_module 是不可能的，因为它不返回任何值。一旦 cleanup_module 被调用，模块即死亡了。然而，这儿有一个称为引用计数器（在/proc/modules 中的相应行的最后一个数字）的计数器计算有多少其他的内核模块正在使用该模块。如果该数字非零，rmmod 调用将失败。模块的引用计数器在变量 mod_use_count_中。因为有处理这个变量的宏定义（MOD_INC_USE_COUNT 和 MOD_DEC_USE_COUNT），所以最好使用宏定义而不直接使用 mod_use_count_ ，这样，如果实现方法发生改变，会更安全。还有一个命令是 lsmod，它可以查看内核当前正在使用的模块，并列出所有已经加载的内核模块以及它们的内在依赖性。

4. 模块化驱动程序框架

模块化驱动程序框架如下：

```
#define MODULE
#include <linux/module.h>
int init_module(void) {
    printk("<1>Hello...\n");
    return 0;
}
void function1()
{
    printk("<1> function1…\n");
}
void function2()
{
    printk("<1> function2…\n");
}
void cleanup_module(void) {
    printk("<1>Goodbye...\n");
}
```


其中 init_module()在运行 insmod 命令后由系统调用，完成驱动模块的初始化工作。cleanup_module()在运行 rmmod 命令后由系统调用，完成驱动模块的卸载时的清除工作。

5. 字符设备的例子

下面的例子包括样例模块化驱动程序、测试程序、Makefile 文件和模块化驱动的操作步骤。

(1) DEMO 驱动程序(demo_drv.c)

```
/*************************************************************
       演示如何设计一个字符型驱动程序
*************************************************************/
#include <linux/kernel.h>
#include <linux/module.h>
#include <linux/init.h>
#include <linux/errno.h>
#include <linux/sched.h>
#define DEMO_MAJOR   125
#define COMMAND1     1
#define COMMAND2     2
/*************************************************************
*     函数声明
*************************************************************/
static int demo_init ( void );
static int demo_open (struct inode * inode,struct file * file);
```

```
static int demo_close (struct inode * inode,struct file * file);
static ssize_t demo_read (struct file * file,char * buf,size_t count,loff_t * offset);
static int demo_ioctl (struct inode * inode, struct file * file, unsigned int cmd,
unsigned long arg);
static void demo_cleanup ( void );
/*****************************************************
 *    全局变量定义
 *****************************************************/
int demo_param = 9;
static int  demo_initialized = 0;
static volatile int  demo_flag = 0;
static struct file_operations demo_fops = {
#if LINUX_KERNEL_VERSION >= KERNEL_VERSION(2,4,0)
    owner:          THIS_MODULE,
#endif
    llseek:         NULL,
    read:           demo_read,    /* 读数据   */
    write:          NULL,         /* 写数据   */
    ioctl:          demo_ioctl,   /* 控制模块的设置 */
    open:           demo_open,    /* 在任何操作前打开模块 */
    release:        demo_close,   /* 操作后关闭模块 */
};

static int demo_init ( void ){
    int i ;
    /* 确定模块以前没有初始化过 */
    if (demo_initialized == 1)
        return 0;
    /* 分配并初始化所有数据结构为缺省状态 */
    i = register_chrdev(DEMO_MAJOR,"demo_drv",&demo_fops);
    if (i < 0) {
        printk(KERN_CRIT "DEMO: i = %d\n",i);
        return - EIO;
    }
    printk(KERN_CRIT "DEMO: demo_drv registerred successsfully :) = \n");
    /* 请求中断 */
    demo_initialized = 1;
    return 0;
}

static int demo_open (struct inode * inode,struct file * file){
```

```
    if ( demo_flag == 1 )     {            /* 检查驱动忙否 */
        return - 1;
    }
    /* 可以初始化一些内部数据结构 */
    printk(KERN_CRIT "DEMO: demo device open \n");
    MOD_INC_USE_COUNT;
    demo_flag = 1 ;
    return 0;
}

static int demo_close (struct inode * inode,struct file * file) {
    if (demo_flag == 0){
        return 0;
    }
    /* 可以删除一些内部数据结构 */
    printk(KERN_CRIT "DEMO: demo device close \n");
    MOD_DEC_USE_COUNT;
    demo_flag = 0;
    return 0;
}

static ssize_t demo_read (struct file * file,char * buf,size_t count,loff_t *
offset) {
    /* 检查是否已有线程在读数据,返回 error. */
    //DEMO_RD_LOCK;
    printk(KERN_CRIT "DEMO: demo is reading,demo_param = %d \n",demo_param);
    //DEMO_RD_UNLOCK;
    /* 通常返回成功读到的数 */
    return 0;
}

static int demo_ioctl (struct inode * inode,struct file * file,unsigned int cmd,
unsigned long arg) {
    if (cmd == COMMAND1) {
        printk(KERN_CRIT "DEMO: set command COMMAND1 \n");
        return 0;
    }
    if (cmd == COMMAND2) {
        printk(KERN_CRIT "DEMO: set command COMMAND2 \n");
        return 0;
    }
    printk(KERN_CRIT "DEMO: set command WRONG \n");
```

```
    return 0;
}

static void  demo_cleanup (void) {
    /* 确保要清除的模块是初始化过的 */
    if(demo_initialized == 1) {
        /* 禁止中断 */
        /* 释放这个模块的中断服务程序 */
        unregister_chrdev(DEMO_MAJOR,"demo_drv");
        demo_initialized = 0;
        printk(KERN_CRIT "DEMO: demo device is cleanup \n");
    }
    return;
}

/*************************************************************
*     初始化/清除模块
*************************************************************/
#ifdef MODULE
MODULE_AUTHOR("DEPART 901");
MODULE_DESCRIPTION("DEMO driver");
MODULE_PARM(demo_param,"i");
MODULE_PARM_DESC(demo_param,"parameter sent to driver");
int init_module(void) {
    return demo_init();
}
void cleanup_module(void) {
    demo_cleanup();
}
#endif
```

(2) 应用程序(test.c)

```
#include <sys/types.h>
#include <unistd.h>
#include <fcntl.h>
#include <linux/rtc.h>
#include <linux/ioctl.h>
#define COMMAND1     1
#define COMMAND2     2
main() {
    int fd;
    int i;
```

```
    unsigned long data;
    int retval;
    fd = open("./demo_drv",O_RDONLY);
    if (fd == -1) {
        perror("open");
        exit(-1);
    }
    retval = ioctl(fd,COMMAND1,0);
    if (retval == -1) {
        perror("ioctl ");
        exit(-1);
    }
    for (i = 0; i<3; i++)    {
        retval = read(fd,&data,sizeof(unsigned long));
        if (retval == -1) {
            perror("read");
            exit(-1);
        }
    }
    close(fd);
}
```

(3) Makefile 文件(makefile)

```
INCLUDE = /usr/linux/include
EXTRA_CFLAGS = -D__KERNEL__ -DMODULE -I $(INCLUDE) -O2 -Wall -O
all:    demo.o test
demo.o: demo_drv.c
    gcc $(CFLAGS) $(EXTRA_CFLAGS) -c demo_drv.c -o demo.o
test: test.c
    gcc -g  test.c -o test
clean:
    rm -rf demo.o
    rm -rf test
```

(4) 模块化驱动的操作步骤(step.txt)

```
make clean
make
mknod demo_drv c 125 0
lsmod
insmod demo.o
lsmod
./test
```

```
rmmod demo
insmod demo.o demo_param = 8
lsmod
./test
rmmod demo
rm demo_drv -rf
make clean
```

6. 如何编译驱动程序模块

可以编写编译脚本文件 makemod。

① vi makemod

② arm-linux-gcc -D__KERNEL__ -I/linux/include -Wall
-Wstrict-prototypes -Wno-trigraphs -O2
-fno-strict-aliasing -fno-common -fno-common
-pipe -mapcs-32 -march=armv4 -mtune=arm9tdmi
-mshort-load-bytes -msoft-float -DKBUILD_BASENAME=drivermod
-DEXPORT_SYMTAB -c drivermod.c

其中，可以更改-DKBUILD_BASENAME 的参数设定模块编译输出名称，-c 指定源文件名称，-I 指定源码头文件路径。

③ 保存 makemod

7. 如何安装驱动模块

```
# insmod  mod.o     ;安装模块
# rmmod   mod       ;卸载模块
# lsmod             ;浏览系统已经安装的模块
```

6.2.3　设备驱动加到 Linux 内核中

设备驱动程序写完后将该驱动程序加到内核中，这需要修改 Linux 的源代码，然后重新编译内核。

① 将设备驱动程序文件（比如 mydriver.c）复制到/linux/drivers/char 目录下，该目录保存了 Linux 下字符设备的驱动程序。修改该目录下 mem.c 文件，在 int chr_dev_init( )函数中增加如下代码：

```
#ifdef CONFIG_MYDRIVER
device_init();
#endif
```

其中，CONFIG_MYDRIVER 是在配置 Linux 内核时赋值的。

② 在/linux/drivers/char 目录下 Makefile 中增加如下代码：

```
ifeq ( $ (CONFIG_MYDRIVER),y)
L_OBJS +=   mydriver.o
endif
```

如果在配置 Linux 内核时选择了支持新定义的设备，则在编译内核时会编译 mydriver.c 生成 mydriver.o 文件。

③ 修改/linux/drivers/char 目录下 config.in 文件，在 comment 'Character devices' 语句下面加上：

```
bool 'support for mydriver' CONFIG_MYDRIVER
```

这样，在编译内核，运行 make config、make menuconfig 或 make xconfig，在配置字符设备时就会有选项：

```
support for mydriver
```

当选中这个选项时，设备驱动就加到内核中了。

重新编译该内核，在 shell 中将当前目录 cd 到 Linux 目录下，然后：

```
#make menuconfig
#make dep
#make
```


在配置选项时要注意选择支持添加的设备。这样得到的内核就包含加入的设备驱动程序了。

Linux 通过设备文件来提供应用程序和设备驱动的接口，应用程序通过调用标准的文件操作函数来打开、关闭、读取和控制设备。查看 Linux 文件系统下的/proc/devices 可以看到当前的设备信息，如果设备驱动程序已成功加进，这里应该有该设备的对应项。/proc/interrupts 记录了当时中断情况，可以用来查看中断申请是否正常。对于 DMA，I/O 口的使用，在/proc 下都有相应的文件进行记录。还可以在设备驱动程序中申请在/proc 文件系统下创建文件，该文件用来存放设备的相关信息，这样通过查看该文件就可以了解设备的使用情况。总之，/proc 文件系统提供了查看设备状况的途径。

以 KEY 驱动程序为例说明该过程。

1. 修改驱动源代码

① 将如下内容：

```
#define     __KERNEL__
#define     MODULE
#include <linux/module.h>
#include <linux/version.h>
```

注释掉(也可以加上 ifdef 来选择编译，这样可以编译进 KERNEL 也可以方便地编译成动态加载的模块）。

添加宏定义：

```
#define MOD_INC_USE_COUNT
# define MOD_DEC_USR_COUNT
```

② 将如下内容：

```
module_init(init_key);
module_exit(cleanup_key);
```

注释掉。

③ 将 void __exit cleanup_key(void)函数注释掉，函数原型也注释掉。

④ 将 int __init init_key(void)和其函数原型改为 void __init key _ init (void)。

2. 修改相关文件

因为 KEY 是字符驱动，要修改/drivers/char 目录下的相关文件。

① 在 drivers/char 目录下编辑 config. in 文件。找到 comment 'Character devices'，在这行的后面根据 KEY 驱动的所属分类找到合适的位置添加以下内容：

```
bool 'Adding KEY  driver to kernel(TEST!)' CONFIG_KEY
```


② 在 Documentation 目录下编辑 configure. help 文件，在最后添加如下内容：

```
Adding KEY  driver to kernel(TEST!)
CONFIG_KEY
    Only a test!
```

③ 在/drivers/char 目录下编辑 mem. c 文件的开始部分添加如下内容：

```
#if defined(CONFIG_KEY)
extern void key_init(void);
#endif
```

在 mem. c 文件的 chr_dev_init 函数中添加以下内容：

```
#if defined (CONFIG_KEY)
    printk("chr_dev_init  -->_init_key  (START)\n");
    key_init();
    printk("chr_dev_init  -->_init_key   (END)\n");
#endif
```

④ 在/drivers/char 目录下编辑 Makefile 文件添加一行：

```
obj-$(CONFIG_KEY) += key.o
```

注意： key. o 的名称来源于 KEY 驱动的源文件名。

3. 观察添加的选项

回到源码目录 make menuconfig 就可以看到添加的选项。

对于 2.4 版内核，驱动写法如下：

① static int __init yourname( )

{　　　　　　　　}

module_init(yourname)

② 修改 config. in，加入：

bool　'Comments'　CONFIG_XX

③ 修改 Makefile，加入：

obj $ (CONFIG_XX) += xx. o

不必理会 mem. c。只要有__init，内核初始化时便会执行它。

6.3　LED 驱动程序

6.3.1　LED 的硬件接口

LED 发光器件迅速发展，高亮度和超高亮度 LED、蓝光 LED、白光 LED 等不断出现。采用常见的 3 mm 的红绿双色高亮度 LED，S3C2410 驱动双色 LED 部分的原理图如图 6-2 所示。

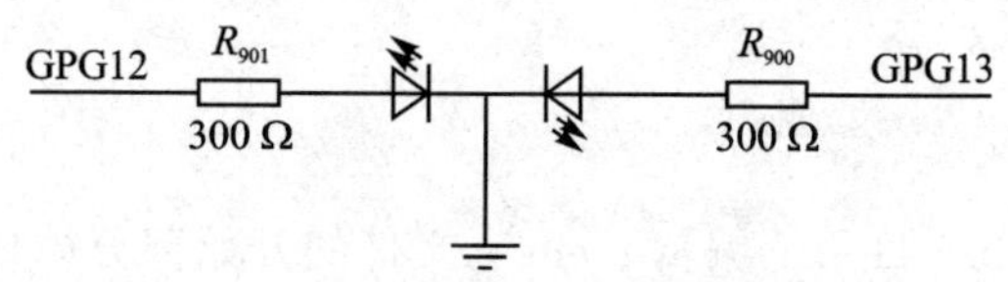

图 6-2　S3C2410 的双色 LED 驱动电路

图 6-2 中，LED 限流电阻取值约为：

$$R = \frac{V_{DD} - V_F}{I_F} = \frac{3.3\ V - 1.8\ V}{5\ mA} = 300\ \Omega$$

6.3.2　LED 驱动程序设计

编写驱动程序，控制 GPG12 和 GPG13 两个 I/O 口的电平可以实现双色 LED 显示。LED 驱动程序在/drivers/char/s3c2410-double-led. c 中，驱动程序片段如下：

```
//头文件
#include <linux/config.h>
#include <linux/module.h>
#include <linux/kernel.h>
#include <linux/init.h>
#include <asm/hardware.h>
```

```
#include <asm/delay.h>
#include <asm/uaccess.h>
//调试程序
#undef DEBUG
//#define DEBUG
#ifdef DEBUG
#define DPRINTK( x... )printk("s3c2410 - led: " ##x)
#else
#define DPRINTK( x... )
#endif
//设置 I/O 口
#define LEDGreen          GPIO_G12
#define LEDRed            GPIO_G13
static unsigned int LED[] = {LEDGreen, LEDOrange};
#define NumberOfLed (sizeof(LED)/sizeof( * LED))
//在 kernel - 2410s/include/asm/arch - 2410/S3C2410.h 定义端口变量。
//GPIO_G12   = 6<<8 | 12<<0
//GPIO_G13   = 6<<8 | 13<<0
//设置设备相关信息
#define DEVICE_NAME"s3c2410 - led"
#define DbLedRAW_MINOR     1
//自动获得主设备号
static int DbLedMajor = 0;
//设置 LED 状态
static unsigned int ledstatus = 3;
// 00  红绿灯都暗
// 01  红灯亮
// 10  绿灯亮
// 11  红绿灯都亮,呈现橙色
//设置 fops
static struct file_operations s3c2410_fops = {
    owner:    THIS_MODULE,
    open:     s3c2410_DbLed_open,
    read:     s3c2410_DbLed_read,
    write:    s3c2410_DbLed_write,
    release:  s3c2410_DbLed_release,
};
//设置模块入口和出口函数
module_init(s3c2410_DbLed_init);
module_exit(s3c2410_DbLed_exit);
```

1. s3c2410_DbLed_init 函数

(1) 初始化硬件

```
for (i = 0; i<NumberOfLed; i ++ )
    set_gpio_ctrl(GPIO_MODE_OUT | GPIO_PULLUP_DIS | LED[i]);
Updateled();
//set_gpio_ctrl() 设置寄存器状态,GPIO 必须设置方向(输入还是输出)

static void Updateled(void) {
    int i;
    for(i = 0; i<NumberOfLed; i ++ ){
        if(ledstatus & (1<<i))
            write_gpio_bit(LED[i], 1);
        else
            write_gpio_bit(LED[i], 0);
    }
}
```

(2) 注册设备驱动


```
ret = register_chrdev(0, DEVICE_NAME, &s3c2410_fops);
if (ret < 0) {
    printk(DEVICE_NAME " can't get major number\n");
    return ret;
}
DbLedMajor = ret;
```

(3) 创建设备文件系统节点

```
#ifdef CONFIG_DEVFS_FS
    devfs_DbLed_dir = devfs_mk_dir(NULL, "led", NULL);
    devfs_DbLedraw =  devfs_register(devfs_DbLed_dir, "0", DEVFS_FL_DEFAULT,
                      DbLedMajor, DbLedRAW_MINOR, S_IFCHR | S_IRUSR | S_IWUSR,
                      &s3c2410_fops, NULL);
#endif
```

2. s3c2410_DbLed_exit 函数

```
//注销设备文件系统节点
#ifdef CONFIG_DEVFS_FS
    devfs_unregister(devfs_DbLedraw);
    devfs_unregister(devfs_DbLed_dir);
#endif
    unregister_chrdev(DbLedMajor, DEVICE_NAME);
```

3. s3c2410_DbLed_write 函数

```
copy_from_user(&ledstatus, buffer, sizeof(ledstatus));
Updateled();
DPRINTK("write: led = 0x % x, count = % d\n", ledstatus, count);
return sizeof(ledstatus);
```

4. s3c2410_DbLed_read 函数

```
copy_to_user(buffer, &ledstatus, sizeof(ledstatus));
DPRINTK("read: led = 0x % x\n, count = % d\n", ledstatus, count);
return sizeof(ledstatus);
```

6.3.3　LED 驱动程序调用

调用驱动程序一般需要编写相应的应用程序。对于一些简单的标准输入输出，如 open、close、read、write 等调用的驱动程序，可直接使用 Linux 的命令 cat、echo、hexdump 等实现对设备的访问和控制。

```
echo  1  >  /dev/led/0
S3c2410 - led: open
S3c2410 - led: write: led = 0x31,count = 1
S3c2410 - led: write: led = 0xa,count = 1
S3c2410 - led: release
echo  -n2 > /dev/led/0
echo  -n3 > /dev/led/0
```

6.4　键盘驱动程序

6.4.1　键盘的硬件接口

S3C2410 的按键输入部分的原理图如图 6-3 所示。

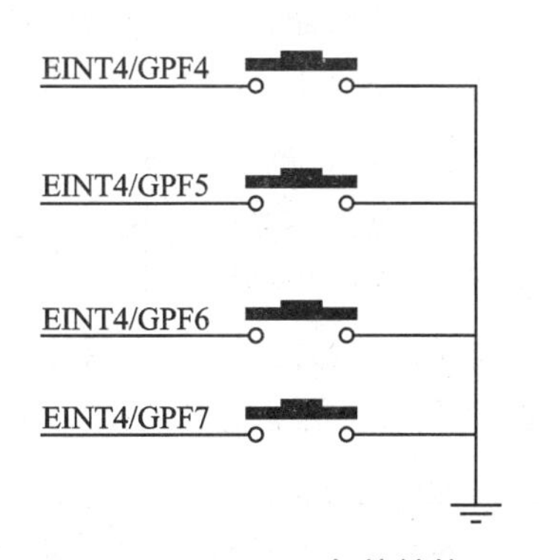

图 6-3　S3C2410 与按键接口

如果是理想的按键，当键抬起时，通过处理器 I/O 的上拉电阻提供逻辑 1；当键按下时，处理器 I/O 的输入将被拉低，得到逻辑 0。然而，由于机械触点动作比处理器速度慢得多，因此按键后在 5～30 ms 时间内将产生抖动信号。如果不处理抖动，一次按键将会触发多次按键事件。为了让按键正常工作，必须对按键进行去抖处理，包括硬件去抖和软件去抖。硬件去抖可以使用单稳触发器、高通滤波器等硬件实现，但增加了成本；软件去抖是使用软件方法去掉按键的抖动，最简单的方法就是在按键状态发生改变时增加延时和判断。软件去抖的程序流程如图 6-4 所示。

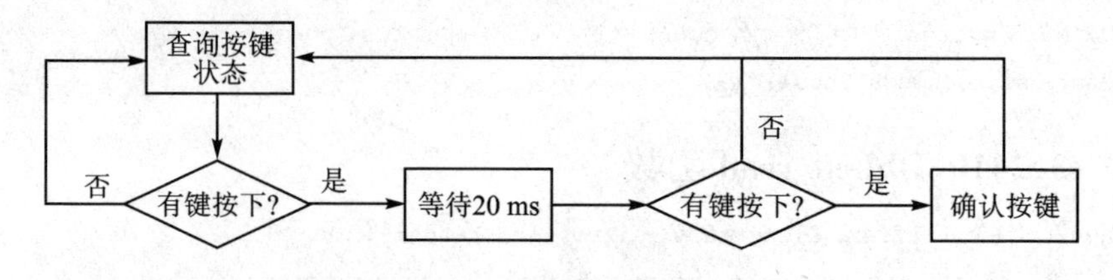

图 6-4　软件去抖流程

程序启动后，进入“查询按键”状态。如果“有键按下”，就等待 20 ms，然后再判断键是否还按下。如果这时没有键按下就回到“查询按键”状态。如果有键按下就进入中断处理程序。

6.4.2　键盘驱动程序的实现

键盘驱动程序处理按键中断，将按键的值存放在缓冲区中，以备应用程序读取。键盘驱动程序在/drivers/char/s3c2410-intbutton.c 中。键盘设备结构体如下：

```
typedef unsigned char KBD_RET;
typedef struct {
    unsigned int kbdStatus;                //按键状态
    KBD_RET buf[MAX_KBD_BUF];              //按键缓冲区
    unsigned int head,tail;                //按键缓冲区头和尾
    wait_queue_head_t wq;                  //等待队列
    spinlock_t lock;
} KBD_DEV;
static KBD_DEV kbddev;
```

键盘设备结构体 kbddev 中包含了 3 个主要部分。

① 按键当前状态。键盘的按键有 3 种状态：按下、抬起、连击，它们分别对应的宏为 KEYSTATUS_UP、KEYSTATUS_DOWN、KEYSTATUS_DOWNX。

```
#define KEYSTATUS_UP        0
#define KEYSTATUS_DOWN      1
#define KEYSTATUS_DOWNX     0xff
```

② 按键缓冲区。当应用程序繁忙，来不及处理按键动作时，缓冲区会把它们暂时保存下来。这里定义的是一个环形缓冲区，使用如下宏来管理。

```
#define BUF_HEAD          (kbddev.buf[kbddev.head])     //缓冲区头
#define BUF_TAIL          (kbddev.buf[kbddev.tail])     //缓冲区尾
#define INCBUF(x,mod)     ((++(x)) & ((mod) - 1))       //移动缓冲区指针
```

③ 等待队列。这是最常用的中断处理方法，读取按键的用户进程等待队列可被中断唤醒。

```
interruptible_sleep_on(&(kbddev.wq));
wake_up_interruptible(&(kbddev.wq));
```

键盘驱动程序涉及如下的几个关键部分。

1. 定时器设置

```
#define KBD_TIMER_DELAY   (HZ/10)     /* 100 ms */
#define KBD_TIMER_DELAY1  (HZ/100)   /* the first key down delay 10 ms */
static struct timer_list kbd_timer;
```

2. 设备信息设置

```
#define DEVICE_NAME        "s3c2410 - kbd"
#define KBDRAW_MINOR       1
typedef unsigned char KBD_RET;
```

3. 打开中断

```
#define KBD_OPEN_INT()       do{
    set_external_irq(IRQ_KBD(4),EXT_LOWLEVEL,GPIO_PULLUP_EN);   \
    set_external_irq(IRQ_KBD(5),EXT_LOWLEVEL,GPIO_PULLUP_EN);   \
    set_external_irq(IRQ_KBD(6),EXT_LOWLEVEL,GPIO_PULLUP_EN);   \
    set_external_irq(IRQ_KBD(7),EXT_LOWLEVEL,GPIO_PULLUP_EN);
}while(0)
#define IRQ_KBD(n)       IRQ_EINT##n
//如 define IRQ_KBD(4)    IRQ_EINT4
```

set_external_irq 把连接 4 个按键的 I/O 初始化为电平触发中断模式，并开启 S3C2410 的内部上拉电阻。

4. 关闭中断

```
#define KBD_CLOSE_INT()      do{
    set_gpio_ctrl(GPIO_MODE_IN | GPIO_PULLUP_EN |  GPIO_F4);\
    set_gpio_ctrl(GPIO_MODE_IN | GPIO_PULLUP_EN | GPIO_F5);\
    set_gpio_ctrl(GPIO_MODE_IN | GPIO_PULLUP_EN | GPIO_F6);\
    set_gpio_ctrl(GPIO_MODE_IN | GPIO_PULLUP_EN | GPIO_F7);
}while(0)
```

5. 判断是否有键按下

```
#define ISKBD_DOWN()     ((GPFDAT & (0xf<<4)) != (0xf<<4))
GFPDAT = *(volatile unsigned long *)(0x56000054)
7 6 5 4 3 2 1 0
```

```
11011010
11110000  (0xf<<4)
```

如果有键按下则7～4位必有0，所以就不相等。

6. 读按下的键值

```
#define Read_ExINT_Key()     ((~GPFDAT)>>4) & 0xf
```

如果4键按下，返回0001；
如果5键按下，返回0010；
如果6键按下，返回0100；
如果7键按下，返回1000。

7. 设置fops

```
static struct file_operations s3c2410_fops = {
    owner:    THIS_MODULE,
    open:     s3c2410_kbd_open,
    read:     s3c2410_kbd_read,
    release:  s3c2410_kbd_release,
    poll:     s3c2410_kbd_poll,
};
```

8. 设置模块入口和出口函数

```
module_init(s3c2410_kbd_init);
module_exit(s3c2410_kbd_exit);
```

(1) s3c2410_kbd_init函数

1) 打开中断

```
set_external_irq(IRQ_KBD(4),EXT_LOWLEVEL,GPIO_PULLUP_EN);
set_external_irq(IRQ_KBD(5),EXT_LOWLEVEL,GPIO_PULLUP_EN);
set_external_irq(IRQ_KBD(6),EXT_LOWLEVEL,GPIO_PULLUP_EN);
set_external_irq(IRQ_KBD(7),EXT_LOWLEVEL,GPIO_PULLUP_EN);
```

2) 设置按键事件处理函数

```
/* 相关定义
static void (*kbdEvent)(void);
void kbdEvent_dummy(void) {}     */
kbdEvent = kbdEvent_dummy;       //指向一个空函数
```

3) 注册设备

```
ret = register_chrdev(0,DEVICE_NAME,&s3c2410_fops);
if (ret < 0) {
    printk(DEVICE_NAME " can't get major number\n");
```

```
return ret;
}
kbdMajor = ret;
```

4）初始化键盘设备结构

```
kbddev.head = kbddev.tail = 0;
kbddev.kbdStatus = KEYSTATUS_UP;
init_waitqueue_head(&(kbddev.wq));
```

5）设置定时器处理函数

```
init_timer(&kbd_timer);
kbd_timer.function = kbd_timer_handler;
```

6）请求中断

```
ret = request_irq(IRQ_KBD(4),s3c2410_isr_kbd,SA_INTERRUPT,DEVICE_NAME,s3c2410_isr_
kbd);
if (ret)     return ret;
```

7）创建设备文件

```
#ifdef CONFIG_DEVFS_FS
    devfs_kbd_dir = devfs_mk_dir(NULL,"keyboard",NULL);
    devfs_kbdraw = devfs_register(devfs_kbd_dir,"0raw",DEVFS_FL_DEFAULT,
            kbdMajor,KBDRAW_MINOR,S_IFCHR | S_IRUSR | S_IWUSR,
            &s3c2410_fops,NULL);
#endif
```

（2）s3c2410_kbd_exit 函数

1）删除定时器

```
del_timer(&kbd_timer);
```

2）删除设备文件

```
#ifdef CONFIG_DEVFS_FS
devfs_unregister(devfs_kbdraw);
devfs_unregister(devfs_kbd_dir);
#endif
```

3）注销设备

```
unregister_chrdev(kbdMajor,DEVICE_NAME);
```

4）释放中断

```
free_irq(IRQ_KBD(4),s3c2410_isr_kbd);
free_irq(IRQ_KBD(5),s3c2410_isr_kbd);
free_irq(IRQ_KBD(6),s3c2410_isr_kbd);
free_irq(IRQ_KBD(7),s3c2410_isr_kbd);
```

6.5 触摸屏驱动程序

6.5.1 触摸屏的工作原理

触摸屏附着在显示屏的表面,与显示屏配合使用,如果能测量出触摸点在屏幕上的坐标位置,则可根据显示屏上对应坐标点的显示内容或图符获知触摸者的意图。

根据采用的不同技术原理,触摸屏可分为以下 5 类: 矢量压力传感式、电阻式、电容式、红外线式和表面声波式。其中电阻式触摸屏在嵌入式系统中用的较多。电阻触摸屏是一块 4 层的透明复合薄膜屏,最下面是玻璃或有机玻璃构成的基层;最上面是一层外表面经过硬化处理从而光滑防刮的塑料层;中间是两层金属导电层,分别位于基层之上和塑料层的内表面,在两导电层之间有许多细小的透明隔离点把它们隔开。当手指触摸屏幕时,两个导电层在触摸点处接触,如图 6-5 所示。

触摸屏的两个金属导电层是触摸屏的两个工作面,在每个工作面的两端各涂有一条银胶,称为该工作面的一对电极。若给一个工作面的电极对施加电压,则在该工作面上就会形成均匀连续的平行电压分布。当给 X 方向的电极对施加一确定的电压,而 Y 方向电极对不加电压时,在 X 平行电压场中,触点处的电压值可以在 $Y+$(或 $Y-$)电极上反映出来。将 $Y+$ 电极对地的电压通过 A/D 转换,便可得知触点 X 的坐标值。同理,当给 Y 电极对施加电压,而 X 电极对不加电压时,将 $X+$ 电极的电压通过 A/D 转换便可得知触点 Y 的坐标值。

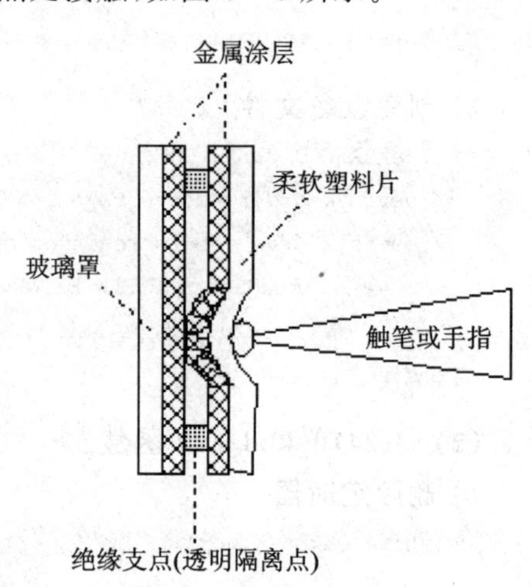

图 6-5 触摸屏结构

电阻式触摸屏有 4 线式和 5 线式两种。4 线式触摸屏的 X 工作面和 Y 工作面分别加在两个导电层上,共有 4 根引出线: $X+$、$X-$ 、$Y+$、$Y-$,分别连到触摸屏的 X 电极对和 Y 电极对上。5 线式触摸屏把 X 工作面和 Y 工作面都加在玻璃基层的导电涂层上,但工作时,仍是分时加电压,即让两个方向的电压场分时工作在同一工作面上,而外导电层则仅仅用来充当导体和电压测量电极。因此,5 线式触摸屏需要引出 5 根线。

6.5.2 触摸屏的接口设计

图 6-6 是 S3C2410A 内的 A/D 转换器和触摸屏接口的功能框图。这个 A/D 转换器是一个循环类型的。上拉电阻接在 VDDA_ADC 和 AIN[7]之间。因此,触

摸屏的 $X+$ 引脚应该接到 S3C2410A 的 AIN[7]，$Y+$ 引脚则接到 S3C2410A 的 AIN[5]。要控制触摸屏的引脚（$X+$，$X-$，$Y+$，$Y-$），就要接 4 个外部晶体管，并采用控制信号 nYPON、YMON、nXPON 和 XMON 来控制晶体管的打开与关闭。

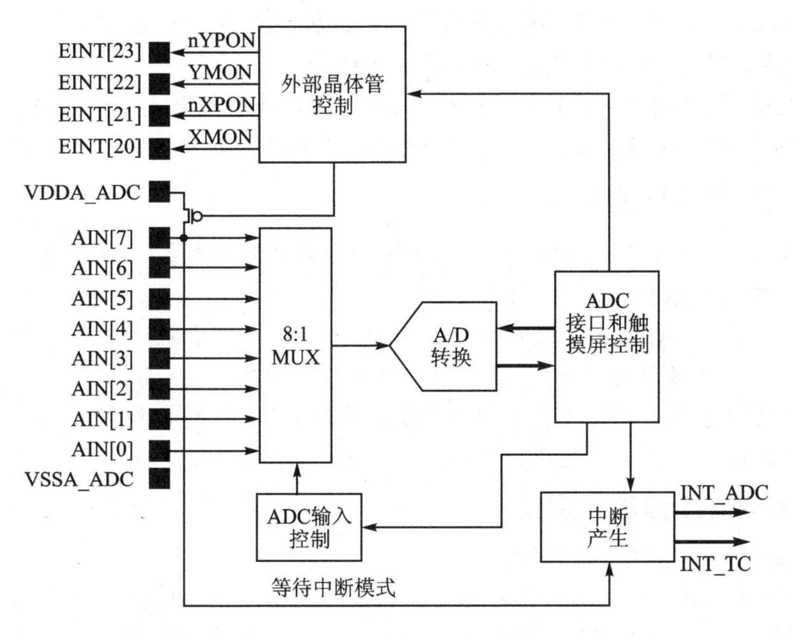

图 6-6　S3C2410A 内 A/D 转换器和触摸屏接口的功能框图

1. 操作步骤

推荐的操作步骤如下：

① 采用外部晶体管连接触摸屏到 S3C2410A 的接口电路（推荐电路见图 6-7）。

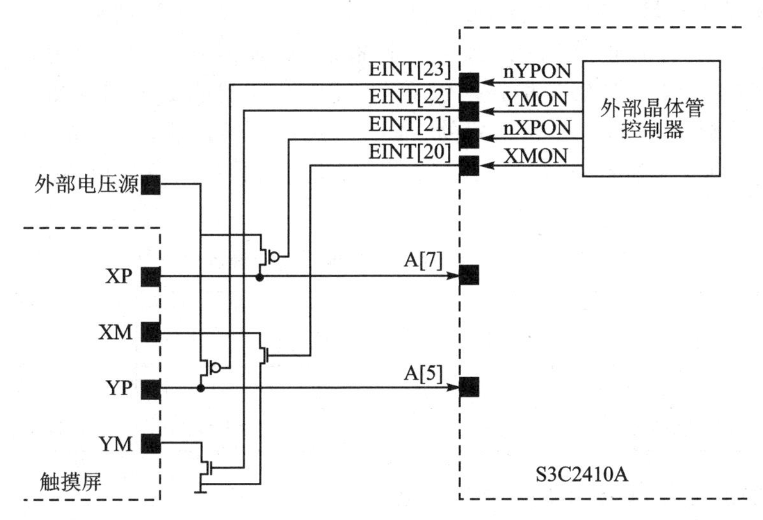

图 6-7　触摸屏到 S3C2410A 的接口电路（其中 A[7]→AIN[7]，A[5]→AIN[5]）

② 选择分离的 X/Y 轴坐标转换模式或者自动(连续的)X/Y 轴坐标转换模式来获取触摸点的 X/Y 坐标。

③ 设置触摸屏接口为等待中断模式(**注意**:等待的是 INT_TC 中断)。

④ 如果中断(INT_TC)发生,那么立即激活相应的 A/D 转换器(分离的 X/Y 轴坐标转换或者自动(连续的)X/Y 轴坐标转换)。

⑤ 在得到触摸点的 X/Y 轴坐标值后,返回到等待中断模式(第③步)。

注意:外部电压源应该是 3.3 V,外部晶体管的内部阻抗应该小于 5 Ω。

2. A/D 转换时间

当 PCLK 频率是 50 MHz 且 ADCCON 寄存器中预分频器的设置值是 49 时,得到转换 10 位数字量总共需要的时间:

A/D 转换器频率= 50 MHz/(49+1)=1 MHz

转换时间= 1/(1 MHz/5)=1/(200 kHz)= 5 μs

A/D 转换器最大可以工作在 2.5 MHz 时钟下(A/D 转换器频率小于等于 2.5 MHz),因此最大转换率能达到 500 ksps。

3. 触摸屏接口工作模式

(1) 普通转换模式

普通转换模式(AUTO_PST=0,XY_PST=0)是用做一般目的下的 A/D 转换。这个模式可以通过设置 ADCCON 和 ADCTSC 来对 A/D 转换器进行初始化;而后读取 ADCDAT0(A/D 数据寄存器 0)的 XPDATA 域(普通 A/D 转换)的值来完成转换。

(2) 分离的 X/Y 轴坐标转换模式

分离的 X/Y 轴坐标转换模式可以分为两个转换步骤:X 轴坐标转换和 Y 轴坐标转换。X 轴坐标转换(AUTO_PST=0 且 XY_PST=1)将 X 轴坐标转换数值写入到 ADCDAT0 寄存器的 XPDATA 域。转换后,触摸屏接口将产生中断源(INT_ADC)到中断控制器。Y 轴坐标转换(AUTO_PST=0 且 XY_PST=2)将 Y 轴坐标转换数值写入到 ADCDAT1 寄存器的 YPDATA 域。转换后,触摸屏接口将产生中断源(INT_ADC)到中断控制器。分离 X/Y 轴坐标转换模式下的触摸屏引脚状况如表 6-1 所列。

表 6-1 分离 X/Y 轴坐标转换模式下的触摸屏引脚状况表

坐标 \ 引脚	XP	XM	YP	YM
X 轴坐标转换	外部电压	GND	AIN[5]	高阻
Y 轴坐标转换	AIN[7]	高阻	外部电压	GND

(3) 自动(连续)X/Y 轴坐标转换模式

自动(连续)X/Y 轴坐标转换模式(AUTO_PST=1 且 XY_PST= 0)以下面的步骤

工作：触摸屏控制器将自动地切换 *X* 轴坐标和 *Y* 轴坐标并读取两个坐标轴方向上的坐标值。触摸屏控制器自动将测量得到的 *X* 轴数据写入到 ADCDAT0 寄存器的 XPDATA 域，然后将测量到的 *Y* 轴数据写入到 ADCDAT1 的 YPDATA 域。自动（连续）转换之后，触摸屏控制器产生中断源（INT_ADC）到中断控制器。自动（连续）*X*/*Y* 位置转换模式下的触摸屏引脚状况如表 6－2所列。

表 6－2　自动（连续）*X*/*Y* 位置转换模式下的触摸屏引脚状况表

坐标 \ 引脚	XP	XM	YP	YM
X 轴坐标转换	外部电压	GND	AIN[5]	高阻
Y 轴坐标转换	AIN[7]	高阻	外部电压	GND

自动（连续）*X*/*Y* 位置转换模式时序如图 6－8 所示。

(4) 等待中断模式

当触摸屏控制器处于等待中断模式时，它实际上是在等待触摸笔的点击。在触摸笔点击到触摸屏上时，控制器产生中断信号（INC_TC）。中断产生后，就可以通过设置适当的转换模式（分离的 *X*/*Y* 轴坐标转换模式或自动 *X*/*Y* 轴坐标转换模式）来读取 *X* 和 *Y* 的位置。等待中断模式下的触摸屏引脚状况如表 6－3 所列。

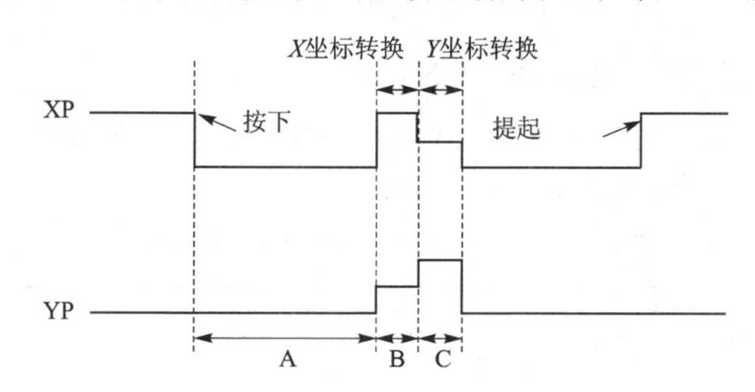

图 6－8　自动（连续）*X*/*Y* 位置转换模式时序图

表 6－3　等待中断模式下的触摸屏引脚状况表

引脚	XP	XM	YP	YM
等待中断模式	上拉	高阻	AIN[5]	GND

(5) 待机（standby）模式

当 ADCCON 寄存器的 STDBM 位设为 1 时，standby 模式被激活。在该模式下，A/D 转换操作停止，ADCDAT0 寄存器的 XPDATA 域和 ADCDAT1 寄存器的

YPDATA(正常ADC)域保持着先前转换所得的值。

4. 编程要点

① 可以通过中断或查询的方法来读取触摸屏坐标。在中断方式下,从A/D转换开始到读取已转换的数据,由于中断服务程序的返回时间和数据操作时间的增加,总的转换时间会延长。在查询方式下,通过检测ADCCON[15]转换结束标志位判断转换是否结束,如果置位则可以开始读取ADCDAT的转换数据,总的转换时间相对较短。

② A/D转换能够通过不同的方法来激活:将ADCCON[1]——A/D转换的"读取即开始转换模式"位设置为1,这样任何一个读取的操作,都会立即启动A/D转换。

6.5.3 ADC和触摸屏接口专用寄存器

S3C2410A的A/D转换器包含一个8通道的模拟输入转换器,可以将模拟输入信号转换成10位数字编码。在A/D转换时钟为2.5 MHz时,其最大转换率为500 ksps,输入电压范围是0~3.3 V。A/D转换器支持片上操作、采样保持功能和掉电模式。

要使用S3C2410A的A/D转换器进行模拟信号到数字信号的转换,需要配置以下相关的寄存器。

1. ADC控制寄存器(ADCCON)

它是一个可读/写寄存器,地址为0x58000000,复位后的初始值为0x3FC4。有关ADCCON每一位的功能描述如表6-4所列。

表6-4　ADC控制寄存器(ADCCON)位描述

ADCCON位名	位	描　述	初始状态
ECFLG	[15]	A/D转换状态标志(只读)。 0:A/D转换中;1:A/D转换结束	0
PRSCEN	[14]	A/D转换器预分频因子使能。 0:禁止;1:使能	0
PRSCVL	[13:6]	A/D转换器预分频因子值设置。 数据取值范围:1~255。 **注意**:当预分频因子值为N时,除数因子值为$N+1$	0xFF
SEL_MUX	[5:3]	模拟输入通道选择。 000:AIN0;001:AIN1;010:AIN2;011:AIN3; 100:AIN4;101:AIN5;110:AIN6;111:AIN7	0
STDBM	[2]	待机(Standby)模式选择。 0:正常模式;1:待机模式	1

续表 6－4

ADCCON 位名	位	描　述	初始状态
READ_START	[1]	A/D 转换通过读来启动。 0：通过读操作关闭；1：通过读操作启动	0
ENABLE_START	[0]	A/D 转换通过将该位置 1 来启动，如果 READ_START 位为 1，则该位无效。 0：关闭；1：A/D 转换开始，之后该位自动清除	0

2. ADC 触摸屏控制寄存器(ADCTSC)

该寄存器是一个可读/写的寄存器，地址为 0x58000004，复位后的初始值为 0x058。有关 ADCTSC 各位的功能描述如表 6－5 所列。在普通 A/D 转换时，AUTO_PST和 XY_PST 都设置成 0 即可，其他各位与触摸屏有关。

表 6－5　ADC 控制寄存器(ADCTSC)位描述

ADCTSC 位名	位	描　述	初始状态
保留	[8]	—	0
YM_SEN	[7]	选择 YMON 的输出值。 0：YMON 输出 0(YM＝高阻)； 1：YMON 输出 1(YM＝GND)	0
YP_SEN	[6]	选择 nYPON 的输出值。 0：nYPON 输出 0(YP＝外部电压)； 1：nYPON 输出 1(YP 连接 AIN[5])	1
XM_SEN	[5]	选择 XMON 的输出值。 0：XMON 输出 0(XM＝高阻)； 1：XMON 输出 1(XM＝GND)	0
XP_SEN	[4]	选择 nXPON 的输出值。 0：nXPON 输出 0(XP＝外部电压)； 1：nXPON 输出 1(XP 连接 AIN[7])	1
PULL_UP	[3]	上拉开关使能。 0：XP 上拉使能，1：XP 上拉禁止	1
AUTO_PST	[2]	*X* 位置和 *Y* 位置自动顺序转换。 0：正常 A/D 转换； 1：自动顺序 *X*/*Y* 位置转换模式	0
XY_PST	[1：0]	*X* 位置或 *Y* 位置的手动测量。 00：无操作模式；01：*X* 位置测量； 10：*Y* 位置测量；11：等待中断模式	0

3. ADC 启动延时寄存器(ADCDLY)

该寄存器是可读写寄存器，地址为 0x58000008，复位后的初始值为 0x00FF。有关 ADC 启动延时寄存器的位描述如表 6-6 所列。

表 6-6　ADC 启动延时寄存器(ADCDLY)位描述

ADCDLY 位名	位	描　述
DELAY	[15：0]	① 在正常转换模式、X/Y 位置分别转换模式和 X/Y 位置自动(顺序)转换模式：X/Y 位置转换延时值。 ② 在等待中断模式：当在等待中断模式按下触笔时，这个寄存器在几个 ms 时间间隔内产生用于进行 X/Y 方向自动转换的中断信号(INT_TC)。 **注意：**不能使用值 0x0000

4. ADC 转换数据寄存器(ADCDATn)

S3C2410A 包含两个 ADC 转换数据寄存器，ADCDAT0 和 ADCDAT1。这两个寄存器为只读寄存器，地址分别为 0x58000C 和 0x58000010。在触摸屏应用中，分别使用 ADCDAT0 和 ADCDAT1 保存 X 位置和 Y 位置的转换数据。对于普通的 A/D 转换，使用 ADCDAT0 来保存转换后的数据。表 6-7 列出了 ADCDAT0 每一位的功能描述，ADCDAT1 除了位[9：0]为 Y 位置的转换数据值以外，其他与 ADCDAT0 类似。通过读取该寄存器的位[9：0]，可以获得转换后的数字量。

表 6-7　ADC 转换数据寄存器(ADCDATn)位描述

ADCDAT0 位名	位	描　述
UPDOWN	[15]	在等待中断模式，触笔的状态为上还是下。 0：触笔为下；1：触笔为上
AUTO_PST	[14]	X 位置和 Y 位置自动顺序转换。 0：正常 A/D 转换；1：X/Y 位置自动(顺序)转换模式
XY_PST	[13：12]	X 位置或 Y 位置的手动测量。 00：无操作模式；01：X 位置测量； 10：Y 位置测量；11：等待中断模式
保留	[11：10]	保留
XPDATA (正常 ADC)	[9：0]	X 位置的转换数据值，也是正常 A/D 转换的数据值。 取值范围：0～3FF

6.5.4　触摸屏的驱动程序

触摸屏驱动程序需要传递 3 个数据：X 坐标、Y 坐标和笔动作(按下、抬起、拖拽)。为了处理拖拽动作,当触摸屏按下时,要使用定时器跟踪用户的动作。因此需要定义数据结构 TS_DEV 保存触摸屏的状态信息。触摸屏驱动程序在/arm2410s/kernel-2410s/drivers/char/s3c2410-ts.c 中,下面是触摸屏驱动程序的主要数据结构和函数。

1. 数据结构 TS_DEV

```
typedef struct  {
    unsigned int  penStatus;            /* PEN_UP,PEN_DOWN,PEN_SAMPLE */
    TS_RET buf[MAX_TS_BUF];             /* 环形缓冲区   */
    unsigned int  head,tail;            /* 环形缓冲区的头尾,用于队列事件   */
    wait_queue_head_t wq;
    spinlock_t lock;
#ifdef  USE_ASYNC
    struct  fasync_struct *aq;
#endif
#ifdef  CONFIG_PM
    struct  pm_dev *pm_dev;
#endif
} TS_DEV;
```

2. 宏函数

(1) wait_down_int()

#define wait_down_int() { ADCTSC=DOWN_INT | XP_PULL_UP_EN | XP_AIN | XM_HIZ | YP_AIN | YM_GND | XP_PST(WAIT_INT_MODE); }

调用该宏函数来设置触摸屏为等待中断模式(笔按下产生中断)。其中:

DOWN_INT=1<<8 * 0　　该位保留且应该设为0,笔按下或笔抬起中断信号控制位,设为0,表示按下产生中断信号;

XP_PULL_UP_EN=1<<3 * 0　　上拉开关使能,设为0,表示XP引脚上拉使能;

XP_AIN=1<<4 * 1　　选择nXPON引脚输出值,设为1,表示nXPON引脚输出1,则XP引脚连接AIN[7]引脚;

XM_HIZ=1<<5 * 0　　选择XMON引脚输出值,设为0,表示XMON引脚输出0,则XM引脚为高阻态;

YP_AIN=1<<6 * 1　　选择nYPON引脚输出值,设为1,表示nYPON引脚输出1,则YP引脚连接AIN[5]引脚;

YM_GND=1<<7 * 1　　选择YMON引脚输出值,设为1,表示YMON引脚输出1,则YM引脚为接地;

XP_PST(WAIT_INT_MODE)=3　　*X*坐标和*Y*坐标手动测量设置,设为3,表示等待中断模式。

(2) wait_up_int()

#define wait_up_int() { ADCTSC=UP_INT | XP_PULL_UP_EN | XP_

AIN | XM_HIZ | YP_AIN | YM_GND | XP_PST(WAIT_INT_MODE); }

调用该宏函数来设置触摸屏为等待中断模式(抬起产生中断)。其中:

UP_INT=1<<8 * 1	该位设为1,笔按下或笔抬起中断信号控制位,设为1,表示抬起产生中断信号;
XP_PULL_UP_EN=1<<3*0	上拉开关使能,设为0,表示XP引脚上拉使能;
XP_AIN=1<<4 * 1	选择nXPON引脚输出值,设为1,表示nXPON引脚输出1,则XP引脚连接AIN[7]引脚;
XM_HIZ=1<<5 * 0	选择XMON引脚输出值,设为0,表示XMON引脚输出0,则XM引脚为高阻态;
YP_AIN=1<<6 * 1	选择nYPON引脚输出值,设为1,表示nYPON引脚输出1,则YP引脚连接AIN[5]引脚;
YM_GND=1<<7 * 1	选择YMON引脚输出值,设为1,表示YMON引脚输出1,则YM引脚为接地;
XP_PST(WAIT_INT_MODE)=3	*X*坐标*Y*坐标手动测量设置,设为3,表示等待中断模式。

(3)mode_x_axis()

#define mode_x_axis() { ADCTSC=XP_EXTVLT | XM_GND | YP_AIN | YM_HIZ|XP_PULL_UP_DIS | XP_PST(X_AXIS_MODE); }

设置ADC触摸屏控制寄存器为测量*X*坐标模式 。其中:

XP_EXTVLT=1<<4 * 0	选择nXPON引脚输出值,设为0,表示nXPON引脚输出0,则XP引脚为接外部电压;
XM_GND=1<<5 * 1	选择XMON引脚输出值,设为1,表示XMON引脚输出1,则XM引脚为接地;
YP_AIN=1<<6 * 1	选择nYPON引脚输出值,设为1,表示nYPON引脚输出1,则YP引脚连接AIN[5]引脚;
YM_HIZ=1<<7 * 0	选择YMON引脚输出值,设为0,表示YMON引脚输出0,则YM引脚为高阻态;
XP_PULL_UP_DIS=1<<3*1	上拉开关使能,设为1,表示XP引脚上拉禁止;
XP_PST(X_AXIS_MODE)=1	*X*坐标*Y*坐标手动测量设置,设为1,表示*X*坐标测量模式。

(4) mode_y_axis()

#define mode_y_axis() { ADCTSC=XP_AIN | XM_HIZ | YP_EXTVLT | YM_GND|XP_PULL_UP_DIS | XP_PST(Y_AXIS_MODE); }

设置ADC触摸屏控制寄存器为测量*Y*坐标模式。其中:

XP_AIN=1<<4 * 1	选择nXPON引脚输出值,设为1,表示nXPON引脚输出1,则XP引脚连接AIN[7]引脚;

XM_HIZ=1<<5 * 0　　选择 XMON 引脚输出值,设为 0,表示 XMON 引脚输出 0,则 XM 引脚为高阻态;

YP_EXTVLT=1<<6 * 0　　选择 nYPON 引脚输出值,设为 0,表示 nYPON 引脚输出 0,则 YP 引脚为接外部电压;

YM_GND=1<<7 * 1　　选择 YMON 引脚输出值,设为 1,表示 YMON 引脚输出 1,则 YM 引脚为接地;

XP_PULL_UP_DIS=1<<3 * 1　　上拉开关使能,设为 1,表示 XP 引脚上拉禁止;

XP_PST(Y_AXIS_MODE)=2　　*X* 坐标 *Y* 坐标手动测量设置,设为 2,表示 *Y* 坐标测量模式。

(5) start_adc_x()

```
#define start_adc_x()    { ADCCON = PRESCALE_EN | PRSCVL(49) | ADC_INPUT(ADC_IN5) | ADC_START_BY_RD_EN | ADC_NORMAL_MODE;ADCDAT0; }
```

设置 ADC 控制寄存器启动 *X* 坐标的 A/D 转换。其中:

PRESCALE_EN=1<<14 * 1　　A/D 转换器使能,设为 1,表示使能 A/D 转换器;

PRSCVL(49)=49<<6　　A/D 转换器预分频器值,设为 49;

ADC_INPUT(ADC_IN5)=5<<3　　选择模拟输入通道,设为 5,表示 AIN[5] 引脚作为模拟输入通道;

ADC_START_BY_RD_EN=1<<1 * 1　　A/D 转换通过读启动,设为 1,表示通过读操作启动 A/D 转换使能;

ADC_NORMAL_MODE;=1<<2 * 0　　选择待命模式,设为 0,表示正常操作模式;

ADCDAT0;　　读取 *X* 坐标的 A/D 转换数据寄存器。

(6) start_adc_y()

```
#define start_adc_y()    { ADCCON = PRESCALE_EN | PRSCVL(49) | ADC_INPUT(ADC_IN7) | ADC_START_BY_RD_EN | ADC_NORMAL_MODE;ADCDAT1; }
```

设置 ADC 控制寄存器启动 *Y* 坐标的 A/D 转换 。其中:

PRESCALE_EN=1<<14 * 1　　A/D 转换器使能,设为 1,表示使能 A/D 转换器;

PRSCVL(49)=49<<6　　A/D 转换器预分频器值,设为 49;

ADC_INPUT(ADC_IN7)=7<<3　　选择模拟输入通道,设为 7,表示 AIN[7] 引脚作为模拟输入通道;

ADC_START_BY_RD_EN=1<<1 * 1　　A/D 转换通过读启动,设为 1,表示通过读操作启动 A/D 转换使能;

ADC_NORMAL_MODE;=1<<2 * 0　　选择待命模式,设为 0,表示正常操作模式;

ADCDAT1；　　　　　　　　　　　　读取 Y 坐标的 A/D 转换数据寄存器。

(7) disable_ts_adc()

define disable_ts_adc()　　{ADCCON &= ~(ADCCON_READ_START);}

禁止通过读操作启动 A/D 转换。

3. s3c2410_ts_init 函数

(1) 设置 tsEvent 为空操作

```
tsEvent = tsEvent_dummy;
```

(2) 注册设备

```
    ret = register_chrdev(0,DEVICE_NAME,&s3c2410_fops);
/* 注册设备,主设备号这里设为 0,说明是动态分配主设备号,后面是设备名和内核访问设
备的接口
file_operations */
if (ret < 0) {
  printk(DEVICE_NAME " can't get major number\n");
  return ret;
  }
tsMajor = ret;
```

(3) 设置 Port G 端口(G12、G13、G14、G15)分别为 XMON、nXPON、YMON、nYPON

```
set_gpio_ctrl(GPIO_YPON);
set_gpio_ctrl(GPIO_YMON);
set_gpio_ctrl(GPIO_XPON);
set_gpio_ctrl(GPIO_XMON);
```

其中：

```
#define GPIO_YPON (GPIO_MODE_nYPON | GPIO_PULLUP_DIS | GPIO_G15)
#define GPIO_YMON (GPIO_MODE_YMON | GPIO_PULLUP_EN | GPIO_G14)
#define GPIO_XPON (GPIO_MODE_nXPON | GPIO_PULLUP_DIS | GPIO_G13)
#define GPIO_XMON (GPIO_MODE_XMON | GPIO_PULLUP_EN | GPIO_G12)
```

(4) 申请中断

```
ret = request_irq(IRQ_ADC_DONE,s3c2410_isr_adc,
    SA_INTERRUPT,  DEVICE_NAME,s3c2410_isr_adc);
if (ret) goto adc_failed;
ret = request_irq(IRQ_TC,s3c2410_isr_tc,SA_INTERRUPT,
    DEVICE_NAME,s3c2410_isr_tc);
/* 请求中断。内核维护一个中断线注册表,模块要使用中断就得向它申请一个中断通道,当
它使用完该通道之后要释放该通道 */
if (ret) goto tc_failed;
```

(5) 创建设备节点

```
devfs_ts_dir = devfs_mk_dir(NULL,"touchscreen",NULL);
devfs_tsraw = devfs_register(devfs_ts_dir,"0raw",
  DEVFS_FL_DEFAULT,Major,TSRAW_MINOR,
  S_IFCHR | S_IRUSR | S_IWUSR,&s3c2410_fops,NULL);
```

4. s3c2410_ts_open 函数

```
//打开设备,该函数中往往要完成设备初始化和使用计数加 1
static int  s3c2410_ts_open(struct  inode * inode,struct  file * filp) {
    tsdev.head = tsdev.tail = 0;    //创建等待队列和环形缓冲区
    tsdev.penStatus = PEN_UP;
#ifdef  HOOK_FOR_DRAG
    init_timer(&ts_timer);
    ts_timer.function = ts_timer_handler;
#endif
    tsEvent = tsEvent_raw;
    init_waitqueue_head(&(tsdev.wq));        //初始化等待队列头
    MOD_INC_USE_COUNT;     //使用计数宏,当 open 一个设备时,调用它使得使用计数加 1
    return  0;
}
```

5. s3c2410_isr_tc 函数

```
//这是中断处理函数,当触摸屏事件发生时触发中断,内核捕捉该中断后交由该函数处理
if (tsdev.penStatus ==  PEN_UP) {
      start_ts_adc();
} else {
      tsdev.penStatus = PEN_UP;
      DPRINTK("PEN UP: x: %08d,y: %08d\n",x,y);
      wait_down_int();
      tsEvent();
}
```

6. start_ts_adc 函数

```
static inline void  start_ts_adc(void) {
    adc_state = 0;          //A/D 转换的状态变量清零
    mode_x_axis();          //调用 mode_x_axis 函数
    start_adc_x();          //开始 X 轴 A/D 转换
}
```

7. s3c2410_isr_adc 函数

```
// A/D 转换中断处理函数
if (tsdev.penStatus == PEN_UP)
    s3c2410_get_XY();
```

8. s3c2410_get_XY 函数

```
//获取 A/D 采样值
if (adc_state == 0) {
adc_state = 1;
    disable_ts_adc();
    y = (ADCDAT0 & 0x3ff);
    mode_y_axis();
    start_adc_y();      // Y 轴转换
}
else if (adc_state == 1) {
    adc_state = 0;
    disable_ts_adc();
    x = (ADCDAT1 & 0x3ff);
    tsdev.penStatus = PEN_DOWN;
    DPRINTK("PEN DOWN: x: %08d,y: %08d\n",x,y);
    wait_up_int();
    tsEvent();
}
```


9. tsEvent_raw 函数

```
if (tsdev.penStatus == PEN_DOWN) {
    BUF_HEAD.x = x;
    BUF_HEAD.y = y;
    BUF_HEAD.pressure = PEN_DOWN;
} else {
    BUF_HEAD.x = 0;
    BUF_HEAD.y = 0;
    BUF_HEAD.pressure = PEN_UP;
}
tsdev.head = INCBUF(tsdev.head,MAX_TS_BUF);
wake_up_interruptible(&(tsdev.wq));
```

10. s3c2410_ts_read 函数

```
static ssize_t s3c2410_ts_read(struct file *filp,char *buffer,size_t count,loff_t *ppos) {
/*设备读函数,各参数含义: filp 打开的文件,*buffer 数据缓存,count 请求传送数据长度,*ppos 用户在文件中进行存储操作的位置 */
```

```
    TS_RET ts_ret;
retry:
    if  (tsdev.head != tsdev.tail) {
        int  count;
        count = tsRead(&ts_ret);  //读取设备缓存中数据
        if  (count) copy_to_user(buffer,(char  *)&ts_ret,count);
        /* 驱动程序运行在内核空间，而应用程序运行在用户空间。当要从内核空间复制
        整段数据到用户空间时只能借助于此内核函数 */
        return  count;
    } else  {
        if  (filp->f_flags & O_NONBLOCK)        //非阻塞
            return  -EAGAIN;
        interruptible_sleep_on(&(tsdev.wq));     //进程进入睡眠
        if  (signal_pending(current))
            return  -ERESTARTSYS;
        goto  retry;
    }
    return sizeof(TS_RET);
}
```


11. tsRead 函数

```
//设备读取数据函数
ts_ret->x = BUF_TAIL.x;
ts_ret->y = BUF_TAIL.y;
ts_ret->pressure = BUF_TAIL.pressure;
tsdev.tail = INCBUF(tsdev.tail,MAX_TS_BUF);
```

6.5.5 触摸屏应用举例

使用 S3C2410A 触摸屏驱动编写应用程序，读取触摸屏的触点坐标值及动作信息，并在串口终端上打印出来。

S3C2410A 微控制器内嵌了一个 ADC 和触摸屏接口，只需要在微控制器外部接少量器件，就可以与触摸屏相连，实现触摸功能。在 Linux 操作系统中，S3C2410A 微控制器对应的字符型驱动源文件为 s3c2410-ts.c。将该驱动编译为模块后，生成驱动模块 s3c2410ts.ko。使用该驱动模块时，只须将该模块用 insmod 命令插入到内核中即可。该模块插入内核后，自动在 Linux 的/dev/目录下创建节点 touchscreen。

对触摸屏设备的操作除了打开设备、关闭设备操作以外，一般只有读操作。读操作读取触摸屏的触点坐标值及动作信息，读取结果保存在一个结构体变量中。该结构体的定义在 Linux 源码的 include/asm - arm/linuette_ioctl.h 文件中。该结构体的定义如下：

```
//触摸屏触点坐标值及动作信息
typedef struct {
    unsigned short pressure;        //触摸笔动作
    unsigned short x;               //触点 x 坐标值
    unsigned short y;               //触点 y 坐标值
    unsigned short pad;
} TS_RET;
```

其中，触摸笔动作取值如下：

```
#define PEN_UP          0    //触摸笔抬笔，即触摸屏不被压下
#define PEN_DOWN        1    //触摸笔下笔，即触摸屏被压下
#define PEN_FLEETING    2    //触摸笔拖动
```

编写应用程序读取触摸屏的触点坐标值及动作信息时，只须利用触摸屏驱动程序便可实现，先打开触摸屏设备，然后调用读函数即可。

使用自己熟悉的编辑器(例如 vi)建立文件 ts.c，根据触摸屏驱动的介绍，编写应用程序并保存。编译程序，生成可执行代码 ts。启动实验箱上的 Linux，进行 NFS 连接，进入触摸屏驱动所在目录，先插入触摸屏驱动模块，然后进入 touchscreen 目录，运行应用程序，查看运行结果。

```
# insmod s3c2410ts.ko
# ./ts
```

用触摸笔点击触摸屏上的任意一点，可在实验箱的串口终端上看到打印出来的信息。

```
pressure is: 1
x is: 305
y is: 526
```

如果触摸笔离开触摸屏，则可看到以下打印信息。

```
pressure is: 0
x is: 0
y is: 0
```

点击触摸屏后转换成屏幕对应坐标，ts.c 程序清单如下：

```
int main(int argc,const char * argv[])
{
    FILE * tsconf_fp;
    unsigned short x1,x2,y1,y2;
    Point clPoint;
    printf("TOUCHSCREEN_DEV is %s\n",TOUCHSCREEN_DEV);
    touchscreen_fd = open(TOUCHSCREEN_DEV,O_RDONLY);
```

```
    if (touchscreen_fd < 0)     {
        fprintf (stderr,"CALIBRATION: Cannot open touch screen device [%s].\n",TOUCH-
SCREEN_DEV);
        return -1;
    }
    printf("Configuration File: %s (Default)\n",TOUCHSCREEN_CONF);
    tsconf_fp = fopen(TOUCHSCREEN_CONF,"r");
    if (tsconf_fp == NULL)     {
        fprintf (stderr,"CALIBRATION: Cannot open touch screen configuration file [%s].\
n",TOUCHSCREEN_CONF);
        return -1;
    }
    //read data from the configure file
    fread (&tsConfig,sizeof(TS_CONFIG),1,tsconf_fp);
    printf("[Configration]: xOffset = %d \n",tsConfig.xOffset);
    printf("[Configration]: yffset = %d \n",tsConfig.yOffset);
    printf("[Configration]: xFactor = %d \n",tsConfig.xFactor);
    printf("[Configration]: yFactor = %d \n",tsConfig.yFactor);
    printf("[Configration]: scale = %d \n",tsConfig.scale);
    fb_Init();
    x_max = fb_GetScreenWidth();
    y_max = fb_GetScreenHeight();
    fb_Clear(0x0);
    while(1)     {
        fb_DrawRect(600,440,640,480,255);
        fb_FillRect(610,450,630,470,255);
        clPoint = get_ts_xy(touchscreen_fd,x_max,y_max);
        if(clPoint.x>600&&clPoint.x<640&&clPoint.y>440&&clPoint.y<480)
            fb_Clear(0x0);
        else if(clPoint.x<640&&clPoint.y<480 ) {
            x1 = clPoint.x;
            if((x2 = clPoint.x + 3)>640)
                x2 = 640;
            y1 = clPoint.y;
            if((y2 = clPoint.y + 3)>480)
                y2 = 480;
            fb_DrawRect(x1,y1,x2,y2,255);
            fb_FillRect(x1,y1,x2,y2,255);
        }
    }
    fb_Release();
    fclose(tsconf_fp);
```

```
    return 0;
}

Point get_ts_xy(int ts_handler,int max_x,int max_y) {
    Point temp;
    _GetPenDataAvg(ts_handler,&current_data,50);
    temp.x = _ConvertX(current_data.x);
    temp.y = _ConvertY(current_data.y);
    printf("you click: x = %d,y = %d",temp.x,temp.y);
    printf("\n\n");
    return temp;
}
```

习　题

1. 什么是 buffer frame？ 帧缓冲设备是字符设备吗？
2. 字符型设备驱动程序注册各个入口函数是如何实现的？
3. 当上层的触摸屏 API 应用到下层的触摸屏驱动程序时，它是如何调用下层的驱动程序的？

第7章 嵌入式 Linux 的 GUI

7.1 嵌入式 GUI

近年来，随着信息家电、手持设备、无线设备的迅速发展，人们对嵌入式系统的需求渐渐变多，要求越来越高。这使得为嵌入式系统提供一个友好方便、稳定可靠的图形用户界面 GUI(Graphics User Interface)系统成为了一个非常紧迫的要求。

GUI 的广泛流行是当今计算机技术的重大成就之一，它极大地方便了非专业用户的使用，人们不再需要死记硬背大量的命令，而可以通过窗口、菜单方便地操作。它的主要特征有 3 点：

- WIMP。其中，W(Windows)指窗口，是用户或系统的一个工作区域。一个屏幕上可以有多个窗口。I(Icons)指图标，是形象化的图形标志，易于人们隐喻和理解。M(Menu)指菜单，可供用户选择的功能提示。P(Pointing Devices)指鼠标等，便于用户直接对屏幕对象进行操作。
- 用户模型。GUI 采用了不少桌面办公的隐喻，让使用者共享一个直观的界面框架。由于人们熟悉办公桌的情况，因而对计算机显示的图标的含义容易理解，诸如：文件夹、收件箱、画笔、工作簿及时钟等。
- 直接操作。过去不仅需要记忆大量命令，而且需要指定操作对象的位置，如行号、空格数、X 及 Y 的坐标等。采用 GUI 后，用户可直接对屏幕上的对象进行操作，如拖动、删除、插入、放大和旋转等。用户执行操作后，屏幕能立即给出反馈信息或结果，称为“所见即所得(What You See Is What You Get，WYSIWYG)”。

通常所见的 GUI 都是位于 PC 机上的，但是 PC 上的 GUI 并不适合嵌入式系统。嵌入式设备有严格的资源要求。同时嵌入式系统经常有一些特殊的要求，而普通的 PC 上的图形窗口系统不能满足这些要求。比如特殊的外观效果，控制提供给用户的函数，提高装载速度，特殊的低层图形或输入设备，因而嵌入式系统要有自己的 GUI。

嵌入式 GUI 就是在嵌入式系统中为特定的硬件设备或环境而设计的图形用户界面系统。嵌入式 GUI 不仅要具有以上有关 GUI 的特征，而且在实际应用中，嵌入式系统对它还有如下的基本要求：轻型、占用资源少；高性能；高可靠性；可配置。

7.2　嵌入式 GUI 的结构特征

7.2.1　开源的图形库 GTK+

GTK+(GIMP Toolkit)是一套用于创建图形用户界面的工具包。它遵循 LGPL 许可证，可以用来开发开源软件、自由软件，甚至是封闭源代码的商业软件，而不用花费任何费用来购买许可证和使用权。GTK 实质上是一个面向对象的应用程序接口 (API)。尽管完全是用 C 语言写成的，但它是基于类和回调函数(指向函数的指针)的思想实现的。

GTK+图形库依赖于下面 4 个组件而存在：

- GLib：底层函数库。需要强调的是，GTK+的基于类和回调函数都是使用 GLib 实现的。
- Atk：提供了一个标准的接口，通过 Atk，程序可以统一地访问屏幕、键盘等 I/O 设备。
- GDK：使用 XLib 来画图的、单纯的画图实现。GTK+所有关于如何画图的部分都是由 GDK 来实现的。
- Pango：用来处理国际化文字输出的库。

GTK+的各个依赖库和应用程序的关系如图 7－1 所示。

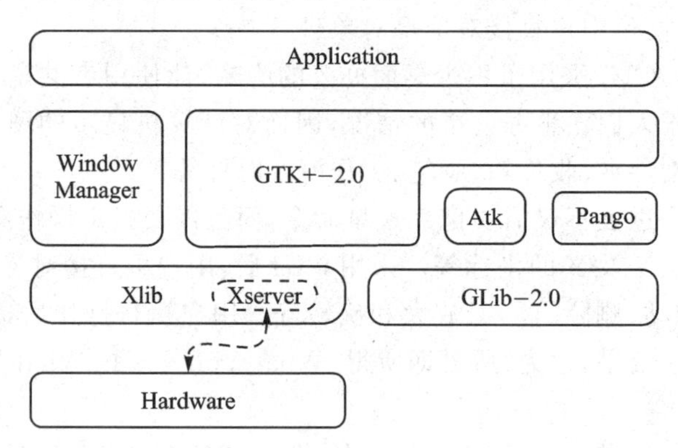

图 7－1　X－Windows/GTK+系统结构

X－Windows/GTK+作为目前 Linux 系统流行的图形用户界面系统，提供了功能强大的底层函数库(GLib)、丰富易用的开发工具(GTK+)以及性能优秀的图形系统(X－Windows)。X－Windows 系统是大多数 UNIX 系统上使用的图形用户界面。它是基于网络的 GUI 系统，并采用了一种客户机/服务器的概念。在 X－Windows 系统中运行的应用程序都被称为客户程序(client)。客户程序并不直接在屏幕上绘制或者操作任何图形，而是和 X 服务器进行通信。服务器完成所有的绘图工作并且控制有关显示的各个方面。因为在客户程序和服务器间的所有通信都基于网络进行，这就意味着可以在远程的计算机上运行程序而在本地的屏幕上显示它的图形用户界面。XFree86 由 X－Windows 系统的免费发布并开放源代码。它是由一个非盈利性的组织 XFree86 Project Inc. 开发维护，是一个非常出色的版本，而且无论是当做一个用户环境还是当做一个开发环境，XFree86 都可以满足各种图形应用需求。GTK＋(GIMP Toolkit)原先是为开源项目 GIMP 设计的底层函数库，后来逐渐发展成为独立图形开发工具包，被广泛应用于编写 X－Windows 应用程序。为了有助于保持可移植性和软件维护，GTK＋由 GLib、GDK 和 GTK 三个库组成，在一定程度上三者可以被独立使用。GTK＋是自由软件，也是 GNU 工程的一部分。GTK＋的许可协议为 LGPL，允许任何开发者使用且不收任何费用。

Xlib 和 Xserver 提供了对底层硬件的抽象和封装，使得上层的应用程序在设计时不必过多地考虑硬件的实现。GTK＋则通过使用 GLib、Atk 以及 Pango 等功能强大的软件函数库，在 Xlib 之上封装实现了一套复杂的用户界面和用户逻辑。由于所有 X－Windows/GTK＋的程序全部使用 C 语言编写完成，因此其在代码量和性能上都有相对的优势。同时，经过在桌面系统中的不断完善和发展，X－Windows/GTK＋图形系统已经成为各种嵌入式产品 GUI 的主要选择之一。

7.2.2 面向实时的 MiniGUI

MiniGUI 是一种面向嵌入式系统的公开源码(LGPL)项目，其目标是为基于 Linux 的实时嵌入式系统提供一个轻量级的图形用户界面支持系统。MiniGUI 主要运行于 Linux 控制台，实际上可以运行在任何一种具有 POSIX 线程支持的 POSIX 兼容系统上。它提供了多字符集和多字体的支持。

MiniGUI 具有以下一些特点：

- 图形抽象层。图形抽象层对顶层 API 基本没有影响，但大大方便了 MiniGUI 应用程序的移植、调试等工作。目前包含 3 个图形引擎，SVGALib、LibGGI 以及直接基于 Linux Frame Buffer 的 Native Engine。利用 LibGGI 时，可在 X－Windows 上运行 MiniGUI 应用程序，并可非常方便地进行调试。与图形抽象层相关的还有输入事件的抽象层。MiniGUI 现在已经被证明能够在基于 ARM、MIPS 以及 PowerPC 等的嵌入式系统上流畅运行。
- 多字体和多字符集支持。这部分通过设备上下文(DC)的逻辑字体(LOGFONT)实现，不管是字体类型还是字符集，都可以方便地进行扩充。应用程序在启动时，可切换系统字符集。当利用 DrawText 等函数时，可通过指定字体而获得其他字符集支持。MiniGUI 的这种字符集支持不同于传统的多字符集(Unicode)支持，这种实现更加适合于嵌入式系统。

MiniGUI 为应用程序定义了一组轻量级的窗口和图形设备接口。它主要的特色是基于线程来编写。由于 Microwindows 追求与 X 兼容，所以采用传统的基于 UNIX 套接字的客户/服务器系统结构（Nano－X）。在这种结构下，客户建立窗口、绘制等都要通过套接字传递到服务器，由服务器完成实质工作。这种模式下的程序比较稳定，接口清晰，编程也很轻松，但这样系统会非常依赖于 UNIX 套接字通信。UNIX 套接字的数据传递，要经过内核，然后再传递到另外一个程序。这样，对于一些实时要求高的嵌入式系统不太有利。

MiniGUI 采用了线程机制（类似 Windows CE），所有的应用程序都运行在同一个地址空间。这样效率得到提高，可是这种基于线程的结构也导致了系统整体的脆弱——如果某个线程因为非法的数据访问而终止运行，则整个进程都将受到影响。这种结构比较适合于一些实时性要求高的嵌入式系统。

MiniGUI 的大体结构如下：中间层为 MiniGUI 的核心层，上层为它的 API，而底层为 GAL 和 IAL。底层为 MiniGUI 提供 Linux 控制台或者 X－Window 上的图形接口以及输入接口，而 PThread 是用于提供内核级线程支持的 C 函数库，如图 7－2 所示。

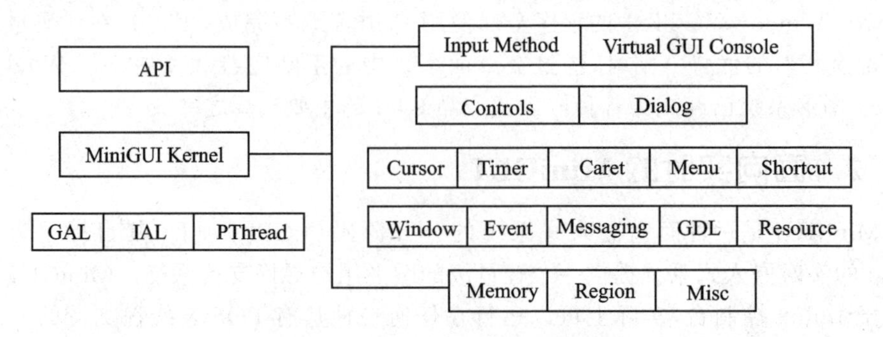

图 7－2 MiniGUI 的分层结构

MiniGUI 是基于消息驱动的。在消息驱动中，所有的计算机的外部事件，例如鼠标点击，键盘按下，都是由系统统一处理，然后再将这些事件由某种消息格式包装，传到相应的应用程序的消息队列中。

MiniGUI 提供了良好的控件支持，它为用户提供了很多标准的控件。

7.2.3 应用广泛的 Qt Embedded

Qt Embedded 是著名的 Qt 库开发商 TrollTech 发布的面向嵌入式系统的 Qt 版本。因为 Qt 是 KDE 等项目使用的 GUI 支持库，所以有许多基于 Qt 的 X－Windows 程序可以非常方便地移植到 Qt Embedded 版本上。因此，自从 Qt Embedded 以 GPL 条款形势发布以来，就有大量的嵌入式 Linux 开发商转到了 Qt Embedded 系统上。但 Qt Embedded 还有一些问题值得开发者注意：

- 目前，该系统采用两种条款发布，其中包括 GPL 条款。对函数库使用 GPL 条款，意味着其上的应用需要遵循 GPL 条款。当然，如果要开发商业程序，

TrollTech 也允许你采用另外一个授权条款，这时，就必须向 TrollTech 交纳授权费用。

- Qt Embedded 是一个 C＋＋函数库，尽管 Qt Embedded 声称可以裁减到最少 630 KB，但这时的 Qt Embedded 库已经基本上失去了使用价值。低的程序效率、大的资源消耗也对运行 Qt Embedded 的硬件提出了更高的要求。
- Qt Embedded 库目前主要针对手持式信息终端，因为对硬件加速支持的匮乏，很难应用到对图形速度、功能和效率要求较高的嵌入式系统当中，比如机顶盒、游戏终端等。
- Qt Embedded 提供的控件集风格沿用了 PC 风格，并不太适合许多手持设备的操作要求。Qt Embedded 的结构过于复杂，很难进行底层的扩充、定制和移植。

Qt Embedded 对于各种硬件接口到 GUI 工具包提供了完整的图形栈。Qt Embedded 的 API 和 Qt/X11 与 Qt/Windows 的相同，但它并不是基于 X11 库的。

Qt Embedded(QtE)是一个专门为嵌入式系统设计的图形用户界面工具包。用 QtE，开发者可以做到：

- 用 QtE 开发的应用程序要移植到不同平台时，只需要重编译代码，而不需要对代码进行修改。
- 可以随意设置程序界面的外观。
- 可以方便地为程序链接数据库。
- 可以使程序本地化。
- 可以将程序与 Java 集成。

嵌入式系统的要求是小而快速，而 QtE 能帮助开发者为满足这些要求开发强壮的应用程序。QtE 是模块化和可裁剪的，开发者可以选取自己需要的特性，而裁剪掉不需要的特性。这样通过选择所需的特性，QtE 的映像大小可以从 800 KB 到 4 MB 不等。

同 Qt 一样，QtE 也是用 C＋＋语言编写的，虽然这样会增加系统资源消耗，但是却为开发者提供了清晰的程序框架，使开发者能够迅速上手，并且能够方便地编写自定义的用户界面程序。由于 QtE 是作为一种产品推出，所以它有很好的开发团队和技术支持。这对于使用 QtE 的开发者来说，方便了开发过程并且增加了产品的可靠性。

总的来说，QtE 拥有下面一些特征：

- 拥有同 Qt 一样的 API。开发者只需了解 Qt 的 API，不用关心程序所用到的系统与平台。
- 它的结构很好地优化了内存和资源的利用。
- 拥有自己的窗口系统。QtE 不需要一些子图形系统，它可以直接对底层的图形驱动进行操作。
- 模块化。开发者可以根据需要自己定制所需的模块。

➤ 强大的开发工具。

➤ 与硬件平台无关。QtE 可以应用在所有的主流平台和 CPU 上。支持所有主流的嵌入式 Linux，对于在 Linux 上的 QtE 的基本要求只不过是 Frame buffer 设备和一个 C++编译器。

➤ 提供压缩字体格式。即使在很小的内存中，也可以提供一流的字体支持。

➤ 支持 Unicode，可以轻松地使程序支持多种语言。

Trolltech 公司在 QtE 的基础上开发了一个应用环境——Qtopia，这个应用环境为移动和手持设备开发。其特点就是拥有完全的、美观的 GUI。同时它也提供了上百个应用程序用于管理用户信息、办公、娱乐、Internet 交流等。已经有很多公司采用了 Qtopia 来开发他们的主流 PDA。

QtE 不是免费的，当开发者的产品需要用到它的运行库时，必须向 Trolltech 公司付 license 费用。QtE 由于平台无关性和提供很好的 GUI 编程接口，在许多嵌入式系统中得到了应用，是一个成功的嵌入式 GUI 产品。2012 年 QT 公司被 Nokia 公司收购。

7.2.4 轻量级的 lwGUI

以上几种 GUI 系统有的过于庞大占用资源，有的由开源转向收费。在认真阅读了大量相关文章及代码且对 GUI 系统具有一定认识的基础上，着手自主开发轻量级的示范 GUI 系统——lwGUI。

1. lwGUI 系统结构

lwGUI 采取清晰的分层结构，以方便进行系统的扩充和移植。系统的总体结构如图 7-3 所示。

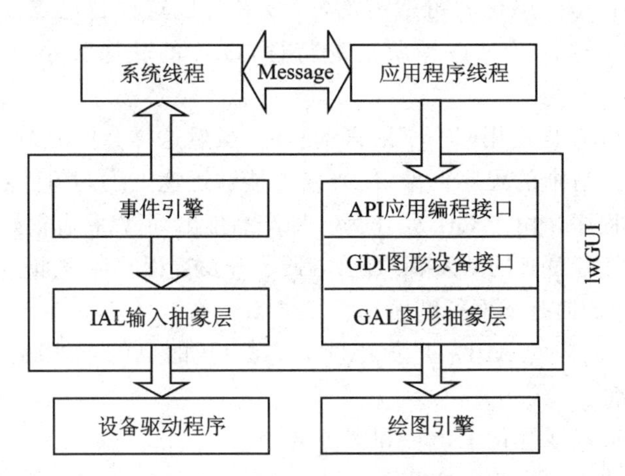

图 7-3 lwGUI 系统结构

在 lwGUI 系统的最底层建立了一个图形抽象层 GAL(Graphic Abstract Layer)

和一个输入抽象层 IAL(Input Abstract Layer)。图形抽象层建立在各种流行的绘图引擎之上，屏蔽了各种绘图引擎的具体实现，对上层提供了统一的底层绘图接口。而输入抽象层是建立在各种硬件设备驱动程序之上，屏蔽了各种不同的输入设备硬件实现，对上层提供了统一的应用输入接口。

图形设备接口 GDI(Graphic Device Interface)是建立在图形抽象层之上的，主要包括点、线、面、文本的绘制等功能。图形设备接口在输出时借助设备上下文 DC(Device Content)对屏幕进行控制。每个设备上下文保留自己的绘图原点、绘图范围、颜色设置等信息。

图形用户接口及相关 API 则建立在图形设备接口之上，实现了消息队列、窗口、控件以及应用程序管理等各种功能。

2. lwGUI 关键技术

(1) 独立的图形设备接口

为了把底层图形设备和上层图形接口分离开来，提高 lwGUI 系统的可移植性，lwGUI 中引入了图形抽象层的概念。图形抽象层定义了一组不依赖于任何特殊硬件的抽象接口，所有顶层的图形操作都建立在这些抽象接口之上。而用于实现这一抽象接口的底层代码称为“图形引擎”，类似操作系统中的驱动程序。对于不同的绘图引擎，只要根据统一的定义以及具体的绘图引擎的特点，实现规定的抽象接口，就可以使 lwGUI 系统运行在该绘图引擎之上。lwGUI 已经实现了对 Frame Buffer 绘图引擎的支持。

(2) 独立的输入设备接口

lwGUI 系统在设备输入方面，提供了一个与图形抽象层类似的概念——输入抽象层。lwGUI 系统通过输入抽象层将底层的各种设备统一映射成为上层应用程序支持的两种基本的输入设备——鼠标设备和键盘设备。对于具体的硬件设备，只要根据驱动程序提供的接口，编写程序实现相应的抽象接口，就能将各种设备模拟成为鼠标或者键盘进行输入。

lwGUI 已经实现了针对 Freescale 公司龙珠系列 MX1 的 ADS 开发板、Intel 公司 Xscale 的 Sitsang 板和基于 Samsung 公司 S3C2410 的实验箱的支持。键盘为 4×4 I^2C 总线接口的 Keypad 设备模拟成为键盘输入设备，同时将开发板的触摸屏设备模拟成为鼠标输入设备。

(3) 消息驱动

lwGUI 应用程序通过接收消息来和外界交互。消息由系统或应用程序产生，系统对输入事件产生消息，系统对应用程序的响应也会产生消息。应用程序可以通过产生消息来完成某个任务，或者与其他应用程序的窗口进行通信。总而言之，lwGUI 是消息驱动的系统。

(4) 多线程的支持

lwGUI 的应用程序是以一个进程的形式存在系统当中的，但是其内部分成多个线程，并行执行完成各自的任务。

lwGUI本身运行在多线程模式下，它的许多模块都以单独的线程运行。从本质上讲，每个线程有一个消息队列，消息队列是实现线程数据交换和同步的关键数据接口。一个线程向消息队列中发送消息，而另一个线程从这个消息队列中获取消息。由于lwGUI是面向嵌入式或实时控制系统的，因此，这种应用环境下的应用程序往往具有单一的功能，从而使得采用多线程而非多进程模式实现图形界面有了一定的实际意义。

(5) 预定义的控件及控件的扩充

lwGUI系统为用户预定义了一些控件，包括按钮、单选框、复选框、标签、图片框等。系统使用统一的数据结构保存各类控件共有的基本数据。同时为了实现控件的扩充，该数据结构中也预留了两个扩展数据接口，用来保存各类控件特有的数据。

(6) 类Win32的应用程序风格

为便于二次开发人员快速适应lwGUI的开发，应用程序参照Windows应用程序风格设计，以CreateWindow和ShowWindow开始，然后进行消息循环。二次开发者根据消息处理函数模板编写消息处理的相应功能。

7.3 lwGUI系统的设计与实现

7.3.1 图形抽象层和输入抽象层的设计与实现

在lwGUI系统的开发中，引入了图形和输入抽象层的概念。抽象层的概念类似Linux内核虚拟文件系统的概念，它定义了一组不依赖于任何特殊硬件的抽象接口，所有顶层的图形操作和输入处理都建立在抽象接口之上。而用于实现这一抽象接口的底层代码称为“图形引擎”或“输入引擎”，类似操作系统中的驱动程序。这实际是一种面向对象的程序结构。利用GAL和IAL，lwGUI可以在已有的图形函数库上运行，并且可以非常方便地将lwGUI移植到其他POSIX系统上，只需要根据抽象层接口实现新的图形引擎即可。

相比图形来讲，将lwGUI的底层输入与上层相隔显得更为重要。在基于Linux的嵌入式系统中，图形引擎可以通过Frame Buffer而获得，而输入设备的处理却没有统一的接口。在PC上，通常使用键盘和鼠标，而在嵌入式系统上，可能只有触摸屏和为数不多的几个键。在这种情况下，提供一个抽象的输入层，就显得格外重要。

1. 图形抽象层和图形引擎

如图7-4所示，系统维护一个已注册图形引擎数组，保存每个图形引擎数据结构的指针。系统利用一个指针保存当前使用的图形引擎。每个图形引擎的数据结构定义了该图形引擎的一些信息，更重要的是，它实现了GAL所定义的各个接口，包括初始化和终止、画点处理函数、画线处理函数、矩形框填充函数、调色板函数等。

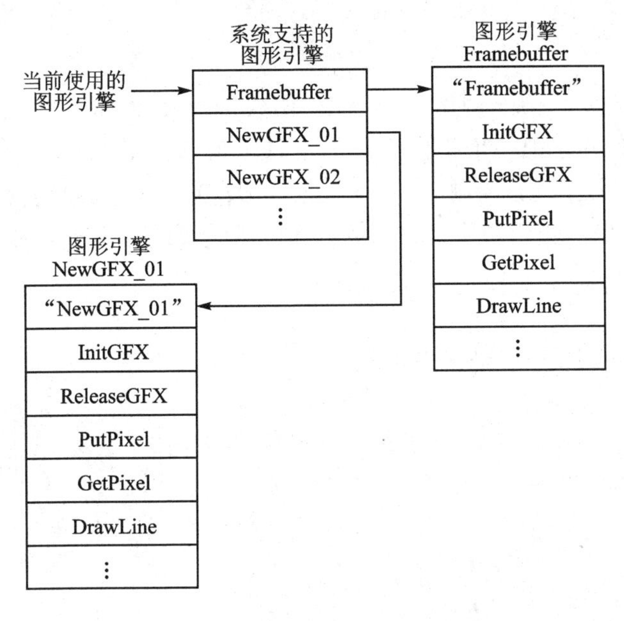

图 7-4　图形抽象层与图形引擎

利用 GAL，大大提高了 lwGUI 的可移植性，并且使得程序的开发和调试变得更加容易。用户可以在 PC 上开发和调试自己的 lwGUI 程序，通过重新编译就可以让 lwGUI 应用程序运行在特殊的嵌入式硬件平台上。

(1) 图形抽象层

lwGUI 系统通过使用 GFX 数据结构来表示图形引擎系统。该结构的定义如下：

```
typedef struct tagGFX{
    char                *gfx_id;
    int                 (*initgfx)(struct tagGFX * gfx);
    void                (*releasegfx)(struct tagGFX * gfx);
    unsigned int        gfx_width;
    unsigned int        gfx_height;
    unsigned int        gfx_bpp;
    unsigned long       gfx_colors;
    LGAL_CLIP           gfx_clip;
    void                (*putpixel)(int x, int y, gal_color color);
    gal_color           (*getpixel)(int x, int y);
    void                (*drawvline)(int x1, int x2, int y, gal_color color);
    void                (*drawhline)(int x, int y1, int y2, gal_color color);
    void                (*drawline)(int x1, int y1, int x2, int y2, gal_color color);
    void                (*drawrect)(int x1, int y1, int x2, int y2, gal_color color);
```

```
    ......
    void              (* clearscreen) (gal_color);
} GFX;
```

lwGUI 系统启动之后,调用 InitGFX()函数,根据配置寻找特定的图形引擎作为当前的图形引擎,并且把一个指向引擎的指针赋值给全局变量 curr_gfx。之后,当 lwGUI 需要在屏幕上进行绘制时,系统根据 curr_gfx 指针找到当前绘图引擎,然后调用当前图形引擎的相应功能函数。例如在画点时会进行如下调用:

```
(* cur_gfx->putpixel) (x, y, color);
```

为简化程序的书写,系统还定义了如下宏:

```
#define GAL_InitGFX          (* curr_gfx->initgfx)
#define GAL_ReleaseGFX       (* curr_gfx->releasegfx)
#define GAL_PutPixel         (* curr_gfx->putpixel)
#define GAL_GetPixel         (* curr_gfx->getpixel)
#define GAL_DrawVLine        (* curr_gfx->drawvline)
#define GAL_DrawHLine        (* curr_gfx->drawhline)
#define GAL_DrawLine         (* curr_gfx->drawline)
#define GAL_DrawRect         (* curr_gfx->drawrect)
⋮
#define GAL_ClearScreen      (* curr_gfx->clearscreen)
```

这样,上述画点函数可以如下编写:

```
GAL_PutPixel(x, y, color);
```

在初始化接口实现中,将 GFX 结构中各项绘图功能的函数指针指向图形引擎中实现相应功能的函数。如果没有实现该项功能,则将指针赋成 NULL(空指针)。Frame Buffer 图形引擎的初始化程序片段如下所示:

```
int InitFB(GFX * gfx){
    if (strcmp(gfx->gfx_id, "FrameBuffer") != 0)
        return -1;
    fb_Init();
    gfx->gfx_width = fb_GetScreenWidth();
    gfx->gfx_height = fb_GetScreenHeight();
    gfx->gfx_bpp = fb_GetScreenBpp();
    gfx->gfx_colors = fb_GetScreenColors();
    gfx->gfx_clip = &fb_clip;
    gfx->putpixel = fb_PutPixel;
    gfx->getpixel = fb_GetPixel;
    gfx->drawvline = fb_DrawLine_V;
```

```
    gfx->drawhline = fb_DrawLine_H;
    gfx->drawrect = fb_DrawRect;
    gfx->fillrect = fb_FillRect;
    gfx->drawellipse = NULL;
    gfx->fillellipse = NULL;
    gfx->drawcircle = NULL;
    gfx->fillcircle = NULL;
    gfx->putchar = NULL;
    gfx->putstr = NULL;
    gfx->clearscreen = fb_Clear;
    gfx->saverange = fb_SaveRange;
    gfx->loadrange = fb_LoadRange;
    return 0;
}
```

从上面的程序片段可以看出 Frame Buffer 图形引擎中并没有实现画椭圆、画圆和显示字符的功能。这是因为对于 Frame Buffer 设备来说，上述的几项功能只是通过频繁的调用画点函数来完成的，所以没有必要在底层绘图接口中实现，而把这些任务交给上层的图形设备接口完成。

在图形抽象层中，还定义了一项比较重要的功能，设置和获取减裁区域，分别由 GAL_SetClipInfo()和 GAL_GetClipInfo()实现。它们将在显示屏幕上指定一个矩形的区域，绘图函数中所有对屏幕的操作，只有坐标位置落在这个区域内才被视为是有效的，否则忽略该操作。

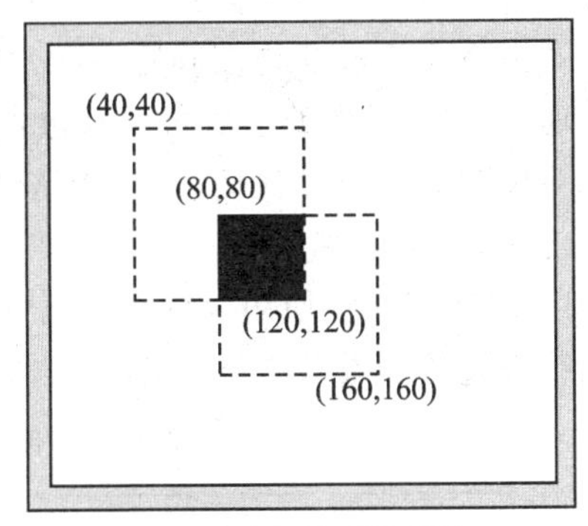

图 7-5 区域的剪裁

如图 7-5 所示，设置的剪减区域在(40,40)到(120,120)之间，因此填充矩形(80,80,160,160)的操作只有(80,80)到(120,120)的部分被视为是有效的操作，效果被显示在屏幕上，其他的部分被忽略。

(2) 图形设备接口

图形设备接口是建立在图形抽象层上的一个独立的绘图应用接口，它将图形抽象层提供的接口功能进一步封装和扩充，向更高层的应用程序接口提供使用更为简便，功能更为完善的绘图功能。

1) 设备上下文

lwGUI 采用了在 Windows 和 X-Windows 等 GUI 系统中普遍采用的图形设备上下文的概念。每个图形设备上下文定义了图形输出设备或内存中一个矩形显示输出区域以及相关的图形属性。在调用图形输出函数时，均要求指定经初始化的图形设备上下文。也就是说，所有的绘制操作都必须在某个图形设备上下文之内起作用。一个经过初始化的图形设备上下文定义了一个图形设备环境，确定了之后在其上进行图形操作的一些基本属性，并一直保持这些属性，直到被改变为止。

在lwGUI系统中，设备上下文的定义如下：

```
typedef struct tagDC {
    int DrawPointx;                //设备绘图当前点坐标
    int DrawPointy;
    int DrawOrgx;                  //设备绘图原点坐标
    int DrawOrgy;
    int DrawRangex;                //设备绘图范围坐标
    int DrawRangey;
    int DrawRop;                   //设备绘图方式
    COLORREF BackColor;            //设备绘图背景色
    COLORREF FontColor;            //设备字体颜色
} DC, * PDC;
```

当在一个图形输出设备上绘图时，首先必须获得一个设备上下文的句柄。然后在GDI函数中将该句柄作为一个参数，标识在绘图时所要使用的图形设备上下文中。设备上下文中包含许多确定GDI函数如何在设备上工作的当前属性，这些属性使得传递给GDI函数的参数可以只包含起始坐标或者尺寸信息，而不必包含在设备上显示对象时需要的其他信息，因为这些信息是设备上下文的一部分。当想改变这些属性之一时，可以调用一个可以改变设备上下文属性的函数，以后针对该设备上下文的GDI函数调用将使用改变后的属性。

系统中设置和设备上下文相关的API如表7-1所列。

表7-1 设备上下文相关API

API名称	说　明
CreateDC()	创建新的设备上下文
ReleaseDC(PDC)	释放设备上下文
GetDrawOrg(PDC,POINT *)	获取设备上下文绘图坐标原点
GetDrawRange(PDC,POINT *)	获取设备上下文绘图坐标范围
GetDrawRop(PDC,int *)	获取设备上下文绘图方式
GetBackColor(PDC,COLORREF *)	获取设备上下文绘图背景色
GetFontColor(PDC,COLORREF *)	获取设备上下文文本字体颜色
SetDrawOrg(PDC,POINT *)	设置设备上下文绘图坐标原点
SetDrawRange(PDC,POINT *)	设置设备上下文绘图坐标范围
SetDrawRop(PDC,int *)	设置设备上下文绘图方式
SetBackColor(PDC,COLORREF *)	设置设备上下文绘图背景色
SetFontColor(PDC,COLORREF *)	设置设备上下文文本字体颜色

2）绘图程序接口

对底层图形引擎的调用，主要集中在 lwGUI 系统的图形设备接口中，所有绘图函数首先都会尝试调用相应的底层图形引擎接口。例如，画点函数 SetPixel()会调用底层绘图接口 GAL_PutPixel()，而画线函数 DrawLine()则会调用底层绘图接口 GAL_DrawLine()。如果调用的绘图接口有效（在图形引擎中被实现），则调用该底层绘图接口就会完成指定绘图工作；如果调用的绘图接口无效，则 GDI 绘图函数将根据需要调用已被实现的其他绘图接口函数来完成指定绘图工作。因此底层绘图接口的实现，应尽量通过直接对设备进行操作来完成最基本的功能，而那些可以通过调用这些基本功能来实现的其他功能一般不用实现，由上层接口完成。这样不仅可以避免开发时重复编写相同的功能代码，而且可以提高图形引擎的绘图效率。

下面以绘制矩形的函数为例来说明图形设备接口是怎样使用底层图形引擎来进行屏幕绘图的。

如果底层接口 GAL_DrawRect()有效，系统先根据显示模式转换输出颜色，再调用 GetDCClipRgn()获取设备上下文的绘图区域，然后设置减裁区域并根据该区域将相对坐标转换成为绝对坐标，最后使用转换后的颜色和坐标作为参数调用 GAL_DrawRect()完成矩形的绘制；如果底层接口 GAL_DrawRect()无效，系统则将调用图形设备接口中的 DrawLine()函数完成绘制矩形的工作。绘制矩形函数 DrawRect()的实现流程如图 7-6 所示。

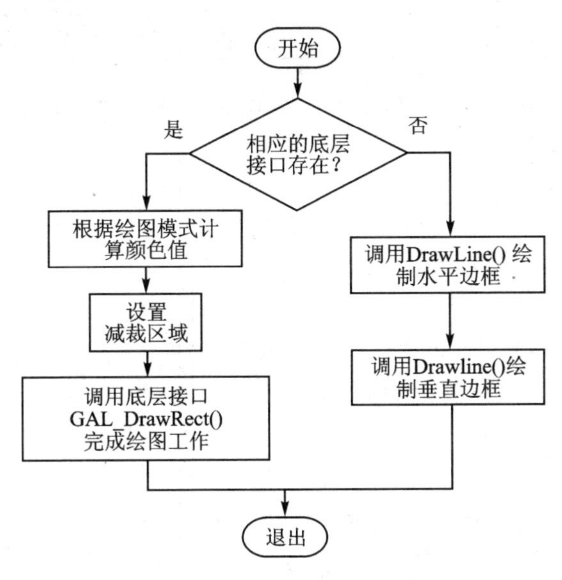

图 7-6　绘制矩形函数流程

lwGUI 系统提供的绘图接口 API 如表 7-2 所列。

3）设备坐标的转换

lwGUI 系统中，设备坐标系以像素为单位，x 轴的值从左向右递增，y 轴的值从上到下递增。lwGUI中一共有3种设备坐标系：屏幕坐标系、窗口坐标系和客户区坐标系。设备坐标的选择通常取决于所获取的设备上下文的类型。

表7-2　图形设备接口绘图API

API名称	说　明
SetPixel(PDC,int,int,COLORREF)	在指定位置上画一个点
MoveTo(PDC,int,int)	将当前绘图位置移动到指定位置上
LineTo(PDC,int,int,COLORREF)	从当前点绘制一条到指定位置的直线
DrawLine(PDC,int,int,int,int,COLORREF)	在指定的两个位置之间绘制一条直线
DrawRect(PDC,RECT,COLORREF)	绘制一个矩形边框
FillRect(PDC,RECT,COLORREF)	填充一个矩形
DrawBoint(PDC,int,int,width,height,COLORREF)	在指定位置上绘制一个指定长宽的矩形边框
FillBoint(PDC,int,int,width,height,COLORREF)	在指定位置上填充一个指定长宽的矩形
DrawEllipse(PDC,int,int,int,int,COLORREF)	在指定位置上绘制一个指定尺寸的椭圆边框
FillEllipse(PDC,int,int,int,int,COLORREF)	在指定位置上填充一个指定尺寸的椭圆
DrawCircle(PDC,int,int,int,COLORREF)	在指定位置上绘制一个指定尺寸的圆形边框
FillCircle(PDC,int,int,int,COLORREF)	在指定位置上填充一个指定尺寸的圆形
TextOut(PDC,int,int,char *)	在指定位置上输出一个字符串
TextOut(PDC,RECT,char *,int)	在指定矩形范围内输出一个字符串

屏幕坐标系的(0, 0)点为整个屏幕的左上角。当我们需要使用整个屏幕时，就根据屏幕坐标进行操作。

窗口坐标系的坐标是相对于整个窗口的，窗口边框、标题栏、菜单和滚动条都包括在内。窗口坐标系的原点为窗口的左上角。如果使用GetWindowDC()获取设备上下文句柄，GDI函数调用中的逻辑坐标将会转换为窗口坐标。

客户区坐标系的(0, 0)点在窗口客户区的左上角，该坐标系使用最多。当使用GetClientDC()获取设备上下文时，GDI函数中的逻辑坐标就会转换为客户区坐标。

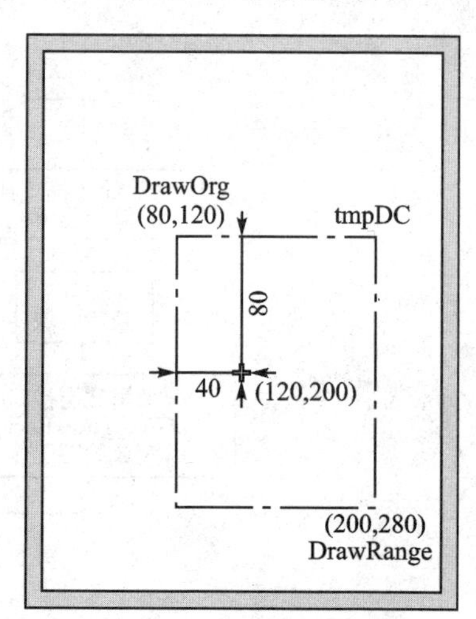

图7-7　DC坐标转换

图7-7显示系统是如何使用DC转换坐标的，在编程时要注意坐标或位置是相对于哪一个设备坐标系的，不同的情况下位置的含义可能有所不同。有时需要根据某种

坐标系的坐标来获得另一种坐标系的坐标。

lwGUI 中提供的这 3 种设备坐标间进行转换的 API 函数如表 7－3 所列。

表 7－3 坐标转换 API

API 名称	说 明
ScreenToClient(HWDN,int,int,int,int)	将屏幕坐标转换为客户区坐标
ClientToScreen(HWND,int,int,int,int)	将客户区坐标转换为屏幕坐标
ScreenToWindow(HWND,int,int,int,int)	将屏幕坐标转换为窗口坐标
WindowToScreen(HWND,int,int,int,int)	将窗口坐标转换为屏幕坐标

这样每个设备上下文都有自己原点坐标和绘图范围，使得所有在设备上下文中进行的绘图操作互不影响。

4）矩形操作

矩形通常是指窗口或屏幕之上的一个矩形区域。在 lwGUI 中，矩形结构是如下定义的：

```
typedef struct _RECT {
    int left;
    int top;
    int right;
    int bottom;
} RECT;
```

简而言之，矩形就是用来表示屏幕上一个矩形区域的数据结构，定义了矩形左上角的 x、y 坐标(left 和 top)以及右下角的 x、y 坐标(right 和 bottom)。lwGUI 提供了相应的一组函数，可以对 RECT 对象进行各种操作。lwGUI 中提供的矩形操作 API 如表 7－4 所列。

表 7－4 矩形对象操作 API

API 名称	说 明
SetRect(LRECT,int,int,int,int)	设置矩形对象
GetRectWidth(RECT)	获取矩形对象宽度
GetRectHeight(RECT)	获取矩形对象高度
ExpandRect(LRECT,int)	将矩形对象向外扩展指定的像素
ShrinkRect(LRECT,int)	将矩形对象向内紧缩指定的像素
CloneRect(LRECT,RECT)	复制一个矩形对象
PointInRect(RECT,int,int)	判断坐标点是否被包含在指定矩形对象内

5) 位图相关操作

lwGUI 系统支持 BMP 格式的位图。系统相应提供了加载、保存、缩放以及显示的功能。同时 lwGUI 系统还可以将当前屏幕的部分区域保存并转换成为位图格式。系统提供的位图操作的 API 如表 7-5 所列。

表 7-5 位图操作 API

API 名称	说　明
LoadBitmap(char * ,BITMAP *)	从指定文件中加载一幅位图
ShowBitmap_8bits(PDC,BITMAP,int,int,int,int)	显示 8 位位图
ShowBitmap_16bits(PDC,BITMAP,int,int,int,int)	显示 16 位位图
ShowBitmap_24bits(PDC,BITMAP,int,int,int,int)	显示 24 位位图
SaveBitmap(char * ,BITMAP)	保存一幅位图到指定文件中
StretchBitmap(BITMAP * ,BITMAP * ,int,int)	缩放位图到指定尺寸

2. 输入抽象层(IAL)和输入引擎

在 lwGUI 系统中 IAL 结构和 GAL 结构类似。

(1) 输入抽象层

在代码实现上,lwGUI 通过 INPUT 数据结构来表示一个输入引擎。该结构的定义如下:

```
typedef struct tagINPUT{
    char * input_id;
    int   ( * initinput) (struct tagINPUT *  input);
    void ( * releaseinput) (struct tagINPUT *  input);
    void ( * getmouse) (int *  x, int *  y, int * btn);
    void ( * setmouse) (int x, int y);
    char ( * getkeyboard) (void);
} INPUT;
```

同样系统维护一个已注册输入引擎数组,保存每个输入引擎数据结构的指针。系统利用一个指针保存当前使用的输入引擎。系统启动之后,将根据配置寻找特定的输入引擎作为当前的输入引擎,并且对全局变量 curr_input 赋值。之后,当 lwGUI 需要获取触摸屏数据时就可以用如下方法调用:

```
( * curr_input->getmousexy) (&x, &y, &btn);
```

为了简化程序的书写,系统还定义了如下宏:

```
#define IAL_InitInput          ( * curr_input->initinput)
#define IAL_ReleaseInput       ( * curr_input->releaseinput)
```

```
#define IAL_GetMouse          (*curr_input->getmouse)
#define IAL_SetMouse          (*curr_input->setmouse)
#define IAL_GetKeyboard       (*curr_input->getkeyboard)
```

这样,上述函数的调用可以如下书写:

```
IAL_GetMouseXY(&x, &y, &btn);
```

(2) 输入引擎

在lwGUI系统中应用程序并不直接调用底层的输入接口,而是由事件引擎调用底层的输入引擎接口,将接收的数据转换成为上层能够理解的消息,然后发送给系统线程,再由系统线程分配给应用程序。

系统中鼠标事件和键盘事件的接口定义如下:

```
// 鼠标事件结构
typedef struct _MOUSEEVENT{
    int x;
    int y;
    int state;
} MOUSEEVENT, * LMOUSEEVENT;
//键盘事件结构
typedef struct _KEYEVENT{
    int keycode;
    int state;
} KEYEVENT, * LKEYEVENT;
```

在lwGUI系统中,首先由两个线程MouseEventLoop()和KeyEventLoop()分别调用底层接口获取鼠标和键盘的数据,然后将其填成相应事件,在调用事件引擎ParseEvent()函数将事件转换成为消息发送给系统线程。ParseEvent()的实现如下面的程序片段所示:

```
int ParseEvent(int event, void * data){
    ⋮
    switch (event){
        case EVENT_MOUSE:
            pmEvent = (MOUSEEVENT *)data;
            if (pmEvent->state == BTN_UP){
                msg.message = MSG_MOUSEBTNUP;
                mouse_btn_state = BTN_UP;
            }
            else{
                if (mouse_btn_state == BTN_DOWN)
                    msg.message = MSG_MOUSEMOVE;
                else
```

```
                    msg.message = MSG_MOUSEBTNDOWN;
                mouse_btn_state = BTN_DOWN;
            }
            msg.hWnd = -1;
            msg.lParam = MAKELONG(pmEvent->x, pmEvent->y);
            msg.wParam = 0;
            break;
        case EVENT_KEY:
            pkEvent = (KEYEVENT *)data;
            msg.hWnd = -1;
            if (pkEvent.state == BTN_DOWN){
                msg.message = MSG_KEYDOWN;
                msg.lParam = MAKELONG(pkEvent->keycode, 0);
            }
            else{
                msg.message = MSG_KEYDOWN;
                msg.lParam = MAKELONG(0, 0);
            }
            msg.wParam = 0;
            break;
    }
    ⋮
}
```

从上面的程序片段可以看出,系统将接收到鼠标事件转换成为 3 类消息:

① 当接收到一个用户按下触摸屏的事件时,系统将其转换为 MSG_MOUSEBTNDOWN(鼠标按下)的消息;

② 当连续收到用户按下触摸屏的事件时,系统将其转换为 MSG_MOUSEMOVE(鼠标移动)的消息;

③ 当接收到一个用户抬起的触摸屏事件时,系统将其转换为 MSG_MOUSEBTNUP(鼠标抬起)的消息。

同样,系统将接收到的键盘事件分为两类,键盘按下和键盘抬起。这样在应用程序中,仍然只需要编程处理收到的消息即可,而不需要再额外进行编程实现对各种底层事件的处理,这样就提高系统的封装性和编程接口的统一性。

同时考虑到鼠标设备的抖动问题,在 lwGUI 的底层接口中为鼠标设备设置了一个数据缓冲区。该缓冲区存放了最近的 5 个鼠标数据,底层接口则会利用这数据缓冲区中的内容对当前的鼠标数据进行均值滤波,再将处理后的数据转换成为事件,这样大大提高了鼠标移动的平滑程度以及系统定位的准确性。

(3) 触摸屏设备

对于嵌入式硬件平台来说,在人机交互的过程中触摸屏设备是最常用、最重要的一个部分。由于触摸屏返回的数据是电压值，如果用户想将获取的触摸屏数据转换成 LCD 显示屏的坐标，则还需要进行校正和转换两个步骤。所谓校正是指根据触摸屏和 LCD 显示屏对应点的电压值和坐标的比例关系计算出一组转换因子，该因子反映了触摸屏上的电压值和 LCD 显示屏上坐标的对应关系。而转换是指将获取的触摸屏上的电压值通过转换因子转化成为屏幕上的坐标。下面详细介绍 lwGUI 中底层接口对触摸屏校正的设计和实现。

触摸屏的校正需要用到一个数据结构来保存各项转换因子，以后系统会根据该结构中的各项转换因子自动地将触摸屏返回的值转换成为屏幕坐标。

该数据结构的定义如下：

```
typedef struct {
    U32 xFactor;
    U32 yFactor;
    U32 xOffset;
    U32 yOffset;
    U8  scale;
    RECT pan;
} PEN_CONFIG, * P_PEN_CONFIG;
```

该数据结构中各项的含义如表 7-6 所列。

校正时，系统会在屏幕上显示 5 个校正点。设计 5 个校正点的坐标分别设置为(20,20)、(20,219)、(299,219)、(299,20)、(119,159)。其中前 4 个点用来参与校正处理，最后一个点用来检测校正结果的准确性。它们在 LCD 屏上的位置及显示顺序如图 7-8 所示。

表 7-6 PEN_CONFIG 结构说明

类 型	名 称	说 明
U32	xFactor	x 方向比例因子
U32	yFactor	y 方向比例因子
U32	xOffset	x 方向偏移量
U32	yOffset	y 方向偏移量
U8	scale	缩放因子
RECT	pan	校正区域矩形

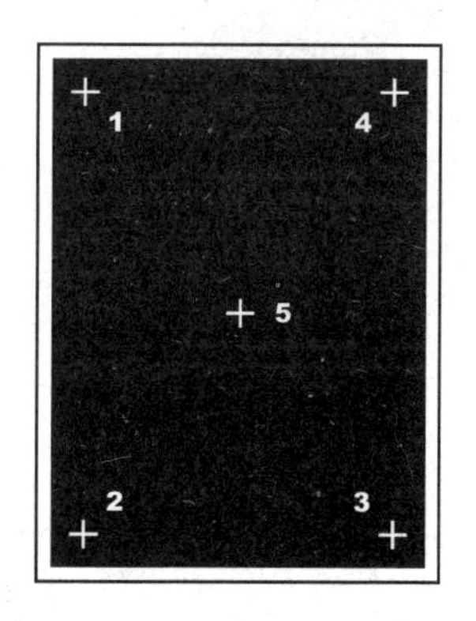

图 7-8 触摸屏校正点坐标

用户根据系统提示顺序，依次用触摸笔点击触摸屏上 5 个校正点的位置。系统会将触摸屏返回的数据记录到校正数组中，为以后计算转换因子使用。一般为了提高校正的准确性，系统在计算转换因子之前，会先对校正数组中的数据进行一次检验。如果发现数组中的数据未能达到指定要求，则说明用户进行校正时未能准确地点击校正点的位置，系统将提示用户重新校正。触摸屏的校正流程如图7-9所示。

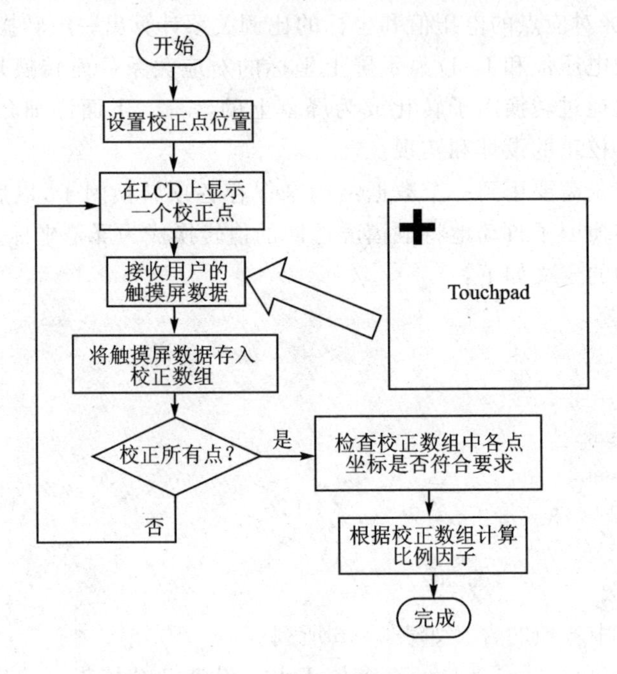

图7-9 触摸屏校正流程

触摸屏校正程序对数据的检测方法如下面的程序片段和图7-10所示。

```
int CheckCalibratePoint(void) {
    unsigned short vl, vr, vt, vb;
    unsigned short diff, avg;
    vl = abs(TouchPanel_Point[0].y - TouchPanel_Point[1].y);
    vr = abs(TouchPanel_Point[2].y - TouchPanel_Point[3].y);
    vt = abs(TouchPanel_Point[0].x - TouchPanel_Point[3].x);
    vb = abs(TouchPanel_Point[1].x - TouchPanel_Point[2].x);
    diff = abs(vl - vr);
    avg = ((long)vl + (long)vr) / 2;
    if (diff > avg / 20)
        return -1;
    diff = abs(vt - vb);
    avg = ((long)vt + (long)vb) / 2;
    if (diff > avg / 20)
        return -1;
    return 0;
}
```

程序中先计算 v_l、v_r、v_t、v_b 4 条线段的长度，然后计算水平、垂直两组线段长度的平均值和差的绝对值。最后将每组中的平均值的5%和差的绝对值进行比较，只要有一组线段差的绝对值超过了线段长度平均值的 5%，就说明校正数据的误差较大，则需要重新校正。

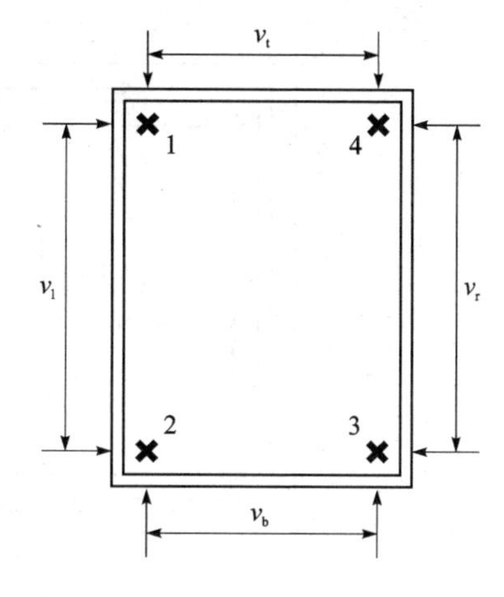

图 7-10　触摸屏数据验证方式

系统在检验校正数组中的数据符合要求之后，就开始计算各项转换因子。首先系统根据 LCD 屏幕上系统定义的前 4 个点的坐标计算出一个 LCD 屏幕坐标矩形 st，再根据校正数组中相应前 4 项数据中 x、y 方向的电压值计算出一个触摸屏电压矩形 rt。然后系统用得到的两个矩形 st 和 rt 作为参数调用触摸屏配置函数_TouchpadConfigure()计算转换因子。下面具体介绍一下计算转换因子的具体方法。

由于触摸屏相邻两点电压值的变化基本上是线性变化，LCD 屏幕坐标也是线性变化，所以可以得到各方向的比例因子的计算公式如下：

x 方向比例因子＝LCD 屏幕坐标矩形宽度×$2^{缩放因子}$/触摸屏电压矩形的宽度

y 方向比例因子＝LCD 屏幕坐标矩形高度×$2^{缩放因子}$/触摸屏电压矩形的高度

下面用图示具体说明一下，触摸屏方向比例因子的计算过程。

在图 7-11 中，LCD 屏幕坐标矩形宽度和高度分别为 Δx 和 Δy，而触摸屏电压矩形的宽度和高度分别为 ΔV_x 和 ΔV_y，则由公式可计算得到 x 方向和 y 方向的比例因子分别为：

$$x_{Factor}=(\Delta x\times 2^{10})\ /\Delta V_x$$

$$y_{Factor}=(\Delta y\times 2^{10})\ /\Delta V_y$$

在计算得到各方向的比例因子之后，还需要确定各方向上相对原点一个偏移量。计算公式如下：

x 方向偏移量＝触摸屏电压矩形左边界值－(LCD 屏幕坐标矩形左边界值×($2^{缩放因子}$) /x 方向比例因子)

y 方向偏移量＝触摸屏电压矩形顶边界值－(LCD 屏幕坐标矩形顶边界值×($2^{缩放因子}$) /y 方向比例因子)

图 7-12 具体说明触摸屏方向偏移量的计算过程。

为了方便理解，在图 7-12 中，设 LCD 屏幕坐标矩形左边界值和顶边界值为 x_0 和 y_0，而触摸屏电压矩形的左边界值和顶边界值分别为 V_x 和 V_y。代入前面计算出的比例因子：

$$V_{x_0}=x_0\times 2^{10}/(\Delta x\times 2^{10}/\Delta V_x)=x_0/\Delta x\times \Delta V_x$$

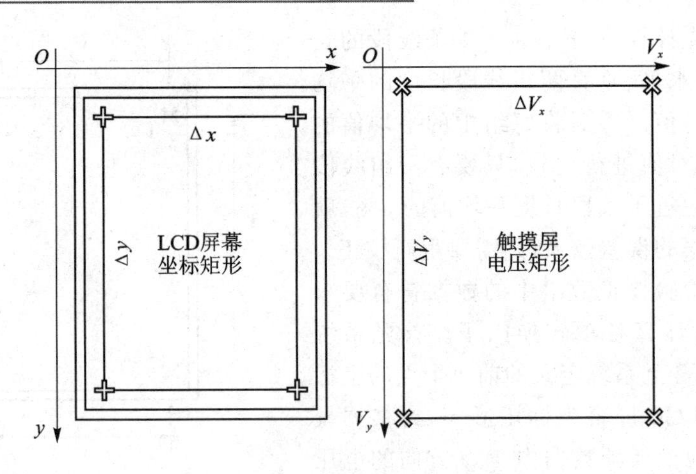

图 7-11 触摸屏比例因子计算示例

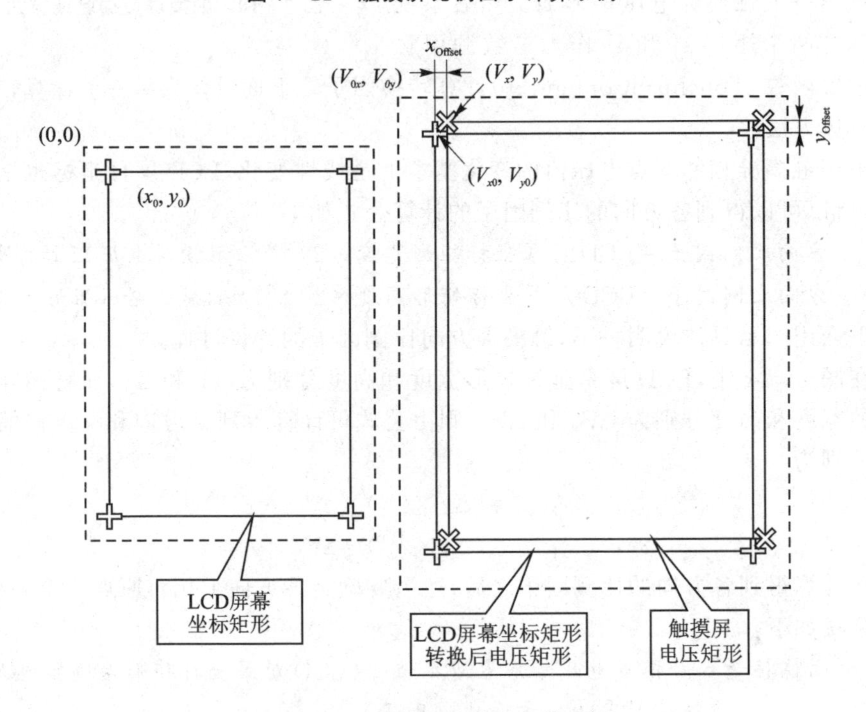

图 7-12 触摸屏偏移量计算示例

$$V_{y_0} = y_0 \times 2^{10}/(\Delta y \times 2^{10}/\Delta V_y) = y_0/\Delta y \times \Delta V_y$$

可以看出 V_{x_0} 和 V_{y_0} 分别为 x_0 和 y_0 通过比例因子转换得到的电压值。而 x 方向偏移量则为 $x_{Offset}=(V_x-V_{x_0})$，y 方向偏移量为 $y_{Offset}=(V_y-V_{y_0})$。

系统根据上述计算公式计算出各项转换因子之后，将因子存放到一个数据结构 PEN_CONFIG 中。系统再根据这个结构中的数据，将触摸屏的电压值转换成为 LCD 屏幕坐标的基本转换公式如下：

x 坐标 $=|x$ 方向电压值 $-x$ 方向偏移量 $|\times x$ 方向比例因子 $/(2^{\text{缩放因子}})$

y 坐标 $=|y$ 方向电压值 $-y$ 方向偏移量 $|\times y$ 方向比例因子 $/(2^{\text{缩放因子}})$

在图 7-13 中,V_{x_1} 和 V_{y_1} 为用户点击触摸屏时返回的电压值。则对应的 LCD 显示屏坐标为:

$$x_1 = |V_{x_1} - x_{\text{Offset}}| \times x_{\text{Factor}} / (2^{10})$$

$$y_1 = |V_{y_1} - y_{\text{Offset}}| \times y_{\text{Factor}} / (2^{10})$$

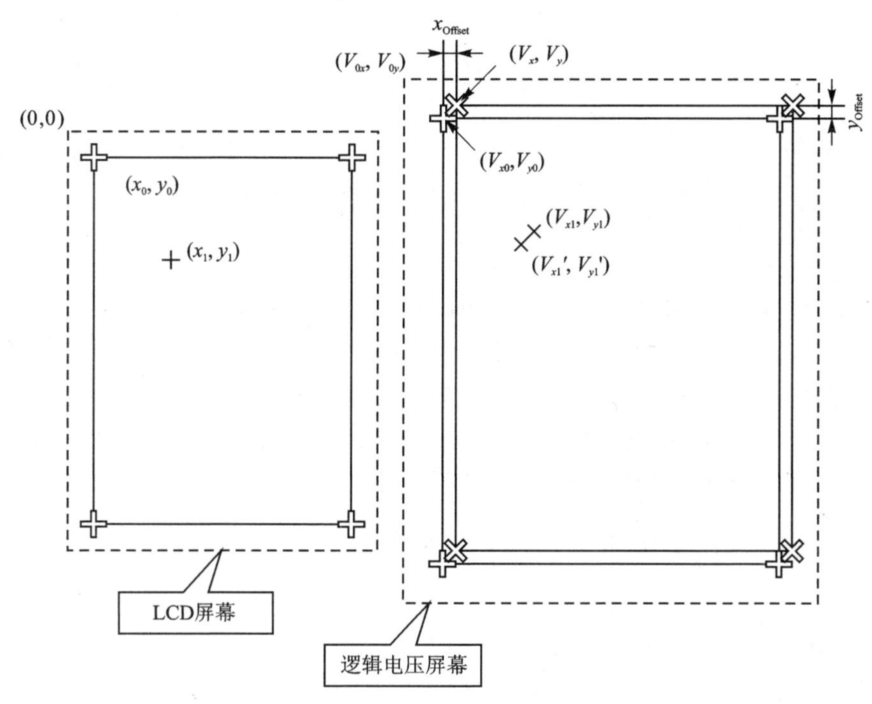

图 7-13 触摸屏坐标转换示例

为了便于理解,加入中间变量 V'_{x_1} 和 V'_{y_1}:

$$\begin{aligned} V'_{x_1} &= |V_{x_1} - x_{\text{Offset}}| = |V_{x_1} - (V_x - V_{x_0})| \\ &= |(V_{x_1} - V_x) + V_{x_0}| \\ V'_{y_1} &= |V_{y_1} - y_{\text{Offset}}| = |V_{y_1} - (V_y - V_{y_0})| \\ &= |(V_{y_1} - V_y) + V_{y_0}| \end{aligned}$$

可以看出用户点击触摸屏时返回的电压值是先被转换成为一个逻辑电压屏幕(逻辑电压屏幕是指将 LCD 显示屏坐标使用比例因子 x_{Factro} 和 y_{Factor} 转换得到的一个由电压值组成的逻辑屏幕)中的位置 V'_{x_1} 和 V'_{y_1} 然后再使用比例因子转换成为真正的屏幕坐标。

应用程序将获取的触摸屏电压值转换成为 LCD 屏幕坐标是通过调用_ConvertX()函数和_ConvertY()函数来完成。这两个函数分别将触摸屏 x 方向上的电压值和 y 方向上的电压值转换成为 LCD 显示屏上的坐标。而_ConvertX()和_ConvertY()

函数又都是调用_TouchpadConvertLCD()函数，完成真正的转换工作。_TouchpadConvertLCD()函数的实现程序片段如下：

```
S16 _TouchpadConvertLCD(U16 value, U32 factor, U32 offset) {
    S32 temp;
    temp = value;
    temp - = offset;
    if ( temp < 0){
        temp = - temp;
        return (S16)( - ((temp * factor) >> _gPenConfig.scale));
    }
    else{
        return ((S16)((temp * factor) >> _gPenConfig.scale));
    }
}
```

系统可以将转换因子保存在指定文件中。这样，当用户再次进入系统时，无须进行校正工作，系统直接读取系统文件中的转换因子，进行坐标转换。这种方法可以帮助用户省去每次校正的繁琐工作，但是随着时间的积累和触摸屏的各种机械因素的变化，将会导致系统保存的转换因子不再准确，从而使系统定位出现偏差。这时用户需要再次运行屏幕校正程序，重新校正触摸屏并计算新的转换因子。

7.3.2 消息驱动机制的设计与实现

在 lwGUI 中，系统使用消息驱动作为应用程序的创建构架。有两类对象拥有自己的消息队列：

① 系统线程，该队列中存放所有从底层输入设备接收到的各类控制消息，等待系统线程分配到应用程序窗口；

② 系统中的所有窗口都具有一个私有的消息队列，用来存放发送到该窗口所有消息，等待窗口进行进一步处理。

1. 消息的结构

一般地，消息由代表消息的一个整型数和消息的附加参数组成。在 lwGUI 系统中，消息的结构定义如下：

```
typedef struct _MSG{
    HWND     hWnd;          //消息的目标窗口
    int      message;       //消息的类型
    WPARAM   wParam;        //消息状态参数
    LPARAM   lParam;        //消息内容参数
} MSG;
```

在一条消息中，目标窗口项的填写，对于底层事件消息来说，一般由系统线程完成。系统线程会将当前活动的窗口的句柄填入该项；而对于其他的消息来说，应该由应用程序根据自己的需要完成填写。填写的内容为目标窗口的句柄。

系统把消息发送给应用程序窗口过程有4个参数：窗口句柄、消息标识以及两个32位的消息参数。窗口句柄决定消息所发送的目标窗口，lwGUI可以用它来确定向哪一个窗口过程发送消息。消息标识是一个命名的常量，由它来标明消息的类型。如果窗口过程接收到一条消息，它就通过消息标识来确定消息的类型以及如何处理。消息的参数对消息的内容作进一步的说明，它的意义通常取决于消息本身，可以是一个整数、位标志或数据结构指针等。比如，对鼠标消息而言，lParam中一般包含鼠标的位置信息，而wParam参数中则包含发生该消息时，对应的状态信息等。对其他不同的消息类型来讲，wParam和lParam也具有明确的定义。应用程序一般都需要检查消息参数以确定如何处理消息。

2. 消息的种类

lwGUI中预定义的通用消息有以下几类：

① 系统消息：包括MSG_QUIT等；

② 外部时间消息：包括MSG_MOUSEMOVE、MSG_KEYDOWN等；

③ 窗口菜单消息：包括MSG_POPMENU、MSG_CLEARMENU等；

④ 窗口控件消息：包括MSG_CHECKBOX_CHANGESTATE等。

用户也可以自定义消息，并定义消息wParam和lParam成员的含义。为了使用户能够自定义消息，lwGUI定义了MSG_USER宏，应用程序可如下定义自己的消息：

```
#define MSG_MYMESSAGE1 (MSG_USER + 1)
#define MSG_MYMESSAGE2 (MSG_USER + 2)
```

用户可以在自己的程序中使用自定义消息，并利用自定义消息传递数据。

3. 消息循环

在消息驱动的应用程序中，计算机外设发生的事件，例如键盘的敲击、鼠标的按击等，都由支持系统收集，将其以事先的约定格式翻译为特定的消息。应用程序一般包含有自己的消息队列，系统将消息发送到应用程序的消息队列中。应用程序可以建立一个循环，在这个循环中读取消息并处理消息，直到特定的消息传来为止，这样的循环称为消息循环。从上面的讨论中可以看到，当窗口没有消息可处理时，消息循环处于阻塞状态，这时不会消耗CPU资源。

lwGUI系统中消息传递的模型如图7-14所示。

在lwGUI系统中，除了系统线程外，应用程序也可以向窗口发送消息。应用程序中使用函数SendMessage()可以向任意窗口发送消息。只要在消息结构的目标窗

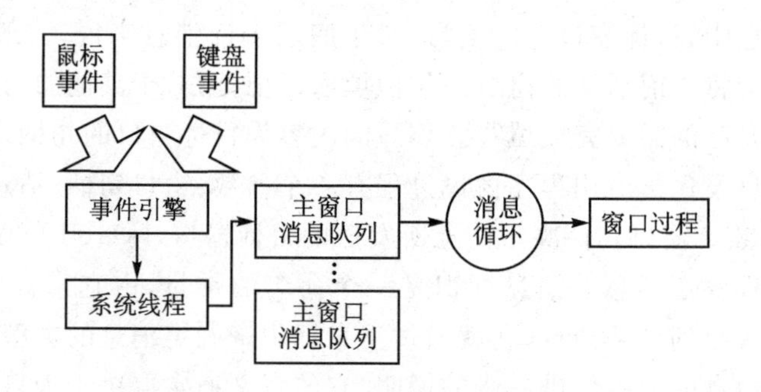

图 7-14 lwGUI 消息传递模型

口项中填入指定窗口的句柄,SendMessage()函数便会将该消息放入目标窗口的消息队列中,等待目标窗口的处理。

4. 消息处理

应用程序必须及时处理投递到它的消息队列中的消息,程序一般在主函数中通过一个消息循环来处理消息队列中的消息。消息循环就是一个循环体,在这个循环体中,程序利用 GetMessage()不停地从消息队列中获得消息,然后利用 DispatchMessage()将消息发送到指定的窗口,也就是调用指定窗口的窗口过程,并传递消息及其参数。典型的消息循环如下面的程序片段所示:


```
MSG msg;
HWND hMainWnd;
hMainWnd = CreateMainWindow (0, 0, 100, 100, "Test", NULL);
if (hMainWnd == INVALID_HANDLE)
return -1;
while (GetMessage(&msg, hMainWnd)) {
    TranslateMessage(&msg);
}
```

消息处理的基本流程如图 7-15 所示。

应用程序在创建了主窗口之后开始消息循环。程序通过调用 GetMessage()函数从消息队列中接收消息。GetMessage()函数有两个参数,一个用来存放接收到的消息数据,另一个参数是应用程序主窗口的句柄。当 GetMessage()获取到一个消息时,会将该消息的目标窗口项填为应用程序主窗口。如果收到的消息不是 MSG_QUIT 消息(退出消息),GetMessage()消息返回 1,否则返回 0。当 GetMessage()函数返回 0 时,应用程序就会退出当前的消息循环。当 GetMessage()函数返回 1 时,应用程序会将 GetMessage()收到的消息作为参数,调用 DispatchMessage()函数。DispatchMessage()将根据消息结构的目标窗口项调用目标窗口的主过程,完成消息的处理。

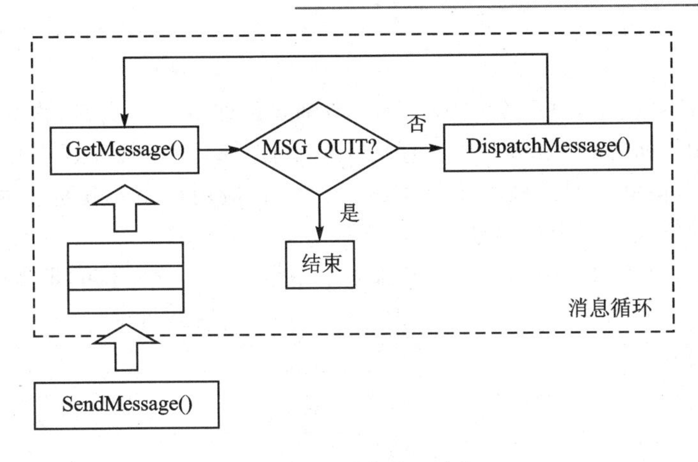

图 7-15 消息处理流程

5. 与消息相关的 API 函数

lwGUI 系统提供的与消息相关的 API 函数如表 7-7 所列。

表 7-7 与消息操作相关的 API

API 名称	说 明
SendMessage(MSG *,HWND)	发送消息到指定窗口
GetMessage(MSG *,HWND)	从消息队列中接收一条消息
DispatchMessage(MSG *)	发送消息到指定窗口

7.3.3 窗口的设计与实现

窗口是屏幕上的一个矩形区域。在传统的窗口系统模型中,应用程序的可视部分由一个或多个窗口构成。每一个窗口代表屏幕上的一块绘制区域,窗口系统控制该绘制区域到实际屏幕的映射,也就是控制窗口的位置、大小和可见区域。每个窗口被分配一个屏幕绘制区域来显示本窗口的部分或全部。

lwGUI 系统中,一个应用程序窗口一般包括如下部分:

- 一个可视的边界;
- 一个窗口 ID,客户程序使用该 ID 来操作窗口,lwGUI 中称为"窗口句柄";
- 一些其他特性:高、宽、背景色和标题等;
- 一个窗口主过程,完成消息循环的处理。

除此之外,应用程序窗口还可以包括:

- 多个窗口控件;
- 一个顶部菜单条;
- 多个菜单项。

下面就详细介绍窗口中各部分的具体设计与实现。

1. 主窗口

在lwGUI系统中，每一个应用程序一般都要创建一个主窗口，作为应用程序的主界面或开始界面，而主窗口一般还包括一些子控件。应用程序还会创建其他类型的窗口，例如对话框。对话框本质上就是一个窗口，应用程序一般通过对话框提示用户进行输入操作或反馈用户信息。

在系统中，用数据结构WINDOW来表示一个窗口。该结构的定义如下：

```
typedef struct tagWINDOW {
    HWND          hWnd;
    char          * caption;
    int           left, right;
    int           top, bottom;
    int           cl, cr;
    int           ct, cb;
    PDC           dc;
    MENUBAR       * menuBar;
    CONTROL       * control[MAX_CONTROL_NUM];
    int           ctrlCount;
    int           ( * winProc) (HWND hWnd, int message, WPARAM wparam, LPARAM lparam);
    int           msg_queue;
    HMENUBAR      activeMenuBar;
    HMENU         activeMenu;
    HCONTROL      activeControl;
    int           dlgMode;
    SCREENBUFFER winScrBuffer;
} WINDOW, * PWINDOW;
```

结构中各项成员的含义如表7-8所列。

表7-8 窗口结构说明

名 称	说 明	名 称	说 明
hWnd	窗口句柄	msg_queue	窗口消息队列标识
Caption	窗口标题	activeMenuBar	窗口激活顶部菜单栏句柄
left,right,top,bottom	窗口边框坐标	activeMenu	窗口激活菜单句柄
cl,cr,ct,cb	窗口用户区坐标	activeControl	窗口激活控件句柄
Dc	窗口设备上下文	dlgMode	窗口模式： dlgMode=1 对话框； dlgMode=0 主窗口
menuBar	窗口顶部菜单栏		
Control	窗口控件数组		
ctrlCount	窗口控件个数	winScrBuffer	窗口屏幕缓存，保存被窗口挡住的屏幕内容
winProc	窗口主过程指针		

在 lwGUI 系统中，要想创建一个窗口，需要调用 CreateWindow()函数。调用的基本格式如下：

```
HWND CreateWindow(int x1, int y1, int x2, int y2, char * caption, void * winProc)
```

x1,y1：窗口左上角相对屏幕的绝对坐标，以像素点表示；

x2,y2：窗口右下角相对屏幕的绝对坐标，以像素点表示；

caption：窗口的标题；

winProc：窗口主过程指针。

该函数创建窗口成功后，返回新建窗口的句柄；否则返回系统定义的无效句柄 INVALID_HANDLE。如果窗口创建成功，应用程序就可以调用 ShowWindow()函数使窗口显示到屏幕上。

当要销毁一个窗口时，应用程序应该调用 DestoryWindow()函数。它会释放窗口占用的所有系统资源，包括消息队列、控件结构以及自身的窗口结构。

2. 窗口菜单

在 lwGUI 系统中，创建每个菜单都要依附到某一个应用程序窗口上。应用程序窗口使用顶部菜单栏来管理所有依附在窗口中的菜单。一个窗口最多只能拥有一个顶部菜单栏。

系统中使用数据结构 MENU 来保存一个菜单的数据，同时使用数据结构 MENUITEM 来保存菜单项的数据。这两个结构定义如下：

```
typedef struct tagMENUITEM {
    int         id;
    char        * itemstr;
    int         ( * itemProc) (HWND hWnd, int message, WPARAM wparam, LPARAM lparam);
} MENUITEM, * PMENUITEM;

typedef struct tagMENU {
    HWND        hWnd;
    int         left, right, top, bottom;
    PDC         dc;
    MENUITEM    * itemList;
    int         itemCount;
    int         itemWidth;
    int         itemHeight;
    int         itemPad_x;
    int         itemPad_y;
    int         currItem;
    BYTE        * menuScrBuffer;
    struct tagMENU * childMenu;
} MENU, * PMENU;
```

结构中各项成员的含义如表7-9和7-10所列。

在lwGUI系统中建立一个菜单,一般需要3个步骤:

① 为窗口创建一个顶部菜单栏;

② 创建一个新的菜单;

③ 将菜单通过顶部菜单栏依附到窗口上。

表7-9 菜单项结构说明

名 称	说 明
id	菜单项标识
itemstr	菜单项字符串
itemProc	菜单项回调函数

表7-10 菜单结构说明

名 称	说 明
hWnd	菜单依附的窗口句柄
left,right,top,bottom	菜单的边框坐标
dc	菜单的设备上下文
itemList	菜单项数组
itemCount	菜单项个数
itemWidth,itemHeight	菜单项尺寸
itemPad_x,itemPad_y	菜单项扩展尺寸
currItem	菜单当前激活的菜单项
menuScrBuffer	菜单屏幕缓存,保存被菜单挡住的屏幕内容

一个典型的为窗口创建菜单的例子,如下面程序片段所示:

```
int lwGUIMain(void) {
    ⋮
    MENUITEM mFile[4] = {
        {1, "New File", NewProc},
        {2, "Open File", OpenProc},
        {3, "Save File", SaveProc},
        {4, "Exit", ExitProc},
    };
    MENUITEM mHelp[1] = {
        {1, "About PicSee", AboutProc},
    };
    MENUBARITEM mbar[2] = {
        {1, "File", NULL},
        {2, "Help", NULL},
    };
    hMainWnd = CreateWindow(0, 0, 239, 319, "menuTest", tmpWinProc);
    hMenuBar = CreateMenuBar(50, 250, mbar, 2);
    AttachMenuBar(hMainWnd, hMenuBar);
    hMenu = CreateMenu(50, 50, mFile, 4);
```

```
        AttachMenu(hMenuBar, 0, hMenu);
        hMenu = CreateMenu(50, 50, mHelp, 1);
        AttachMenu(hMenuBar, 1, hMenu);
        ⋮
        return 0;
    }
```

如上面程序片段所示，应用程序一般先调用 CreateMenuBar()创建一个顶部菜单栏，然后使用 AttachMenuBar()将其关联到目标窗口；然后使用 CreateMenu()创建菜单，通过调用 AttachMenu()将菜单依附到窗口的顶部菜单栏上。需要注意的是，在 lwGUI 系统中，如果一个菜单被依附到目标窗口之后，在创建它时输入的坐标将失效。菜单的坐标由系统根据其依附的窗口位置自动计算。

在上面的程序示例中 NewProc()、OpenProc()、SaveProc()、ExitProc()、AboutProc()几个函数是由用户实现的菜单回调函数。当菜单中的某一个菜单项被点中时，系统就会调用相应的回调函数完成菜单的指定功能。

3. 窗口控件

在 lwGUI 系统中，除了可以为窗口添加菜单之外，还可以为窗口添加各种控件。有关控件的设计和实现在下一节中详细介绍，这里只大概说明一下如何为应用程序窗口添加一个控件。一个典型的为窗口添加控件的例子，如下面程序片段所示：

```
    #define IDC_BUTTON1 0x0001
    int lwGUIMain(void) {
        HWND hMainWnd;
        HCONTROL hCtrl;
        BUTTONDATA btnData = {CTRL_BUTTON_DOWN};

        hMainWnd = CreateWindow(0, 0, 239, 319, "ctrlTest", tmpWinProc);
        hCtrl = CreateControl(CTRL_BUTTON, IDC_BUTTON1, 0, 0, 100, 50, "Test", hMainWnd,
(DWORD)&btnData);
        SetNotifyProc(hCtrl, ButtonProc);
        ⋮
        return 0;
    }
```

应用程序只要通过调用 CreateControl()函数创建一个控件，系统就会自动根据调用实际传递的参数将控件添加到指定的窗口中。然后应用程序可以通过调用 SetNotifyProc()为控件指定一个回调函数。在上面的程序示例中，应用程序为主窗口添加了一个按钮控件，然后把用户自己编写的 ButtonProc()函数通过使用 SetNotifyProc()函数设置成为点击按钮时的回调函数。

4. 窗口主过程

每个窗口都有一个窗口主过程,来完成自身的消息处理工作。用户在调用 CreateWindow()函数时,可以将最后一个参数填入自定义的窗口主过程的入口地址,这样就可以使窗口按照用户所期望的方式来处理收到的消息。这种方式系统会首先调用系统默认的窗口主过程 DefaultWinodwProc(),完成基本的消息处理工作,然后调用用户定义的窗口主过程函数,完成用户对消息的特定处理。而如果用户在调用 CreateWindow()函数时,最后一个参数填入 NULL(无效的入口地址),则系统只调用系统默认的窗口主过程完成对消息的基本处理,然后返回继续处理下一条消息。

5. 与窗口相关的 API

lwGUI 系统提供的与窗口相关的 API 如表 7-11 所列。

表 7-11 与窗口相关的 API

API 名称	说 明
HWND CreateWindow(int,int,int,int,char *,void *)	建立窗口
DestoryWindow(HWND)	销毁窗口
ShowWindow(HWND)	显示窗口
GetWindowDC(HWND)	获取窗口设备上下文
GetClientDC(HWND)	获取窗口客户区设备上下文
GetWndControl(HWND,int)	获取窗口句柄
SetActiveWindow(HWND)	设置当前活动窗口
GetActiveWindow(void)	获取当前活动窗口句柄
CreateDialog(int,int,int,int,char *,void *)	建立对话框
DestoryDialog(HWND)	销毁对话框
CreateMenuBar(int,int,MENUBARITEM *,int)	创建顶部菜单栏
CreateMenu(int,int,MENUITEM *,int)	创建菜单
AttachMenuBar(HWND,HMENUBAR)	为窗口添加菜单栏
AttachMenu(HMENUBAR,int,HMENU)	为窗口添加菜单

7.3.4 控件的设计与实现

控件可以理解为主窗口中的子窗口,这些子窗口的行为和主窗口一样,既能够接收键盘和鼠标等外部输入,也可以在自己的区域内进行输出——只是它们的所有活动被限制在主窗口中。在 Windows 或 X-Windows 中,系统会预先定义一些控件类,当利用某个控件类创建控件之后,所有属于这个控件类的控件均会具有相同的行为和外观。利用这些技术,可以确保一致的人机操作界面。而对程序员来讲,可以像搭积木一样地组建图形用户界面。同样 lwGUI 也提供了常用的预定义控件类,包括按钮、单选框、复选框、静态框、图片框等。应用程序也可以定制自己的控件。

1. 控件的定义

lwGUI 中提供的预定义控件类如表 7-12 所列。

表 7-12　系统预定义控件列表

控件类名称	宏定义名称	备　注
按钮	CTRL_BUTTON	
静态文本框	CTRL_LABEL	
单选(多选)框	CTRL_CHECKBOX	包括单选框和复选框两种
绘图框	CTRL_PICBOX	包括用户绘制和图片框两种

系统使用数据结构 CONTROL 定义一个控件，该结构定义如下：

```
typedef struct tagCONTROL{
    HWND      hWnd;
    int       type;
    int       id;
    char      * caption;
    int       left, right;
    int       top, bottom;
    int       cl, cr, ct, cb;
    COLORREF fontColor;
    COLORREF backColor;
    PDC       dc;
    int       ( * notifyProc) (HCONTROL hCtrl, int code, DWORD add_data);
    DWORD     extraData;
    int       ( * ctrlProc) (HWND hWnd, int message, WPARAM wparam, LPARAM lparam);
} CONTROL, * PCONTROL;
```

CONTROL 结构成员的含义如表 7-13 所列。

表 7-13　控件结构说明

名　称	说　明	名　称	说　明
hWnd	控件所属的窗口句柄	fontColor,backColor	控件颜色参数
type	控件类型	dc	控件设备上下文
id	控件标识编号	notifyProc	控件回调函数指针
caption	控件标题	extraData	控件附加属性数据指针
left,right,top,bottom	控件边框坐标	ctrlProc	控件主过程指针，完成控件的基本的消息处理功能
cl,cr,ct,cb	控件用户区坐标		

系统为每一个窗口开辟了一个空间数组来存放添加到该窗口中的空间的信息。lwGUI 系统最多允许用户为一个窗口添加 32 个控件。

2. 控件的建立

当应用程序需要建立一个控件时，需要调用 CreateControl()函数建立一个控件实例。具体的调用格式如下：

```
CreateControl(int ctrlType, int id, int x1, int y1, int x2, int y2, char * caption,
HWND hParentWnd, DWORD extraData);
```

ctrlType：　控件类型标号；
id：　控件标识编号，在一个应用程序中该值必须唯一；
x1,y1：　控件左上角相对屏幕的绝对坐标，以像素点表示；
x2,y2：　控件右下角相对屏幕的绝对坐标，以像素点表示；
caption：　控件标题；
hParentWnd：　控件所属窗口的句柄；
extraData：　控件附加数据指针。

lwGUI 系统预定的控件附加数据结构如表 7-14 所列。

表 7-14　控件附加数据结构说明

控件类型	数据结构名称	结构成员及其含义
按钮	BUTTONDATA	clickState：按钮状态 CTRL_BUTTON_DOWN：按钮按下 CTRL_BUTTON_UP：按钮弹起
静态文本框	LABELDATA	frmType：边框类型 CTRL_LABEL_NOFRAME：无边框 CTRL_LABEL_FLAT：平面边框 CTRL_LABEL_MODEL：立体边框 checkState：选择状态 CTRL_CHECKBOX_CHECKED：选中 CTRL_CHECKBOX_UNCHECKED：未选中
单(复)选框	CHECKBOXDATA	checkType：选框类型 CTRL_CHECKBOX_MULTI：复选框 CTRL_CHECKBOX_MULTI：单选框 checkGroup：选框所在组(仅单选框有效)
绘图框	PICBOXDATA	frmType：边框类型 CTRL_PICBOX_NOFRAME：无边框 CTRL_PICBOX_FLAT：平面边框 CTRL_PICBOX_MODEL：立体边框 drawType：绘制类型 CTRL_PICBOX_BITMAP：位图框 CTRL_PICBOX_USERDRAW：绘制 picture：图片指针

CreateControl()函数在对控件的共有属性处理之后，会根据控件的类型自动调用系统中已经注册的控件的初始化函数，对控件特有的属性进行处理。系统为每一个控件提供附加数据指针，用来保存每一个控件特有的属性。

在需要释放控件时，需要调用 DestroyControl()来释放控件所占用的各种系统资源。但是由于在释放窗口时，调用 DestroyWindow()函数会自动释放所有添加到窗口的控件资源，因此在应用程序中一般无需调用 DestroyControl()来释放用户已经建立的控件资源。

3. 与控件相关的 API

lwGUI 系统提供的与控件相关的 API 函数如表 7-15 所列。

表 7-15　与控件相关的 API

API 名称	说　明
CreateControl(int,int,int,int,int,int,char *,HWND,DWORD)	创建一个新的控件
DestroyControl(HCONTROL)	销毁控件
SetNotifyProc(HCONTROL,void *)	设置控件回调函数
NotifyParent(HCONTROL,int,DWORD)	获取控件回调函数指针
GetControlDC(HCONTROL)	获取控件设备上下文
GetControlID(HCONTROL)	获取控件标识编号
SetCaption(HCONTROL,char *)	设置控件标题
GetCaption(HCONTROL)	获取控件标题
GetControlFontColor(HONCTROL)	获取控件字体颜色
GetControlBackColor(HONCTROL)	获取控件背景颜色
SetControlFontColor(HCONTROL,COLORREF)	设置控件字体颜色
SetControlBackColor(HCONTROL,COLORREF)	设置控件背景颜色

7.4　lwGUI 系统的应用

本节使用 lwGUI 图形用户界面实现了一个绘图板应用程序。下面详细叙述该程序的实现内容。

7.4.1　绘图板界面设计和功能设计

1. 界面设计

应用程序包括一个主窗口和两个对话框窗口。各窗口的界面布局如图 7-16 所示。

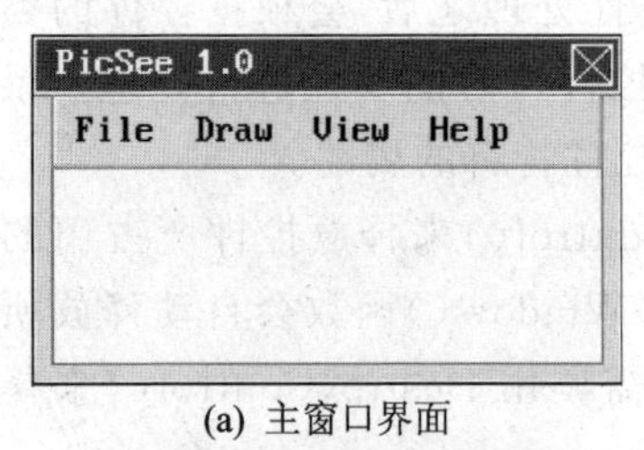

(a) 主窗口界面

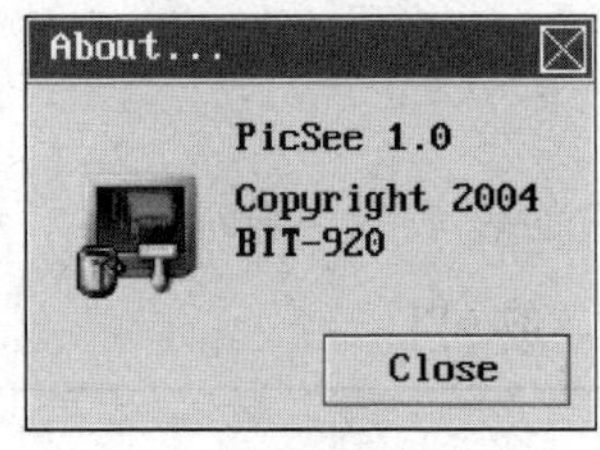

(c) 版本信息界面

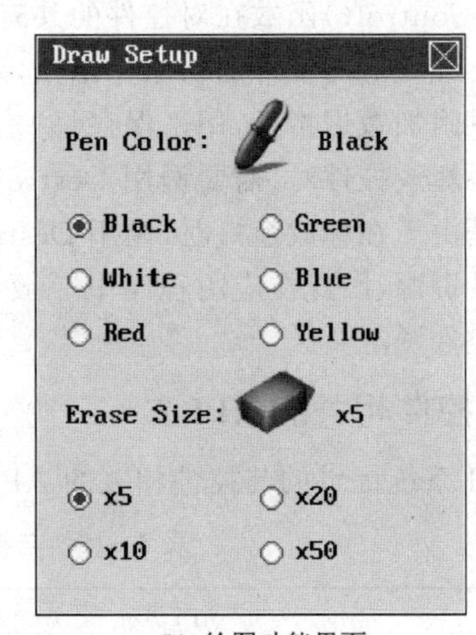

(b) 绘图功能界面

图 7-16 绘图板界面设计

其中，图 7-16(a)主窗口完成各种绘图功能，图 7-16(b)设置对话框窗口完成绘图属性的设置，图 7-16(c)显示应用程序的版本信息。

2. 功能设计

程序提供的各种功能可以分成 3 类，分别对应一个主窗口菜单。

① 文件功能。文件功能包括新建文件、打开文件、保存文件以及退出应用程序 4 项。

② 绘图功能。绘图功能包括画笔、画直线、画矩形、画椭圆、画圆、橡皮擦以及设置绘图属性 7 项。

③ 视图功能。视图功能包括放大图片和缩小图片两项。

7.4.2 绘图板应用的实现

程序中将上述功能分成 3 个文件模块：主程序模块、绘图设置模块以及版本信息模块。下面就详细叙述一下各个模块的实现内容。

1. 主程序模块

在主程序模块中创建了一个主程序窗口，随后为其添加了上述的菜单内容，最后建立并进入一个主过程的消息循环。具体的过程前面已经详细介绍，在此着重介绍应用程序窗口主过程处理各类消息的具体实现。其程序片段如下：

```
int PicSeeWinProc(HWND hWnd, int message, WPARAM wparam, LPARAM lparam) {
    ⋮
    //消息的处理
    switch (message){
```

```
case MSG_MOUSEBTNDOWN:
case MSG_MOUSEMOVE:
    x = LOWORD(lparam);
    y = HIWORD(lparam);
    ⋮
    //处理画笔,跟随触摸笔在屏幕上绘制内容
    if (curr_mode == MODE_PENCIL){
        if (last_x != -1){
            DrawLine(pdc, last_x, last_y, curr_x, curr_y, penColor);
        }
        ⋮
    }
    //处理橡皮擦,跟随触摸笔擦除屏幕上绘制的内容
    else if (curr_mode == MODE_ERASE) {
        if (curr_x != -1 && curr_y != -1){
            FillFrame(pdc, curr_x - eraseSize, curr_y - eraseSize,
                curr_x + eraseSize, curr_y + eraseSize, COLOR_LightWhite);
        }
        dirty = 1;
    }
    //处理其他绘图方式,记录起始点的位置
    else{
        if (first_x == -1){
            first_x = curr_x;
            first_y = curr_y;
            StartMoveCross(pdc, first_x, first_y);
        }
    }
    break;
case MSG_MOUSEBTNUP:
    ⋮
    //处理除画笔和橡皮擦以外的其他模式,根据当前点的位置,完成相应绘图
    //功能
    switch (curr_mode){
        case MODE_PENCIL:
        case MODE_ERASE:
            break;
        case MODE_LINE:
            //绘制一条从起始点到当前点的直线
            DrawLine(pdc, first_x, first_y, curr_x, curr_y, penColor);
            break;
        case MODE_RECT:
```

```
                    ⋮
                case MODE_ELLIPSE:
                    ⋮
                case MODE_CIRCLE:
                    ⋮
            }
            ⋮
            break;
    }
    return 0;
}
```

应用程序在创建窗口时将上述函数的调用地址作为参数传递给 CreateWindow()。这样在窗口收到消息后，就会调用该函数对指定的消息进行处理，完成各种绘图功能。

2. 绘图功能设置模块

与主窗口模块不同，绘图功能设置模块调用了 CreateDialog()函数将窗口声明成为一个对话框。同时它的主窗口过程设置为空，也就是说对所有的消息处理完全按照窗口默认的方式进行，应用程序不做任何额外的处理。在这个模块中包含了两个单选框组，同时对应设置了回调函数。这两个单选框组分别对应画笔颜色的修改和橡皮擦尺寸的修改，两个回调函数的程序片段如下：

```
int PenColorNotifyProc(HCONTROL hCtrl, int code, DWORD add_data) {
    ⋮
    if (code == NT_CHECKBOX_CHECKED){
        switch (pCtrl->id){
            case CHECK_COLOR_BLACK:
                penColor = COLOR_Black;
                break;
            case CHECK_COLOR_WHITE:
                ⋮
            case CHECK_COLOR_RED:
                ⋮
            case CHECK_COLOR_GREEN:
                ⋮
            case CHECK_COLOR_BLUE:
                ⋮
            case CHECK_COLOR_YELLOW:
        }
    }
    ⋮
```

```
        return 0;
        }
        int EraseSizeNotifyProc(HCONTROL hCtrl, int code, DWORD add_data){
        ⋮
        if (code == NT_CHECKBOX_CHECKED){
            switch (pCtrl->id){
                case CHECK_ERASE_SIZE5:
                    eraseSize = 5;
                    break;
                case CHECK_ERASE_SIZE10:
                    ⋮
                case CHECK_ERASE_SIZE20:
                    ⋮
                case CHECK_ERASE_SIZE50:
                    ⋮
            }
        }
        ⋮
        return 0;
}
```

在上面程序片段中，penColor 和 eraseSize 分别是在主模块中定义的外部变量，分别代表画笔颜色和橡皮擦尺寸。两个回调函数根据各自对应单选框组的状态修改相应的变量，来完成绘图功能的设置。

3. 程序版本模块

与绘图功能设置模块一样建立了一个对话框，显示应用程序的各项版本信息。相对前两个模块实现比较简单，在此不再赘述。

习 题

1. Linux 系统上的图形用户界面主要有哪几种？
2. 使用 lwGUI 提供的位图操作 API 实现从指定文件加载一幅位图在液晶屏上显示，然后用触摸笔签名后再保存到 BMP 文件中。

第 8 章

Android 应用程序设计

8.1 Android 开发平台简介

8.1.1 Cortex－A 处理器 AM3715 简介

Cortex－A8 微处理器是 ARM 公司 2007 年发布的，它是 ARM Cortex－A 系列第一款应用微处理器。该处理器具有出色的性能和效率，适用于各种移动和消费类应用，其中包括移动电话、机顶盒、游戏控制台和汽车导航/娱乐系统。Cortex－A8 处理器的频率为 600 MHz～1 GHz，范围可调节，为苛刻的消费类应用提供高达 2 000 DMIPS 的性能，能够满足那些需要 300 mW 以下功耗的移动设备要求。2011 年 6 月，美国德州仪器(TI)公司推出采用 1 GHz ARM Cortex－A8 的 Sitara 处理器 AM37x 系列。同年 8 月，TI 公司又推出了最新 DaVinci 处理器 DM37x，其与 AM37x 处理器引脚兼容，区别在于 DM37x 处理器内增加了 800 MHz C64x＋ DSP，适用于更高品质的音视频编解码处理。

1. Cortex－A8 处理器的特点

Cortex－A8 是第一款采用 ARMv7 架构所有新技术的 ARM 处理器，包括了一些 ARM 第一次面世的新技术：针对媒体和信号处理的 NEON 技术；双发射、顺序超标量流水线；集成 L2 Cache；加快运行时编译器的 Jazelle RCT 技术，如即时、动态或预编译器。还包括其他新技术：面向安全的 TrustZone 技术；面向代码密度的 Thumb－2 技术以及 VFPv3 浮点架构。Cortex－A8 处理器的特点如下：

- ARMv7－A 指令集；
- 主存储器接口使用带有 AXI 接口的 AMBA 总线架构，支持多个未处理事务；
- 带有执行 ARM 整数指令的流水线；
- 带有执行先进 SIMD(单指令多数据)和 VFP(向量浮点)指令集的 NEON 流水线；
- 带有分支目标地址 Cache、全局历史缓存和 8－Entry 返回堆栈的动态转移预测器；

➢ 带有 32 个 Entry 的 MMU，每个 Entry 都带有指令和数据分开的 TLB（Translation look－aside Buffers）；
➢ LI Cache 中指令 Cache、数据 Cache 可配置为 16 KB 或 32 KB；
➢ L2 Cache 可配置为 0 KB、128 KB、1 MB；
➢ L2 Cache 可选配校验位和 ECC（Error Correction Code，纠错码）；
➢ ETM（Embedded Trace Macrocell，内嵌跟踪宏单元）支持非侵入式调试；
➢ 带有 IEM（Intelligent Energy Management，智能能源管理）的静态和动态电源管理功能；
➢ 带观测点寄存器和断点寄存器的 ARMv7 调试，采用 32 位的 APB 总线从接口与 CoreSight 调试系统连接。

2. Cortex－A8 处理器的基本结构

Cortex－A8 处理器的结构如图 8－1 所示，其主要组成如下：
➢ 取指令单元（Instruction fetch）。取指令单元对指令流进行预测，从 L1 指令 Cache 中取出指令后放到译码流水线中，因此，L1 指令 Cache 也包含在取指令单元之中。

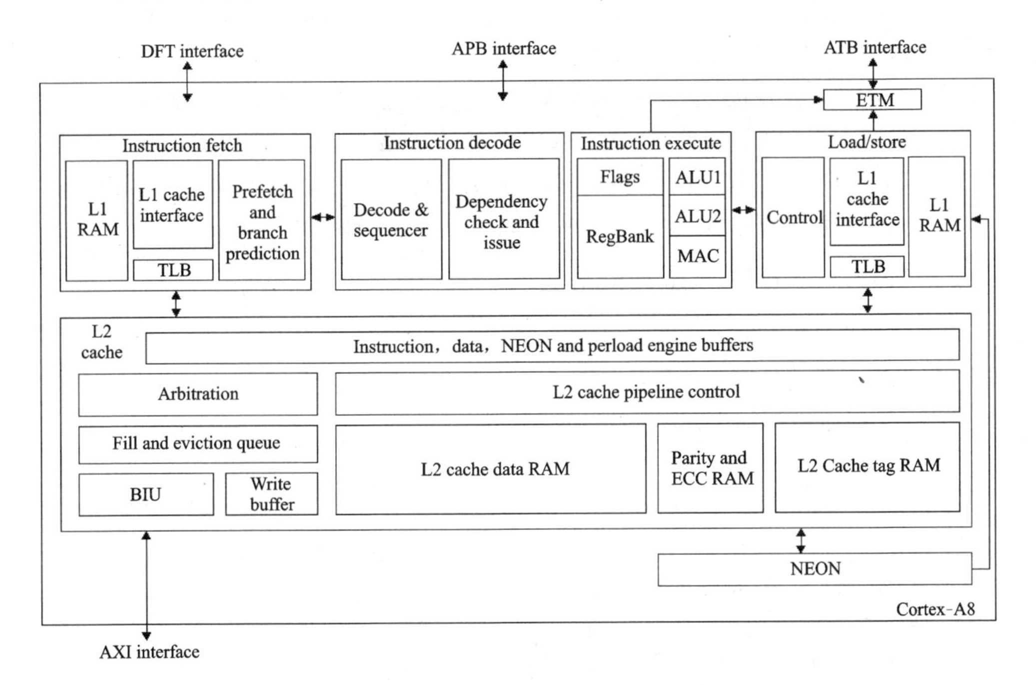

图 8－1　Cortex－A8 处理器结构

➢ 指令译码单元（Instruction decode）。指令译码单元对所有的 ARM 指令、Thumb－2 指令进行译码排序，包括调试控制协处理器 CP14 的指令、系统控制协处理器 CP15 的指令。

- 指令执行单元(Instruction execute)。指令执行单元包含 2 个对称的 ALU 流水线、一个用于存取指令的地址产生器和一个乘法流水线。执行单元流水线也执行寄存器回写操作。
- 数据存取单元(Load/store)。数据存取单元包含了全部 L1 数据存储系统和整数存取流水线。
- L2 cache。L2 Cache 单元包含 L2 Cache 和缓冲接口单元 BIU。当指令预取单元和数据存取单元在 L1 Cache 中未命中时,L2 Cache 将为它们提供服务。
- NEON 单元。NEON 单元包含一个 10 级 NEON 流水线,用于译码和执行高级 SIMD 多媒体指令集。
- ETM 单元。ETM 单元是一个非侵入跟踪宏单元。在系统调试和系统性能分析时,使用它可以对指令和数据进行跟踪,并能对跟踪信息进行过滤和压缩。
- 处理器外部接口。Cortex-A8 处理器有着丰富的外部接口:
  - AMBA AXI 接口。AXI 总线接口是系统总线的主要接口,64 位或 128 位。
  - AMBA APB 接口。Cortex-A8 处理器通过一个 APB 接口来访问 ETM、CTI 和调试寄存器。APB 接口与 CoreSight 调试体系结构(ARM 多处理器跟踪调试体系)兼容。
  - AMBA ATB 接口。Cortex-A8 处理器通过一个 ATB 接口输出调试跟踪信息。ATM 接口兼容 CoreSight 调试体系结构。
  - DFT(Design For Test)接口。DFT 接口为生产时使用 MBIST(内存内置自测试)和 ATPG(自动测试模式生成)进行内核测试提供支持。

3. AM37x /DM37x 系列处理器

AM37x/DM37x 处理器系列目前共有 AM3715、AM3703、DM3730 和 DM3725 这 4 种,每种处理器均有 CBP、CBC 和 CUS 这 3 种 PBGA 封装形式。AM3715 Sitara ARM 处理器特性如下:

- 兼容 OMAP3 体系架构。
- Sitara ARM 微处理器(MPU)子系统:高达 1 GHz 的 ARM Cortex-A8 核;支持 300 MHz、600 MHz、800 MHz 工作;NEON SIMD 协处理器。
- POWERVR SGX 图形加速器(仅 AM3715)。
- 外部存储器接口:
  - SDRAM 控制器(SDRC):具有 1 GB 地址空间的 16/32 位存储控制器。
  - 通用存储控制器(GPMC):16 位宽,地址/数据总线复用;最多 8 个片选引脚,每个片选引脚可选 128 MB 地址空间。
- I/O 端口电压 1.8 V;MMC1(多媒体卡)电压 3 V;处理器核电压 0.9~1.2 V 自适应;核逻辑电压 0.9~1. 1 V 自适应。

- 串行通信:
  - 5 个多通道缓冲串行端口(McBSP);
  - 4 个主/从 McSPI 接口;
  - 高速/全速/低速 USB OTG 子系统;
  - 高速/全速/低速多端口 USB Host 子系统;
  - 1 个 HDQ/1 - Wire 接口;
  - 4 个 UARTC,其中一个支持 IrDA 和消费者红外 CIR 模式;
  - 3 个主/从高速 I^2C 控制器。
- 摄像头图像信号处理(ISP):CCD 和 CMOS 图像接口。
- SDMA 控制器(32 个可配置优先级的逻辑通道)。
- 电源、复位和时钟管理模块:采用 SmartReflex 技术;动态电压及频率调节(DVFS)。
- ARM Cortex - A8 核:ARMv7 体系结构;按序、双发射、超标量微处理器核;NEON 多媒体体系结构。
- ARM Cortex - A8 存储结构:32 KB 指令 L1 Cache(4 路组相联映象);32 KB 数据 L2 Cache(4 路组相联映象);256 KB L2 Cache。32 KB ROM,64 KB 共享 SRAM。
- 端方式:ARM 指令,小端模式;ARM 数据,可配置。
- 可移动存储媒质接口:3 个 MMC 卡/SDIO 卡接口。
- 测试接口:IEEE - 1149. 1 JTAG 接口;ETM 接口;串行数据传输接口 SDTI。
- 12 个 32 位通用定时器,2 个 32 位看门狗定时器,1 个 32 位安全看门狗定时器,1 个 32 位 32 kHz 同步定时器。
- GPIO 最高可达 188 个(可以与其他设备复用)。
- 45 nm CMOS 技术。

4. AM3715 处理器基本结构

AM3715 处理器的内部结构模块如图 8 - 2 所示,可以分为 MPU 子系统、POWERVR SGX 图形加速器、片上存储器、外部存储器接口、DMA 控制器和片上外设等。

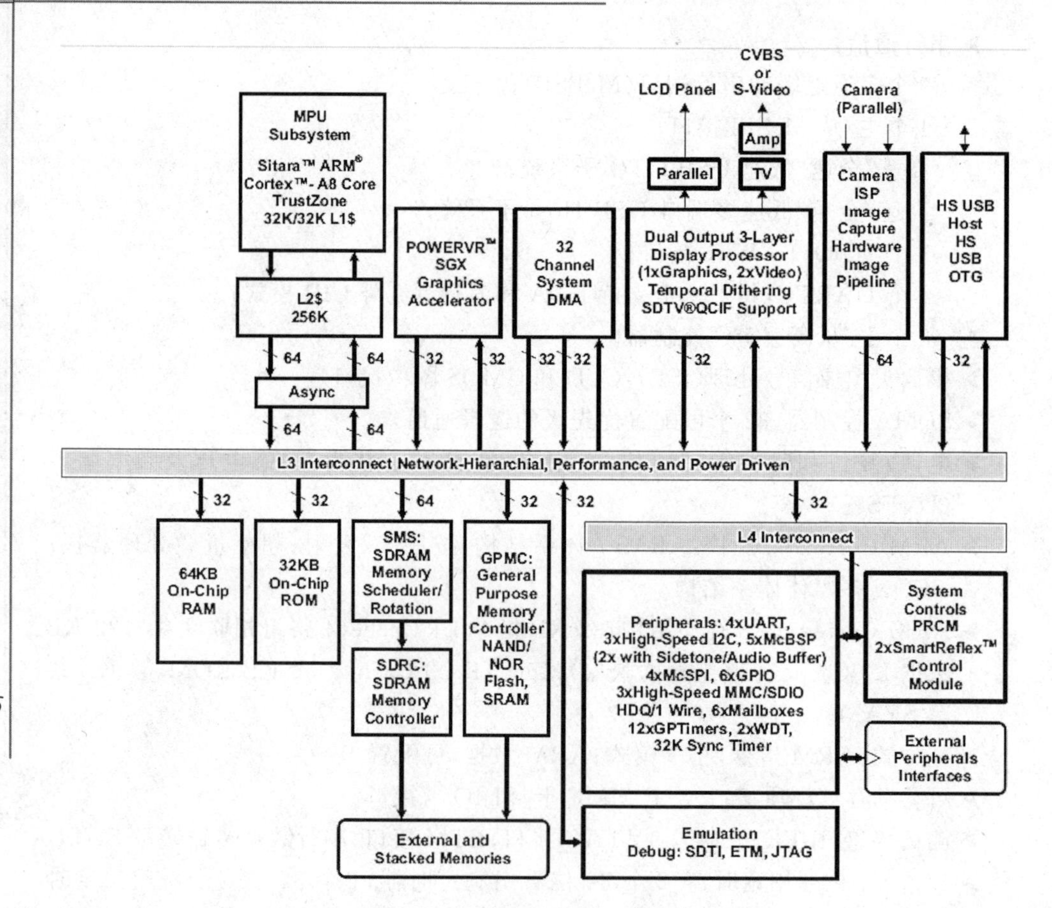

图8-2 AM3715处理器内部结构

8.1.2 Android开发平台上的资源

DevKit8500评估套件是深圳市天漠科技有限公司推出的基于美国德州仪器(TI)公司AM3715/DM3730处理器的评估套件。DevKit8500外扩了10/100 Mbps RJ45网络接口、S-VIDEO接口、音频3.5 mm输入和输出接口、高速480 Mbps USB2.0 OTG USB接口、4个高速480 Mbps USB2.0 HOST USB接口、TF卡接口、5线TTL电平UART1和UART2串口、5线RS232电平UART3串口、多通道SPI接口、I^2C接口、JTAG接口、Camera接口、24位真彩色分辨率支持高达2 048×2 048的TFT液晶屏接口、4线触摸屏接口、键盘接口、HDMI(DVI-D)接口。Devkit8500功能模块如图8-3所示。

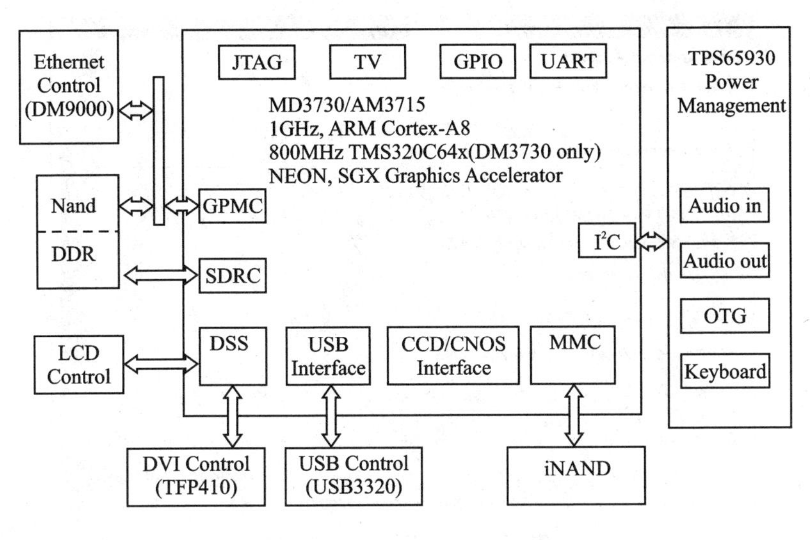

图 8-3 Devkit8500 功能模块

8.2 液晶屏显示字符串“Hello World!”

8.2.1 第 1 个 Android 工程的建立

所谓“工欲善其事，必先利其器”，在进行 Android 应用程序开发之前，当然需要搭建开发环境，包括 Eclipse 集成开发环境、JDK（Java Development Kit）、Android SDK（Android Software Development Kit）和 ADT（Android Development Tools）等。作为嵌入式 Android 开发，可能还需要在 Linux 系统上搭建 NDK（Native Development Kit）开发环境。开发环境的搭建过程在网上资料比较多，这里就不详细介绍了。

像学习 C 语言一样，第一个 Android 上的应用程序仍然要向世界问好，在液晶屏幕上显示“Hello World!”。具体步骤如下：

① 打开 Eclipse，选择 File→New→Other→Android/Android Project 命令。

② 单击 Next 按钮，出现新 New Android Project 向导，如图 8-4 所示。其中，各个参数的含义如下：

Project name　　新建的 Android 工程名字，也是包含这个项目的文件夹的名称。

Contents　　指定了工程的存放位置。

Build Target　　指定 Android 的平台，这里选择了 Android 2.2。

Application name　指定了应用程序名。

Package name　　包名，应尽量遵循 Java 规范。

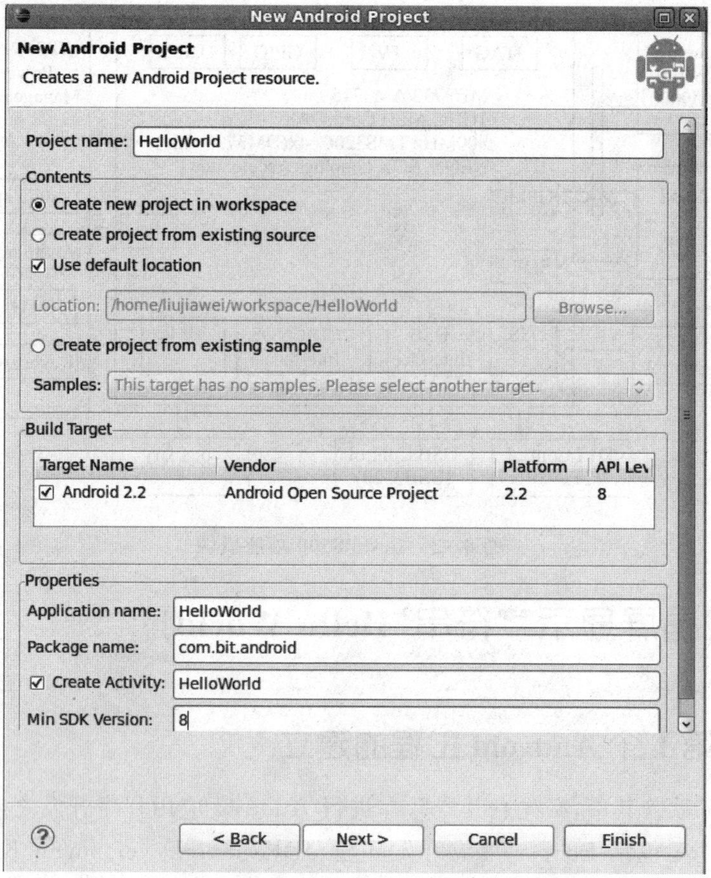

图 8－4　新建 Android 工程向导

Create Activity　工程的主类名，也是 Activity 的子类名。

Min SDK Version 支持的最小 Android SDK 版本，Android 2.2 对应的版本为 8。

③ 单击 Finish，一个简单的 Android 工程就建好了。在 Eclipse 左边的 Package Explore 栏里可以看到新建的 HelloWorld 工程，选择 Run→Run As→Android Application 命令运行该工程，此时液晶屏幕上显示“Hello World，Hello World!”。

在 Package Explore 栏中展开 HelloWorld 工程，可以看到 Android 工程目录结构如图 8－5 所示。为了在屏幕上只显示“Hello

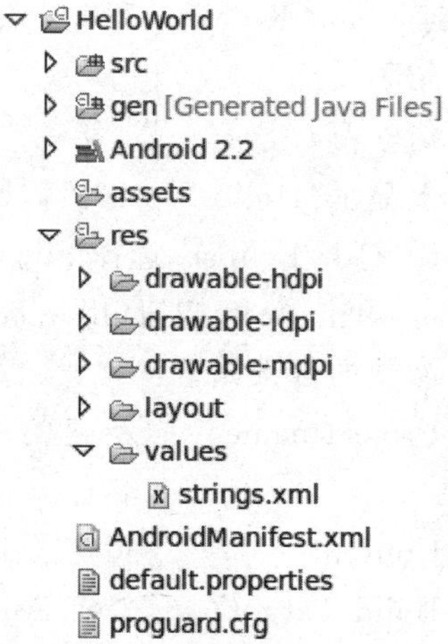

图 8－5　Android 工程目录结构

World!”,需要修改 res/values/strings. xml 文件中的 hello 值为“Hello World!”,然后重新运行该工程即可。此外,Android 工程各目录的作用如下:

src	存放应用程序的源码。
gen	自动生成的文件,不用管它。
Android 2. 2	Android SDK 的 jar 包。
assets	空目录。
res	资源目录,包括图片资源、布局文件、字符串等。
AndroidManifest. xml	Android 的配置文件。
default. properties	自动生成的文件,用于版本控制。
proguard. cfg	混淆配置的描述文件。

8.2.2 在液晶屏特定位置显示“Hello World!”

上节介绍了如何建立一个 Android 工程,并在液晶屏幕上显示“Hello World!”,接下来介绍如何控制“Hello World!”在液晶屏上的显示位置。

显示“Hello World!”字符串是通过 TextView 控件实现的,可以利用 TextView 的 layout_marginLeft 和 layout_marginTop 属性分别控制 TextView 控件的左边距和上边距。通常,Android 对于控件的操作有两种方式:一种是在 XML 中静态配置,另一种是通过 Java 程序动态控制。下面分别介绍这两种方法。

1. 通过 XML 控制“Hello World!”的显示位置

```
<? xml version = "1.0"encoding = "utf - 8"? >
<LinearLayout xmlns:android = "http://schemas.android.com/apk/res/android"
    android:orientation = "vertical"
    android:layout_width = "fill_parent"
    android:layout_height = "fill_parent"
    >
<TextView
    android:layout_width = "fill_parent"
    android:layout_height = "wrap_content"
    android:text = "@string/hello"
    android:layout_marginLeft = "200dip"
    android:layout_marginTop = "100dip"
    />                        <!-- 左边距 200dip,上边距 100dip -->
</LinearLayout>
package com.bit.android;
import android.app.Activity;
import android.os.Bundle;
import android.widget.LinearLayout;
```

```
import android.widget.TextView;
public class HelloWorld extends Activity {
    /** Called when the activity is first created. */
    @Override
    public void onCreate(Bundle savedInstanceState) {
        super.onCreate(savedInstanceState);
        setContentView(R.layout.main);
    }
}
```

2. 通过 Java 程序控制"Hello World!"的显示位置

```
<?xml version="1.0" encoding="utf-8"?>
<LinearLayout xmlns:android="http://schemas.android.com/apk/res/android"
    android:orientation="vertical"
    android:layout_width="fill_parent"
    android:layout_height="fill_parent"
    >
<TextView
    android:id="@+id/helloworld"
    android:layout_width="fill_parent"
    android:layout_height="wrap_content"
    android:text="@string/hello"
    />                          <!-- TextView 的 ID 为 helloworld -->
</LinearLayout>
package com.bit.android;
import android.app.Activity;
import android.os.Bundle;
import android.widget.LinearLayout;
import android.widget.TextView;
public class HelloWorld extends Activity {
    /** Called when the activity is first created. */
    @Override
    public void onCreate(Bundle savedInstanceState) {
        super.onCreate(savedInstanceState);
        setContentView(R.layout.main);
                TextView tv = (TextView)findViewById(R.id.helloworld);
                                                    //根据 ID 查找 TextView 控件
        LinearLayout.LayoutParams lp =
        new LinearLayout.LayoutParams( LinearLayout.LayoutParams.FILL_PARENT,
LinearLayout.LayoutParams.WRAP_CONTENT );
        lp.setMargins(200, 100, 0, 0);              //左边距 200px,上边距 100px
        tv.setLayoutParams(lp);
    }
}
```

图 8－6 展示了在左边距 200 像素、上边距 100 像素的位置显示“Hello World!”的实验结果。

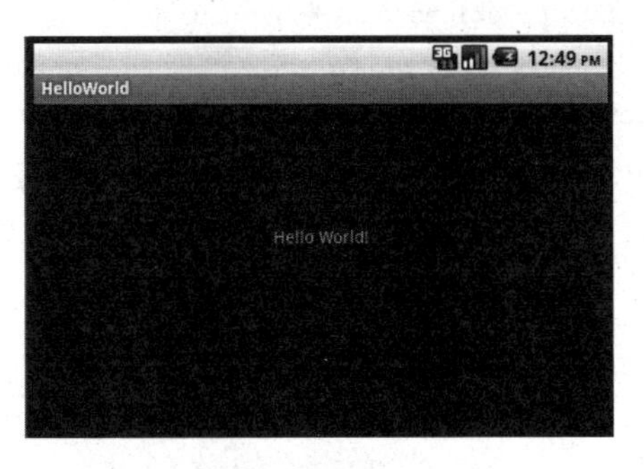

图 8－6　在特定位置显示“Hello World!”

8.3　按键输入在液晶屏上显示

Android 按键的键值分两次映射，第一次映射为硬件 GPIO 口到 Linux 内核标准按键的映射，键值定义在内核源码 include/linux/input.h 中。Android 系统没有直接使用 input.h 中映射后的值，而是对其再进行一次映射，使用 Android 系统默认的 qwerty.kl 映射表。通过 OnKeyDown 事件监测按键事件，当用户按下一个键盘按键时才有事件发生，并获取按键的按键码，并使用控件 TextView 将输入的数字显示在屏幕上。示例程序及解析如下，实现运行程序后，按下 AM3715 开发平台左上角第 1 个按键时，在屏幕输入框中显示 1，按下左上角第 2 个键时，在屏幕输入框中显示 2。

```
package com.example.keycontrol;
import android.os.Bundle;
import android.app.Activity;
import android.text.Editable;
import android.util.Log;
import android.view.KeyEvent;
import android.view.Menu;
import android.widget.TextView;
public class KeyContrl extends Activity {
    private TextView Input = null;                              //显示按键数据
    @Override
    protected void onCreate(Bundle savedInstanceState) {
        super.onCreate(savedInstanceState);
        setContentView(R.layout.activity_key_contrl);
        Input = (TextView)findViewById(R.id.editText1);  //找到控件
        Input.requestFocus();                                   //获取焦点
```

```
        }
        @Override
        public boolean onCreateOptionsMenu(Menu menu) {
            // Inflate the menu; this adds items to the action bar if it is present.
            getMenuInflater().inflate(R.menu.key_contrl, menu);
            return true;
        }
      /*监测按键事件,当按下键时发生,根据按键码区分按键*/
        public boolean onKeyDown(int keyCode, KeyEvent event) {
            Log.i("ENENT","" + keyCode);
            int index;                                        //用于记录光标位置
            Editable editable;
            switch(keyCode) {                                 //按键分类
            case 4:                                           //按键码为 4 时,在 input 框中显示
                index = Input.getSelectionEnd();              //获取当前光标结束位置
                editable = (Editable) Input.getText();
                editable.insert(index, "1");                  //在光标位置插入 1
                Log.i("aaa","" + keyCode);
                break;
            case 82:                                          //按键码为 82
                index = Input.getSelectionEnd();              //获取当前光标结束位置
                editable = (Editable) Input.getText();
                editable.insert(index, "2");                  //在光标位置插入 2
                Log.i("bbb","" + keyCode);
                break;
            }
                return true;
        }
    }
```


8.4 延时 1 s 的 LED 灯闪烁

8.4.1 LED 控制

AM3715 开发平台左上角有 5 个 LED 灯,分别为 3.3 V 电压指示灯、系统心跳灯 SYS、系统定义用灯 LEDB、2 个用户自定义灯 LED1 和 LED2。在目录/sys/class/leds 下,有 4 个子文件夹,分别对应 4 个 LED 灯相关文件,如表 8-1 所列。在 Android 应用程序中,使用用户自定义灯 LED1 和 LED2,通过对文件夹 user_led1 和 user_led2 下的 brightness 文件写入 0 和 1,分别控制相应的 LED 灯亮和灭。

要控制 LED 的闪烁,还需要新建一个定时器 mTimer,并且设置一个定时器任

务,每隔1 s执行一次定时任务。另加一个标识flag,当flag为0时,点亮LED灯;当flag为1时,关闭LED灯。

表8-1 /sys/class/leds下文件与LED灯对应表

sys_led	系统心跳灯SYS
user_ledb	系统定义用灯LEDB
user_led1	用户自定义灯LED1
user_led2	用户自定义灯LED2

8.4.2 LED1控制示例程序

示例程序使用NDK开发,使用Java本地调用JNI(Java Native Interface)调用本地方法实现控制LED,需要首先配置好NDK开发环境。配置好开发环境后,操作步骤如下:

① 新建Android应用工程LedControl,类名为Ledcontrol。

② 申明本地方法和加载动态库。在生成的Ledcontrol.java类Ledcontrol中申明两个本地方法和需要加载的动态库。本地方法在前面加public native,用以标明其是本地方法,程序将在加载的动态库ledcontrol.so中寻找相应函数。然后build该工程,生成Ledcontrol.class文件,生成的.class文件在工程的/bin/classes/目录下。

```
/*申明本地方法*/
public native void Light();              //调用此函数,点亮LED1
public native void Lightoff();           //调用此函数,关闭LED1
/*申明加载动态库*/
static {
    System.loadLibrary("ledcontrol");
}
```

③ 生成.class文件后,使用javah生成本地方法所需的头文件,进入当前工程所在的目录,即所建的Android应用工程所在的目录下。在此目录下新建jni文件夹,并右击当前工程,把jni目录导入到当前工程中。然后执行如下命令,生成.h文件。

```
javah -classpath bin/classes -d jni com.example.ledcontrol.Ledcontrol
```

-classpath	表示通过路径寻找类;
bin/classes	表示类所在的目录为bin/classes;
-d jni	表示生成的.h文件放在jni目录下,即刚才所建的jni目录下;
com.example.ledcontrol.Ledcontrol	为类Ledcontrol的完整类名,与bin/classes组合可得到类的完整路径。

运行命令后将在 jni 目录下生成 com_example_ledcontrol_Ledcontrol.h 文件。文件名是根据完整类名来命名的，样例类 Ledcontrol 完整类名为 com.example.ledcontrol.Ledcontrol。在生成的.h 文件中有本地函数 Light()和 Lightoff()的本地申明。接下来就是新建一个.c 文件实现这两个本地函数。

```
/ * Light()的本地申明，命名规则为 java_包名_类名_方法 * /
JNIEXPORT void JNICALL Java_com_example_ledcontrol_Ledcontrol_Light(JNIEnv * , jobject);
/ * Lightoff()的本地申明 * /
JNIEXPORT void JNICALL Java_com_example_ledcontrol_Ledcontrol_Lightoff
(JNIEnv * , jobject);
```

④ 生成本地接口即生成.h 文件后，就需要具体实现本地函数 Light 和 Lightoff。在 jni 目录下新建 ledcontrol.c。

```
#include <jni.h>                                              //必须添加
#include <stdio.h>
#include <unistd.h>
#include <sys/types.h>
#include <sys/ipc.h>
#include <sys/ioctl.h>
#include <fcntl.h>
#include <termios.h>
#include <android/log.h>
#include <errno.h>
#define LED2 "/sys/class/leds/user_led1/brightness"    //LED1 的 brightness 路径
#define LOG_TAG      "LEDCONTROL"                      //LOG_TAG
/ * LOGI 用于输出日志，便于调试 * /
#define LOGI(...)  __android_log_print(ANDROID_LOG_INFO,LOG_TAG,__VA_ARGS__)
static void Start(){                                   //函数 Start 用于点亮 LED1
    int f_led1 = open(LED2, O_WRONLY);                 //只写，打开 brightness
    unsigned char dat1;                                //无符号字符，存放 0,1
    if (f_led1 < 0){                                   //打开失败，输出错误信息
        LOGI(strerror(errno));
    }
    dat1 = '1';
    write(f_led1, &dat1, sizeof(dat1));                //往文件写 1，点亮 LED 灯
    LOGI("Light LED!!!!!!!!!!!!!!!!!");
    close(f_led1);                                     //关闭文件
}
/ * 函数 Stop 用于关闭 LED1 * /
static void Stop(){
    int f_led1 = open(LED2, O_WRONLY);                 //只写，打开文件
```

```
        unsigned char dat1;
        if (f_led1 < 0){                              //打开失败,输出错误信息
            LOGI(strerror(errno));
        }
        dat1 = '0';
        write(f_led1, &dat1, sizeof(dat1));           //写 0,关闭 LED 灯
        LOGI("Lightoff LED!!!!!!!!!!!!!!!!!");
        close(f_led1);                                //关闭文件
    }
    /* 实现接口 Light() */
    JNIEXPORT void JNICALL Java_com_example_ledcontrol_Ledcontrol_Light(JNIEnv * env,
jobject this){
        Start();                                      //调用函数,点亮 LED
    }
    /* 实现接口 Lightoff() */
    JNIEXPORT void JNICALL Java_com_example_ledcontrol_Ledcontrol_Lightoff(JNIEnv * env,
jobject this){
          Stop();                                     //调用函数,关闭 LED
    }
```


⑤ 完成本地函数的实现后，下一步是使用 NDK 编译动态链接库。首先，在 jni 目录下新建 Android. mk 文件，其内容如下：

```
    LOCAL_PATH := $(call my-dir)
    #include $(CLEAR_VARS)
    LOCAL_MODULE := ledcontrol
    LOCAL_MODULE_FILENAME:= libledcontrol
    LOCAL_SRC_FILES := ledcontrol.c
    LOCAL_LDLIBS      := -lm -llog
    include $(BUILD_SHARED_LIBRARY)
```

- LOCAL_PATH 表示是当前文件的路径。
- 清除变量，如 LOCAL_XXX 类型，变量是全局的，所以必须清除。
- LOCAL_MODULE 变量必须定义，以标识在 Android. mk 文件中描述的每个模块。名称必须是唯一的，而且不包含任何空格。生成的模块名系统自动在前面加 lib，即 libledcontrol. so。
- LOCAL_MODULE_FILENAME 为生成的模块名。
- LOCAL_SRC_FILES 变量包含将要编译打包进模块中的 C 或 C++源文件，本工程只有 ledcontrol. c，如果有多个文件自己加“\”。
- LOCAL_LDLIBS 表明需要使用的本地库，这个程序使用 LOGI 输出日志信息，需要加载这个库。

➢ include $(BUILD_SHARED_LIBRARY)生成共享动态库，然后，进入当前工程目录，使用 ndk-build 编译当前工程，生成动态库 libledcontrol.so。

⑥ 本地方法实现后，现在需要在 JAVA 层新建两个按钮，分别为闪烁和停止的按钮。当按下闪烁 start 按钮时，开始执行定时任务 buttonstart，每隔 1 s 执行一次定时任务，根据标识 flag 的值确定当前应点亮 LED1 还是关闭 LED1。当 flag 为 0 时，点亮 LED1，即调用本地函数 Light()；当 flag 为 1 时，关闭 LED1，即调用本地函数 Lightoff()。当按下停止按钮时，取消定时任务，LED1 停止闪烁，按钮功能及相应的按钮响应函数如表 8-2 所列。

表 8-2　按钮响应函数及功能

按钮名称	按钮响应函数名	功　能
闪烁(start)	buttonstart	当按下闪烁按钮时，设置定时任务，LED1 开始闪烁
停止(end)	buttonstop	当按下停止按钮时，取消定时任务，停止闪烁

创建按钮，定时器和计数器部分程序如下：

```
private Button start = null;                          //闪烁按钮
private Button end = null;                            //停止按钮
private Timer mTimer = null;                          //定时器
private int flag = 0;                                 //标识，0 点亮，1 熄灭
/* 在运行程序前需要修改 sys/class/leds/user_led1/brightness
 * 文件权限，命令如下：
 * chmod 777 sys/class/leds/user_led1/brightness */
start = (Button)findViewById(R.id.button1);           //获取闪烁按钮控件
end = (Button)findViewById(R.id.button2);             //获取停止按钮控件
start.setOnClickListener(buttonstart);                //设置闪烁按钮响应函数
end.setOnClickListener(buttonstop);                   //设置停止按钮响应函数
mTimer = new Timer();                                 //新建定时器
```

按钮响应函数 buttonstart 如下：

```
/* 按钮响应函数 buttonstart */
private OnClickListener buttonstart = new OnClickListener(){
    public void onClick(View view){
        /* 设置定时任务 */
        mTimer.schedule(new TimerTask(){
            public void run(){
                if(flag % 2 == 0){              //通过 flag 控制 LED 亮灭
                    Light();                    //点亮 LED
                }
                else
                    Lightoff();                 //熄灭 LED
```

```
                    flag = flag + 1;
                    flag = flag % 2;
                }
            }, 1000,1000);                    //1 s后执行,每1 s执行一次
        }
    };
```

按钮响应函数 buttonstop 如下：

```
/* 按钮响应函数 buttonstop */
private OnClickListener buttonstop = new OnClickListener(){
    public void onClick(View view){
        mTimer.cancel();                     //定时器任务取消,停止闪烁
    }
};
```

⑦ 到此，程序编写完成，在运行程序前，需要修改 brightness 文件权限，否则，程序因为打不开 brightness 文件，运行会失败，可使用如下命令修改权限：

```
chmod 777 sys/class/leds/user_led1/brightness
```


8.5　串口输出字符串 PC 机超级终端显示

8.5.1　Android 下串口

Android 基于 Linux 内核，Linux 下把串口设备当做文件处理，对设备文件的读/写操作即对设备的读/写操作。Android 下串口的读/写操作即对其设备文件的读/写操作，AM3715 开发平台上有一个串口，其设备文件为/dev/ttyS2，在 Java 中实现串口的读/写功能只需操作文件设备类 FileDescriptor 即可，文件描述符的主要实际用途是创建一个包含该结构的 FileInputStream 或 FileOutputStream，分别实现串口读数据和串口写数据。其实现步骤如下：

① 打开设备文件/dev/ttyS2(需先修改权限)；

② 设置串口通信参数，如波特率等；

③ 获取设备文件的文件设备类 FileDescriptor；

④ 对 FileDescriptor 获取 FileInputStream 和 FileOutputStream；

⑤ 分别通过 FileInputStream 和 FileOutputStream 实现对设备文件的输入和输出，即串口的输入和输出。

8.5.2　Android 串口示例程序

示例程序的工程目录结构如图 8－7 所示。工程名为 Comm，包含两个包。其

中，包 SerialPort_api 包含串口类 SerialPort，其中申明本地方法 open 和 close，分别用于打开串口和关闭串口，并且申明需要加载的动态库。在 Comm 类中，建立一个 SerialPort 串口类，并且初始化串口参数，建立两个文本框，分别用于发送数据和显示接收的数据。串口发送数据通过按钮 Send 实现，当按下按钮 Send 是通过 FileOutputStream. write()往设备文件中写入数据；串口接收通过建立一个线程，并且重写线程的执行函数 run，在线程执行函数 run 中使用 mInputStream. read()获取接收的数据。

```
Comm
  src
    com.example.comm
      Comm.java
    SerialPort_api
      SerialPort.java
  gen [Generated Java Files]
  Android 4.2.2
  Android Dependencies
  bin
  jni
  libs
  obj
  res
  AndroidManifest.xml
  ic_launcher-web.png
  NUL
  proguard-project.txt
  project.properties
```

图 8－7　工程目录结构

SerialPort. java 程序如下，其中 SerialPort 类的构造函数传入波特率和设备文件路径，打开设备文件，提供 getInputStream 和 getOutputStream 两个方法，并申明本地方法和加载动态库。


```
package SerialPort_api;
import java.io.File;
import java.io.FileDescriptor;
import java.io.FileInputStream;
import java.io.FileOutputStream;
import java.io.IOException;
import android.util.Log;
public class SerialPort {
private static final String TAG = "SerialPortClass";
private FileDescriptor mFd;                                    //文件描述符
private FileInputStream fileInputStream;                       //文件输入流
private FileOutputStream fileOutputStream;                     //文件输出流
public SerialPort(File comm,int baudrate,int flags)throws SecurityException, IOExcep-
tion {
    mFd = open(comm.getAbsolutePath(), baudrate, flags); //打开串口
    if(mFd == null){
        Log.e(TAG,"Can not open comm!");
        throw new IOException();
    }
    fileInputStream = new FileInputStream(mFd);                //获取串口设备文件输入流
    fileOutputStream = new FileOutputStream(mFd);              //获取串口设备文件输出流
}
public FileInputStream getInputStream(){                       //外部可调用函数
    return fileInputStream;
}
```

```
public FileOutputStream getOutputStream(){
    return fileOutputStream;
 }
/ * 申明本地方法 * /
/ * open 传入路径,波特率,flag,flag 为 0 * /
public native static FileDescriptor open(String path, int baudrate, int flags);
    public native void close();                               //关闭设备文件
    static {
        System.loadLibrary("Comm") ;
    }
}
```

Comm.java 程序如下，当点击 Send 按钮时，获取 EditText 中数据，并调用 mOutputStream.write()往设备文件中写入数据，实现串口发送；使用线程 mReceiveThread 接收数据，在线程的 run 方法中，调用 mInputStream.read()读取串口的数据，并利用 Handler 机制，在屏幕上显示接收到的数据。

```
package com.example.comm;
import java.io.File;
import java.io.FileInputStream;
import java.io.FileOutputStream;
import java.io.IOException;
import android.os.Bundle;
import android.os.Handler;
import android.app.Activity;
import android.util.Log;
import android.view.Menu;
import android.view.View;
import android.view.View.OnClickListener;
import android.widget.Button;
import android.widget.EditText;
import android.widget.TextView;
import SerialPort_api.SerialPort;              //需要用到包 SerialPort_api,所以需导入
public class Comm extends Activity {
    private SerialPort mSerialPort = null;                 //串口类
    protected FileOutputStream mOutputStream = null;
    private FileInputStream mInputStream = null;
    private ReceiveThread mReceiveThread = null;           //接收线程
    private Button Send = null;                            //发送按钮
    private EditText Sendtext = null;
    private TextView Recvtext = null;
    private Handler mHandler = null;                       //Handler
```

```
    private String s = null;
    @Override
    protected void onCreate(Bundle savedInstanceState) {
        super.onCreate(savedInstanceState);
        setContentView(R.layout.activity_comm);
        try{
            /*新建串口,传入要打开的设备文件路径和波特率,第3个参数为0*/
            mSerialPort = new SerialPort(new File("/dev/ttyS2"),115200,0);
        } catch (SecurityException e) {
            e.printStackTrace();
        } catch (IOException e) {
            e.printStackTrace();
        }
        mInputStream = mSerialPort.getInputStream();            //获取输入流
        mOutputStream = mSerialPort.getOutputStream();          //获取输出流
        Send = (Button)findViewById(R.id.button1);              //发送按钮
        Send.setOnClickListener(sendlistener);                  //发送按钮响应函数
        Recvtext = (TextView)findViewById(R.id.textView1);      //发送框
        Sendtext = (EditText)findViewById(R.id.editText1);      //接收框
        mHandler = new Handler();
        mReceiveThread = new ReceiveThread();
        mReceiveThread.start();                                 //开启线程
    }
    @Override
    public boolean onCreateOptionsMenu(Menu menu) {
        getMenuInflater().inflate(R.menu.comm, menu);
        return true;
    }
    /*发送按钮按键响应函数*/
    private OnClickListener sendlistener = new OnClickListener(){
        public void onClick(View view){
            String text = (String) Sendtext.getText().toString();  //获取发送数据
            byte[] sendbyte = text.getBytes();                     //转化为字节数据
            try {
                Log.i("SEND","Sending....................");      //输出控制台信息
                mOutputStream.write(sendbyte,0,sendbyte.length); //输出
                Log.i("SEND","write success!!!!!!!!!!!!!!!!!!!!!!!");
            } catch (IOException e) {
                e.printStackTrace();
            }
        }
```

```
    };
    /* 串口接收数据线程 */
    private class ReceiveThread extends Thread{
        ReceiveThread(){
        }
        @Override
        public void run(){                                  //重写的线程执行函数
            byte[] data = new byte[10];
            for(int j = 0;j<10;j ++ )
                data[j] = '\0';
            int size = 0;
            Log.i("RECEIVE","running..........");
            if(mInputStream != null) {
                Log.i("RECEIVE","enter..........");
            try {
                size = mInputStream.read(data);             //读取串口数据,返回大小
                String ss = new String(data,"UTF - 8");     //转化格式
                s = ss;
                Log.i("RECEIVE",s);
            } catch (IOException e) {
                e.printStackTrace();
            }
            if(size > 0)                                    //如果数据个数大于 0{
            /* 将数据显示出来
             * 因为线程中不能随便修改界面,Android 中使用 Handler 机制,发送一个 Runnable
             * 对象到主线程,主线程执行 Runnable 对象中 run 方法,更改接收框显示 */
            Runnable mRunnable0 = new Runnable() {
                @Override
                public void run(){
                    Recvtext.setText(s);                    //显示接收的数据
                }
            };
            mHandler.post(mRunnable0);                      //发送 Runnable 对象
            }
            try {
                Thread.sleep(1000);                         //延时一会儿
            } catch (InterruptedException e) {
                e.printStackTrace();
            }
        }
    }
  }
}
```

以上为Java层实现的程序，接下来主要是本地方法实现部分。首先，进入当前工程目录，建立jni文件，运行javah命令生成.h命令，即申明本地接口。成功执行命令后，在jni目录下，生成SerialPort_api_SerialPort.h文件，其中申明了两个本地函数。

```
/*javah命令如下*/
javah  - classpath bin/classes  - d jni SerialPort_api.Seriport
/*SerialPort_api_SerialPort.h中open和close函数申明如下*/
JNIEXPORT jobject JNICALL Java_SerialPort_1api_SerialPort_open
  (JNIEnv *, jclass, jstring, jint, jint);                    //open函数
JNIEXPORT void JNICALL Java_SerialPort_1api_SerialPort_close
  (JNIEnv *, jobject);                                         //close函数
```

接下来具体实现本地方法open和close两个函数。在jni目录下新建SerialPort.c文件，并且加入头文件jni.h。SerialPort.c程序及解析如下：

```
#include <termios.h>
#include <unistd.h>
#include <sys/types.h>
#include <sys/stat.h>
#include <fcntl.h>
#include <string.h>
#include <jni.h>
#include <android/log.h>
#define LOG_TAG "LEDCONTROL"
#define LOGI(...)  __android_log_print(ANDROID_LOG_INFO,LOG_TAG,__VA_ARGS__)
/*Linux获取当前配置的波特率*/
static speed_t getBaudrate(jint baudrate){
    switch(baudrate) {
    case 4800: return B4800;
    case 9600: return B9600;
    case 19200: return B19200;
    case 38400: return B38400;
    case 57600: return B57600;
    case 115200: return B115200;
    default: return -1;
    }
}
/*open函数的本地实现*/
JNIEXPORT jobject JNICALL Java_SerialPort_1api_SerialPort_open
  (JNIEnv * env, jclass this, jstring path, jint baudrate, jint flags){
    int fd;
```

```
        fd_set rd;
        speed_t bd;
        jobject fileDescriptor;
        bd = getBaudrate(baudrate);              //获取波特率
        if(bd == -1){
          LOGI("Wrong buadrate!!!!!!!!!!!!!!");
          return NULL;
        }
        jboolean isok;
        const char * pathname = (*env)->GetStringUTFChars(env,path,&isok);
                                                 //获取文件路径
        fd = open(pathname,O_RDWR | flags);      //打开设备文件
        if(fd == -1) {                           //失败处理
            LOGI("Can not open device!!!!!!!!!!!!!");
            return NULL;
        }
        FD_ZERO(&rd);                            //清零,使集合中不含任何文件句柄 fd
        FD_SET(fd, &rd);                         //将 fd 加入
        struct termios Conf;                     //struct termios LINUX 串口驱动结构体
        if(tcgetattr(fd, &Conf)) {               //获取 fd 文件描述符相关参数,放到 Conf 结构中
            return NULL;
        }
        cfmakeraw(&Conf);                        //设置为原始模式
        /* 通过设置结构 Conf 中参数设置波特率,同样也可通过设置 Conf 设置数据位等 */
        cfsetispeed(&Conf,bd);
        cfsetospeed(&Conf,bd);
        if(tcsetattr(fd,TCSANOW,&Conf)) {
            return NULL;
        }
        /* 创建通信的文件描述符 */
        jclass cFileDescriptor = (*env)->FindClass(env,"java/io/FileDescriptor");
        jmethodID iFileDescriptor = (*env)->GetMethodID(env, cFileDescriptor, "<
init>", "()V");
        jfieldID descriptorID = (*env)->GetFieldID(env, cFileDescriptor,"descrip-
tor","I");
        fileDescriptor = (*env)->NewObject(env, cFileDescriptor, iFileDescriptor);
        (*env)->SetIntField(env, fileDescriptor, descriptorID, (jint)fd);
        return fileDescriptor;                   //返回文件描述符
    }
    /* close 函数的本地实现 */
    JNIEXPORT void JNICALL Java_SerialPort_1api_SerialPort_close(JNIEnv * env, jobject
thiz){
```

```
        jclass SerialPortClass = ( * env) ->GetObjectClass(env, thiz);
        jclass FileDescriptorClass = ( * env) -> FindClass ( env, " java/io/FileDescrip-
tor");
        jfieldID mFdID = ( * env) ->GetFieldID(env, SerialPortClass, "mFd", "Ljava/io/
FileDescriptor;");
        jfieldID descriptorID = ( * env ) - > GetFieldID ( env, FileDescriptorClass,
"descriptor", "I");
        jobject mFd = ( * env) ->GetObjectField(env, thiz, mFdID);
        jint descriptor = ( * env) ->GetIntField(env, mFd, descriptorID);
        LOGI("Closed!!!!!!!!!!!!!");
        close(descriptor);
    }
```

实现本地方法之后，需要编写 Android. mk，在 jni 目录下新建文件 Android. mk，其中内容如下：

```
LOCAL_PATH := $(call my-dir)
#include $(CLEAR_VARS)
LOCAL_MODULE :=Comm
LOCAL_MODULE_FILENAME:=libComm
LOCAL_SRC_FILES :=SerialPort.c
LOCAL_LDLIBS   :=-lm -llog
include $(BUILD_SHARED_LIBRARY)
```

到此，示例程序编写完成，接下来进入当前工程目录，使用 ndk 编译生成动态库。编译正确之后即可运行程序，在运行程序前，需要先修改/dev/ttyS2 权限。

8.6　读取 SD 卡图片显示

示例程序中使用 Android 控件 ImageView 加载和显示图像，当单击按钮 Load Picture 时，执行按钮响应函数。按钮响应函数中新建一个意图 Intent，并且发送意图 Intent，重定向到图片库。Android 中意图的作用主要是实现不同组件之间的通信，例如本示例程序中，意图的作用是实现应用程序与图片库之间的通信。从图片库中选择图片后，onActivityResult()将会被执行，即接收意图 Intent，根据接收到的意图的请求码 requestCode 处理意图。本示例程序中意图的请求码 requestCode 为 RESULT_LOAD_IMAGE。当接收到请求码为 RESULT_LOAD_IMAGE 的意图时，启动线程 mThread，在线程执行播放音频操作，其中播放音频使用声音池 SoundPool，SoundPool 一般用于播放简短的声音。示例程序中使用的变量初始化如下：

```
private static int RESULT_LOAD_IMAGE = 1;                   //意图的请求码
String picturePath;                                         //存放图片路径
boolean flag;                                               //循环标识
MyThread myThread;                                          //线程,用于播放音频
/ * SoundPool 用来播放声音,参数分别为同时播放流的最大数量,流的类型,采样率转换质量 * /
private SoundPool pool = new SoundPool(1, AudioManager.STREAM_MUSIC, 1);
/ * 定义 HashMap,按钮为 int 型,值为 int 型 * /
private HashMap<Integer,Integer>poolHashMap = new HashMap<Integer, Integer>();
final ImageView mImageView;                                 //用于加载显示图像
final Animation mAnimation;                                 //用于动画显示
/ * 从资源中加载声音,并把多个声音放到 HashMap 中 * /
poolHashMap.put(1, pool.load(this,R.raw.oboe1, 1));
poolHashMap.put(2, pool.load(this,R.raw.oboe2, 2));
poolHashMap.put(3, pool.load(this,R.raw.oboe3, 3));
poolHashMap.put(4, pool.load(this,R.raw.oboe4, 4));
poolHashMap.put(5, pool.load(this,R.raw.oboe5, 5));
//加载图片按钮
Button buttonLoadImage = (Button) findViewById(R.id.buttonLoadPicture);
mImageView = (ImageView)findViewById(R.id.imgView);     //图片控件
mAnimation = AnimationUtils.loadAnimation(this, R.anim.zoomin);
```


1. 加载图片按钮的响应函数

函数中将新建一个意图 i,并且发送意图。

```
buttonLoadImage.setOnClickListener(new View.OnClickListener() {
        @Override
        public void onClick(View arg0) {
        / * 新建一个 Intent 意图,用于 Android 不同组件之间通信,以下代码将申明一个进
            入图片库的意图,选择图片 * /
            Intent i = new Intent(Intent.ACTION_PICK,
                    android.provider.MediaStore.Images.Media.EXTERNAL_CONTENT_URI);
            flag = false;                                       //标识
            myThread.interrupted();
            myThread = null;
            mImageView.startAnimation(mAnimation);              //播放图片
            startActivityForResult(i, RESULT_LOAD_IMAGE);       //发送意图
        }
    });
}
```

2. 接收意图函数 onActivityResult

当用户在图片库中选择了一张图片时,将调用以下重写方法,此方法将接收发送

的意图 Intent。当 requestCode 为 RESULT_LOAD_IMAGE，即为刚才发送的意图时，将使用 ImageView 显示选择的图片，并且启动线程播放声音。

```
@Override
protected void onActivityResult(int requestCode, int resultCode, Intent data) {
    super.onActivityResult(requestCode, resultCode, data);
    //如果接收到刚才发送的进入图片库意图
    if (requestCode == RESULT_LOAD_IMAGE&& resultCode == RESULT_OK&&null != data){
        Uri selectedImage = data.getData();
        String[] filePathColumn = { MediaStore.Images.Media.DATA };
        Cursor cursor = getContentResolver().query(selectedImage,
        filePathColumn, null,null,null);                //Uri 开启游标
        cursor.moveToFirst();
        int columnIndex = cursor.getColumnIndex(filePathColumn[0]);
        picturePath = cursor.getString(columnIndex); //获取图片路径
        Log.i("Path",picturePath);
        cursor.close();                                 //关闭游标
        ImageView imageView = (ImageView) findViewById(R.id.imgView);
        imageView.setImageBitmap(BitmapFactory.decodeFile(picturePath));
                                                        //根据路径显示图片
        flag = true;                                    //标识置为 true
        myThread = new MyThread();                      //启动线程，用于播放声音
        myThread.start();
    }
}
```

3. 重写的线程类

用于执行音频播放，并且调用 playList()，选择播放不同的音频文件。

```
public class MyThread extends Thread {
        byte b[] = newbyte[10];
        File f = new File(picturePath.toString() + "sound");
        public void run() {
        while (flag) {
            try{
                InputStream in = new FileInputStream(f);
                int len = 0;
                while(len<3){
                    b[len] = (byte)in.read();
                    playList((int)b[len]);
                    SystemClock.sleep(2000);
                    len++;
```

```
                }
            }
            catch(FileNotFoundException e){System.err.println("file not found excep-
tion!");}
            catch (IOException e) {e.printStackTrace();}
        }
    }
}
public int playList(int i) {
        if(i> - 128 && i<108 )                  //使用 Soundpool 播放加载的音频文件
        return pool.play(poolHashMap.get(1), 1, 1, 1, 0, 1);
        if(i> = - 108 && i< - 88 )
        return pool.play(poolHashMap.get(2), 1, 1, 1, 0, 1);
        if(i> = - 88 && i< - 68)
        return pool.play(poolHashMap.get(3), 1, 1, 1, 0, 1);
        if(i> = - 68 && i< - 48 )
        return pool.play(poolHashMap.get(4), 1, 1, 1, 0, 1);
        if(i> = - 48 && i< - 28)
        return pool.play(poolHashMap.get(5), 1, 1, 1, 0, 1);
        if(i> = - 28 && i<18)
        return pool.play(poolHashMap.get(1), 1, 1, 1, 0, 1);
        if(i> = 18 && i<48)
        return pool.play(poolHashMap.get(2), 1, 1, 1, 0, 1);
        if(i> = 48 && i<78)
        return pool.play(poolHashMap.get(3), 1, 1, 1, 0, 1);
        if(i> = 78 && i<108)
        return pool.play(poolHashMap.get(4), 1, 1, 1, 0, 1);
        else
        return pool.play(poolHashMap.get(5), 1, 1, 1, 0, 1);
}
```

8.7　USB 摄像头视频采集

USB 摄像头具有连接简单、使用灵活、价格低廉等良好特性，因此得到了非常广泛的应用。Android 系统使用的 Linux 2.6 内核包含了多种 USB 摄像头驱动，为 USB 摄像头在 Android 系统上的使用提供了便利。CAM8100－U 是天漠科技推出的 USB 数字摄像头模块，高达 130 万像素，支持多种分辨率，可用于 TI 的 Android 开发平台。该模块通过高速 USB2.0 接口连接到开发平台上以实现预览等功能。Android 系统中的视频子系统 Video4Linux2 为视频应用程序提供一套统一的 API，视频应用程序通过调用 API 即可操作各种不同的视频捕获设备，包括电视卡，视频捕获卡和USB摄像头等。

视频设备在Linux系统下为一个字符型设备文件，分配给视频设备使用的主设备号固定为81，次设备号为0～31，在Linux系统中通常使用设备名为video0～video31标识。对于USB摄像头的视频采集，需要使用Video4Linux2（简称V4L2）模块提供的设备文件/dev/videox（x介于0～31之间）。由于CAM8100-U模块的驱动已经集成到了Android内核中，所以直接将CAM8100-U模块插入到开发平台的USB接口中，文件系统中就会出现/dev/video0设备文件。

8.7.1 Video4Linux2（V4L2）模块

V4L2是Linux内核提供给用户的一套编程接口API，用户可以通过它们来控制视频设备和音频设备。V4L2在上层应用程序和底层视频设备之间搭建了一座桥梁，将所有视频设备的驱动纳入它的管理，给上层应用开发和设备驱动的开发都提供了很大的便利。

V4L2是Bill Dirks针对V4L的种种不足重新设计的一套API和数据结构。与V4L相比，V4L2在可扩展性和灵活性方面都得到了极大的提高，并且支持更多的硬件设备，其中还包括很多非视频设备。但是由于V4L2对V4L做了彻底的改造，所以V4L2与V4L并不兼容。

8.7.2 USB摄像头采集图像显示

本节描述了一个通过使用V4L2的API函数从视频设备（CAM8100-U模块）中采集图像数据，然后使用SDL（Simple DirectMedia Layer）的API函数将这些数据写入帧缓冲（frame buffer）中，使摄像头采集到的图像在液晶屏上显示出来的例子。下面介绍这个例子的主要流程。

1. 初始化设备

采集程序首先要打开视频设备，视频采集设备在系统中对应的设备文件为/dev/video0，可以调用系统调用函数 fd=open("/dev/video0",O_RDWR)来打开设备。fd是设备文件打开后返回的文件描述符（若打开错误返回-1），以后的系统调用函数就可以使用它来对设备文件进行操作。

接着，调用 ioctl(pvd_info->fd, VIDIOC_QUERYCAP, &(pvd_info->cap))函数读取 struct v4l2_capability 中有关图像捕捉设备的信息。该函数成功返回后，这些信息从内核空间拷贝到用户程序空间 pvd_info->cap 的各成员变量中，可以使用这个函数来检查设备具有什么功能，比如是否支持视频捕捉等。

然后，调用 ioctl(pvd_info->fd, VIDIOC_G_FMT, &(pvd_info->format))函数来读取视频采集设备缓冲的信息。读取完成之后，在用户空间程序中也可以改变这些信息，具体方法为先给变量赋新值，然后再调用 ioctl(pvd_info->fd,

VIDIOC_S_FMT,&(pvd_info－>format))函数使改变生效。改变图像捕捉设备缓冲信息的示例程序如下：

```
int v4l2_SetFormat(VideoInfo * pvd_info, UINT width, UINT height, UINT format) {
    memset(&pvd_info->format, 0, sizeof(struct v4l2_format));
    pvd_info->format.type = V4L2_BUF_TYPE_VIDEO_CAPTURE;
    pvd_info->format.fmt.pix.width = width;              //缓冲区的宽和高
    pvd_info->format.fmt.pix.height = height;
    pvd_info->format.fmt.pix.pixelformat = format;       //是连续行或奇偶隔行
    pvd_info->format.fmt.pix.field = V4L2_FIELD_ANY;
    if( ioctl(pvd_info->fd, VIDIOC_S_FMT,&(pvd_info->format)) == -1) {
        perror("v4l2_SetFormat: ");                      //设置失败
        return -1;
    }
    return 0;
}
```

2. 视频图像截取

完成初始化设备工作之后，就可以对视频图像进行采集了。采集图像数据有两种方法，一种是使用 read()函数直接读取图像数据；另一种是用 mmap()函数进行内存映射。read()函数通过内核缓冲区来读取数据，而 mmap()通过把设备文件的地址空间映射到内存中，绕过了内核缓冲区。最快的磁盘访问往往还是慢于最慢的内存访问，因此 mmap()方式加速了 I/O 访问。另外 mmap()系统调用使得进程之间通过映射同一文件实现了共享内存，各进程可以像访问普通内存一样对文件进行访问，访问时只需要使用指针而不用调用文件操作函数。因此，在本例子的实现中采用了内存映射 mmap()方式。利用 mmap()方式进行视频截取的具体操作如下：

① 首先设置驱动内核对应的参数。

pvd_info－>reqBufs.count＝MAP_BUFS;
pvd_info－>reqBufs.type＝V4L2_BUF_TYPE_VIDEO_CAPTURE;
pvd_info－>reqBufs.memory＝V4L2_MEMORY_MMAP;

② 接着使用 VIDIOC_REQBUFS 分配内存。

```
if( -1 == ioctl(pvd_info->fd,VIDIOC_REQBUFS,&pvd_info->reqBufs)) {
    perror("request_buffer:");
}
```

③ 最后把摄像头对应的设备文件映射到内存区。这样设备文件的内容就映射到内存区，该映射内容就可读可写并且不同进程间可共享。

```
for( int i = 0; i < MAP_BUFS; i ++ ){
    memset(&pvd_info->buf, 0, sizeof(struct v4l2_buffer));
    pvd_info->buf.index = i;
    pvd_info->buf.type = V4L2_BUF_TYPE_VIDEO_CAPTURE;
    pvd_info->buf.memory = V4L2_MEMORY_MMAP;
    /* VIDIOC_QUERYBUF 把分配的数据缓存转换成物理地址 */
    if( ioctl(pvd_info->fd, VIDIOC_QUERYBUF, &(pvd_info->buf)) == -1) {
        perror("v4l2_Init:VIDIOC_QUERYBUF> ");
        return -1;
    }
    /* 映射到内存 */
    pvd_info->mapMems[i] = mmap(0, pvd_info->buf.length, PROT_READ|PROT_WRITE,
                         MAP_SHARED,pvd_info->fd, pvd_info->buf.m.offset);
    if(pvd_info->mapMems[i] == MAP_FAILED){      //映射失败
        perror("v4l2_Init:mmap");
        return -1;
    }
}
```


3. 采集视频帧

视频的采集需要对图像采集设备进行连续的图像采集。首先可以使用 VIDIOC_STREAMON 命令打开视频流，开始视频的采集，将采集到的视频帧源源不断地加入到缓冲区队列中。接着使用 VIDIOC_DQBUF 命令使队列出队以取得已采集数据的帧缓冲，取得原始采集数据。然后使用 VIDIOC_QBUF 命令使刚刚出队的帧缓冲重新入队列尾，接收新采集来的视频帧，循环采集。采集视频帧的程序片段如下：

```
/* 打开视频流 */
pvd_info->bufType = V4L2_BUF_TYPE_VIDEO_CAPTURE;
if( ioctl(pvd_info->fd, VIDIOC_STREAMON, &pvd_info->bufType) == -1) {
    //perror("v4l2_OnStream:");
    return -1;
}
/* 取得帧缓冲 */
pvd_info->buf.type = V4L2_BUF_TYPE_VIDEO_CAPTURE;
pvd_info->buf.memory = V4L2_MEMORY_MMAP;
if( ioctl(pvd_info->fd, VIDIOC_DQBUF, &pvd_info->buf) == -1) {
    perror("v4l2_GrabFrame:VIDIOC_DQBUF");
}
/* 缓冲重新入队列 */
if(-1 == ioctl(pvd_info->fd,VIDIOC_QBUF,&pvd_info->buf)){
    perror("queue buffer again:");
}
```

4. 显示图片

为了方便程序在 JNI 中操作 framebuffer(帧缓冲),简化开发,本节程序中使用了 SDL(Simple DirectMedia Layer)库。SDL 是一套开放源代码的跨平台多媒体开发库,使用 C 语言写成。SDL 提供了数种控制图像、声音输入/输出的函数,让开发者只要用相同或是相似的程序就可以开发出能够跨多个平台(Linux、Windows、Mac OS X 等)的应用软件。目前 SDL 多用于开发游戏、模拟器、媒体播放器等多媒体应用领域。程序里使用 SDL 把捕捉到的图像数据显示到液晶屏上。

由于 SDL 2.0 版本与早期版本在使用上有很大不同,所以示例程序使用的是 SDL 1.3 版本。为了方便 SDL 库在 C++语言下的使用,示例程序将 SDL 封装成了 SDLClass 类。要在 Android 系统下面使用 SDLClass 类,首先应该使 Android 程序的 Activity 继承 SDLActivity,然后在 JNI 的 main 函数里调用 SDLClass 类的成员函数 sdl_init(int height,int width,int displaymode)对 SDL 进行初始化,并使用成员函数 sdl_display(char * buf, int bufsize)来显示一帧的数据。使用 SDL 来显示视频帧的程序片段如下:

```
SDLClass sdl;
sdl.sdl_init(camera.width, camera.height, SDL_YUY2_OVERLAY);          //初始化 SDL
while(1) {
    v4l2.v4l2_GrabFrame(&camera);                                      //捕捉一帧图像
    if(sdl.sdl_display(camera.frameBuf, camera.frameSize) == -1 ) { //显示视频帧
        sdl_quit = true;
        break;
    }
    sdl.sdl_delay(10);
}
```

程序编写完成后,首先定位工程所在的目录,进入./jni 文件夹中,执行 ndk build 命令来编译使用 C++语言编写的 JNI 代码。编译成功后在 Eclipse 里编译整个工程,在开发平台上运行程序,就可以在液晶屏上观察到采集图像的效果,程序的运行效果如图 8-8 所示。

图 8-8 USB 摄像头采集的图像

8.8　网口UDP数据传输

8.8.1　Android UDP传输过程

UDP和TCP都是传输层的协议。不同的是，TCP是面向连接的协议，数据传输可靠；而UDP是面向无连接的协议，数据传输不可靠。UDP传输方式跟邮递包裹有点儿类似。当邮递包裹时，发送方需要在包裹上注明接收方的地址、姓名、电话等以便能够唯一确定接收方，同时由于某种客观原因，包裹也可能中途丢失。同样，UDP的数据包在发送时也需要同时发送接收方的IP地址和端口号等内容，而且UDP并不能保证数据可靠地传输。在Android上使用UDP进行数据传输的过程如下：

1. 发送方

① 创建套接字，指定本地端口号。

```
DatagramSocket socket = new DatagramSocket( localport );
```


② 创建UDP数据包，指定要发送的数据、数据长度、目的地址和目的端口号。

```
DatagramPacket packet = new DatagramPacket (data, data.length, ipaddress, destiport);
```

③ 发送UDP数据包。

```
socket.send(packet);
```

④ 关闭套接字。

```
socket.close();
```

2. 接收方

① 创建套接字，指定监听端口号。

```
DatagramSocket socket = new DatagramSocket(localport);
```

② 创建空的UDP数据包

```
DatagramPackage packet = new DatagramPackage(data, data.length);
```

③ 阻塞接收UDP数据包。

```
socket.receive(packet);
```

④ 关闭套接字。

```
socket.close();
```

8.8.2　简单 UDP 传输示例

下面以一个 Android 上简单 UDP 传输程序为示例，介绍如何在 Android 上利用 UDP 进行数据的传输。以 PC 机为客户端，Android 开发平台为服务器，在 PC 机上通过 TCP&UDP 调试工具给 Android 开发平台发送 UDP 数据包（服务器监听端口号为 6 000），Android 开发平台负责将接收到的 UDP 数据包中的小写字母转换为大写字母，然后以 UDP 包的形式回传至 PC 机显示。关键程序如下：

```
package com.bit.android;
import java.net.DatagramPacket;
import java.net.DatagramSocket;
import java.net.Socket;
import java.net.SocketException;
import android.app.Activity;
import android.os.Bundle;
import android.os.HandlerThread;
import android.util.Log;
public class UDP4Android extends Activity {
    /** Called when the activity is first created. */
    private UDPServerThread server;
    @Override
    public void onCreate(Bundle savedInstanceState) {
        super.onCreate(savedInstanceState);
        setContentView(R.layout.main);
        server = new UDPServerThread();
        server.start();                          //创建并启动 UDP 服务器线程
    }
    @Override
    protected void onDestroy() {
        server.running = false;
        super.onDestroy();
    }
}
class UDPServerThread extends Thread {
    public boolean running = true;
    @Override
    public void run() {
        byte[] data = new byte[1024];
        DatagramPacket packet = new DatagramPacket(data, data.length);
        try {
            DatagramSocket socket = new DatagramSocket(6000);     //监听端口号:6000
```

```
                while ( running ){
                    socket.receive(packet);      //接收 UDP 包
                    String text =
                    new String(packet.getData(),0,packet.getLength()).toUpperCase();
                                                 //转换为大写字母
                    DatagramPacket newPacket =
                    New DatagramPacket(text.getBytes(), packet.getLength(), packet.get-
SocketAddress());
                    socket.send(newPacket);      //返回新 UDP 包
                }
                socket.close();
            } catch (Exception e) {
                e.printStackTrace();
            }
        }
    }
```

图 8-9 展示了简单 UDP 传输的实验结果，如 PC 机发送字符串“This is a udp sample.”，Android 开发平台接收后返回字符串“THIS IS A UDP SAMPLE.”。

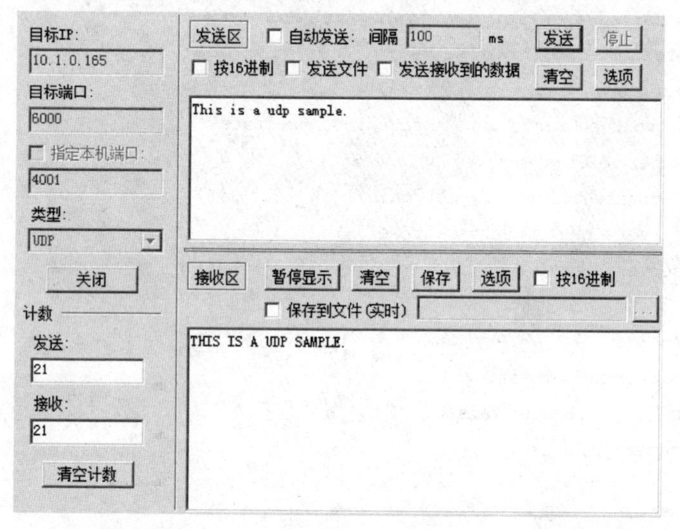

图 8-9 UDP 数据传输结果

8.9 WiFi 无线信息传输

AM3715 开发平台 WiFi 传输与有线传输过程一样，同样分为 TCP 传输和 UDP 传输，服务器端和客户端。不一样的是，AM3715 开发平台不自带 WiFi 模块，插入 USB 接口 WiFi 模块后，在设置中打开 WiFi，并且使服务器端和客户端连接到同一无线网络，保证连接正常，即可像有线连接一样使用 WiFi 传输数据。

本示例程序中使用 TCP 协议传输数据，客户端为 AM3715 开发平台上 Android 应用程序，服务器端为 PC 机上 Java 应用程序。客户端包含上下左右按钮，当客户端按下按钮时，通过 Socket 向服务器端发送控制命令，服务器端接收客户端控制命令，并根据命令控制服务器端光标进行移动。Java TCP 通信过程如下：

1. 服务器端

① 创建 ServerSocket 实例，为其指定监听端口。

```
MouseServer = new ServerSocket(listeningPort);
```

② 循环调用 accept()方法接收客户端连接请求，通过 accept()返回的 Socket 实例获取 InputStream 和 OutputStream 来实现读取和写入数据，对数据进行处理，并在结束时，调用 Socket 的 close()方法关闭 Socket 连接。

```
Socket socket = MouseServer.accept();              //不断接收手机发来的请求
InputStream in = socket.getInputStream();          //获取 InputStream
OutputStream out = socket.OutputStream();          //获取 OutputStream
socket.close();                                    //关闭 socket
```


2. 客户端

① 构建 Socket 实例，并指定服务器端 IP 和监听端口。

```
Socket socket = Socket(host,port); //构建 Socket 实例，指定服务器端 IP 和端口号
```

② 通过 Socket 实例包含的 InputStream 和 OutputStream 来进行数据的读或写，实现发送或接收。

```
OutputStream out = socket.getOutputStream();      //获取 OutPutStream
str = "send";
byte[] buffer = str.getBytes();
out.write(buffer);                                 //写，发送
```

③ 操作结束后调用 socket 实例的 close 方法，关闭连接。

```
socket.close();                                    //操作结束，关闭 socket
```

3. 示例程序客户端部分

客户端初始界面如图 8-10 所示，初始显示的是布局 connectView(LinearLayout)，其中有服务器端 IP 输入框和服务器端监听端口输入框，以及连接按钮。当按下“连接到我的电脑”按钮时，调用按键响应函数。如果连接成功，则跳入控制界面，显示布局 clickView(RelativeLayout)(布局 connectView 隐藏，初始时显示布局 connectView，连接成功时隐藏，并显示布局 clickView)，如图 8-11 所示。控制界面中，

共有6个按钮,按下每个按钮时,都会向服务器端发送相应指令。

图8-10　初始界面

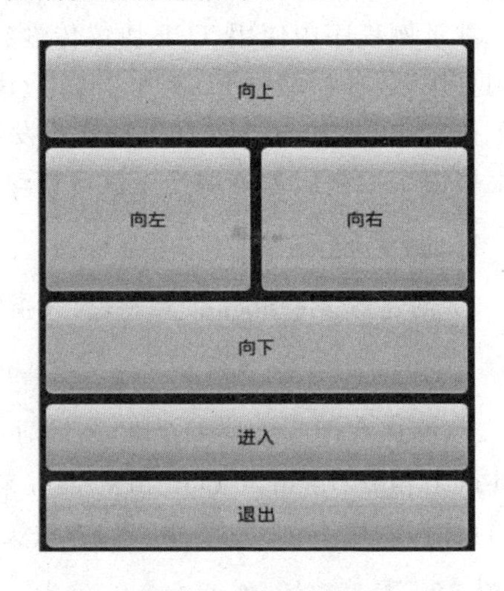

图8-11　控制界面

(1) 按钮响应函数

根据按钮控件不同的ID区分不同的按钮,执行不同操作。

```
public void onClick(View v) {                          //按钮响应函数,根据 ID 区别不同按钮
    // TODO Auto-generated method stub
    switch(v.getId()){
    case R.id.connectBtn:                              //连接到我的电脑按钮
        try {
            socket = connect();                        //调用连接函数
            findViewById(R.id.connectView).setVisibility(View.GONE);
            findViewById(R.id.clickView).setVisibility(View.VISIBLE);
        } catch (Exception e) {
            /* 如果 IP 端口号不符则显示提示信息 */
            alert("连接失败,请检查服务器 IP 地址和端口是否填写正确!");
            e.printStackTrace();}
            break;
    case R.id.handle_close:                            //退出按钮,发送[close]指令
        try {
            send("[close]");
            disconnect();                              //断开 socket 连接
        } catch (Exception e) {
            e.printStackTrace();}
        findViewById(R.id.connectView).setVisibility(View.VISIBLE);
        findViewById(R.id.clickView).setVisibility(View.GONE);
        break;
```

```
case R.id.handle_left:                    //向左按钮
    try {
        send("[left]");                   //发送指令[left]
    } catch (Exception e) {
        findViewById(R.id.connectView).setVisibility(View.VISIBLE);
        findViewById(R.id.clickView).setVisibility(View.GONE);
    }
    break;
case R.id.handle_enter:
    try {
        send("[enter]");                  //发送指令[enter],以下所有 case 都类似
    } catch (Exception e) {
        findViewById(R.id.connectView).setVisibility(View.VISIBLE);
        findViewById(R.id.clickView).setVisibility(View.GONE);
    }
    break;
case R.id.handle_right:
    try {
        send("[right]");
    } catch (Exception e) {
        e.printStackTrace();
        Log.i("Mouse",e.getMessage());
        findViewById(R.id.connectView).setVisibility(View.VISIBLE);
        findViewById(R.id.clickView).setVisibility(View.GONE);
    }
    break;
case R.id.handle_down:
    try {
        send("[down]");
    } catch (Exception e) {
        e.printStackTrace();
        Log.i("Mouse",e.getMessage());
        findViewById(R.id.connectView).setVisibility(View.VISIBLE);
        findViewById(R.id.clickView).setVisibility(View.GONE);
    }
    break;
case R.id.handle_up:
    try {
        send("[up]");
    } catch (Exception e) {
        e.printStackTrace();
        Log.i("Mouse",e.getMessage());
```

```
                findViewById(R.id.connectView).setVisibility(View.VISIBLE);
                findViewById(R.id.clickView).setVisibility(View.GONE);
            }
            break;
        case R.id.handle_esc:
            try {
                send("[esc]");
            } catch (Exception e) {
                // TODO Auto - generated catch block
                e.printStackTrace();
                Log.i("Mouse",e.getMessage());
                findViewById(R.id.connectView).setVisibility(View.VISIBLE);
                findViewById(R.id.clickView).setVisibility(View.GONE);

            }
            break;
        }
}
```


(2) 发送指令 send()函数

当按下相应指令时，调用 send 函数发送指令。

```
/ * 发送，send()函数将指令写入到输出流 * /
public void send(String str) throws Exception{
    if(true == socket.isConnected()){                              //判断是否连接
        Log.i("Mouse",str);
        OutputStream out = socket.getOutputStream();               //获取 OutputStream
        byte[] buffer = str.getBytes();
        out.write(buffer);                                         //写
    }
}
```

4. 服务器端部分程序

服务器端建立 ServerSocket 接收客户端的连接和发来的指令，并根据接收的指令，执行相应的光标操作。光标操作使用 Robot 类实现，Robot 类提供用于控制鼠标/键盘的方法。例如，当接收到向上移动光标指令时，可以调用 Robot 的 keyPress 方法，传入参数 KeyEvent.VK_UP，即相当于按下“向上”按钮。

```
robot.keyPress(KeyEvent.VK_UP);
```

创建 SOCKET，调用 access 方法接收客户端请求，调用 getReqData 读取数据并进行处理。

```
public ServerSocket MouseServer;                        //定义 socket,即服务端
public Robot robot;                                     //robot 用于控制输入设备
public int listeningPort = 12080;                       //监听端口
robot = new Robot();
MouseServer = new ServerSocket(listeningPort);          //设置监听端口
while(true){                                            //不断接收客户端发来的请求
    Socket socket = MouseServer.accept();
    DataInputStream dis = newDataInputStream(
        new BufferedInputStream(socket.getInputStream()));
    /* 底层输入流,得到手机发出来的指令字符 */
    getReqData(dis);                                    //读取数据,完成指令操作等
    dis.close();                                        //关闭底层输入流
    socket.close();                                     //关闭 socket
}
```

(1) getReqData 函数

用于获取客户端 TCP 通信传送过来的数据。

```
/* 读取处理底层的输入数据流,即读取客户端发送的指令 */
public void getReqData(InputStream is){
        int bufferSize = 20;
        byte[] buffer = new byte[bufferSize];          //输入缓冲区
        int eof;
        try{                                           //捕获异常
            while((eof = is.read(buffer)) != - 1){ //循环读取数据,直到读完
            System.out.println("len:" + eof);
            String str = new String(buffer,Charset.forName("UTF - 8"));
            System.out.println("command:" + str);
            String cmd = checkIfCmd(str);              //查看是否是正确指令
            buffer = new byte[bufferSize];
            if(!"".equals(cmd)) doAction(cmd);         //如果是进行操作
}
        }catch (IOException e1) {                      //打印异常
            e1.printStackTrace();
        }
    }
```

(2) doAction 函数

获取到数据后,调用此函数,根据读取的指令进行相应操作。

```
/* 执行函数,通过 robot 控制光标移动等,最终实现客户端控制 */
public void doAction(String str){
        //根据提取出来的指令进行操作
```

```
            if("left".equals(str)){                          //如果是 left
                System.out.println("action:向左");
                robot.keyPress(KeyEvent.VK_LEFT);            //按下"向左"方向按钮
            }else if("right".equals(str)){
                System.out.println("action:向右");           //按下"向右"方向按钮
                robot.keyPress(KeyEvent.VK_RIGHT);
            }else if("up".equals(str)){
                System.out.println("action:向上");           //"向上"按钮
                robot.keyPress(KeyEvent.VK_UP);
            }else if("down".equals(str)){
                System.out.println("action:向下");           //"向下"按钮
                robot.keyPress(KeyEvent.VK_DOWN);
            }
            else if("enter".equals(str)){                    //enter 按钮
                System.out.println("action:选中");
                robot.keyPress(KeyEvent.VK_ENTER);
            }else if("esc".equals(str)){
                System.out.println("action:取消");           //escape 按钮
                robot.keyPress(KeyEvent.VK_ESCAPE);
            }else if("close".equals(str)){                   //客户端关闭
            }
        }
```

8.10　录音和音频混音

8.10.1　声音的存储及采样

在计算机中，声音是以二进制形式存储的。对于未经压缩的声音文件，数据大小代表的是声波的振幅，数据越大，音量也越大；数据体现的频率代表的是声音的频率，频率越高，音调就越高；数据体现的泛音代表的是音色。获取音频数据的方法是：采用固定的时间间隔对音频电压进行采样、量化，使连续的声音信号变成计算机可以存储的离散信号，并将结果以某种分辨率存储到音频文件中。

音频文件按照存储的数据是否能够 100％还原出音频的原始信息，可以分为有损格式和无损格式。无损格式常见的有 WAV、FLAC、APE 等，有损格式常见的有 MP3、Windows Media Audio（WMA）、Ogg Vorbis（OGG）、AAC 等。

有损格式对声音文件进行了有损压缩，降低了音频的采样率和比特率，去除了人类难以听到的频谱，文件较小，应用很广泛。无损格式对声音文件进行了无损压缩，在保证完全不损失音频信息的前提下尽量减小文件体积。所以无论是有损格式还是无损格式，只要不是原始的声音文件，都对原始的音频数据做了编码，不能对其直接进行处理。

8.10.2 WAV 音频文件

WAV 格式是目前最流行的无损音频格式,可存储大量音频数据的格式,常用于保存原始的录音数据。WAV 文件通常采用脉冲编码调制(PCM)的编码方式存储音频数据,在文件头中存储音频流的编码参数。WAV 文件的扩展名为“. wav”。

除了直接使用不经过任何压缩的 PCM 编码之外,WAV 文件也有很多不同的压缩格式,对数据进行了压缩存储。声卡支持的数据格式是 PCM 编码的数据,所以压缩格式的音频数据要先解压缩成 PCM 格式,然后才能用声卡来播放。非压缩 PCM 格式的 WAV 文件格式详细说明如表 8-3 所列。

表 8-3 PCM 格式 WAV 文件格式详细说明

地址	别名	字节数	类型	注释
00H～03H	ckid	4	char	"RIFF"标志,大写
04H～07H	cksize	4	int32	文件长度。这个长度不包括"RIFF"标志和文件长度本身所占字节
08H～0BH	fcc type	4	char	WAV 类型块标识,大写
0CH～0FH	ckid	4	char	表示"fmt" chunk 的开始。此块中包括文件内部格式信息。小写,最后一个字符是空格
10H～13H	cksize	4	int32	文件内部格式信息数据的大小
14H～15H	FormatTag	2	int16	音频数据的编码方式。1 表示是 PCM 编码
16H～17H	Channels	2	int16	声道数,单声道为 1,双声道为 2
18H～1BH	SamplesPerSec	4	int32	采样率(每秒样本数),比如 44 100 sps 等
1CH～1FH	BytesPerSec	4	int32	音频数据传送速率,单位是字节。其值为采样率×每次采样大小。播放软件利用此值可以估计缓冲区
20H～21H	BlockAlign	2	int16	每次采样的大小＝采样精度×声道数/8(单位是字节);这也是字节对齐的最小单位,例如 16 位
22H～23H	BitsPerSample	2	int16	每个声道的采样精度;例如 16 位,在这里的值就是 16。如果有多个声道,则每个声道的采样精度
24H～27H	ckid	4	char	表示 "data" chunk 的开始。此块中包含音频数据
28H～2BH	cksize	4	int32	音频数据的长度
	⋮			文件声音信息数据(真正声音存储部分)

WAV 文件格式来自于 Windows/Intel 环境,所以数据使用小端序(Little-Endian)进行存储。低位字节位于内存的低地址端,高位字节位于内存的高地址端。文件头中有几个数据非常重要:

FormatTag　音频数据的编码方式,值为 1 时表示采用 PCM 编码,而用 Adobe Audition 软件对音频文件进行编辑后,FormatTag 默认为 3,这是另外一种叫做 IEEE Float 的编码方式,需要注意修改。

Channels　声道数,Android 手机和 Android 开发平台都为单声道,即每次采样取 1 个采样值。

SamplesPerSec　采样率,Android 手机最大采样率是 44 100 sps,而开发平台最大只支持 11 025 sps,实验时需要注意程序的采样率,原唱和伴奏文件也要与开发平台的采样率相匹配。

BitsPerSample　每个声道的采样精度,表示记录每个采样值的存储位数,Android手机和开发平台都是 16 位。

Cksize　音频数据的长度,计算混音进度的时候需要用到。

图 8-12 是一个 PCM 格式 WAV 文件的文件头示例。由于没有 Fact 块,本节中使用到的全部 WAV 文件头都是 44 字节。

好久不见.wav

Offset	0	1	2	3	4	5	6	7	8	9	A	B	C	D	E	F	
00000000	52	49	46	46	02	5B	38	00	57	41	56	45	66	6D	74	20	RIFF [8 WAVEfmt
00000010	12	00	00	00	01	00	01	00	44	AC	00	00	88	58	01	00	D¬ ˆX
00000020	02	00	10	00	00	00	64	61	74	61	BC	41	38	00	00	00	data¼A8

图 8-12　文件头示例

8.10.3 录音和放音

Android 可以通过 AudioRecord 类录音,程序片段如下:

```
//采样率设为 11 025 sps
int samplingRate = Integer.parseInt(prefs.getString("sample_rate", "11025"));
int min = AudioRecord.getMinBufferSize(samplingRate,
                                       AudioFormat.CHANNEL_IN_DEFAULT,
                                       AudioFormat.ENCODING_DEFAULT);
Log.d("Recorder", "Min buffer size: " + min);
Log.d("Recorder", "Sampling Rate: " + samplingRate);
if (min < 4096) min = 4096;
//实例化一个 AudioRecord 类进行录音
AudioRecord record = new AudioRecord(MediaRecorder.AudioSource.DEFAULT,
                                       samplingRate,
                                       AudioFormat.CHANNEL_IN_DEFAULT,
                                       AudioFormat.ENCODING_DEFAULT,
                                       min);
```

```
if (record.getState() == AudioRecord.STATE_INITIALIZED) { //初始化成功
    Log.d("Recorder", "Audio recorder initialised at " + record.getSampleRate());
}
record.startRecording();                                //开始录音
AudioWriter out = new WavWriter();
short[] audioData = new short[4096];
while (!stop) {
int num = record.read(audioData, 0, audioData.length);    //循环读取音频数据
    //Log.d("Recorder", "Got samples: " + num);
out.write(audioData, 0, num);                            //写入文件
}
out.close();
```

Android 可以通过 MediaPlayer 类播放音频文件,程序片段如下:

```
mp = MediaPlayer.create(AndroidWave.this,Uri.fromFile(playingFile));
if(mp == null){
    return;
}
mp.start();
```


8.10.4 混 音

混音(Mix),顾名思义,就是把几段音频混合起来。基于原始未经压缩的 PCM 声音数据,常用的混音算法有如下几种,其中 A、B 代表要进行混音的两段原始音频的音频数据,C 代表混音之后的音频数据。

1. 音频数据直接线性叠加

$$C = A + B$$

这种混音方法把两段音频相对应时间的数据直接相加得到混音音频数据。其原理简单,容易实现,对设备的计算能力要求低,但是这种方法极易产生溢出,产生破音,影响混音质量。

2. 音频数据线性叠加后求平均

$$C = (A + B) / 2$$

相比于直接线性叠加法,这种方法对两段音频的数据相加后取了一个平均数。这种方法不会产生溢出,噪音较小,但是这种方法会造成声音衰减过大,影响混音的质量。

3. 归一化混音

$$C = A + B - (A * B) >> (\text{采样长度} - 1)$$

归一化混音的思想是使用更多的位数(例如 32 位)来表示音频数据的一个样本,

混音完成后再降低其振幅，使其仍旧分布在采样长度（例如 16 位）所能表示的范围之内。归一化混音方法的优点是不会产生溢出，而且声音衰减很小，混音的质量好。

综合来看，这 3 种混音算法中归一化算法能做到在不过多增加计算量的情况下得到最好的混音质量。使用归一化混音的程序如下：

```
//打开文件
FileInputStream in1 = null;
try {
    in1 = new FileInputStream(fname1);
} catch (FileNotFoundException e1) {
    e1.printStackTrace();
}
//读/写文件头
for(i = 0;i<44;i++){
    try {
        head1[i] = (byte)in1.read();
    } catch (IOException e) {
        e.printStackTrace();
    }
    try {
        head2[i] = (byte)in2.read();
    } catch (IOException e) {
        e.printStackTrace();
    }
    try {
        out4.write(head1[i]);
    } catch (IOException e) {
        e.printStackTrace();
    }
}
//混音
int data_mix_1,data_mix_2;
data_mix_1 = data2[0] + data3[0];
data_mix_2 = (data2[0] * data3[0])>>7;
data_mix[0] = (byte) (data_mix_1 - data_mix_2);
```

8.10.5　音频混音演示软件

1. 原理和程序流程

音频混音的原理如图 8 - 13 所示，软件流程如图 8 - 14 所示。

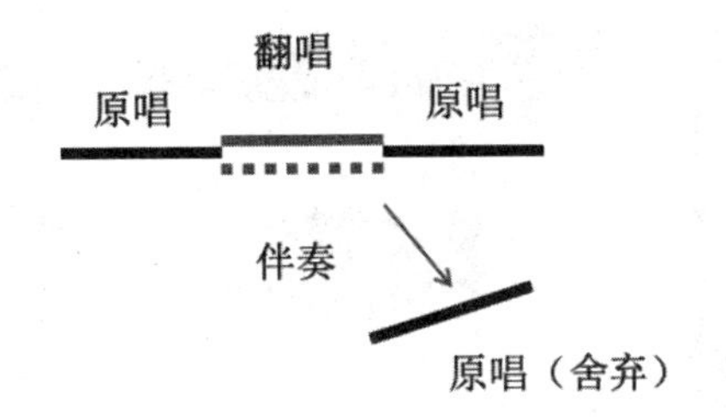

图 8-13　音频混音原理

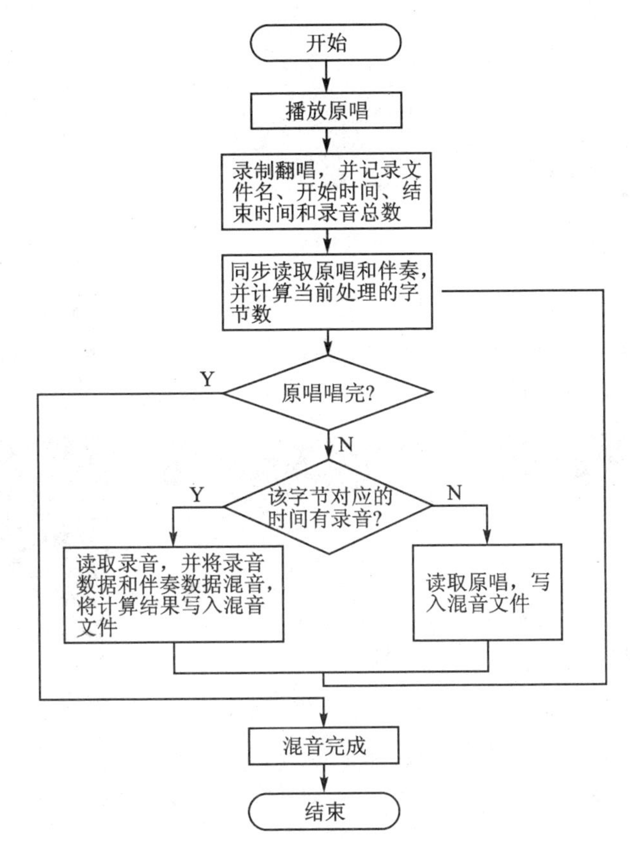

图 8-14　混音软件流程

2. 界面和功能

音频混音软件图标、主界面和选项如图 8-15～图 8-17 所示。

音频混音软件可以选择不同的混音模式(默认模式是 Sing With Singer)，其中：

Sing With Singer：　和歌手轮流唱；

Sing Myself：　　　自己跟着伴奏唱；

Choir With Singer：和歌手合唱。

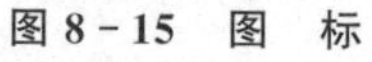

图 8－15　图　标　　　　图 8－16　主界面　　　　图 8－17　选　项

选好模式以后进入文件管理，点击歌曲名播放，想要唱时就按住 Record 按钮开始唱歌，唱完以后松开按钮结束录音。歌曲播放结束以后按 Mix 按钮开始混音。文件管理、设置和选择界面效果如图 8－18～图 8－22 所示。

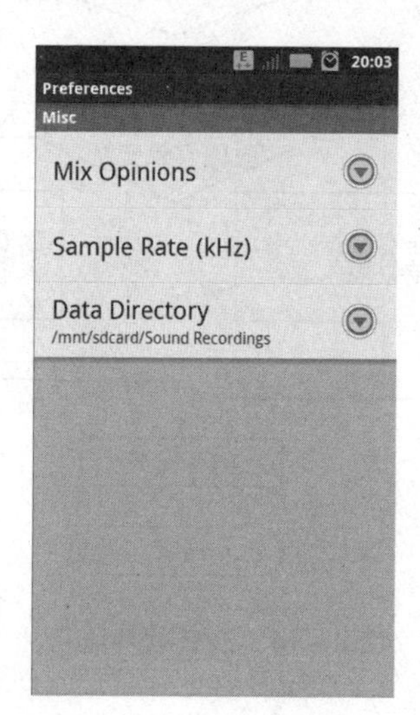

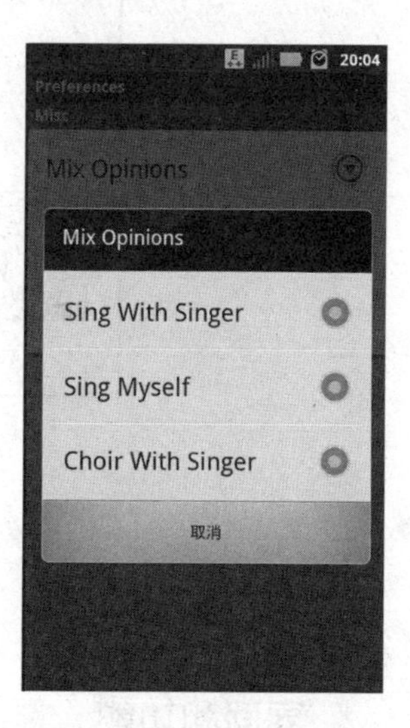

图 8－18　文件管理　　　　图 8－19　设　置　　　　图 8－20　选择混音模式

3. 合唱功能

Android 可以通过 System. currentTimeMillis 函数获取从 1970 年 1 月 1 日到当前的毫秒数。在触摸 Record 按钮的响应函数中使用这个函数，就可以得到准确的点击时间，通过毫秒数得到录音的开始时间和结束时间，从而计算出应该进行混音的帧数，这样就可以实现从指定时间开始到结束时间的音频混音。Record 按钮的响应函数(AndroidWave.java)如下：

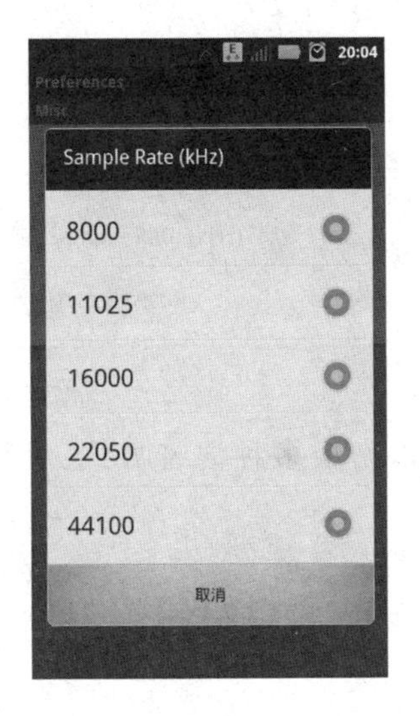

图 8-21 选择录音采样率

图 8-22 设置文件存储位置

```
public void Touch(View v) {
        if (mService != null ){
            if (mService.isRecording()) {
                end_abs[count] = System.currentTimeMillis();
                                    //自 1970 年 1 月 1 日至录音结束的毫秒数
                mService.stopRecording();
                fname3_temp[count] = mService.filename();
                                    //从 RecorderService 获取文件名
                count ++ ;
                //放在点击"开始录音",调试正常,运行时丢失第一个文件名
                recButton.setText(R.string.record);      //通过 R.java 定位到 layout
                        //文件夹下的 string.xml 中对应的字符串,显示在 Button 上
                recButton.setBackgroundColor(0xFFCC0000);
            }
            else {
                begin_abs[count] = System.currentTimeMillis();
                                    //自 1970 年 1 月 1 日至录音开始的毫秒数
                sm.stop();                   //结束录音服务,准备下一次录音
                mService.startRecording(dir);  //dir 是录音所在文件夹
                recButton.setText(R.string.stop);
                recButton.setBackgroundColor(0xFF990000);
            }
        }
}
```

时间控制（AndroidWave.java）程序片段如下：

```
if (frame>rate * begin[i] * 2 && frame<rate * end[i] * 2){
    flag = i + 1;
}
if (flag>0){
⋮                                          //将翻唱和伴奏进行混音
}else {
⋮                                          //将原唱写入混音文件
}
```

4. 多种混音模式

通过在设置界面选择不同的混音模式，可以切换多种混音方式。设置（WaveSettingsActivity.java）程序片段如下：

```
public static String currValue = "Sing With Singer";
CharSequence[] csl_mix = new CharSequence[3];
csl_mix[0] = "Sing With Singer";
csl_mix[1] = "Sing Myself";
csl_mix[2] = "Choir With Singer";
/* Mix Opinion 选择框的选择响应函数 */
mixOpinions.setOnPreferenceChangeListener(
new OnPreferenceChangeListener() {
    public boolean onPreferenceChange(Preference preference,
                    final Object newValue) {
        currValue = (String)newValue;
        mixOpinions.setSummary((String)newValue);
        return true;
    }
}
```

切换混音模式（AndroidWave.java）程序片段如下：

```
if(MixOpinionStr.equals("Sing Myself") ) {
        MixOpinion = 1;
}
else
    if(MixOpinionStr.equals("Choir With Singer") ) {
            MixOpinion = 2;
    }
    else{
            MixOpinion = 0;
    }
    /* 默认是 Sing With Singer
        模式 1,我和歌手交替唱 */
    if(MixOpinion == 0) {
```

```
        fname_temp1 = fname1.getAbsolutePath();
        fname_temp2 = fname_temp1.substring(0,fname_temp1.length() - 4);
        fname2 = fname_temp2 + "_伴奏.wav";
        for(i = 0;i<count;i++){
            fname3[i] = fname3_temp[i];
        }
        fname4 = fname_temp2 + "Mix.wav";
            //1、2、3、4 分别为原唱、伴奏、翻唱、输出
    }
    /* 模式 2,只有自己唱,一直混音 */
    if(MixOpinion == 1){
        fname_temp1 = fname1.getAbsolutePath();
        fname_temp2 = fname_temp1.substring(0,fname_temp1.length() - 4);
        fname2 = fname_temp1;
        for(i = 0;i<count;i++){
            fname3[i] = fname3_temp[i];
        }
        fname4 = fname_temp2 + "Mix.wav";
    }
    /* 模式 3,歌手独唱,我和歌手合唱交替 */
    if(MixOpinion == 2) {
        fname_temp1 = fname1.getAbsolutePath();
        fname_temp2 = fname_temp1.substring(0,fname_temp1.length() - 4);
        fname2 = fname_temp1;
        for(i = 0;i<count;i++){
            fname3[i] = fname3_temp[i];
        }
        fname4 = fname_temp2 + "Mix.wav";
    }
```

习　题

1. Cortex - A 处理器有何特点?
2. Android 开发平台提供哪些资源?
3. 编程在液晶屏上显示班号、学号和姓名等个性信息。
4. 编程实现每延时 2 s 从串口输出字符串“Hello World!”到 PC 机超级终端显示。
5. 读取 SD 卡中的图像文件在液晶屏上显示,并实现放大和缩小功能。
6. 用 USB 摄像头采集视频,按键捕捉一帧图像保存成 BMP 文件。
7. 编程实现录音和放音功能。
8. 实现通过 WiFi 与手机的无线信息传输。

参考文献

[1] 马忠梅,等. ARM嵌入式处理器结构与应用基础[M]. 2版. 北京:北京航空航天大学出版社, 2007.

[2] 李善平,等. Linux与嵌入式系统[M]. 北京:清华大学出版社,2003.

[3] 刘森.嵌入式系统接口设计与Linux驱动程序开发[M]. 北京:北京航空航天大学出版社, 2006.

[4] 郑灵翔. 嵌入式Linux系统设计[M]. 北京:北京航空航天大学出版社, 2008.

[5] Wayne Wolf. 嵌入式计算系统原理[M]. 孙玉芳,译. 北京:机械工业出版社, 2002.

[6] 邹思轶. 嵌入式Linux设计与应用[M]. 北京:清华大学出版社, 2002.

[7] 魏忠,等. 嵌入式开发详解[M]. 北京:电子工业出版社, 2003.

[8] 许海燕,付炎. 嵌入式系统技术与应用[M]. 北京:机械工业出版社, 2002.

[9] 陈章龙,等. 嵌入式技术与系统——Intel XScale结构与开发[M]. 北京:北京航空航天大学出版社, 2004.

[10] 王祖林,等. 新一代嵌入式微处理器龙珠i.MX结构及其应用基础[M]. 北京:北京航空航天大学出版社, 2004.

[11] 漆昭铃. 基于PowerPC的嵌入式Linux[M]. 北京:北京航空航天大学出版社, 2004.

[12] 马忠梅,等. AT91 ARM核微控制器结构与开发[M]. 北京:北京航空航天大学出版社, 2003.